기초미적분학

문은호 · 김재덕 지음

명지대학교출판부

저자 소개

문은호

이화여자대학교 수학과
미국 IOWA대학교 수학과(Ph.D)
現 명지대학교 방목기초교육대학 교수
ehlmoon@mju.ac.kr

김재덕

명지대학교 수학과
명지대학교 수학과(Ph.D)
現 명지대학교 방목기초교육대학 교수
jdkim@mju.ac.kr

기초미적분학

발 행 일 _ 2022년 2월 16일 초판 1쇄
2022년 4월 1일 초판 2쇄
2025년 10월 1일 개정판
저 자 _ 문은호 · 김재덕
발 행 인 _ 임연수
발 행 처 _ 명지대학교 출판부
서울특별시 서대문구 거북골로 34
전 화 _ (02)300-1740
팩 스 _ (02)300-1723
홈페이지 _ http://press.mju.ac.kr
등 록 _ 제 1969-000001호 1969.10.15
제 작 _ (주)이환기획인쇄

ISBN 978-89-7335-507-5(93410)
값 25,000원

머리말

기초미적분학의 주 교과 내용은 자연과학, 공학 및 사회과학을 공부하는 데 있어서 매우 중요한 기초교과목인 미적분학을 위한 선수학습이다. 물론 이공계열의 학생 대부분은 고등학교 과정을 거치면서 이 같은 교과 내용을 공부하였지만, 일부 학생들은 선수학습이 충분히 되어 않은 상태에서 대학 미적분학을 수강해야 하는 실정이다. 특히 2015개정 교육과정을 이수한 학생은 '과목 선택제'로 인하여 고등학교에서 '미적분'을 이수하지 않았거나 또는 고등학교에서 '미적분'을 이수했다 할지라도 대학수학능력시험에서 '미적분'을 선택 응시하지 않을 수도 있다. 이와 같이 다양한 학습 배경을 갖고 진학한 대학 신입생들의 수학 교과목에 대한 기초학습 역량은 예년에 비해 편차가 더욱 커질 것이라 예상된다.

본 교재는 대학 미적분학을 공부하기 위해 필요한 선수학습을 자신의 기초학습능력의 정도에 맞춰 선택적으로 공부할 수 있도록 기획하였다. 특히 고등학교 '미적분'을 공부하지 않은 경우와 대학수학능력시험에서 '미적분'을 응시하지 않은 경우로 분류하여 필요한 학습내용을 구성하였다.
교재의 내용은 학생들의 기초학습 정도에 따라 선택하여 학습할 수 있도록 3개의 Part로 구분하여 집필하였다. Part I은 고등학교에서 '미적분'을 공부하지 않은 학생들은 위한 교과 내용으로 다항함수를 대상으로 미분과 적분의 기본개념 전반을 소개하였다. Part II은 고등학교에서 '미적분'을 공부하였지만 기초학습이 부족한 학생들을 위해 초월함수를 대상으로 한 미분과 적분을 소개하였다. 그리고 Part III은 고교 교육과정에서 학습하지 않는 행렬과 벡터의 기본개념을 소개하였다.

본 교재를 통하여 대학 미적분학을 공부할 수 있는 튼튼한 기반을 마련할 뿐만 아니라 향후 전공 학습하는데 필요한 기초 지식을 충분히 학습할 수 있기를 기대한다. 끝으로 기초미적분학을 수강하는 학생들은 항상 손에 펜을 들고 많은 문제들을 풀어 보는 수고를 아끼지 않기를 당부한다. 특히 '네 시작은 미약하였으나 네 나중은 심히 창대하리라(욥기 8:7)'라는 말씀처럼 꾸준히 공부하면 앞으로 전공 공부에 큰 힘이 될 것이라는 믿음을 갖고 정진하기 바란다.

2022년 1월

명지대학교
문 은 호

2025년 개정판

기초미적분학은 자연과학, 공학, 사회과학 등 다양한 분야를 학습하는 데 있어 필수적인 수학적 기초를 제공하는 과목입니다. 대부분의 이공계열 학생들은 고등학교 과정을 통해 기본적인 수학 개념을 학습하였지만, 일부 학생들은 충분한 선수학습 없이 대학 미적분학을 수강해야 하는 현실에 놓여 있습니다. 특히 2015 개정 교육과정을 이수한 학생 중 일부는 고등학교에서 '미적분'을 이수하지 않았거나, 이수했더라도 대학수학능력시험에서 '미적분'을 선택하지 않았을 수 있습니다. 이로 인해 대학에서의 수학 학습에 어려움을 겪는 경우가 점차 증가하고 있습니다.

2025년부터 고등학교 1학년에 전면 시행되는 2022 개정 교육과정은 학생의 진로에 따라 과목을 선택할 수 있는 '고교학점제'를 중심으로 설계되어 있으며, 1학년에는 공통과목을 이수하고 2학년부터는 일반선택, 진로선택, 융합선택 과목을 학생 스스로 선택하게 됩니다. 이러한 교육과정 변화에 따라, 2028학년도부터는 수능 또한 선택과목 없이 통합형으로 시행되며, 출제 범위는 고등학교 2학년에서 배우는 일반선택 과목(대수, 미적분 I, 확률과 통계)으로 한정됩니다. 즉, 이공계 진학을 준비하는 학생들이 3학년에서 배우는 진로선택 과목인 '미적분 II'나 '기하'를 충분히 이수하지 않은 채 대학에 입학할 가능성도 높아진 것입니다.

게다가 교육부는 2025학년도부터 전공 선택의 폭을 넓히고 융합형 인재를 양성하기 위해 '무전공 입학제' 및 '전공 자율 선택제'를 도입하였습니다. 이러한 변화 속에서 대학 이공계열 전공을 이수하려면 수학에 대한 충분한 기초학력이 반드시 필요합니다. 따라서 대학은 신입생들의 기초학력 수준을 점검하고 부족한 부분을 보완할 수 있도록 체계적인 지원을 강화해야 할 시점입니다.

이 교재는 대학 미적분학 학습을 위한 기초 개념을 스스로 점검하고 보완할 수 있도록 기획되었습니다. 학생들이 자신의 학습 수준에 따라 필요한 내용을 선택적으로 학습할 수 있도록 다음과 같이 구성하였습니다:

- Part I (1~5장) : 대수식과 대수함수의 기본 개념과 성질, 다항함수를 중심으로한 미분과 적분의 기본 개념과 응용
- Part II (6~7장) : 초월함수(지수함수, 로그함수, 삼각함수)의 개념과 이들에 대한 미분과 적분
- Part III (8장) : 인공지능 관련 학습을 위한 기초 수학 개념인 행렬과 공간 벡터의 기본 개요

이 교재를 통해 학생들이 대학 미적분학을 안정적으로 학습할 수 있는 기반을 마련하고, 향후 전공 학습에서 필요한 기초 수학 역량을 갖추길 기대합니다.

마지막으로 이 교재를 공부하는 학생들에게 당부하고 싶은 점은, 항상 펜을 들고 직접 문제를 풀며 적극적으로 학습하는 자세가 중요하다는 것입니다. 꾸준한 연습을 통해 수학적 사고력을 키우고 자신감을 쌓아가길 바랍니다.

2025년 9월

명지대학교 문 은 호

차례 • contents

Part II

초월함수의 미분과 적분

Chapter 6 지수함수와 로그함수의 미분과 적분

Chapter 7 삼각함수의 미분과 적분

Part III

행렬과 벡터

Chapter 8 행렬과 벡터

Part I

대수함수의 미분과 적분

대수함수(algebraic function)는 다항식의 근으로 정의할 수 있는 함수이다. 대체적으로 한정된 수를 사용하는 대수식이고 덧셈, 뺄셈, 곱셈, 나눗셈과 같은 대수적 연산만을 동반한다. (출처: 위키백과) 따라서 Part I에서는 가장 기본적인 대수함수와 다항함수, 유리함수, 무리함수를 대상으로 이들의 기본성질과 미분, 그리고 적분에 대해 공부한다. 제1장에서는 대수식, 제2장에서는 대수함수의 그래프에 대해 공부한다. 그리고 제3,4,5장에서는 대수함수의 미분과 적분에 대해 공부한다.

Chapter

01 대수식

1.1 식의 계산

이 절에서는 대수식의 의미와 대수식의 연산에 대해 알아 본다.

대수식(algebraic expression)은 유한개의 수와 문자의 사칙연산 및 거듭제곱근을 구하는 연산의 조합에 의해 만들어진 식을 의미한다. 대수식은 유리식과 무리식으로 구분되고 유리식은 다시 다항식과 분수식으로 구분할 수 있다.

- 대수식
  - 유리식
    - 다항식
    - 분수식
  - 무리식

[그림 1-1]

□ 다항식

수 또는 문자의 곱으로 이루어진 식을 **단항식**(monomial)이라 하고 단항식의 합으로 이루어진 식을 **다항식**(polynomial)이라 한다. 그리고 다항식을 이루는 각각의 단항식을 **항**(term)이라고 하는데 특히 숫자로만 이루어진 항을 **상수항**(constant term)이라 한다. 각각의 항에서 문자에 곱해진 숫자를 **계수**(coefficient)라 하며 곱해진 문자의 개수를 **차수**(degree)라 한다. 다항식을 이루는 항 중에서 가장 큰 항의 차수를 **다항식의 차수**로 정한다.

예제 1-1

다항식 x^2-2xy^3+3에 대하여 다음 물음에 답하여라.

(1) 상수항을 구하여라.

(2) 상수항을 제외한 각 항의 계수와 차수를 구하여라.

(3) 다항식의 차수를 구하여라.

풀이

(1) 다항식 x^2-2xy^3+3의 상수항은 3이다.

(2) x^2의 계수는 1, 차수는 2차이며 $-2xy^2$의 계수는 -2, 차수는 3이다.

(3) 다항식 x^2-2xy^2+3의 차수는 3차이다.

○ 다항식의 사칙연산

두 다항식 A, B에 대하여 사칙연산을 아래와 같이 계산한다.

(a) 덧셈(addition) : 합 $A+B$를 계산할 때에는 **동류항**(similar term)끼리 모아서 간단히 정리한다.

(b) 뺄셈(subtraction) : 차 $A-B$는 A와 B의 각 항의 부호를 바꾼 $-B$의 덧셈으로 계산한다.

(c) 곱셈(multiplication) : 곱 AB는 분배법칙과 지수법칙을 이용하여 계산한다.

(d) 나눗셈(division) : 나눗셈 $A \div B$은 B가 단항식인 경우 B의 역수 $\frac{1}{B}$를 A에 곱하여 계산한다. 그러나 단항식이 아닌 경우에는 **긴 나눗셈**(long division) 또는 **조립제법**(synthetic division)을 이용하여 **몫**(quotient)과 **나머지**(remainder)를 구한다.

예제 1-2

다음 두 다항식 $P=2x^2+3xy+y^2$, $Q=x^2+xy-3y^2$의 합 $P+Q$와 차 $P-Q$를 구하여라.

풀이

다항식의 덧셈과 뺄셈에 의해

$$\begin{aligned} P+Q &= (2x^2+3xy+y^2)+(x^2+xy-3y^2)=2x^2+3xy+y^2+x^2+xy-3y^2 \\ &= (2x^2+x^2)+(3xy+xy)+(y^2-3y^2)=3x^2+4xy-2y^2 \\ P-Q &= (2x^2+3xy+y^2)-(x^2+xy-3y^2)=2x^2+3xy+y^2-x^2-xy+3y^2 \\ &= (2x^2-x^2)+(3xy-xy)+(y^2+3y^2)=x^2+2xy+4y^2 \end{aligned}$$

이다.

참고 다항식의 곱셈과 나눗셈 계산을 위하여 다음 지수법칙을 소개한다.

정리 1-1. 지수법칙

0이 아닌 임의의 실수 a, b와 정수 m, n에 대하여 다음 등식이 성립한다.

(a) $a^0 = 1$

(b) $a^{-n} = \frac{1}{a^n}$

(c) $a^m a^n = a^{m+n}$

(d) $a^m \div a^n = a^{m-n}$

(e) $(a^m)^n = a^{mn}$

(f) $(ab)^n = a^n b^n$

(g) $\left(\frac{a}{b}\right)^n = \frac{a^n}{b^n}$

예제 1-3

다음 식을 간단히 하여라.

(1) $(x^2)^3 \times x^5 \div x^3$

(2) $(xy^2)^2 \times (x^2y)^3 \div y^4$

풀이

지수법칙을 이용하여 간단히 하면

(1) $(x^2)^3 \times x^5 \div x^3 = x^6 \times x^5 \div x^3 = x^{6+5-3} = x^8$

(2) $(xy^2)^2 \times (x^2y)^3 \div y^4 = x^2y^4 \times x^6y^3 \div y^4 = x^{2+6}y^{4+3-4} = x^8y^3$

일반적으로 분배법칙을 이용하여 다항식의 곱셈을 계산한다. 그러나 다음에 나오는 **곱셈공식**을 이용하면 좀 더 편리하게 계산할 수 있다.

정리 1-2. 곱셈공식(product formula)

(a) $m(a+b) = ma + mb$

(b) $(a+b)^2 = a^2 + 2ab + b^2$, $(a-b)^2 = a^2 - 2ab + b^2$

(c) $(a+b)(a-b) = a^2 - b^2$

(d) $(x+a)(x+b) = x^2 + (a+b)x + ab$

(e) $(ax+b)(cx+d) = acx^2 + (ad+bc)x + bd$

예제 1-4

다음 다항식의 곱셈을 계산하여라.

(1) $4x(-x+7y-1)$

(2) $(2x-1)^2$

(3) $(3x-4y)(3x+4y)$

(4) $(x-1)(x+3)$

(5) $(3x-1)(4x+3)$

풀이

(1) 곱셈공식 (a)를 이용하여 전개하면

$$4x(-x+7y-1)=-4x^2+28xy-4x$$

(2) 곱셈공식 (b)를 이용하여 전개하면

$$(2x-1)^2=(2x)^2-2\times 2x\times 1+1^2=4x^2-4x+1$$

(3) 곱셈공식 (c)를 이용하여 전개하면

$$(3x-4y)(3x+4y)=(3x)^2-(4y)^2=9x^2-16y^2$$

(4) 곱셈공식 (d)를 이용하여 전개하면

$$(x-1)(x+3)=x^2+(-1+3)x+(-1)\times 3=x^2+2x-3$$

(5) 곱셈공식 (e)를 이용하여 전개하면

$$(3x-1)(4x+3)=3\times 4\times x^2+(3\times 3+(-1)\times 4)x+(-1)\times 3=12x^2+5x-3$$

다음은 다항식의 나눗셈에 사용되는 긴 나눗셈과 조립제법이다.

정의 1-1. **긴 나눗셈(long division)**

두 다항식 A, B의 나눗셈에서 A의 차수가 B의 차수보다 클 때, 다항식에서 유클리드 나눗셈(Euclidean division)을 사용하는 알고리즘을 **긴 나눗셈**이라고 한다.

예제 1-5

다항식 $A=x^3+2x^2+3x$을 $B=x^2+1$로 나눈 몫과 나머지를 구하여라.

풀이

긴 나눗셈을 이용하여 다음과 같은 방법으로 구한다.

$$\begin{array}{r|l} & x+2 \\ \hline x^2+1 & x^3+2x^2+3x \\ & x^3 \qquad\quad +x \\ \cline{2-2} & \qquad 2x^2+2x \\ & \qquad 2x^2 \qquad\ +2 \\ \cline{2-2} & \qquad\qquad 2x-2 \end{array}$$

여기서 몫은 $x+2$이고, 나머지는 $2x-2$이다.

정의 1-2. 조립제법(synthetic division)

조립제법이란 두 다항식 A, B의 나눗셈에서 특별히 나누는 식 B가 1차식인 경우 계수들의 간단한 연산을 통해 몫과 나머지를 구하는 방법이다.

예제 1-6

다음 다항식의 나눗셈을 조립제법을 이용하여 몫과 나머지를 구하여라.

(1) $(x^3-5x^2+7x+2)\div(x-2)$

(2) $(3x^3-7x^2+5x+1)\div(3x-1)$

풀이

(1) x^3-5x^2+7x+2을 $x-2$로 나눈 몫과 나머지를 조립제법을 통해 아래와 같은 방법으로 구한다.

$$\begin{array}{r|rrrr} 2 & 1 & -5 & 7 & 2 \\ & & 2 & -6 & 2 \\ \hline & 1 & -3 & 1 & \boxed{4} \end{array}$$

여기서 몫은 x^2-3x+1이고, 나머지는 4이다.

(2) $3x^3-7x^2+5x+1$을 $3x-1$로 나눈 몫과 나머지를 구하려면 $x-\frac{1}{3}$로 나누는 나눗셈을 조립제법을 이용해 아래와 같이 계산한다.

$$\begin{array}{r|rrrr} \frac{1}{3} & 3 & -7 & 5 & 1 \\ & & 1 & -2 & 1 \\ \hline & 3 & -6 & 3 & \boxed{2} \end{array}$$

여기서 몫은 $3x^2-6x+3$이고, 나머지는 2이다. 그러므로 $3x^3-7x^2+5x+1$을 $3x-1$로 나눈 몫은 x^2-2x+1이고 나머지는 2이다.

다항식의 나눗셈에서 두 다항식과 몫과 나머지에 관한 나눗셈 정리는 다음과 같다.

정리 1-3. **나눗셈 정리**

다항식 A를 다항식 B로 나눌 때의 몫을 Q, 나머지를 R이라 하면

$$A=BQ+R$$

이 성립한다. 여기서 다항식 R의 차수는 B의 차수보다 작고, 다항식 B와 Q의 차수의 합은 A의 차수와 같다.

앞의 예제에서 $3x^3-7x^2+5x+1$을 $3x-1$로 나눈 몫은 x^2-2x+1이고 나머지는 2이므로 나눗셈 정리에 의해

$$3x^3-7x^2+5x+1=(3x-1)(x^2-2x+1)+2$$

이고 식을 변형하면

$$3x^3-7x^2+5x+1=3\left(x-\frac{1}{3}\right)(x^2-2x+1)+2=\left(x-\frac{1}{3}\right)(3x^2-6x+3)+2$$

이므로 조립제법을 이용하여 나눗셈을 계산하는 원리를 이해할 수 있다.

다항식 A를 다항식 B로 나눌 때의 나머지가 0인 경우에 **A가 B로 나누어 떨어진다**고 하고, B, Q를 A의 **인수(factor)** 혹은 **약수(divisor)**라 하고, A를 B의 **배수(multiple)**라고 한다.

$$A=BQ$$

위와 같이 다항식을 인수들의 곱셈 형식으로 만드는 것을 **인수분해(factorization)**라고 하며, 기본적인 인수분해 공식을 다음 정리에서 소개한다.

정리 1-4. 인수분해 공식(factorization formula)

(a) $ma+mb=m(a+b)$

(b) $a^2+2ab+b^2=(a+b)^2$, $a^2-2ab+b^2=(a-b)^2$

(c) $a^2-b^2=(a+b)(a-b)$

(d) $x^2+(a+b)x+ab=(x+a)(x+b)$

(e) $acx^2+(ad+bc)x+bd=(ax+b)(cx+d)$

예제 1-7

다음 다항식을 인수분해하여라.

(1) $2x^2-3x$

(2) x^2+6x+9

(3) $4x^2-25$

(4) $x^2+3x-10$

(5) $3x^2-7x+2$

풀이

(1) 인수분해 공식 (a)를 이용하여 인수분해하면

$$2x^2-3x=x(2x-3)$$

(2) 인수분해 공식 (b)를 이용하여 인수분해하면

$$x^2+6x+9=x^2+2\times x\times 3+3^2=(x+3)^2$$

(3) 인수분해 공식 (c)를 이용하여 인수분해하면

$$4x^2-25=(2x)^2-5^2=(2x+5)(2x-5)$$

(4) $a+b=3$, $ab=-10$을 만족하는 수가 $a=5$, $b=-2$이므로 인수분해 공식 (d)를 이용하여 인수분해하면

$$x^2+3x-10=(x+5)(x-2)$$

(5) 인수분해 공식 (e)를 이용하기 위해 $ac=3$, $ad+bc=-7$, $bd=2$를 만족하는 a, b, c, d를 찾기 위해

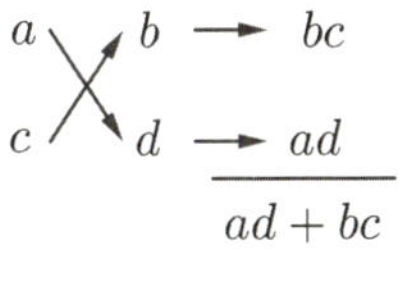

[그림 1-2]

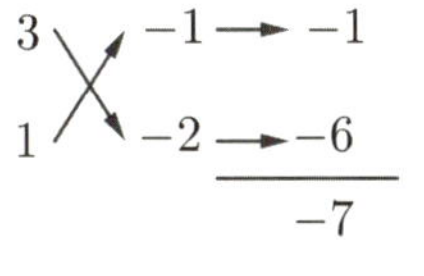

[그림 1-3]

이므로 $a=3$, $b=-1$, $c=1$, $d=-2$이다. 그러므로

$$3x^2-7x+2=(3x-1)(x-2)$$

이다.

Note 3차 이상의 다항식을 인수분해할 때는 다음에 소개할 **인수정리**와 **조립제법**을 함께 이용하는 것이 좋다.

정리 1-5. 인수정리(factor theorem)

다항식 $f(x)$가 $f(a)=0$인 경우에 $f(x)$는 $x-a$를 인수로 갖는다. 즉, 다항식 $Q(x)$가 존재하여

$$f(x)=(x-a)Q(x)$$

를 만족한다.

예제 1-8

다음 다항식을 인수분해하라.

(1) x^3+4x^2-x-4

(2) $x^4-x^3-7x^2+13x-6$

풀이

(1) $f(x)=x^3+4x^2-x-4$라 하자. 그러면

$$f(1)=1^3+4\times1^2-1-4=0$$

이므로 인수 정리에 의해 $f(x)$는 $x-1$로 나누어 떨어진다. 조립제법을 이용하여 몫을 구하면

$$\begin{array}{r|rrrr} 1 & 1 & 4 & -1 & -4 \\ & & 1 & 5 & 4 \\ \hline & 1 & 5 & 4 & \boxed{0} \end{array}$$

이므로

$$x^3+4x^2-x-4=(x-1)(x^2+5x+4)=(x-1)(x+1)(x+4)$$

이다.

(2) $f(x)=x^4-x^3-7x^2+13x-6$라 하자. 그러면

$$f(1)=1^4-1^3-7\times 1^2+13\times 1-6=0$$

이므로 $x-1$는 $f(x)$의 인수이다. 조립제법을 이용하여 몫을 구하면

$$\begin{array}{c|ccccc} 1 & 1 & -1 & -7 & 13 & -6 \\ & & 1 & 0 & -7 & 6 \\ \hline & 1 & 0 & -7 & 6 & \boxed{0} \end{array}$$

이므로 몫이 x^3-7x+6이다. $g(x)=x^3-7x+6$이라 하자. 그러면

$$g(1)=1-7+6=0$$

이므로 $x-1$이 $g(x)$의 인수이고 조립제법을 이용하여 몫을 구하면

$$\begin{array}{c|cccc} 1 & 1 & 0 & -7 & 6 \\ & & 1 & 1 & -6 \\ \hline & 1 & 1 & -6 & \boxed{0} \end{array}$$

이므로 몫이 x^2+x-6이다. 그러므로

$$\begin{aligned} x^4-x^3-7x^2+13x-6 &= (x-1)(x^3-7x+6) \\ &= (x-1)(x-1)(x^2+x-6) \\ &= (x-1)^2(x-2)(x+3) \end{aligned}$$

이다.

□ 분수식

두 다항식 $f(x)$, $g(x)\,(g(x)\neq 0)$의 나눗셈 형태의 식을 **유리식**(rational expression)이라 한다. 즉, $\dfrac{f(x)}{g(x)}$의 형태의 식을 유리식이라 한다. 특히, 분모가 1차 이상의 다항식인 유리식을 **분수식**(fractional expression)이라 한다.

분수식의 사칙연산은 **통분**(reduction to common denominator)과 **약분**(reduction)을 이용하여 계산한다. **통분**은 분모가 다른 2개 이상의 분수식의 분모를 같게 만드는 것이고, **약분**은 분자와 분모의 공약수로 나누어 분수식을 같게 만드는 것을 말한다.

예제 1-9

다음 분수식을 간단히 하여라.

(1) $\dfrac{x+2}{x+1}+\dfrac{2x+1}{x}$

(2) $\dfrac{x-2}{x^2-3x}\times\dfrac{x-3}{x^2+2x-8}$

(3) $\dfrac{x+2}{x^2-2x-3}\div\dfrac{x^2-4}{x-3}$

풀이

(1) 통분을 이용하여 계산하면

$$\frac{x+2}{x+1}+\frac{2x+1}{x}=\frac{x(x+2)}{x(x+1)}+\frac{(2x+1)(x+1)}{x(x+1)}=\frac{x^2+2x+2x^2+3x+1}{x(x+1)}=\frac{3x^2+5x+1}{x(x+1)}$$

(2) 인수분해하고 약분하여 간단히 하면

$$\frac{x-2}{x^2-3x}\times\frac{x-3}{x^2+2x-8}=\frac{x-2}{x(x-3)}\times\frac{x-3}{(x-2)(x+4)}=\frac{1}{x(x+4)}$$

(3) 나눗셈을 곱셈으로 바꾸어 간단히 하면

$$\frac{x+2}{x^2-2x-3}\div\frac{x^2-4}{x-3}=\frac{x+2}{(x-3)(x+1)}\times\frac{x-3}{(x+2)(x-2)}=\frac{1}{(x+1)(x-2)}$$

이다.

□ 무리식

무리식(irrational expression)이란 근호($\sqrt{\ }$) 안에 문자가 포함된 식을 말한다. 분모에 근호를 포함한 식이 있을 때 그 식의 값은 변하지 않으면서 분모를 다항식으로 고치는 것을 분모의 유리화(rationalization)라 한다.

예를 들어 무리식 $\dfrac{1}{\sqrt{x+3}-\sqrt{x-3}}$의 분자, 분모에 $\sqrt{x+3}+\sqrt{x-3}$을 곱하면

$$\begin{aligned}\frac{1}{\sqrt{x+3}-\sqrt{x-3}}&=\frac{\sqrt{x+3}+\sqrt{x-3}}{(\sqrt{x+3}-\sqrt{x-3})(\sqrt{x+3}+\sqrt{x-3})}\\&=\frac{\sqrt{x+3}+\sqrt{x-3}}{(\sqrt{x+3})^2-(\sqrt{x-3})^2}\end{aligned}$$

$$=\frac{\sqrt{x+3}+\sqrt{x-3}}{(x+3)-(x-3)}$$

$$=\frac{\sqrt{x+3}+\sqrt{x-3}}{6}$$

이 된다.

예제 1-10

다음 식의 분모를 유리화하여 간단히 하라.

(1) $\dfrac{x}{\sqrt{x+1}-1}$

(2) $\dfrac{1}{\sqrt{x}+2}-\dfrac{1}{\sqrt{x}-2}$

풀이

(1) 분자, 분모에 $\sqrt{x+1}+1$을 곱하면

$$\frac{x}{\sqrt{x+1}-1}=\frac{x(\sqrt{x+1}+1)}{(\sqrt{x+1}-1)(\sqrt{x+1}+1)}=\frac{x(\sqrt{x+1}+1)}{x+1-1}=\sqrt{x+1}+1$$

(2) 유리화한 후에 통분하면

$$\frac{1}{\sqrt{x}+2}-\frac{1}{\sqrt{x}-2}=\frac{\sqrt{x}-2}{(\sqrt{x}+2)(\sqrt{x}-2)}-\frac{\sqrt{x}+2}{(\sqrt{x}+2)(\sqrt{x}-2)}=\frac{(\sqrt{x}-2)-(\sqrt{x}+2)}{x-4}=-\frac{4}{x-4}$$

이다.

1.1 연습문제

01. 다음 다항식을 간단히 하여라.

(1) $(2x+1)(x-3)$

(2) $2(x+2)^2-(x-1)(x-3)$

(3) $(x-1)(x^2+2x+3)$

(4) $(2x-1)^2-(x-3)^2$

02. 다항식 A를 다항식 B로 나눈 몫과 나머지를 구하여라.

(1) $A=4x^3+11x^2-6x-8$, $B=x^2+x-1$

(2) $A=x^4-2x^3+9x-7$, $B=x^2-2x-1$

(3) $A=2x^3-6x+5$, $B=x-2$

(4) $A=4x^3-4x^2+x-9$, $B=2x-1$

03. 다항식 $f(x)$를 x^2+5x-4로 나누었을 때의 몫이 $x-2$이고 나머지가 $3x+1$이다. 다항식 $f(x)$를 x^2+1로 나누었을 때의 몫과 나머지를 구하여라.

04. 다음 다항식을 인수분해하여라.

(1) $(x-1)^2+(x-1)(x+3)$

(2) x^3-3x^2+2

(3) x^3+x^2-5x+3

(4) $x^4-x^3+2x^2+x-3$

05. 다음 분수식을 간단히 하여라.

(1) $\dfrac{x-2}{x-3}+\dfrac{x-4}{x-5}$

(2) $\dfrac{2x^2-11x+5}{6x^2+x-2}-\dfrac{2x^2+7x+6}{6x^2+5x-6}+\dfrac{x+10}{9x^2-4}$

(3) $\dfrac{x^2-4}{x^2+5x+6}\times\dfrac{x^2+3x}{x^2+x-2}$

(4) $\dfrac{x+1}{x^2+5x-36}\div\dfrac{x^2-x-20}{x^2-16}$

06. 다음 식의 분모를 유리화하여 간단히 하라.

(1) $\dfrac{1}{\sqrt{x+1}+\sqrt{x}}+\dfrac{1}{\sqrt{x+2}+\sqrt{x+1}}$

(2) $\dfrac{\sqrt{x}-2}{\sqrt{x}+2}+\dfrac{\sqrt{x}+2}{\sqrt{x}-2}$

1.2 방정식과 부등식

이 절에서는 방정식과 부등식의 정의와 풀이법에 대해 알아본다.

□ 방정식

방정식(equation)은 미지수가 포함된 식에서 그 미지수에 특정한 값을 대입할 때에만 참이 되는 등식이다. 특히 대수방정식은 식의 종류에 따라 다항방정식, 분수방정식, 무리방정식으로 나눌 수 있다.

○ 다항방정식

방정식 중에서

$$a_n x^n + \cdots + a_1 x + a_0 = 0$$

과 같이 좌변이 하나의 미지수 x에 대한 다항식의 꼴로 정리되는 방정식을 미지수가 한 개인 **다항방정식(polynomial equation)** 또는 일원방정식이라 한다. 특히, $a_n \neq 0$인 경우 **n차 방정식**이라고 한다.

▷ 일차방정식

일반적으로

$$a_1 x + a_0 = 0 \ (\text{단, } a_1 \neq 0)$$

인 꼴의 다항방정식을 x에 대한 **일차방정식**이라 하고, 등식의 성질을 이용하여 해를 구한다.

예제 1-11

다음 방정식의 해를 구하여라.

(1) $2x + 3 = 5$

(2) $2(x+2) = 3x + 7$

풀이

(1) 이항을 이용하여 해를 구하면

$$2x=2$$

이므로 방정식의 해는 $x=1$이다.

(2) 식을 정리하여 해를 구하면

$$\begin{aligned} 2x+4&=3x+7 \\ 2x-3x&=7-4 \\ -x&=3 \end{aligned}$$

이므로 방정식의 해는 $x=-3$이다.

▷ 절대값 방정식

수직선 위에서 실수 a에 대응하는 점과 원점 사이의 거리를 실수 a의 절대값(absolute value)이라 하고 기호 $|a|$로 나타낸다.

정리 1-6. 절대값 성질

실수 a, b에 대하여 다음 성질이 성립한다.

(a) $|a|=\begin{cases} a, & a \geq 0 \\ -a, & a<0 \end{cases}$

(b) $|a|=b$이고 $b \geq 0$이면 $a=b$ 또는 $a=-b$

(c) $|a|=|b|$ 이면 $a=b$ 또는 $a=-b$

예제 1-12

다음 방정식의 해를 구하여라.

(1) $|x-5|=2$

(2) $|x+2|=|3x-4|$

풀이

(1) 절댓값 성질 (b)를 이용하면

$$x-5=2 \text{ 또는 } x-5=-2$$

이다. 그러므로 방정식의 해는 $x=7,3$이다.

(2) 절댓값 성질 (c)를 이용하면

$$x+2=3x-4 \text{ 또는 } x+2=-(3x-4)$$

이고, $x+2=3x-4$에서

$$-2x=-6$$

이므로 $x=3$이고, $x+2=-(3x-4)$에서

$$x+2=-3x+4$$
$$4x=2$$

이므로 $x=\frac{1}{2}$이다. 그러므로 주어진 방정식의 해는 $x=3, \frac{1}{2}$이다.

▷ 이차방정식

일반적으로

$$a_2x^2+a_1x+a_0=0, \text{ (단, } a_2 \neq 0)$$

인 꼴의 다항방정식을 x에 대한 **이차방정식**이라 한다. 이차방정식의 해를 구하는 방법에는 다음과 같은 세 가지 해법이 있다.

인수분해에 의한 해법 : 이차식의 인수분해와 영의 성질(두 식 A, B에 대하여 $AB=0$이면 $A=0$ 또는 $B=0$)을 이용하여 해를 구한다.

예제 1-13

이차방정식 $3x^2-x-2=0$의 해를 구하여라.

풀이

좌변을 인수분해하면

$$(3x+2)(x-1)=0$$
$$3x+2=0 \text{ 또는 } x-1=0$$

따라서 주어진 이차방정식의 해는 $x=-\frac{2}{3}$ 또는 $x=1$이다.

제곱근의 성질을 이용한 해법 : $a \geq 0$인 실수 a에 대하여 $x^2 = a$이면 $x = \pm\sqrt{a}$임을 이용하여 이차방정식의 해를 구한다.

예제 1-14

이차방정식 $x^2 - 2x - 2 = 0$의 해를 구하여라.

풀이

좌변의 -2를 우변으로 이항하면

$$x^2 - 2x = 2$$

이고, 좌변을 완전제곱식으로 만들기 위하여 1을 양변에 더하면

$$x^2 - 2x + 1 = 2 + 1$$

이다. 좌변을 완전제곱식으로 고치고 우변을 정리하면

$$(x-1)^2 = 3$$

제곱근의 성질을 이용하면

$$x - 1 = \pm\sqrt{3}$$

이므로 이차방정식의 해는 $x = 1 \pm \sqrt{3}$이다.

근의 공식에 의한 해법 : 일반적인 이차방정식 $ax^2 + bx + c = 0$ (단, $a \neq 0$)의 해를 제곱근의 성질을 이용한 해법으로 구한 식을 **근의 공식**이라 한다.

정리 1-7. 이차방정식의 근의 공식(quadratic formula)

(a) x에 대한 이차방정식 $ax^2 + bx + c = 0$ (단, $a \neq 0$)의 근은

$$x = \frac{-b \pm \sqrt{b^2 - 4ac}}{2a}$$

이고,

(b) 이차방정식 $ax^2 + 2mx + c = 0$의 근은

$$x = \frac{-m \pm \sqrt{m^2 - ac}}{a}$$

이다.

증명

(a) 이차방정식 $ax^2+bx+c=0$의 좌변의 c를 우변으로 이항하면

$$ax^2+bx=-c$$

이고, 양변을 a로 나누면

$$x^2+\frac{b}{a}x=-\frac{c}{a}$$

이다. 좌변을 완전제곱식으로 만들기 위하여 $\left(\frac{b}{2a}\right)^2=\frac{b^2}{4a^2}$을 양변에 더하면

$$x^2+\frac{b}{a}x+\frac{b^2}{4a^2}=\frac{b^2}{4a^2}-\frac{c}{a}$$

이다. 좌변을 완전제곱식으로 고치고 우변을 정리하면

$$\left(x+\frac{b}{2a}\right)^2=\frac{b^2-4ac}{4a^2}$$

제곱근의 성질을 이용하면

$$x+\frac{b}{2a}=\pm\frac{\sqrt{b^2-4ac}}{2a}$$

이므로 이차방정식의 해는 $x=\frac{-b\pm\sqrt{b^2-4ac}}{2a}$이다.

(b) (a)에서 구한 근의 공식에 $b=2m$을 대입하면

$$x=\frac{-2m\pm\sqrt{(2m)^2-4ac}}{2a}=\frac{-2m\pm\sqrt{4(m^2-ac)}}{2a}=\frac{-m\pm\sqrt{m^2-ac}}{a}$$ 이다.

예제 1-15

이차방정식의 근의 공식을 이용하여 다음 이차방정식의 해를 구하여라.

(1) $3x^2-7x-2=0$

(2) $5x^2+2x-2=0$

풀이

(1) 근의 공식 (a)를 이용하여 해를 구하면

$$x=\frac{7\pm\sqrt{(-7)^2-4\times3\times(-2)}}{2\times3}=\frac{7\pm\sqrt{73}}{6}$$

이다.

(2) 근의 공식 (b)를 이용하여 해를 구하면

$$x=\frac{-1\pm\sqrt{1^2-5\times(-2)}}{5}=\frac{-1\pm\sqrt{11}}{5}$$

이다.

▷ 고차방정식

삼차 이상의 방정식을 **고차방정식**이라 하는데 그 해법은 매우 어렵다. 여기서는 인수정리와 조립제법을 이용하여 해를 구할 수 있는 간단한 경우의 방정식만을 다룬다.

예제 1-16

다음 고차방정식의 해를 구하여라.

(1) $2x^3-x^2-2x+1=0$

(2) $x^4-4x^3-x^2+16x-12=0$

풀이

(1) 좌변의 식을 인수분해하면

$$(x+1)(x-1)(2x-1)=0$$

이므로 주어진 방정식의 해는 $x=-1,\ 1,\ \frac{1}{2}$이다.

(2) 좌변의 식을 인수분해하기 위해 $f(x)=x^4-4x^3-x^2+16x-12$라 하면

$$f(1)=1-4-1+16-12=0$$

이 성립한다. 인수정리에 의해 $f(x)$는 $x-1$을 인수로 갖는다. 조립제법을 이용하여 $f(x)$를 인수분해하면

$$\begin{array}{c|ccccc} 1 & 1 & -4 & -1 & 16 & -12 \\ & & 1 & -3 & -4 & 12 \\ \hline & 1 & -3 & -4 & 12 & \boxed{0} \end{array}$$

$$f(x)=(x-1)(x^3-3x^2-4x+12)$$

이다. $g(x)=x^3-3x^2-4x+12$라 하면

$$g(3)=27-27-12+12=0$$

이므로 다시 조립제법을 이용하면

$$\begin{array}{c|cccc} 3 & 1 & -3 & -4 & 12 \\ & & 3 & 0 & -12 \\ \hline & 1 & 0 & -4 & \boxed{0} \end{array}$$

이므로

$$f(x)=(x-1)g(x)=(x-1)(x-3)(x^2-4)=(x-1)(x-3)(x-2)(x+2)$$

이다. 그러므로 주어진 방정식은

$$f(x)=(x-1)(x-3)(x-2)(x+2)=0$$

이 되어 방정식의 해는 $x=-2,\ 1,\ 2,\ 3$이다.

○ 연립방정식

연립방정식(simultaneous equations)은 2개 이상의 방정식이 묶여 있는 것으로 **방정식계**(system of equations)라고도 한다.

▷ 연립일차방정식

2개 이상의 일차방정식이 묶여 있는 방정식으로 대입법이나 가감법으로 미지수를 소거해서 해를 구한다.

예제 1-17

다음 연립일차방정식의 해를 구하여라.

(1) $\begin{cases} 3x-2y=-7 \\ x+y=1 \end{cases}$

(2) $\begin{cases} x+y+z=4 \\ x-y-2z=3 \\ x+2y-3z=-1 \end{cases}$

풀이

(1) 주어진 방정식에 아래와 같이 번호를 붙인다.

$$\begin{cases} 3x-2y=-7 & \cdots\cdots ① \\ x+y=1 & \cdots\cdots ② \end{cases}$$

미지수 y를 소거하기 위해 ①+②×2에서

$$(3x-2y)+2(x+y)=-7+1\times 2$$
$$5x=-5$$
$$x=-1 \cdots\cdots ③$$

을 ②에 대입하면

$$-1+y=1$$
$$y=2$$

이 되어 주어진 연립방정식의 해는 $x=-1$, $y=2$이다.

(2) 주어진 방정식에 아래와 같이 번호를 붙인다.

$$\begin{cases} x+y+z=4 & \cdots\cdots ① \\ x-y-2z=3 & \cdots\cdots ② \\ x+2y-3z=-1 & \cdots\cdots ③ \end{cases}$$

미지수 z를 소거하기 위해 ①×2+②에서

$$2(x+y+z)+(x-y-2z)=4\times 2+3$$
$$3x+y=11 \quad \cdots\cdots ④$$

①×3+③에서

$$3(x+y+z)+(x+2y-3z)=4\times 3+(-1)$$
$$4x+5y=11 \quad \cdots\cdots ⑤$$

이고 ④×5−⑤에서

$$5(3x+y)-(4x+5y)=11\times 5-11$$
$$11x=44$$
$$x=4 \cdots\cdots ⑥$$

⑥을 ④에 대입하면

$$3\times 4+y=11$$
$$y=-1 \quad \cdots\cdots ⑦$$

⑥과 ⑦을 ①에 대입하면

$$4-1+z=4$$
$$z=1$$

이 되어 주어진 연립방정식의 해는 $x=4$, $y=-1$, $z=1$이다.

▷ 연립이차방정식

미지수가 2개인 연립이차방정식은 두 방정식을 이용하여 한 미지수에 대한 이차방정식을 만들어 해를 구한다.

예제 1-18

다음 연립이차방정식의 해를 구하여라.

$$\begin{cases} x+y=2 & \cdots\cdots ① \\ x^2+3xy-4y^2=0 & \cdots\cdots ② \end{cases}$$

풀이

①을 정리하여 y를 x에 대한 식으로 나타내면

$$y=2-x \quad \cdots\cdots ③$$

이고 ③을 ②에 대입하면

$$x^2+3x(2-x)-4(2-x)^2=0$$
$$-6x^2+22x-16=0$$
$$3x^2-11x+8=0$$
$$(x-1)(3x-8)=0$$
$$x=1 \text{ 또는 } x=\frac{8}{3}$$

이다. 이 값을 ③에 대입하여 해를 구하면

$$\begin{cases} x=1 \\ y=1 \end{cases} \text{ 또는 } \begin{cases} x=\dfrac{8}{3} \\ y=-\dfrac{2}{3} \end{cases}$$

이다.

○ 분수 방정식

방정식

$$\frac{x}{x-1}=0, \quad \frac{2}{x+1}=\frac{1}{2x-1}, \quad \frac{x^2+2}{x}=2x-1$$

과 같이 분수식을 포함하는 방정식을 **분수방정식**(fractional equation)이라 한다. 다항방정식과 분수방정식을 통틀어 **유리방정식**(rational equation)이라 한다.

정리 1-8. **분수방정식을 푸는 절차**

단계 1) 분모의 최소공배수를 방정식의 양변에 곱하여 다항방정식으로 변형한다.
단계 2) 단계 1에서 변형한 다항방정식의 해를 구한다.
단계 3) 단계 2에서 구한 해 중에서 무연근을 제외한 나머지를 주어진 방정식의 해라 한다.

예제 1-19

다음 분수방정식의 해를 구하여라.

(1) $\dfrac{1}{x}+\dfrac{2}{x(x-2)}=1$

(2) $\dfrac{1}{x-1}+\dfrac{3}{x(x-1)}=1$

풀이

(1) 방정식의 양변에 분모의 최소공배수인 $x(x-2)$를 곱하면

$$(x-2)+2=x(x-2)$$
$$x^2-3x=0$$
$$x(x-3)=0$$
$$x=0,\ 3$$

이다. 여기서 $x=0$은 주어진 분수방정식의 분모가 0이 되게 하므로 무연근이다 그러므로 분수방정식의 해는 $x=3$ 뿐이다.

(2) 방정식의 양변에 분모의 최소공배수인 $x(x-1)$을 곱하면

$$x+3=x(x-1)$$
$$x^2-2x-3=0$$
$$(x-3)(x+1)=0$$
$$x=-1,\ 3$$

이다. 여기서 $x=-1,\ 3$은 둘 다 무연근이 아니므로 분수방정식의 해는 $x=-1,\ 3$이다.

○ 무리 방정식

방정식

$$\sqrt{x-1}=0,\ \sqrt{x+2}-\sqrt{x-1}=3$$

와 같이 미지수에 대한 무리식을 포함하는 방정식을 **무리방정식(irrational equation)**이라 한다.

정리 1-9. 무리방정식을 푸는 절차

단계 1) 무리방정식의 각 항을 적당히 이항한 후 양변을 제곱하여 다항방정식으로 변형한다.
단계 2) 단계 1에서 변형한 다항방정식의 해를 구한다.
단계 3) 단계 2에서 구한 해 중에서 무연근을 제외한 나머지를 주어진 방정식의 해라 한다.

예제 1-20

다음 무리방정식의 해를 구하여라.

(1) $\sqrt{x-2}=x-4$

(2) $\sqrt{2x+3}-\sqrt{x+1}=1$

풀이

(1) 양변을 제곱하면

$$(\sqrt{x-2})^2=(x-4)^2$$
$$x-2=x^2-8x+16$$
$$x^2-9x+18=0$$
$$(x-3)(x-6)=0$$

이므로 방정식의 해는 $x=3,6$이다.

① $x=3$을 무리방정식에 대입하면

$$(\text{좌변})=\sqrt{3-2}=1,\ (\text{우변})=3-4=-1$$

이므로 $x=3$은 무연근이다.

② $x=6$을 무리방정식에 대입하면

$$(\text{좌변})=\sqrt{6-2}=2,\ (\text{우변})=6-4=2$$

이므로 $x=6$은 무연근이 아니다.

그러므로 주어진 방정식의 근은 $x=6$이다.

(2) 이항한 후 양변을 제곱하여 정리하면

$$\sqrt{2x+3}=\sqrt{x+1}+1$$
$$(\sqrt{2x+3})^2=(\sqrt{x+1}+1)^2$$
$$2x+3=x+1+2\sqrt{x+1}+1$$
$$x+1=2\sqrt{x+1}$$

이고 양변을 제곱하면

$$x^2+2x+1=4(x+1)$$

$$x^2-2x-3=0$$
$$(x-3)(x+1)=0$$

이므로 해는 $x=-1,3$이다.

① $x=-1$을 무리방정식에 대입하면

$$(\text{좌변})=\sqrt{-2+3}-\sqrt{-1+1}=1,\ (\text{우변})=1$$

이므로 $x=-1$은 무연근이 아니다.

② $x=3$을 무리방정식에 대입하면

$$(\text{좌변})=\sqrt{6+3}-\sqrt{3+1}=1,\ (\text{우변})=1$$

이므로 $x=3$은 무연근이 아니다.
그러므로 주어진 방정식의 근은 $x=-1,3$이다.

□ 부등식

부등식(inequality)은 수나 식의 값의 대소 관계를 나타내는 식이다. 부등식의 우변의 식을 좌변으로 이항하여 정리한 식은

$$f(x)>0,\ f(x)\geq 0,\ f(x)<0,\ f(x)\leq 0$$

중의 하나로 표현된다. 이 때 $f(x)$의 종류에 따라 다항부등식, 절댓값 부등식, 분수부등식 등으로 나눌 수 있다.
부등식을 참으로 하는 미지수의 값을 **부등식의 해**라고 하고, 해 전체의 집합을 **부등식의 해집합**이라 한다. 또한 해집합을 구하는 것을 **부등식을 푼다**라고 한다. 그리고 이 부등식의 해는 주로 부등식 기호 또는 구간 기호를 사용하여 나타낸다. 특히 구간 기호는 소괄호와 대괄호를 사용하는데 아래와 같이 표현할 수 있다.

1차원 그래프	부등식 기호	구간 기호
	$a < x < b$	(a, b)
	$a \le x < b$	$[a, b)$
	$a < x \le b$	$(a, b]$
	$a \le x \le b$	$[a, b]$
	$x > a$	(a, ∞)
	$x \ge a$	$[a, \infty)$
	$x < b$	$(-\infty, b)$
	$x \le b$	$(-\infty, b]$
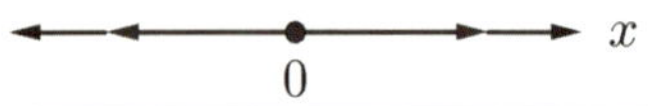	모든 실수	$(-\infty, \infty)$

○ 일차부등식

일차부등식(linear inequality)은

$$ax+b > 0,\ ax+b \ge 0,\ ax+b < 0,\ ax+b \le 0$$

의 형태를 이루는 부등식으로, 다음 부등식의 성질을 이용하여 해를 구할 수 있다.

정리 1-10. 부등식의 성질

실수 a, b, c에 대하여

(a) $a < b$, $b < c$이면 $a < c$이다. (전이성)

(b) $a < b$이면 $a+c < b+c$이다. (덧셈법칙)

(c) $a < b$이고 $c > 0$이면 $ac < bc$이다. (양의 곱셈법칙)

(d) $a < b$이고 $c < 0$이면 $ac > bc$이다. (음의 곱셈법칙)

예제 1-21

다음 일차부등식의 해를 구하여라.

(1) $5x - 3 \ge 7$

(2) $2(4-3x) < 5x - 14$

풀이

(1) 부등식의 성질을 이용하여 해를 구하면

$$5x \geq 7+3$$
$$5x \geq 10$$
$$x \geq 2$$

이다.

(2) 식을 정리하고 부등식의 성질을 이용하면

$$8-6x < 5x-14$$
$$-11x < -22$$
$$x > 2$$

이므로 부등식의 해는 $x > 2$이다.

○ 연립일차부등식

두 개 이상의 부등식을 묶어 놓은 것을 **연립부등식**이라 한다. 연립부등식 중에서 부등식이 모두 일차부등식일 때, 이를 **연립일차부등식**이라 한다.

예제 1-22

다음 연립일차부등식의 해를 구하여라.

(1) $\begin{cases} 2x+3 > x+5 \\ 5x-5 \leq 3x+5 \end{cases}$

(2) $-5 \leq 1-3x < 10$

풀이

(1) 부등식 $2x+3 > x+5$의 해를 구하면

$$2x-x > 5-3$$
$$x > 2$$

이고 $5x-5 \leq 3x+5$의 해를 구하면

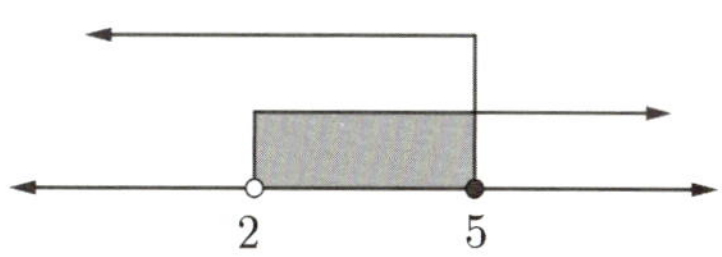

[그림 1-4]

$$5x-3x \leq 5+5$$
$$2x \leq 10$$
$$x \leq 5$$

이고 ①과 ②의 공통 범위를 구하면 $2 < x \le 5$이다.

(2) 부등식의 성질을 이용하여 해를 구하면

$$-5-1 \le -3x < 10-1$$
$$-6 \le -3x < 9$$
$$-3 < x \le 2$$

이다.

○ 절댓값 부등식

절댓값 기호를 포함하는 부등식을 **절댓값 부등식**이라 하고 다음 절댓값 부등식의 성질을 이용하여 해를 구한다.

정리 1-11. 절댓값 부등식의 성질

실수 a, b에 대해

(a) $|a| < b$ 이고 $b > 0$ 이면 $-b < a < b$이다.

(b) $|a| \le b$ 이고 $b > 0$ 이면 $-b \le a \le b$이다.

(c) $|a| > b$ 이고 $b > 0$ 이면 $a < -b$ 또는 $a > b$이다.

(d) $|a| \ge b$ 이고 $b > 0$ 이면 $a \le -b$ 또는 $a \ge b$이다.

예제 1-23

다음 부등식의 해를 구하여라.

(1) $|2x-3| \le 4$

(2) $|x-2| > 3$

풀이

(1) 절댓값 부등식의 성질 (b)를 이용하여 해를 구하면

$$-4 \le 2x-3 \le 4$$
$$-1 \le 2x \le 7$$
$$-\frac{1}{2} \le x \le \frac{7}{2}$$

(2) 절댓값 부등식의 성질 (c)를 이용하면

$$x-2 < -3 \text{ 또는 } x-2 > 3$$

이므로 주어진 부등식의 해는 $x < -1$ 또는 $x > 5$이다.

○ 이차부등식과 고차부등식

부등식

$$f(x) > 0,\ f(x) \geq 0,\ f(x) < 0,\ f(x) \leq 0$$

에 대해, $f(x)$가 이차식이면 **이차부등식(quadratic inequality)**, 3차 이상의 다항식인 경우에 **고차부등식(inequality of higher degree)**이라 하고 다음과 같은 절차에 따라 해를 구할 수 있다.

정리 1-12. 이차 및 고차부등식을 푸는 절차

단계 1) 부등식의 성질을 이용하여 우변의 식을 좌변으로 이항하여 정리한다.
단계 2) 좌변의 다항식을 인수분해하여 인수를 구하고 임계수(인수를 0으로 하는 값을 임계수라 부른다)를 구한다.
단계 3) 임계수를 경계로 구간을 나눈 후, 각 구간에서 인수의 부호를 결정하고 이를 이용하여 부등식의 해를 구한다.

예제 1-24

다음 부등식의 해를 구하여라.

(1) $x^2 - 4 \geq 0$

(2) $2x^2 < 5 - 9x$

(3) $x^3 - 2x + 3 < x^2 + 1$

(4) $x^4 - 3x^3 - 7x^2 + 27x - 18 \geq 0$

풀이

(1) 좌변을 인수분해하면

$$(x-2)(x+2) \geq 0$$

이므로 임계수는 $x = -2, 2$이다. 이를 이용하여 각 구간에서의 인수의 부호를 조사하면 아래 표와 같다.

x	$x < -2$	$-2 < x < 2$	$x > 2$
$x-2$	$-$	$-$	$+$
$x+2$	$-$	$+$	$+$
$(x-2)(x+2)$	$+$	$-$	$+$

그러므로 부등식의 해는 $x \leq -2$ 또는 $x \geq 2$이다.

(2) 우변을 모두 좌변으로 이항하고 인수분해하면

$$2x^2+9x-5<0$$
$$(2x-1)(x+5)<0$$

이므로 임계수는 $x=-5, \frac{1}{2}$이다. 이를 이용하여 각 구간에서의 인수의 부호를 조사하면 아래 표와 같다.

x	$x<-5$	$-5<x<\frac{1}{2}$	$x>\frac{1}{2}$
$2x-1$	$-$	$-$	$+$
$x+5$	$-$	$+$	$+$
$(2x-1)(x+5)$	$+$	$-$	$+$

그러므로 부등식의 해는 $-5<x<\frac{1}{2}$이다.

(3) 이항하여 정리하면

$$x^3-x^2-2x+2<0$$

이다. $f(x)=x^3-x^2-2x+2$라 하면 $f(1)=0$이므로 $x-1$이 $f(x)$의 인수이고 조립제법을 이용하여 인수분해하면

$$\begin{array}{r|rrrr} 1 & 1 & -1 & -2 & 2 \\ & & 1 & 0 & -2 \\ \hline & 1 & 0 & -2 & \boxed{0} \end{array}$$

$$f(x)=(x-1)(x^2-2)=(x-1)(x-\sqrt{2})(x+\sqrt{2})$$

이다. 그러므로 임계수는 $x=-\sqrt{2}, 1, \sqrt{2}$이다. 이를 이용하여 각 구간에서의 인수의 부호를 조사하면 아래 표와 같다.

x	$x<-\sqrt{2}$	$-\sqrt{2}<x<1$	$1<x<\sqrt{2}$	$x>\sqrt{2}$
$x-1$	$-$	$-$	$+$	$+$
$x+\sqrt{2}$	$-$	$+$	$+$	$+$
$x-\sqrt{2}$	$-$	$-$	$-$	$+$
$f(x)$	$-$	$+$	$-$	$+$

그러므로 부등식의 해는 $x<-\sqrt{2}$ 또는 $1<x<\sqrt{2}$이다.

(4) $g(x)=x^4-3x^3-7x^2+27x-18$라 하면 $g(1)=0$이고 $g(2)=0$이므로 조립제법을 이용하여 인수분해하면

$$
\begin{array}{c|ccccc}
1 & 1 & -3 & -7 & 27 & -18 \\
 & & 1 & -2 & -9 & 18 \\
\hline
2 & 1 & -2 & -9 & 18 & \boxed{0} \\
 & & 2 & 0 & -18 & \\
\hline
 & 1 & 0 & -9 & \boxed{0} &
\end{array}
$$

$$g(x)=(x-1)(x^3-2x^2-9x+18)=(x-1)(x-2)(x^2-9)=(x-1)(x-2)(x-3)(x+3)$$

이다. 그러므로 임계수는 $x=-3,1,2,3$이다. 이를 이용하여 각 구간에서의 인수의 부호를 조사하면 아래 표와 같다.

x	$x<-3$	$-3<x<1$	$1<x<2$	$2<x<3$	$x>3$
$x-1$	$-$	$-$	$+$	$+$	$+$
$x-2$	$-$	$-$	$-$	$+$	$+$
$x-3$	$-$	$-$	$-$	$-$	$+$
$x+3$	$-$	$+$	$+$	$+$	$+$
$g(x)$	$+$	$-$	$+$	$-$	$+$

그러므로 부등식의 해는 $x\le-3$ 또는 $1\le x\le 2$ 또는 $x\ge 3$이다.

○ 분수 부등식

부등식

$$f(x)>0,\ f(x)\ge 0,\ f(x)<0,\ f(x)\le 0$$

에 대해 $f(x)$가 분수식이면 **분수부등식(fractional inequality)**라 하고 일차, 이차, 고차부등식과 분수부등식을 통틀어 **유리부등식(rational inequality)**이라 한다. 분수부등식은 다음과 같은 절차에 따라 해를 구할 수 있다.

정리 1-13. 분수부등식을 푸는 절차

단계 1) 부등식의 성질을 이용하여 우변의 식을 좌변으로 이항하고 통분하여 하나의 분수식으로 정리한다.
단계 2) 좌변의 분수식의 분자/분모를 각각 인수분해하여 인수를 구하고 임계수를 구한다.
단계 3) 임계수를 경계로 구간을 나눈 후, 각 구간에서 인수의 부호를 결정하고 이를 이용하여 부등식의 해를 구한다.

예제 I-25

다음 분수부등식의 해를 구하여라.

(1) $\frac{2}{x-2} \geq \frac{1}{x-4}$

(2) $\frac{3x(x+1)(x-2)}{(x-1)(x+3)} \geq 0$

풀이

(1) 이항하여 통분하면

$$\frac{2}{x-2} - \frac{1}{x-4} \geq 0$$

$$\frac{2(x-4)-(x-2)}{(x-2)(x-4)} \geq 0$$

$$\frac{x-6}{(x-2)(x-4)} \geq 0$$

이다. $x=2,4,6$을 기준으로 구간을 나누어 각 구간에서의 분자와 분모의 인수의 부호를 조사하면 아래 표와 같다.

x	$x<2$	$2<x<4$	$4<x<6$	$x>6$
$x-6$	$-$	$-$	$-$	$+$
$x-2$	$-$	$+$	$+$	$+$
$x-4$	$-$	$-$	$+$	$+$
$\frac{x-6}{(x-2)(x-4)}$	$-$	$+$	$-$	$+$

그러므로 부등식의 해는 $2<x<4$ 또는 $x \geq 6$이다.

(2) $x=-3,-1,0,1,2$를 기준으로 구간을 나누어 인수의 부호를 조사하면 아래 표와 같다.

x	$x<-3$	$-3<x<-1$	$-1<x<0$	$0<x<1$	$1<x<2$	$x>2$
$3x$	$-$	$-$	$-$	$+$	$+$	$+$
$x+1$	$-$	$-$	$+$	$+$	$+$	$+$
$x-2$	$-$	$-$	$-$	$-$	$-$	$+$
$x-1$	$-$	$-$	$-$	$-$	$+$	$+$
$x+3$	$-$	$+$	$+$	$+$	$+$	$+$
$\frac{3x(x+1)(x-2)}{(x-1)(x+3)}$	$-$	$+$	$-$	$+$	$-$	$+$

그러므로 부등식의 해는 $-3<x \leq -1$ 또는 $0 \leq x<1$ 또는 $x \geq 2$이다.

1.2 연습문제

01. 다음 방정식의 해를 구하여라.

(1) $2x^2-3x+2=x^2+2x-4$

(2) $4x^2-x-1=0$

(3) $x^3+x-2=0$

(4) $x^4+x^3-x-1=0$

02. 다음 연립방정식의 해를 구하여라.

(1) $\begin{cases} 2x+y=x+3 \\ x-2y=6 \end{cases}$

(2) $\begin{cases} x+y+z=6 \\ 2x+y=4 \\ x-y+3z=8 \end{cases}$

(3) $\begin{cases} x-y=2 \\ x^2-2y^2=7 \end{cases}$

03. 다음 분수방정식의 해를 구하여라.

(1) $2x-\dfrac{x}{x-1}=2$

(2) $\dfrac{1}{x+1}+\dfrac{2}{x^2-1}=\dfrac{1}{2}$

(3) $\dfrac{x^2+x+1}{x-2}-\dfrac{x+2}{x-1}=\dfrac{3}{(x-1)(x-2)}-2$

04. 다음 무리방정식의 해를 구하여라.

(1) $\sqrt{2x-3}=x-3$

(2) $\sqrt{x}-\sqrt{2x+1}=-1$

05. 다음 부등식의 해를 구하여라.

(1) $|3x+2|<7$

(2) $2x^2+8x \geq x-5$

(3) $x^3-2x^2-5x+6 \geq 0$

(4) $x^4-4x^3-x^2+16x-12<0$

06. 다음 연립부등식의 해를 구하여라.

(1) $\begin{cases} 3x-2<7 \\ 2x+3 \geq x+5 \end{cases}$

(2) $\begin{cases} x^2-2x-8 \leq 0 \\ 2x-3<x-1 \end{cases}$

07. 다음 분수부등식의 해를 구하여라.

(1) $\dfrac{x}{x-1}+\dfrac{2}{x-2} \leq 0$

(2) $\dfrac{1}{x-1} \leq \dfrac{2}{x+1}$

Chapter

02 대수함수

2.1 함수와 그래프

이 절에서는 함수의 정의와 여러 가지 종류의 함수를 소개하고, 함수의 그래프에 대해 알아 본다.

□ 함수

일반적으로 **함수(function)**란 한 집합의 원소들을 다른 집합의 원소들에 지정해 주는 규칙을 말한다.

정의 2-1. 함수

두 집합 X, Y에 대하여, 집합 X의 각 원소 x를 집합 Y의 한 원소 y에 대응시키는 규칙을 **집합 X에서 집합 Y로의 함수(function from X into Y)**이라 한다. f가 집합 X에서 집합 Y로의 함수일 때, 함수 f를 기호로

$$f : X \to Y \text{ 또는 } X \xrightarrow{f} Y$$

와 같이 나타낸다. 이 때 X를 함수 f의 **정의역(domain)**, Y를 함수 f의 **공변역(codomain)**이라고 하며 집합 X의 원소 x에 대응하는 집합 Y의 원소를 $y=f(x)$로 나타내고, 이것을 x에서의 f의 **상(image)** 또는 x에서의 f의 **함수값(value of function)**이라 부른다. 특히 함수값 $f(x)$들의 집합 $f(X)=\{f(x)|x\in X\}$을 함수 f의 **치역(range)**이라 한다.

예제 2-1

다음 함수 f의 정의역, 공변역, 치역 그리고 $f(a)$를 구하여라.

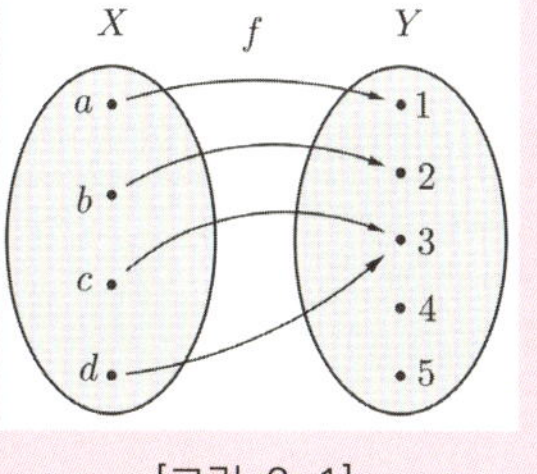

[그림 2-1]

풀이

함수 f의 정의역은 $X=\{a,b,c,d\}$이고 공변역은 $Y=\{1,2,3,4,5\}$이며 치역은 $f(X)=\{1,2,3\}$이다. 그리고 $f(a)=1$이다.

□ 함수의 연산

○ 함수의 동등

정의역이 같은 두 함수 f, g에 대해 정의역 X에 있는 모든 원소 x에 대하여 $f(x)=g(x)$이면 두 함수는 **동등하다(서로 같다)**라고 하고, $f=g$와 같이 나타낸다.

○ 함수의 기본 연산

실수 집합 $\mathbb{R}$의 부분집합 X를 정의역으로 하는 두 함수 $f:X\to\mathbb{R}$, $g:X\to\mathbb{R}$에 대하여 f와 g의 합 $f+g$, 차 $f-g$, 곱 fg, 몫 $\frac{f}{g}\,(g\neq 0)$은 다음과 같이 정의한다. 이 때 함수의 정의역은 X이고 공변역은 $\mathbb{R}$이다.

정의 2-2. 함수의 연산

실수집합 $\mathbb{R}$의 부분집합 X를 정의역으로 하는 두 함수 $f:X\to\mathbb{R}$, $g:X\to\mathbb{R}$에 대하여, 두 함수의 합, 차, 곱, 몫은 다음과 같이 정의한다.

(a) 합 : $(f+g)(x)=f(x)+g(x)$

(b) 차 : $(f-g)(x)=f(x)-g(x)$

(c) 곱 : $(fg)(x)=f(x)\,g(x)$

(d) 몫 : $\left(\frac{f}{g}\right)(x)=\frac{f(x)}{g(x)},\quad g(x)\neq 0$

○ 함수의 합성

함수의 또 다른 중요한 연산을 합성(composition)이라 하는데 다음과 같이 정의한다.

정의 2-3. 합성함수

집합 X, Y, Z와 두 함수 $f: X \to Y$, $g: Y \to Z$에 대하여

$$h: X \to Z, \quad h(x) = g(f(x))$$

로 정의된 함수 h를 f와 g의 **합성함수(composite function)**라 하고, 기호 $g \circ f$로 나타낸다.

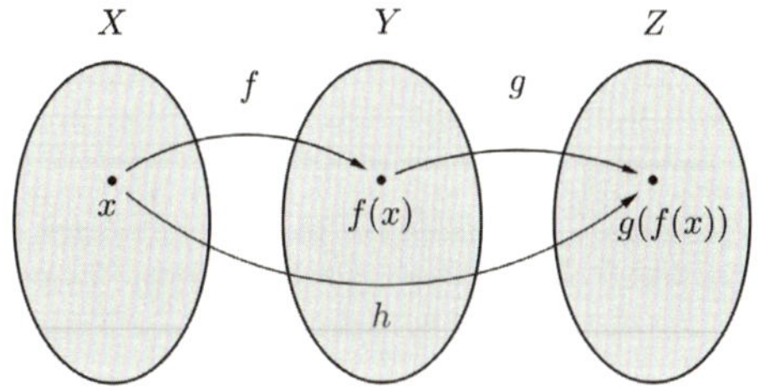

[그림 2-2]

이 때, 함수 f를 h의 내부함수, 함수 g를 h의 외부함수라 하면, 합성함수 h의 정의역은 내부함수 f의 정의역과 같고 h의 공변역은 외부함수 g의 공변역과 같다.

예제 2-2

함수 $f(x)=x^2$, $g(x)=x+4$에 대하여 다음 합성함수를 구하여라.

(1) $(g \circ f)(x)$

(2) $(f \circ g)(x)$

풀이

(1) $(g \circ f)(x) = g(f(x)) = g(x^2) = x^2 + 4$

(2) $(f \circ g)(x) = f(g(x)) = f(x+4) = (x+4)^2$

○ 역함수

일반적으로 함수의 정의역과 공변역을 바꾸어 역으로의 대응관계를 생각할 수 있다. 즉, 함수 $f: X \to Y$에서 집합 X의 원소 x를 집합 Y의 원소 y에 대응시키는 관계가 $y=f(x)$을 만족할 때, 역으로 y를 x에 대응시키는 역대응관계 $g: Y \to X$를 $x=g(y)$로 정의할 수 있다. 이 때 대응관계는 반드시 함수는 아니다. 이 대응관계가 함수가 되기 위한 조건을 알기 위해 다음과 같은 함수를 소개한다.

정의 2-4. 단사/전사/전단사 함수

함수 $f: X \to Y$에 대하여

(a) $f(X) = Y$일 때 f는 **전사함수(surjective function)** 또는 **위로의 함수(onto function)**이라 한다.

(b) 집합 X의 서로 다른 두 원소 x_1, x_2에 대하여 $f(x_1) \neq f(x_2)$일 때, f을 **단사함수(injective function)** 또는 **일대일 함수(one to one function)**이라 한다.

(c) 함수 f가 전사이고 동시에 단사이면 f를 **전단사함수(bijective function)** 또는 **일대일 대응함수(one to one correspond)**라 한다.

따라서 함수 $f: X \to Y$가 전단사함수이면, 그의 역대응관계인 $g: Y \to X$ 또한 함수가 되고 이를 f의 역함수라 한다.

정의 2-5. 역함수

함수 $f: X \to Y$, $y = f(x)$가 전단사함수일 때, 집합 Y의 각 원소 y에 $y = f(x)$를 만족하는 집합 X의 원소 x를 대응시키는 대응규칙을 g라 하면, g는 Y에서 X로의 함수이고 $g(y) = x$이 된다. 즉,

$$g: Y \to X,\ g(y) = x$$

이고

$$(g \circ f)(x) = g(f(x)) = x,\ (f \circ g)(y) = f(g(y)) = y$$

인 관계를 만족한다. 이 때 g를 f의 **역함수(inverse function)**라 하고 f^{-1}로 나타낸다.

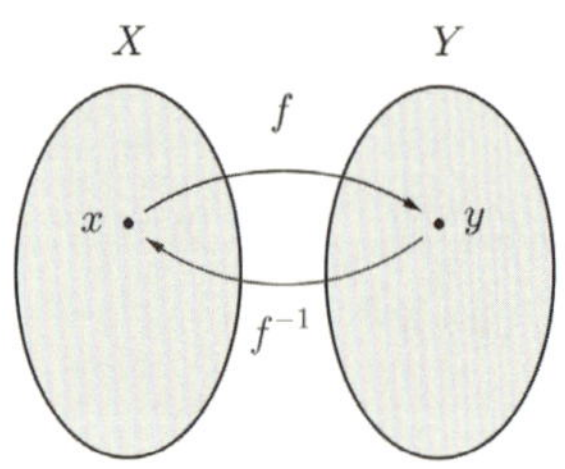

[그림 2-3]

정의 2-6. 항등함수

정의역과 공변역이 집합 X로 같은 함수 $f: X \to X$가 모든 원소를 자기 자신으로 대응시킬 때, 즉, 집합 X의 모든 x에 대해 $f(x) = x$일 때, 함수 f를 **항등함수(identity function)**이라 한다.
항등함수를 기호로 I_X로 나타내기도 한다. 즉, 항등함수 $I_X: X \to X$는 집합 X의 모든 x에 대해 $I_X(x) = x$를 만족한다.

전단사함수 $f:X\to Y$의 역함수 $f^{-1}:Y\to X$에 대해

$$(f^{-1}\circ f)(x)=f^{-1}(f(x))=x,\ (f\circ f^{-1})(y)=f(f^{-1}(y))=y$$

을 만족하므로 항등함수의 기호를 이용하면

$$f^{-1}\circ f=I_X,\ f\circ f^{-1}=I_Y$$

이다.

예제 2-3

함수 $f(x)=5x+4$ 와 $g(x)=\dfrac{x-4}{5}$ 가 서로 역함수임을 보여라.

풀이

합성함수를 구하면

$$(f\circ g)(x)=f(g(x))=f\left(\frac{x-4}{5}\right)=5\times\frac{x-4}{5}+4=x$$
$$(g\circ f)(x)=g(f(x))=g(5x+4)=\frac{(5x+4)-4}{5}=x$$

이므로 $f(x)$와 $g(x)$는 서로 역함수의 관계에 있다.

전단사함수 $f:X\to Y$의 역함수 $f^{-1}:Y\to X$는 다음과 같은 역함수 구하는 절차를 이용하여 구할 수 있다.

정리 2-1. 역함수 구하는 절차

전단사함수 $f:X\to Y$에 대해
단계 1) $y=f(x)$라 한다.
단계 2) 이 식을 x를 y에 대한 식으로 푼다. 즉, $x=g(y)$의 형태로 나타낸다.
단계 3) x와 y를 바꾸어 $y=g(x)$로 쓰고 $f^{-1}(x)=g(x)$로 나타내어 역함수 f^{-1}를 구한다.

예제 2-4

다음 함수의 역함수를 구하여라.

(1) $f(x)=x^3+1$

(2) $g(x)=\dfrac{3}{x-2}$

풀이

(1) 역함수 구하는 절차에 의해

$$y = x^3 + 1$$

이라 하고 이 식을 x를 y에 대한 식으로 풀면

$$x^3 = y - 1 \Rightarrow x = \sqrt[3]{y-1}$$

이다. x와 y를 바꾸어 $f(x)$의 역함수를 구하면

$$f^{-1}(x) = \sqrt[3]{x-1}$$

이다.

(2) 역함수 구하는 절차에 의해

$$y = \frac{3}{x-2}$$

이라 하고 이 식을 x를 y에 대한 식으로 풀면

$$(x-2)y = 3 \qquad \Rightarrow \qquad x - 2 = \frac{3}{y} \qquad \Rightarrow \qquad x = \frac{3}{y} + 2$$

이다. x와 y를 바꾸어 $g(x)$의 역함수를 구하면

$$g^{-1}(x) = \frac{3}{x} + 2$$

이다.

□ 함수의 그래프

함수를 시각화하는 가장 보편적인 방법인 **그래프**에 대해 알아본다.

정의 2-7. 함수의 그래프

함수 $f: X \to Y$에 대해 다음과 같은 순서쌍들의 집합

$$\{(x, f(x)) \mid x \in X\}$$

을 함수 f의 **그래프(graph)**라 한다.

실수 집합 $\mathbb{R}$의 부분집합 X에서 정의된 함수 $f: X \to \mathbb{R}$에 대해서 함수의 그래프는 좌표평면상에 있는 점 $(x, f(x))$들의 집합이다.

예제 2-5

함수 f의 그래프가 아래 그림과 같다.

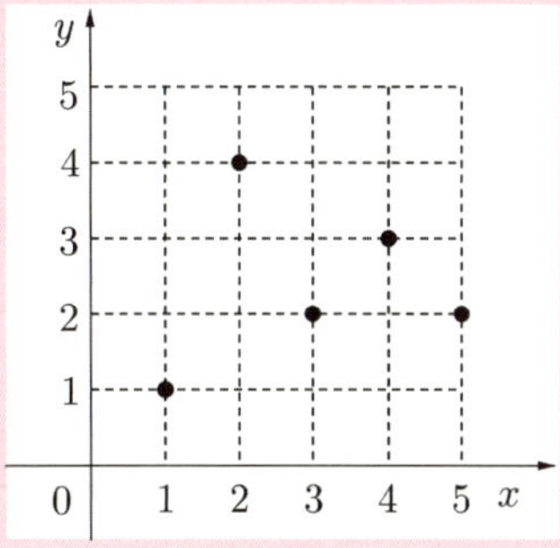

[그림 2-4]

(1) $f(1)$과 $f(5)$의 값을 구하여라.

(2) f의 정의역과 치역을 구하여라.

풀이

(1) $f(1)=1,\ f(5)=2$

(2) f의 정의역은 $\{1,2,3,4,5\}$이고 치역은 $\{1,2,3,4\}$이다.

□ 도형의 이동

함수의 그래프와 관련된 내용으로 도형의 **평행이동**과 **대칭이동**에 대해 알아본다.

○ 평행이동

좌표평면 위의 점 $\mathrm{P}(x,y)$를 x축의 방향으로 a만큼, y축의 방향으로 b만큼 평행이동한 점 $\mathrm{P}'(x',y')$이라 하면

$$x'=x+a,\ \ y'=y+b$$

를 만족한다. 이와 같이 좌표평면에서 점 $\mathrm{P}(x,y)$를 점 $\mathrm{P}'(x',y')$으로 옮기는 것을 **평행이동**(parallel displacement)이라 하고 이를

$$\mathrm{P}(x,y) \to \mathrm{P}'(x',y')$$

와 같이 나타내기도 한다.

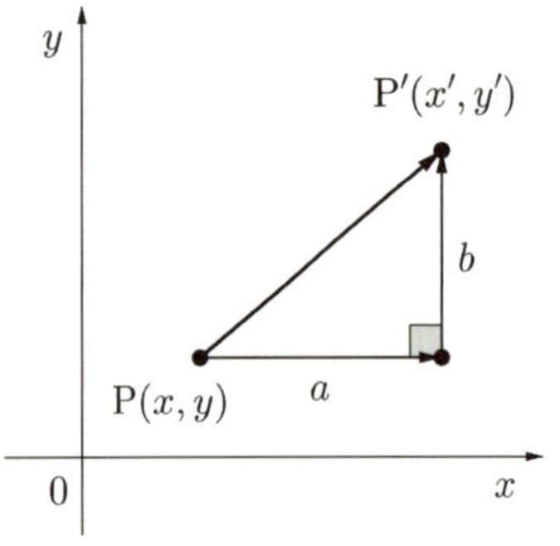

[그림 2-5]

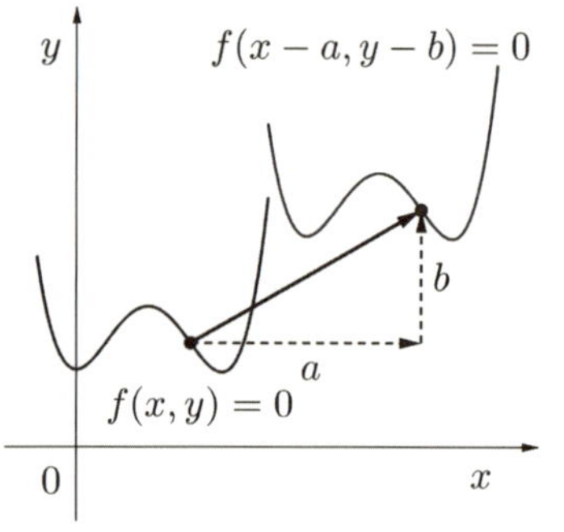

[그림 2-6]

좌표평면에서 방정식 $f(x,y)=0$이 나타내는 도형을 x축의 방향으로 a만큼, y축의 방향으로 b 만큼 평행이동한 도형의 방정식은 처음 방정식의 x대신에 $x-a$, y대신에 $y-b$를 대입한 방정식과 같다. 즉, $f(x-a,y-b)=0$이다.

예제 2-6

방정식 $y=x^2-2x+3$이 나타내는 도형을 x축의 방향으로 3만큼, y축의 방향으로 -1만큼 평행이동한 도형의 방정식을 구하여라.

풀이

방정식 $y=x^2-2x+3$에 x대신에 $x-3$, y대신에 $y-(-1)=y+1$을 대입하면

$$y+1=(x-3)^2-2(x-3)+3$$
$$y=x^2-6x+9-2x+6+3-1$$
$$y=x^2-8x+17$$

이다.

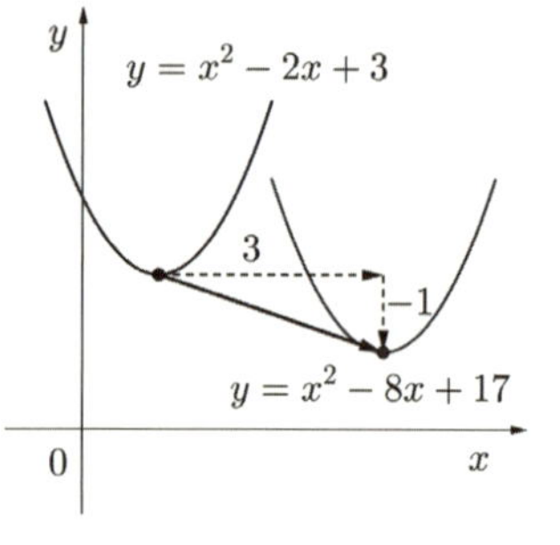

[그림 2-7]

○ 대칭이동

좌표평면 위의 한 점 $P(x,y)$를 한 점 또는 한 직선에 대하여 대칭인 점 $P'(x',y')$으로 이동하는 것을 **대칭이동(symmetrical displacement)**이라 한다.

정리 2-2. 점의 대칭이동

좌표평면 위의 한 점 (x,y)이 대칭이동에 의해 다음과 같이 이동된다.

(a) x축에 대한 대칭이동 : $(x,y) \to (x,-y)$

(b) y축에 대한 대칭이동 : $(x,y) \to (-x,y)$

(c) 직선 $y=x$에 대한 대칭이동 : $(x,y) \to (y,x)$

(d) 원점에 대한 대칭이동 : $(x,y) \to (-x,-y)$

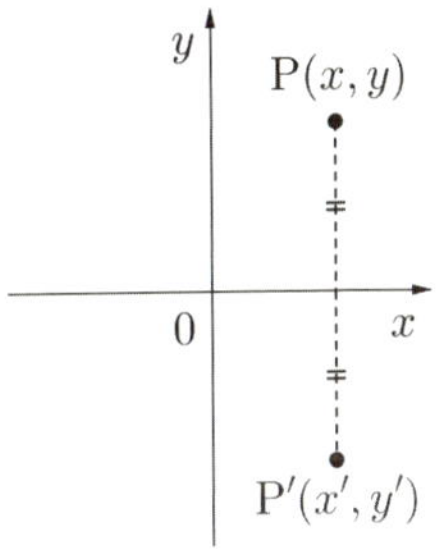

[그림 2-8]

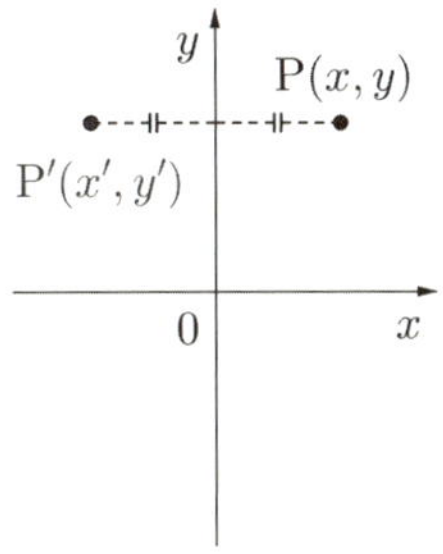

[그림 2-9]

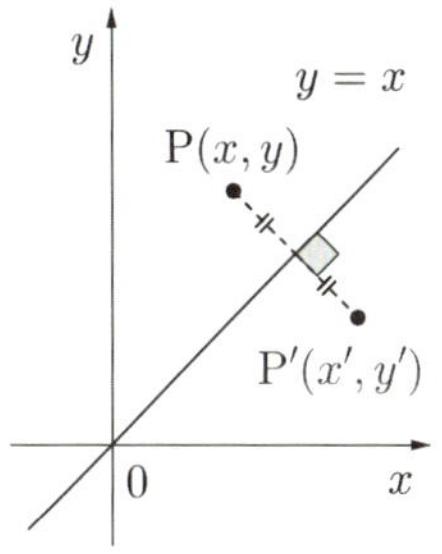

[그림 2-10]

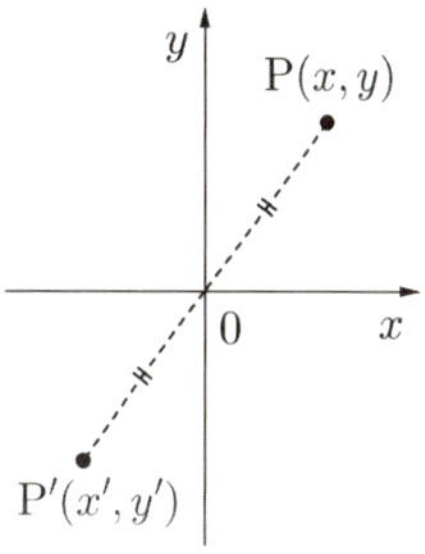

[그림 2-11]

좌표평면에서 방정식 $f(x,y)=0$이 나타내는 도형을 대칭이동한 도형의 방정식은 다음과 같이 구한다.

정리 2-3. 도형의 대칭이동

방정식 $f(x,y)=0$이 나타내는 도형이 대칭이동에 의해 옮겨진 도형의 방정식은 다음과 같다.

(a) x축에 대한 대칭이동 : $f(x,y)=0 \to f(x,-y)=0$

(b) y축에 대한 대칭이동 : $f(x,y)=0 \to f(-x,y)=0$

(c) 직선 $y=x$에 대한 대칭이동 : $f(x,y)=0 \to f(y,x)=0$

(d) 원점에 대한 대칭이동 : $f(x,y)=0 \to f(-x,-y)=0$

예제 2-7

방정식 $2x-3y+1=0$을 x축, y축, 직선 $y=x$, 원점에 대하여 대칭이동한 도형의 방정식을 구하여라.

풀이

x축에 대칭이동한 도형의 방정식은

$$2x-3\times(-y)+1=0 \quad \Rightarrow \quad 2x+3y+1=0$$

이고, y축에 대칭이동한 도형의 방정식은

$$2\times(-x)-3y+1=0 \quad \Rightarrow \quad 2x+3y-1=0$$

이고, 직선 $y=x$에 대칭이동한 도형의 방정식은

$$2y-3x+1=0 \quad \Rightarrow \quad 3x-2y-1=0$$

이다. 그리고 원점에 대칭이동한 도형의 방정식은

$$2\times(-x)-3\times(-y)+1=0 \Rightarrow \quad 2x-3y-1=0$$

이다.

2.1 연습문제

01. 두 함수 $f(x)=2x+a$, $g(x)=3x-2$에 대하여 $f \circ g = g \circ f$가 성립하게 하는 상수 a의 값을 구하여라.

02. 다음 함수의 역함수를 구하여라.

(1) $f(x)=\dfrac{1}{2}x-3$

(2) $g(x)=\dfrac{2x+1}{x-1}$

(3) $h(x)=\dfrac{1}{8}x^3+3$

03. 방정식 $y=3x-1$이 나타내는 직선을 x축의 방향으로 m만큼 평행이동한 직선이 점 $(-1,2)$를 지난다. 상수 m의 값을 구하여라.

04. 방정식 $x-y+1=0$을 x축, y축, 직선 $y=x$, 원점에 대하여 대칭이동한 도형의 방정식을 구하여라.

2.2 대수함수

이 절에서는 대수함수의 종류를 살펴보고, 각각의 함수의 특징에 대해 알아본다.

□ 다항함수

실수 집합 $\mathbb{R}$에서 정의된 함수 $f:\mathbb{R}\to\mathbb{R}$, $y=f(x)$에 대해 $f(x)$가 다항식일 때, 함수 f를 **다항함수**(polynomial function)이라 한다. 일반적으로 음이 아닌 정수 n과 실수 a_0, a_1, $\cdots$, a_n $(a_n\neq 0)$을 계수로 하는

$$f(x)=a_nx^n+a_{n-1}x^{n-1}+\cdots+a_1x+a_0$$

을 **변수 x에 대한 n차 함수**라고 한다.

특별한 언급이 없는 한 다항함수의 정의역은 실수 전체집합이므로 다항함수의 그래프는 끊이지 않고 계속 연결되어진 한 개의 곡선으로 그려진다.

○ 일차함수의 그래프

실수 a, b에 대하여 $y=ax+b(a\neq 0)$인 형태로 정의된 함수를 **일차함수**라 한다. 일차함수의 그래프는 기울기를 a, y절편을 b로 하는 직선이다.

정의 2-8. 직선의 기울기

직선 상의 서로 다른 두 점 $P_1(x_1,y_1)$, $P_2(x_2,y_2)$에 대하여

$$m=\frac{y_2-y_1}{x_2-x_1}$$

을 **직선의 기울기(slope of line)**라 한다.

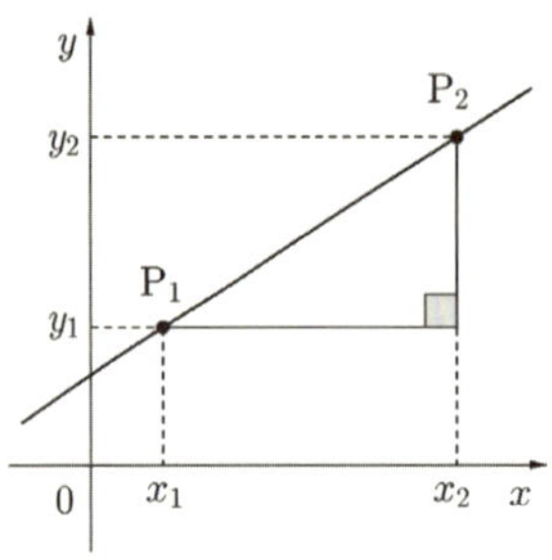

[그림 2-12]

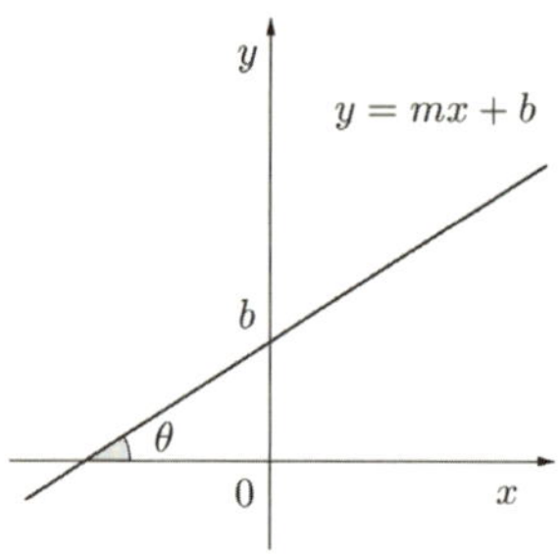

[그림 2-13]

이 때 직선이 x축의 양의 방향과 이루는 각을 θ라 하면 $m=\tan\theta$이다.

정의 2-9. 절편

실수 집합 $\mathbb{R}$의 부분집합 X에서 정의된 함수 $f: X \to \mathbb{R}$에 대해 함숫값 $f(0)$을 함수 그래프의 **y절편(y-intercept)**이라 하고, $f(a)=0$인 실수 a가 정의역에 있다면, a을 함수 그래프의 **x절편(x-intercept)**이라 한다. 즉, 함수 $y=f(x)$의 그래프가 x축과 만나는 점의 x좌표를 x절편, y축과 만나는 점의 y좌표를 y절편이라 한다.

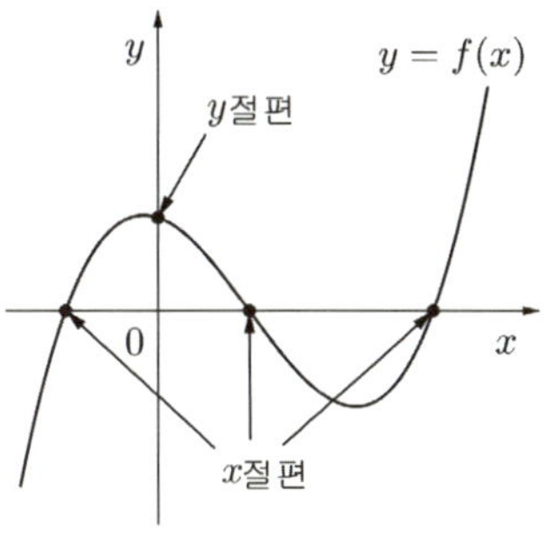

[그림 2-14]

예제 2-8

일차함수 $y=\sqrt{3}(a-1)x-b+3$의 그래프가 x축의 양의 방향과 이루는 각이 $60°$이고 x절편이 $\sqrt{3}$일 때, a, b의 값을 구하여라. (단, $\tan 60° = \sqrt{3}$)

풀이

일차함수의 그래프가 x축의 양의 방향과 이루는 각이 $60°$이므로 기울기는 $\tan 60° = \sqrt{3}$이다. 그러므로

$$\sqrt{3}(a-1)=\sqrt{3}$$

에서 $a=2$이다. 또한 x절편이 $\sqrt{3}$이므로 $(\sqrt{3},0)$을 식에 대입하면

$$0=\sqrt{3}(a-1)\times\sqrt{3}-b+3$$
$$0=3-b+3$$

에서 $b=6$이다.

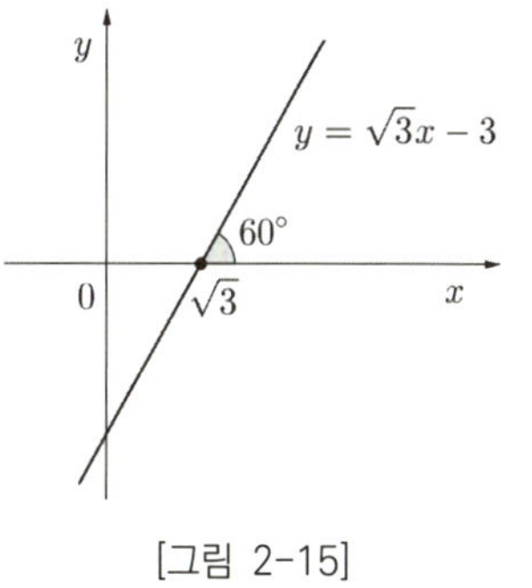

[그림 2-15]

○ 이차함수의 그래프

실수 a, b, c에 대하여

$$y=ax^2+bx+c(a\neq 0)$$

의 형태로 정의되는 이차함수(quadratic function)의 그래프 개형과 성질에 대해 알아본다.

정리 2-4. **(1) 이차함수 $y=ax^2$의 그래프**

(a) y축을 축으로 하고, 원점을 꼭짓점으로 하는 포물선이다.

(b) $a>0$이면 위로 오목하고, $a<0$이면 아래로 오목하다.

(c) $|a|$이 클수록 그래프의 폭이 좁아진다.

(d) 이차함수 $y=-ax^2$의 그래프와 x축에 대칭이다.

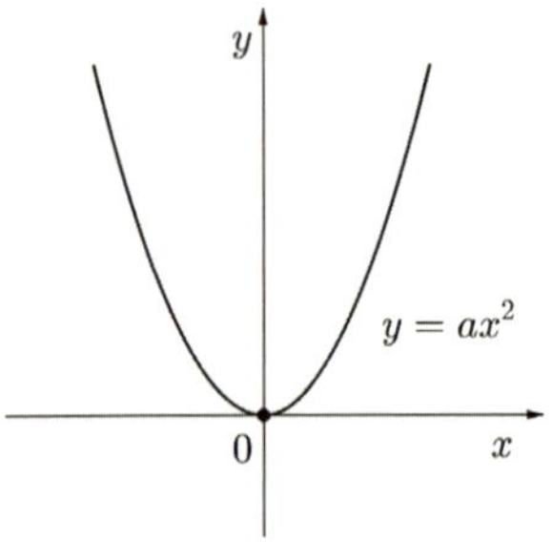

[그림 2-16] $a>0$

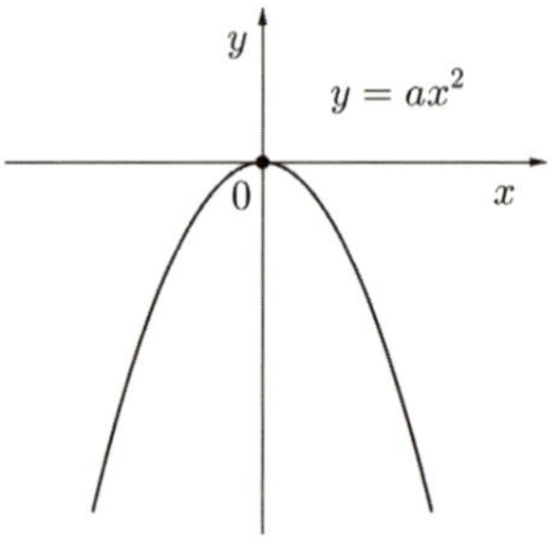

[그림 2-17] $a<0$

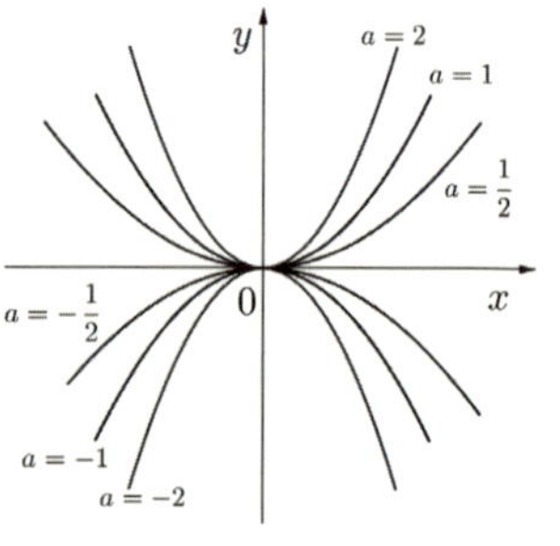

[그림 2-18]

정리 2-5. **(2) 이차함수 $y=a(x-p)^2+q$의 그래프**

(a) 이차함수 $y=ax^2$의 그래프를 x축의 방향으로 p만큼, y축의 방향으로 q만큼 평행이동한 것이다.
(b) 직선 $x=p$를 축으로 하고, (p,q)를 꼭짓점으로 하는 포물선이다.

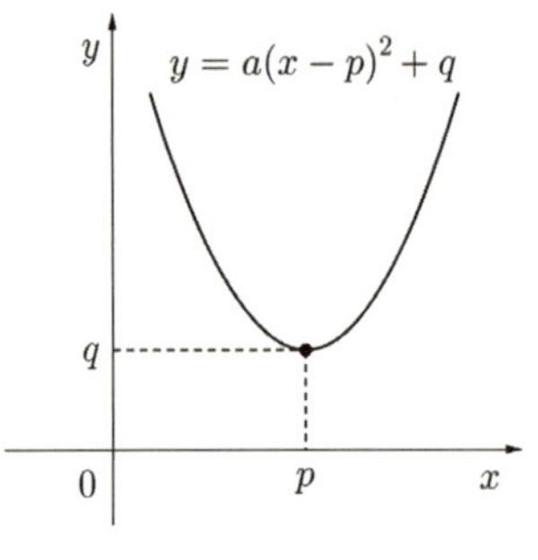

[그림 2-19] $a>0$

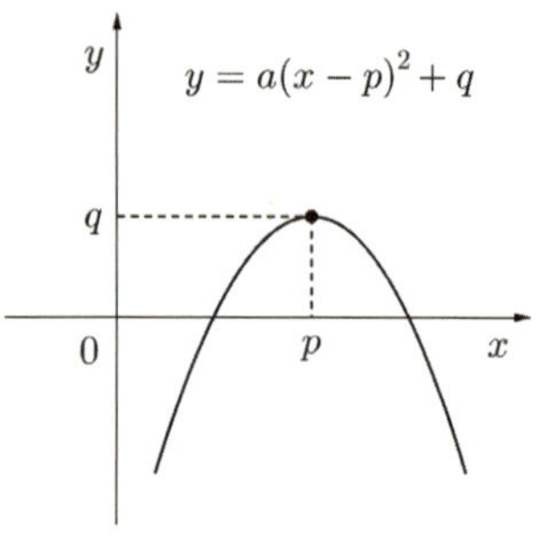

[그림 2-20] $a<0$

정리 2-6. (3) **이차함수 $y=ax^2+bx+c$의 그래프**

(a) 이차함수 $y=ax^2+bx+c$의 그래프는 꼭짓점을 $\left(-\frac{b}{2a},-\frac{b^2-4ac}{4a}\right)$, 대칭축을 $x=-\frac{b}{2a}$로 하는 포물선이다.

(b) $a>0$이면 위로 오목하고, $a<0$이면 아래로 오목하다.

(c) y축과 점 $(0,c)$에서 만난다. 즉, y절편은 c이다.

증명

(a) 그래프를 그리기 위해서 식을 $y=a(x-p)^2+q$의 꼴로 고친다.

이차함수 $y=ax^2+bx+c$의 식을 $y=a(x-p)^2+q$의 꼴로 다음과 같이 고친다.

$$\begin{aligned} y=ax^2+bx+c &= a\left(x^2+\frac{b}{a}x\right)+c \\ &= a\left(x^2+\frac{b}{a}x+\left(\frac{b}{2a}\right)^2-\left(\frac{b}{2a}\right)^2\right)+c \\ &= a\left(x+\frac{b}{2a}\right)^2-\frac{b^2}{4a}+c \\ &= a\left(x+\frac{b}{2a}\right)^2-\frac{b^2-4ac}{4a} \end{aligned}$$

예제 2-9

다음 이차함수의 그래프를 그려라.

(1) $y=2x^2-1$

(2) $y=-x^2+2x+2$

풀이

(1) 이차함수 $y=2x^2$의 그래프를 y축으로 -1만큼 평행이동한 것으로, 꼭지점의 좌표가 $(0,-1)$이므로 그래프는 아래와 같다.

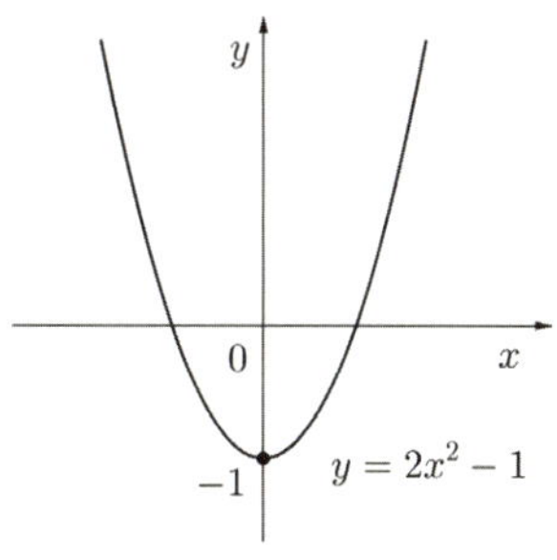

[그림 2-21]

(2) 함수의 식을 변형하면

$$y=-x^2+2x+2=-(x^2-2x+1-1)+2=-(x-1)^2+3$$

이므로 이차함수 $y=-x^2$의 그래프를 x축으로 1, y축으로 3만큼 평행이동한 것이다. 따라서 꼭지점의 좌표는 $(1,3)$이고, y절편은 2이다.

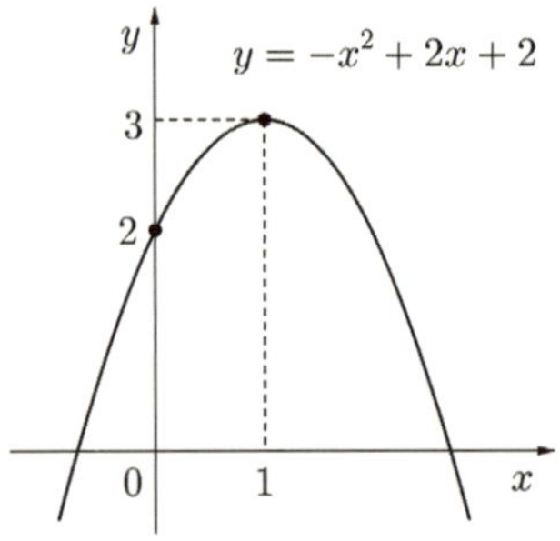

[그림 2-22]

○ 삼차함수의 그래프

실수 a, b, c, d에 대하여

$$y=ax^3+bx^2+cx+d(a\neq 0)$$

의 형태로 정의되는 함수를 **삼차함수(cubic function)**라 한다.

가장 간단한 형태의 삼차함수는 $y=ax^3$으로 그래프는 원점에 대해 대칭이고 $a>0$이면 증가함수, $a<0$이면 감소함수이다.

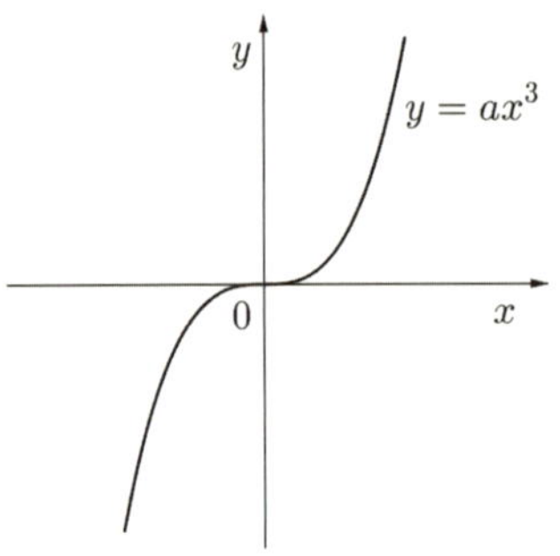

[그림 2-23] $a>0$

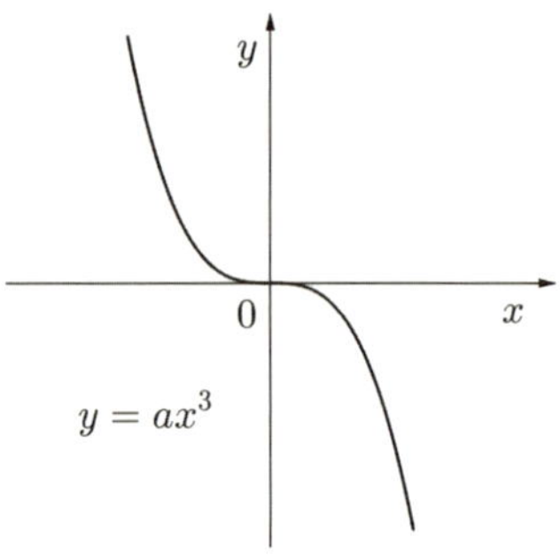

[그림 2-24] $a<0$

삼차함수 $y=a(x-p)^3+q$의 그래프는 $y=ax^3$의 그래프를 x축으로 p, y축으로 q만큼 평행 이동한 것이다.

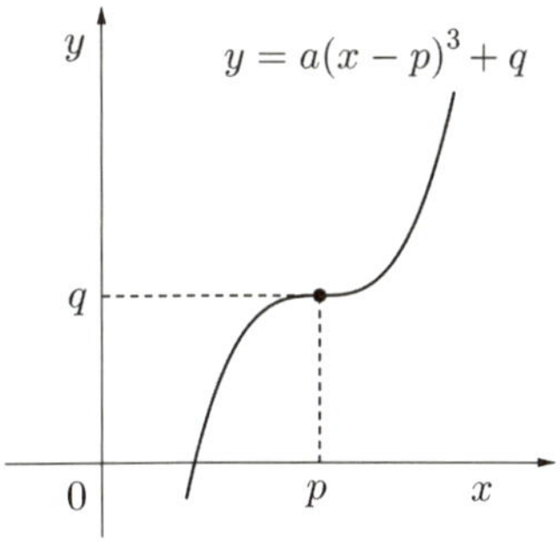

[그림 2-25] $a > 0$

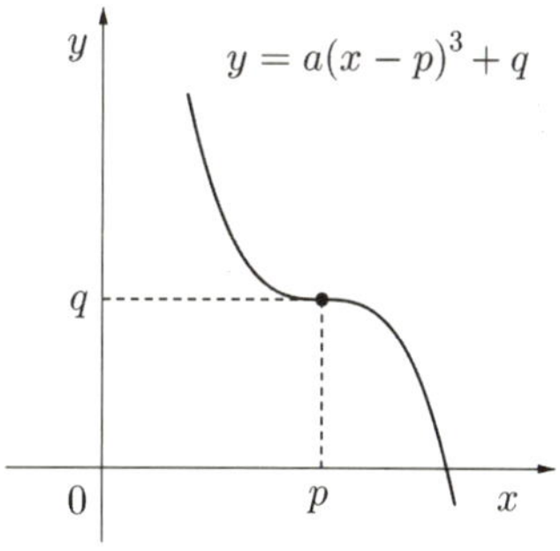

[그림 2-26] $a < 0$

○ $y = ax^n$의 그래프

다항함수 $y = ax^n$의 그래프는 n이 홀수일 때 그래프의 양 끝의 방향이 서로 반대이고, n이 짝수일 때 그래프의 양 끝의 방향이 같은 방향을 향한다. 또한 a가 음수이면 그래프의 양 끝의 방향은 a가 양수일 때의 반대이다.

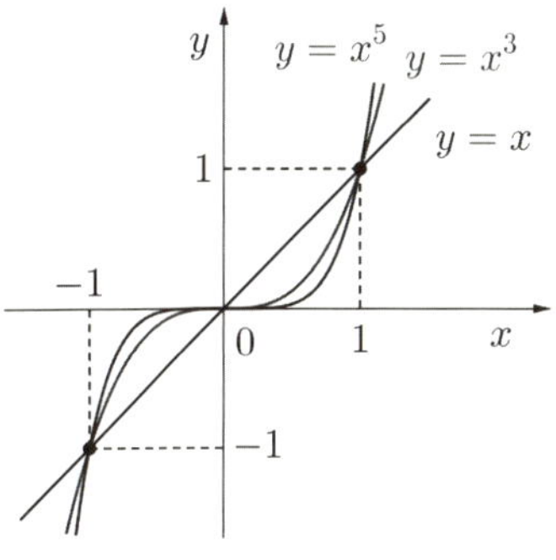

[그림 2-27]

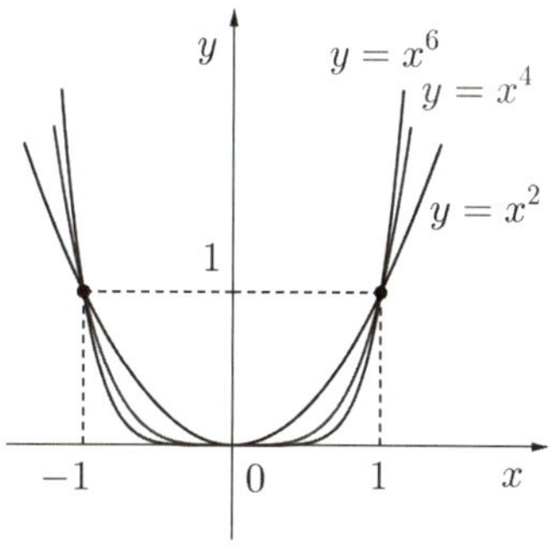

[그림 2-28]

○ x절편을 이용한 다항함수의 그래프 그리기

다항함수 $y = f(x)$의 그래프를 그리기 위해 x절편을 구하고 이를 이용하여 그래프의 개형을 그릴 수 있다.

예제 2-10

다음 다항함수의 그래프를 그려라.

(1) $y = x^2 - 2x - 3$

(2) $y = -x^3 + x^2 + 2x$

(3) $y = x^4 - 3x^3 + x^2 + 3x - 2$

풀이

(1) x절편을 구하면

$$y=x^2-2x-3=0 \quad \Rightarrow \quad (x-3)(x+1)=0$$

이므로 x절편은 $x=3,-1$이고 그래프는 다음과 같다.

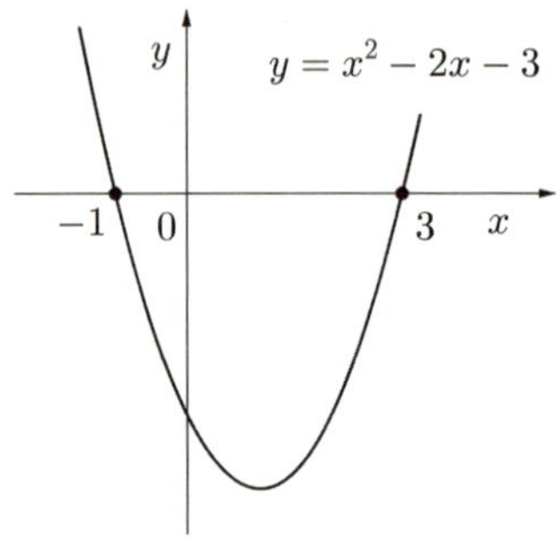

[그림 2-29]

(2) x절편을 구하면

$$y=-x^3+x^2+2x=0 \quad \Rightarrow \quad -x(x-2)(x+1)=0$$

이므로 x절편은 $x=0,-1,2$이고 그래프는 다음과 같다.

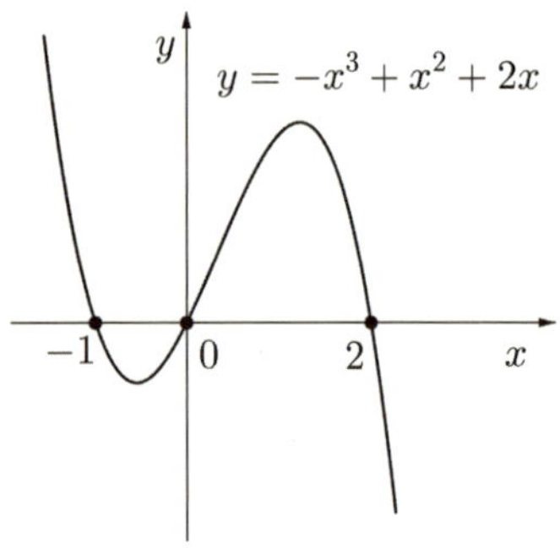

[그림 2-30]

(3) x절편을 구하면

$$x^4-3x^3+x^2+3x-2=0 \quad \Rightarrow \quad (x+1)(x-2)(x-1)^2=0$$

이므로 x절편은 $x=-1,1,2$이고 $x=1$은 중근이므로 그래프는 $(1,0)$에서 x축에 접한다. 그러므로 그래프는 다음과 같다.

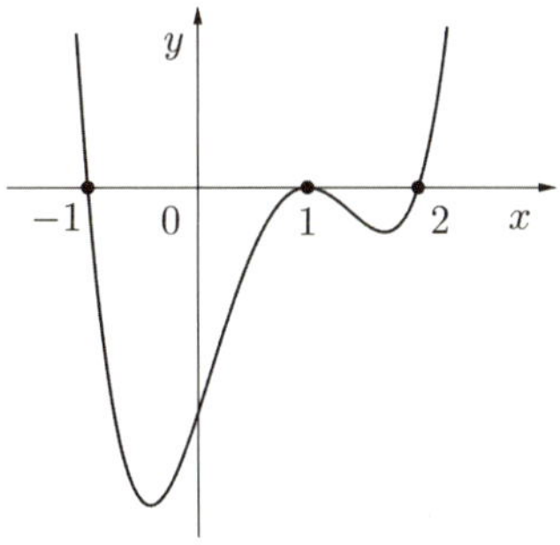

[그림 2-31]

□ 유리함수

유리함수(rational function)는 두 다항식 $P(x)$, $D(x)$에 대해

$$f(x)=\frac{P(x)}{D(x)} \ (\text{단, } D(x)\neq 0)$$

의 형태로 표현되는 함수이다. 특히 $D(x)$가 상수가 아니면 **분수함수(fractional function)**라 한다. 일반적으로 유리함수의 정의역은 분모를 0으로 하는 x값을 제외한 모든 실수의 집합이다.

여기서는 분수함수 중에서 간단한 형태의 함수의 그래프에 대해 알아본다.

정리 2-7. **(1) $y=\frac{k}{x}\,(k\neq 0)$의 그래프**

(a) 원점에 대하여 대칭인 직각쌍곡선(rectangular hyperbola)이다.
(b) 정의역과 치역은 영(0)이 아닌 모든 실수들의 집합이다.
(c) x축을 수평점근선(horizontal asymptote), y축을 수직점근선(vertical asymptote)으로 한다.
(d) $k>0$일 때 1사분면과 3사분면에, $k<0$일 때, 2사분면과 4사분면에 그래프가 존재한다.
(e) $|k|$가 커질수록 원점에서 멀어진다.

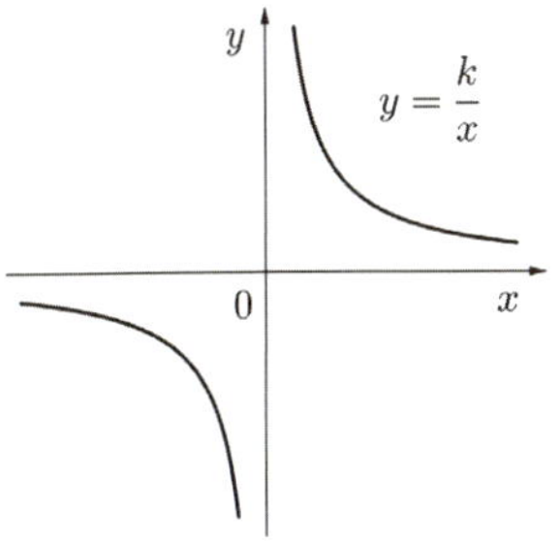

[그림 2-32] $(k>0)$

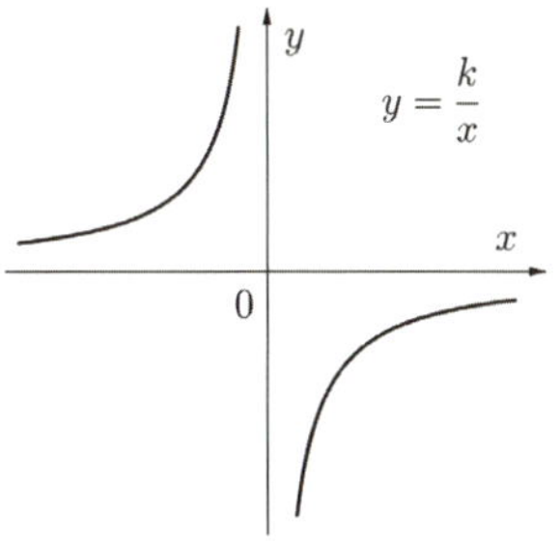

[그림 2-33] $(k<0)$

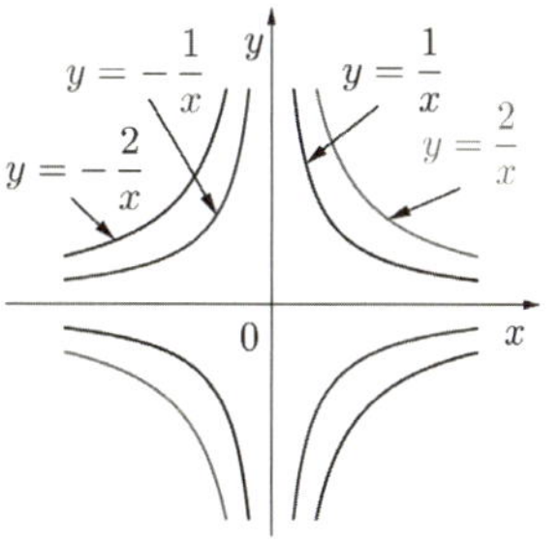

[그림 2-34] ((e)의 예)

정리 2-8. (2) $y=\dfrac{k}{x-p}+q(k\neq 0)$**의 그래프**

$y=\dfrac{k}{x}$의 그래프를 x축의 방향으로 p만큼, y축의 방향으로 q만큼 평행이동한 그래프이다.

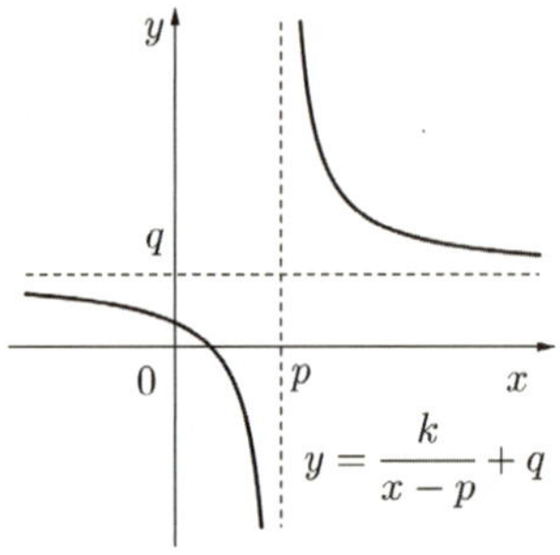

[그림 2-35] $(k>0)$

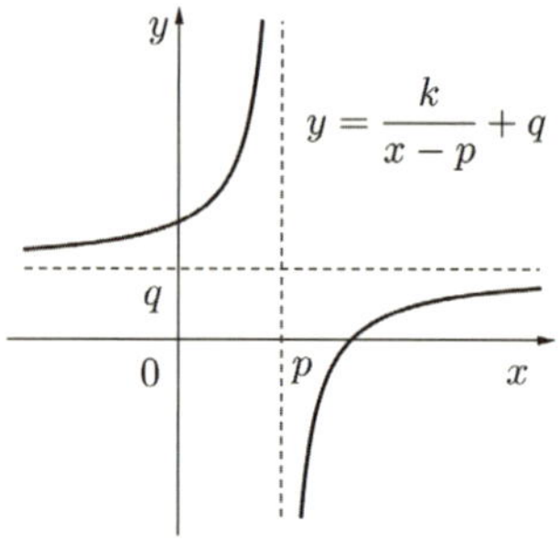

[그림 2-36] $(k<0)$

정리 2-9. (3) $y=\dfrac{cx+d}{ax+b}$**의 그래프**

식을 변형하여 $y=\dfrac{k}{x-p}+q(k\neq 0)$의 꼴로 나타내어 그래프를 그린다.

예제 2-11

다음 중 평행이동하여 $y=\dfrac{1}{x}$의 그래프와 겹쳐질 수 없는 곡선은?

(1) $y=\dfrac{2x+3}{x+1}$

(2) $y=\dfrac{x-1}{x-2}$

(3) $y=\dfrac{x}{2x+1}$

(4) $y=\dfrac{x+\frac{8}{3}}{3x-1}$

풀이

각 식을 변형하면

(1) $y=\dfrac{2x+3}{x+1}=\dfrac{1}{x+1}+2$

(2) $y=\dfrac{x-1}{x-2}=\dfrac{1}{x-2}+1$

(3) $y=\dfrac{x}{2x+1}=\dfrac{-\frac{1}{2}}{2x+1}+\dfrac{1}{2}=\dfrac{-\frac{1}{4}}{x+\frac{1}{2}}+\dfrac{1}{2}$

(4) $y=\dfrac{x+\frac{8}{3}}{3x-1}=\dfrac{3}{3x-1}+\dfrac{1}{3}=\dfrac{1}{x-\frac{1}{3}}+\dfrac{1}{3}$

이므로 (3)은 $y=\dfrac{1}{x}$와 겹쳐지지 않는다.

□ 무리함수

함수 $y=f(x)$에서 $f(x)$가 x에 대한 무리식일 때, 이 함수를 **무리함수**(irrational function)이라 한다.

여기서는 무리함수 중에서 간단한 형태의 함수의 그래프에 대해 알아본다.
무리함수 중에서 가장 간단한 형태는 $y=\sqrt{x}$이다. 정의역은 $\{x|x\geq 0\}$이고 치역은 $\{y|y\geq 0\}$이다. 정의역에 있는 모든 실수 x에 대하여

$$y=\sqrt{x} \quad \Leftrightarrow \quad y^2=x$$

를 만족하므로 무리함수 $y=\sqrt{x}$는 $y=x^2\ (x\geq 0)$의 역함수이다. 그러므로 이 무리함수의 그래프는 $y=x^2\ (x\geq 0)$의 그래프를 직선 $y=x$에 대해 대칭시킨 곡선이다.

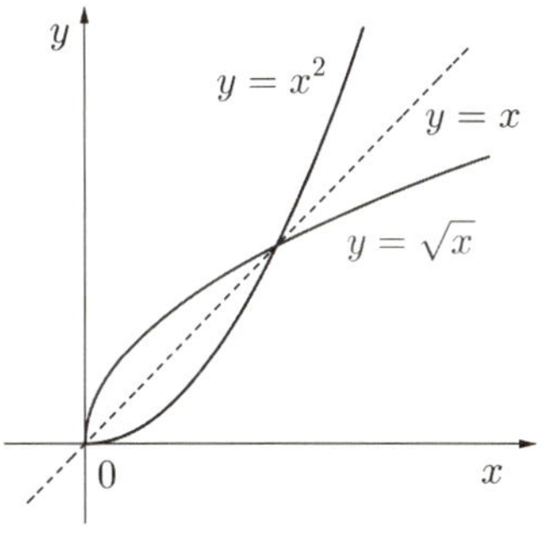

[그림 2-37]

정리 2-10. **(1) $y=\pm\sqrt{\pm ax}\,(a>0)$의 그래프**

무리함수 $y=\sqrt{ax}$는 $y=\dfrac{1}{a}x^2(x\geq 0)$의 역함수이므로 $y=\sqrt{ax}$의 그래프는 $y=\dfrac{1}{a}x^2(x\geq 0)$의 그래프를 직선 $y=x$에 대칭이동하여 얻을 수 있다. 또한 이를 이용하여 $y=\sqrt{-ax}$, $y=-\sqrt{-ax}$, $y=-\sqrt{ax}$의 그래프를 그릴 수 있다.

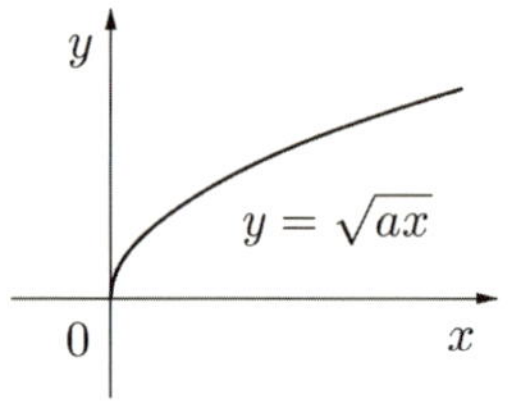

[그림 2-38]

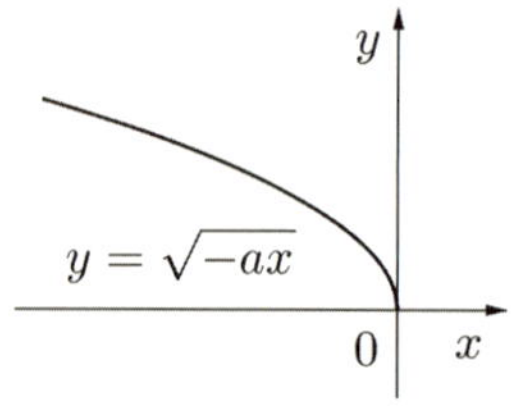

[그림 2-39]

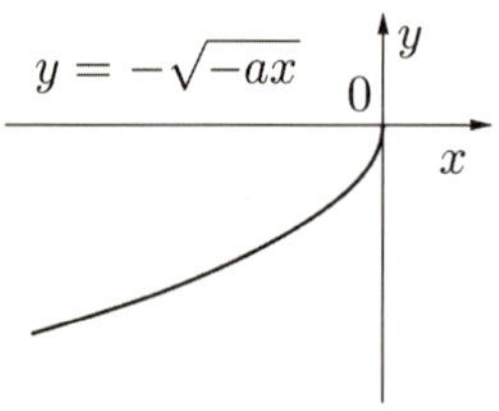

[그림 2-40]

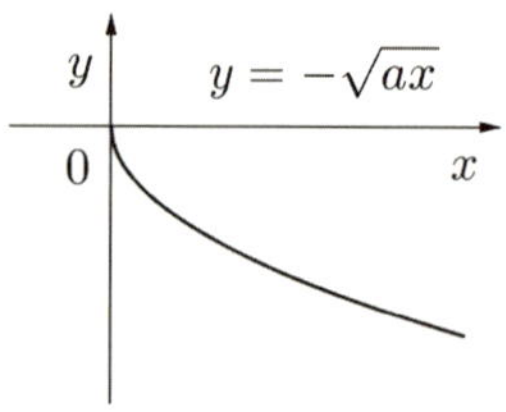

[그림 2-41]

정리 2-11. **(2) $y=\pm\sqrt{\pm a(x-p)}+q(a>0)$의 그래프**

$y=\pm\sqrt{\pm a(x-p)}+q$의 그래프는 $y=\pm\sqrt{\pm ax}$의 그래프를 x축으로 p만큼 y축으로 q만큼 평행이동한 그래프이다.

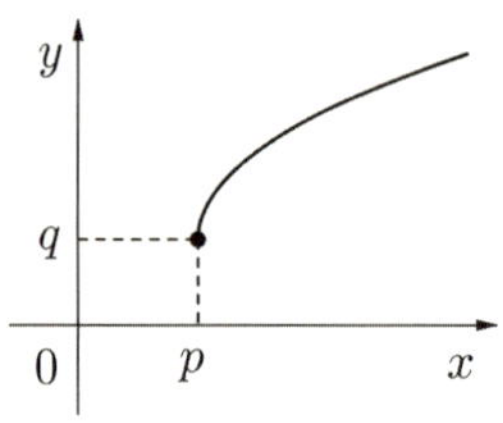

[그림 2-42] $y=\sqrt{a(x-p)}+q$

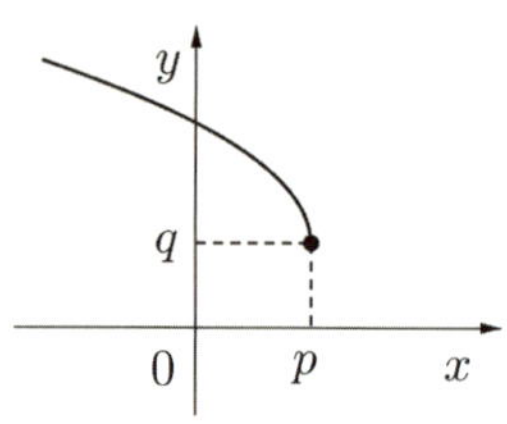

[그림 2-43] $y=\sqrt{-a(x-p)}+q$

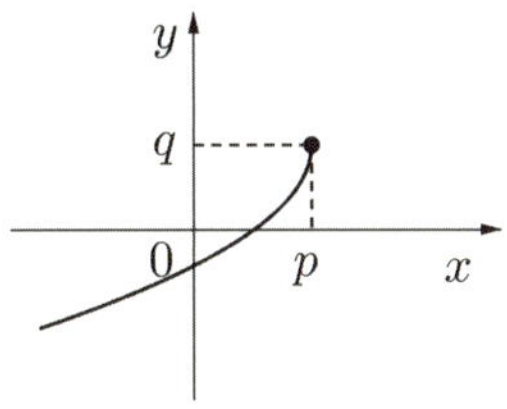

[그림 2-44] $y=-\sqrt{-a(x-p)}+q$

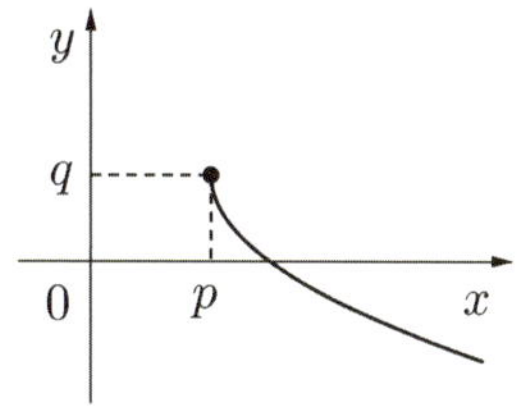

[그림 2-45] $y=-\sqrt{a(x-p)}+q$

정리 2-12. **(3) $y=\pm\sqrt{r^2-x^2}\,(r>0)$의 그래프**

$y=\pm\sqrt{r^2-x^2}$ 이면 $x^2+y^2=r^2$이므로 $y=\pm\sqrt{r^2-x^2}$ 의 그래프는 중심이 원점이고 반지름이 r인 원 $x^2+y^2=r^2$의 일부가 된다.

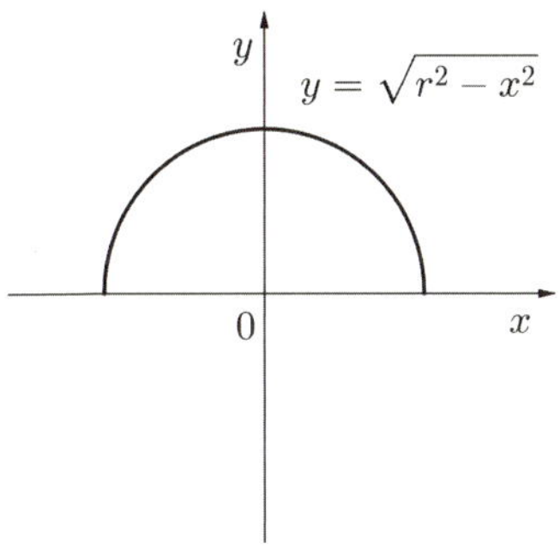

[그림 2-46]

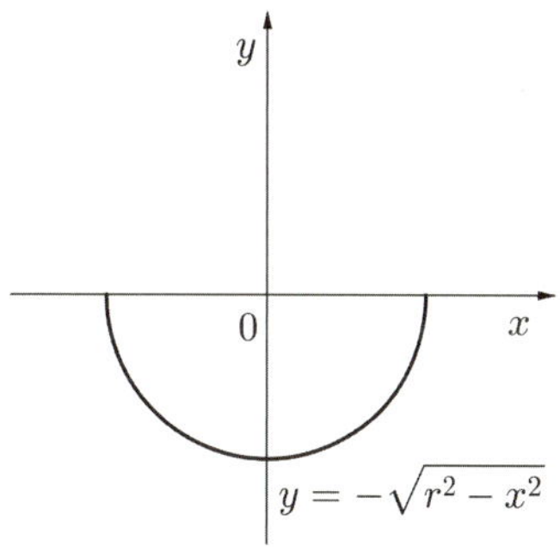

[그림 2-47]

정리 2-13. **(4) $y=\pm\sqrt{r^2-(x-p)^2}+q\,(r>0)$의 그래프**

$y=\pm\sqrt{r^2-(x-p)^2}+q$의 그래프는 $y=\pm\sqrt{r^2-x^2}$ 의 그래프를 x축으로 p만큼 y축으로 q만큼 평행이동한 그래프이다. 따라서, 중심이 (p,q)이고 반지름이 r인 원 $(x-p)^2+(y-q)^2=r^2$의 일부가 된다.

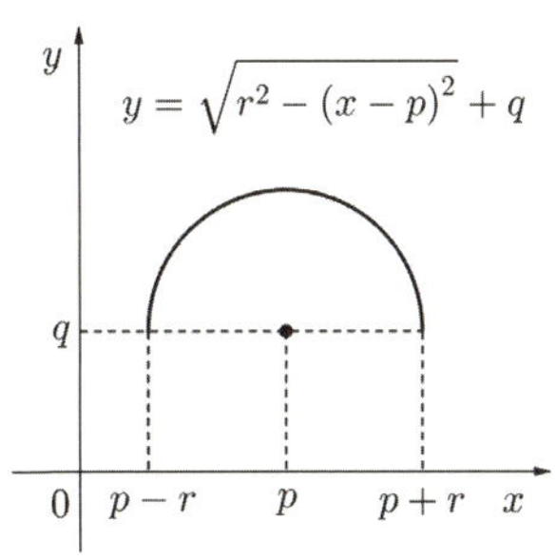

[그림 2-48]

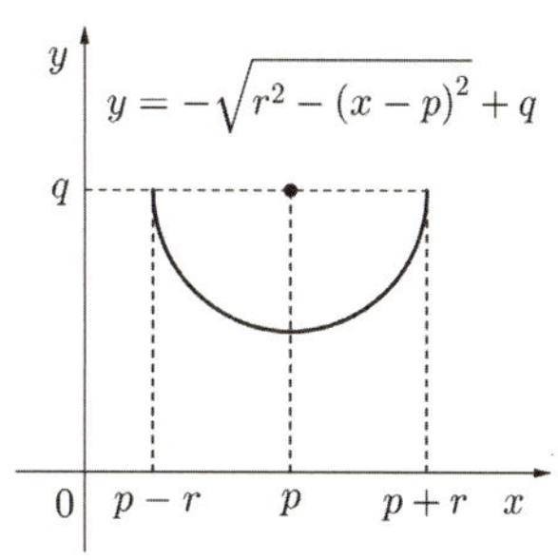

[그림 2-49]

예제 2-12

다음 무리함수의 그래프를 그려라.

(1) $y=1+\sqrt{x-2}$

(2) $y=\sqrt{-x^2+2x+3}$

풀이

(1) $y=1+\sqrt{x-2}$의 그래프는 $y=\sqrt{x}$의 그래프를 x축으로 2, y축으로 1만큼 평행이동하면 되므로 아래와 같다.

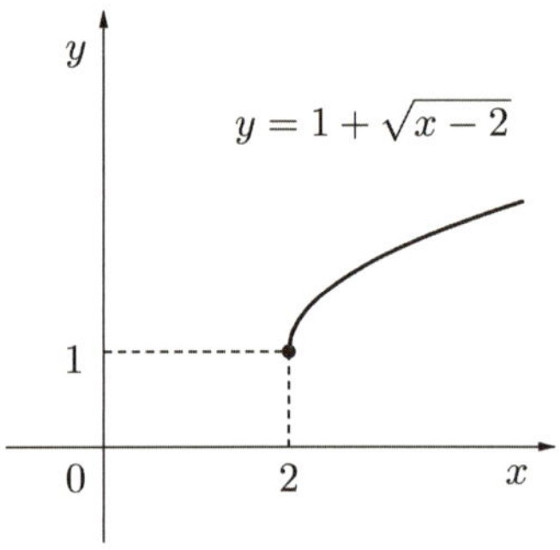

[그림 2-50]

(2) 식을 정리하면

$$y=\sqrt{-x^2+2x+3}=\sqrt{-(x^2-2x+1-1)+3}=\sqrt{4-(x-1)^2}$$

이므로 주어진 함수의 그래프는 $y=\sqrt{4-x^2}$의 그래프를 x축의 방향으로 1만큼 평행이동하면 된다. 따라서 그래프는 아래와 같다.

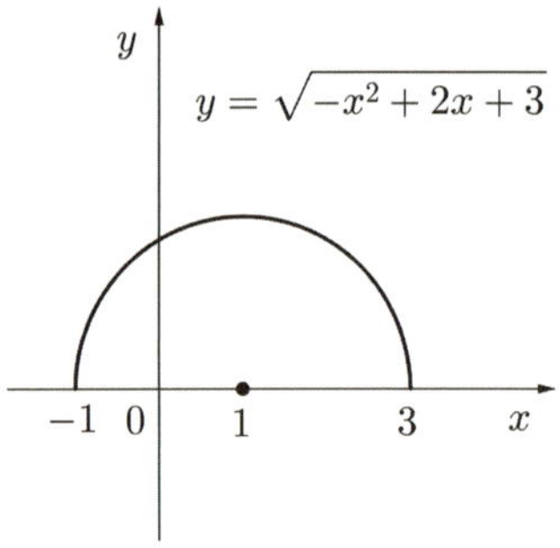

[그림 2-51]

2.2 연습문제

01. 다음 함수의 그래프를 그려라.

(1) $y=2x+3$

(2) $y=x^2-2x-8$

(3) $y=(x-1)^3-2$

(4) $y=\dfrac{2x-1}{x+1}$

(5) $y=-\sqrt{x-2}+3$

02. 다음 함수의 그래프에 대하여, x절편과 y절편을 구하여라.

(1) $y=-x^2+3x-2$

(2) $y=2x^3-x^2-2x+1$

(3) $y=\dfrac{1}{x-1}+2$

(4) $y=-\sqrt{2x+4}+4$

03. 두 함수 $y=f(x)$와 $y=g(x)$의 그래프의 교점의 좌표를 구하여라.

(1) $f(x)=x-2$, $g(x)=x^2-2x$

(2) $f(x)=-x^3+1$, $g(x)=-2x^2-5x+7$

(3) $f(x)=\dfrac{3x}{x-1}$, $g(x)=4x-2$

(4) $f(x)=-x+7$, $g(x)=\sqrt{25-x^2}$

Chapter 03

대수함수의 극한과 연속

3.1 함수의 극한

이 절에서는 함수의 극한에 대해서 정의하고 그 성질을 그래프 또는 표를 이용하여 직관적으로 이해해 본다. 또한 극한 법칙을 이용하여 대수함수의 극한값을 계산해 본다.

□ 극한의 정의

○ 극한

아래 표와 그림에서 볼 수 있듯이 x의 값이 1에 한없이 가까워질 때 함수 $f(x)=\dfrac{1}{x+1}$의 값은 $\dfrac{1}{2}$에 한없이 가까워진다.

x	$f(x)$
⋮	⋮
0.5	0.66667
0.9	0.52632
0.99	0.50251
0.999	0.50025
⋮	⋮
1.001	0.49975
1.01	0.49751
1.1	0.47619
1.5	0.4
⋮	⋮

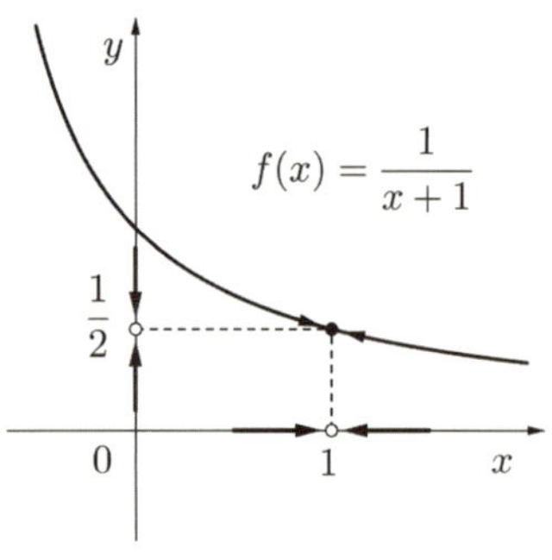

[그림 3-1]

또한, 함수 $g(x)=\dfrac{x-1}{x^2-1}$은 $x=1$일 때 분모가 0이 되므로 $x=1$에서 정의되지 않는다. 그러나 $x\neq1$이면

$$g(x)=\frac{x-1}{x^2-1}=\frac{x-1}{(x-1)(x+1)}=\frac{1}{x+1}=f(x)$$

이다. 따라서 함수 $y=g(x)$의 그래프는 오른쪽 그림과 같고, x의 값이 1이 아니면서 1에 한없이 가까워질 때 $g(x)$의 값은 $\frac{1}{2}$에 한없이 가까워짐을 알 수 있다.

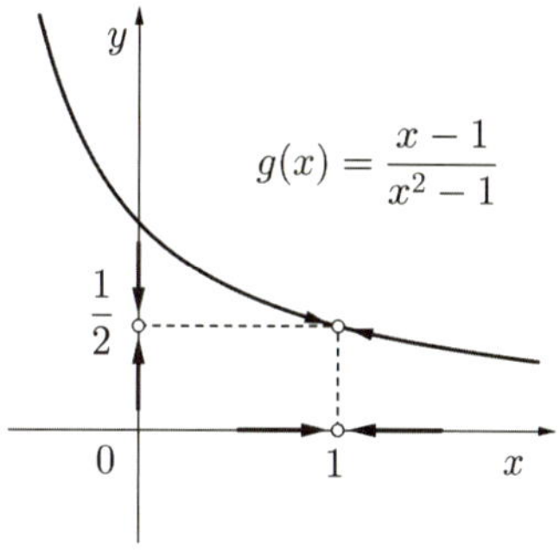

[그림 3-2]

일반적으로 함수의 극한을 다음과 같이 정의한다.

정의 3-1. 함수의 극한

함수 $f(x)$에서 변수 x의 값이 a와 다른 값을 가지면서 a에 한없이 가까워질 때 $f(x)$의 값이 일정한 실수값 L에 한없이 가까워지면, $f(x)$는 L에 **수렴(convergence)**한다고 하고 기호로

$$\lim_{x\to a} f(x)=L$$

와 같이 나타낸다. 이 때, L을 $x=a$에서의 $f(x)$의 **극한값** 또는 **극한(limit)**이라고 한다.

앞의 예로부터 함수 $f(x)=\frac{1}{x+1}$와 $g(x)=\frac{x-1}{x^2-1}$에 대해

$$\lim_{x\to 1} f(x)=\lim_{x\to 1}\frac{1}{x+1}=\frac{1}{2},\ \lim_{x\to 1} g(x)=\lim_{x\to 1}\frac{x-1}{x^2-1}=\frac{1}{2}$$

로 나타낼 수 있다.

예제 3-1

다음 극한값을 구하여라.

(1) $\lim_{x\to 2}(x+2)$

(2) $\lim_{x\to 1}\frac{x^2-1}{x-1}$

풀이

(1) $x\to 2$일 때 $x+2\to 4$이므로

$$\lim_{x\to 2}(x+2)=4$$

(2) $x\neq 1$일 때 $\dfrac{x^2-1}{x-1}=\dfrac{(x-1)(x+1)}{x-1}=x+1$이고, $x\to 1$일 때 $x+1\to 2$이므로

$$\lim_{x\to 1}\frac{x^2-1}{x-1}=2$$

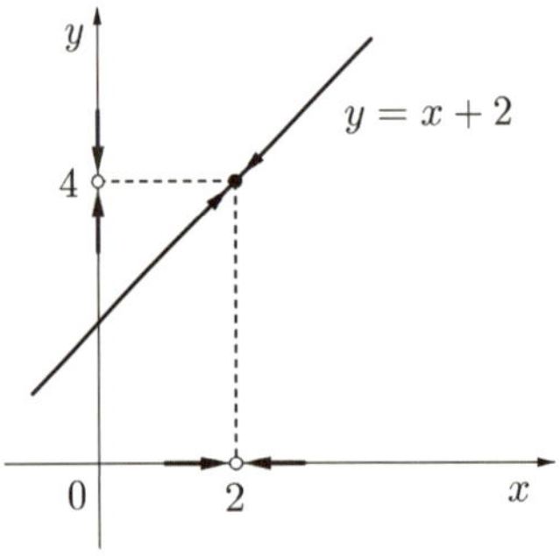

[그림 3-3]

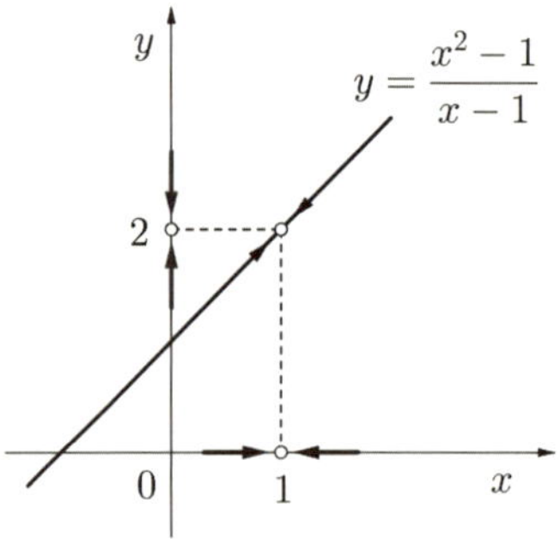

[그림 3-4]

○ 무한대에서의 극한

변수 x의 값이 한없이 커지거나 또는 한없이 작아질 때 함수 $f(x)$의 극한에 대해서 알아본다.

함수 $f(x)=\dfrac{1}{x}$의 그래프를 살펴보면, 변수 x가 한없이 커지거나 또는 한없이 작아질 때, $f(x)$의 값은 0에 한없이 가까워지는 것을 알 수 있다. $x\to\infty$ 또는 $x\to-\infty$일 때, $f(x)=\dfrac{1}{x}\to 0$이므로 이를 다음과 같은 극한으로 나타낼 수 있다.

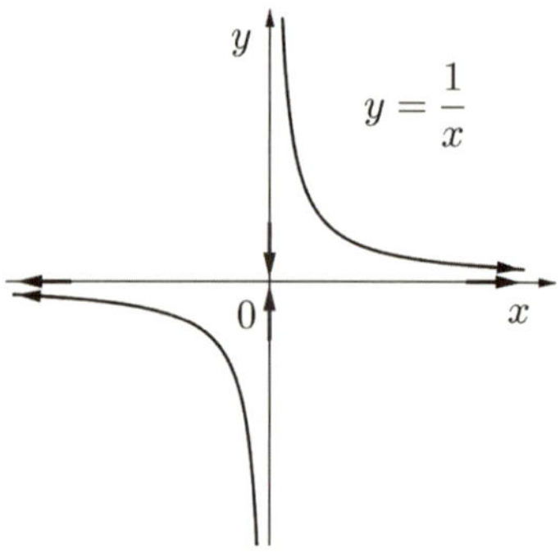

[그림 3-5]

정의 3-2. 무한대에서의 극한

함수 $f(x)$에서 변수 x의 값이 충분히 커질 때 $f(x)$의 값이 일정한 수 L에 가까워지면, $x \to \infty$일 때 $f(x)$는 L에 수렴한다. 라고 하고, $x \to \infty$일 때 $f(x)$의 극한값을 L이라고 한다. 이것을 기호로

$$\lim_{x \to \infty} f(x) = L$$

라고 나타내고 **양의 무한대에서의 극한**이라 부른다.

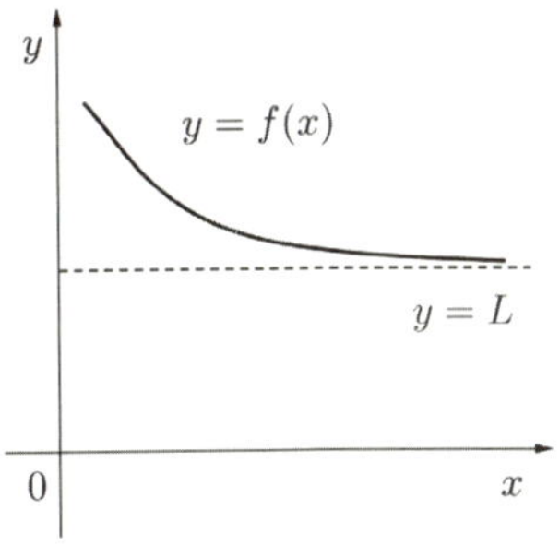

[그림 3-6]

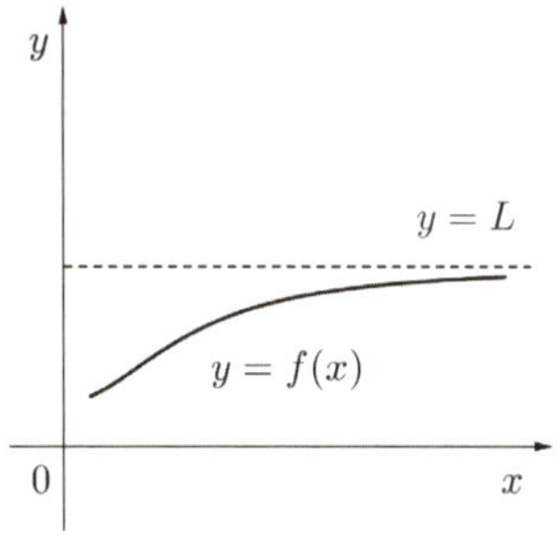

[그림 3-7]

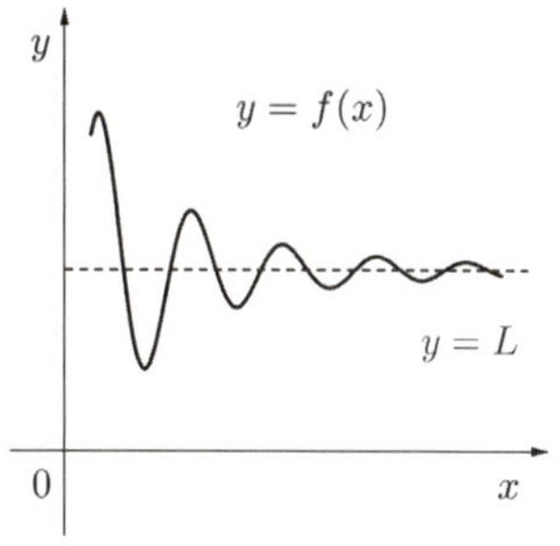

[그림 3-8]

마찬가지로 $x \to -\infty$일 때 $f(x)$가 L에 수렴하면, $x \to -\infty$일 때 $f(x)$의 극한값을 L이라고 한다. 이것을 기호로

$$\lim_{x \to -\infty} f(x) = L$$

라고 나타내고 **음의 무한대에서의 극한**이라 부른다.

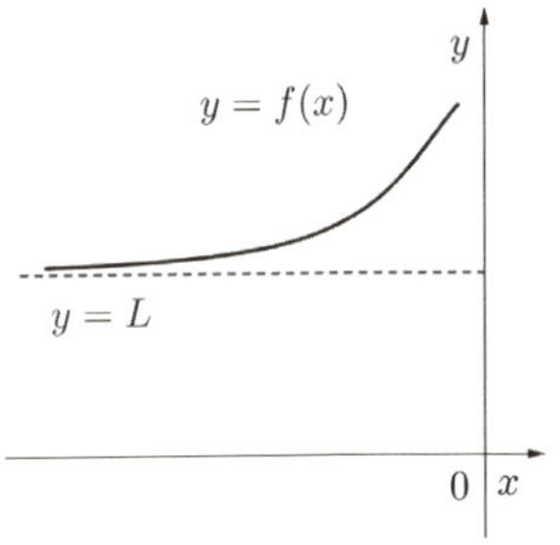

[그림 3-9]

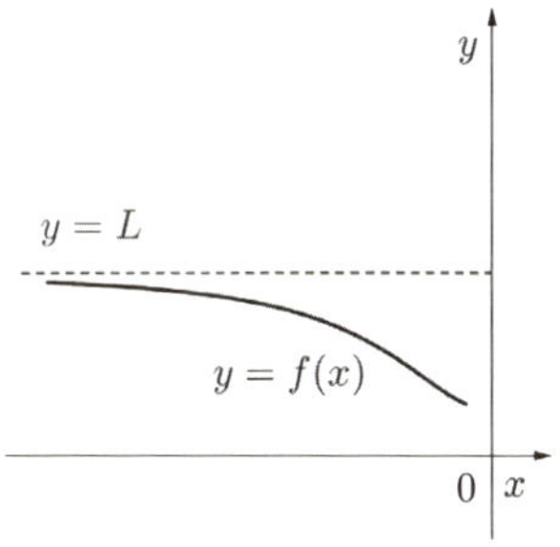

[그림 3-10]

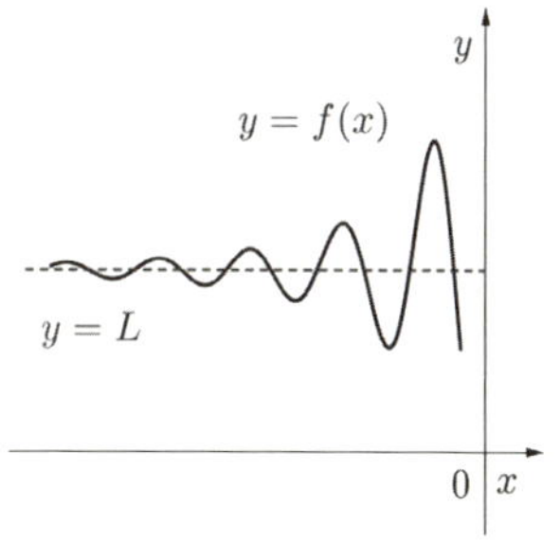

[그림 3-11]

따라서 $\lim_{x \to \infty} \frac{1}{x} = 0$, $\lim_{x \to -\infty} \frac{1}{x} = 0$ 이다.

예제 3-2

다음 극한을 구하여라.

(1) $\lim_{x\to\infty}\frac{1}{2x+1}$

(2) $\lim_{x\to-\infty}\frac{5}{x-1}$

풀이

(1) $x\to\infty$에 따라 $\frac{1}{2x+1}\to 0$이므로 $\lim_{x\to\infty}\frac{1}{2x+1}=0$.

(2) $x\to-\infty$에 따라 $\frac{5}{x-1}\to 0$이므로 $\lim_{x\to-\infty}\frac{5}{x-1}=0$.

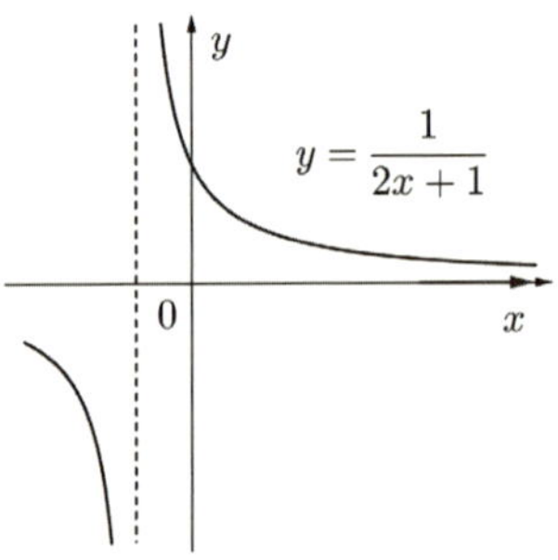

[그림 3-12]

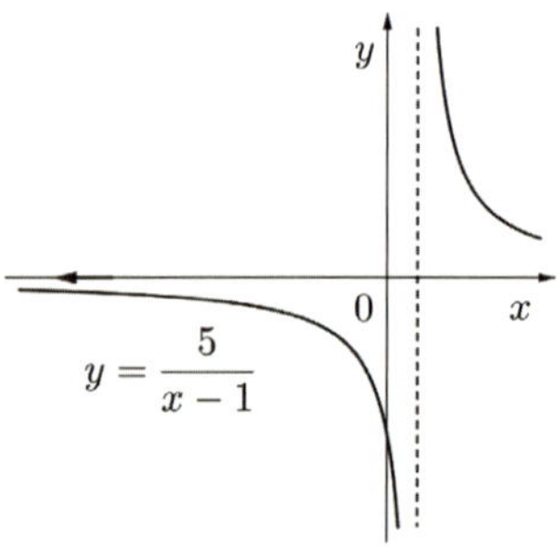

[그림 3-13]

정의 3-3. 수평점근선

함수 $f(x)$가 실수 L에 대해

$$\lim_{x\to\infty}f(x)=L \text{ 또는 } \lim_{x\to-\infty}f(x)=L$$

일 때, 직선 $y=L$을 $y=f(x)$의 **수평점근선(horizontal asymptote)**이라 한다.

참고 곡선 $y=\frac{1}{2x+1}$의 수평점근선은 $y=0$ 이다. 또한 곡선 $y=\frac{5}{x-1}$의 수평점근선도 $y=0$(x축)이다.

○ 무한극한

아래 표와 그림으로부터 변수 x의 값이 0에 한없이 가까워질 때 함수 $f(x)=\dfrac{1}{x^2}$의 값은 한없이 커짐을 알 수 있다.

x	$f(x)$
⋮	⋮
-0.5	4
-0.1	100
-0.01	10000
-0.001	1000000
⋮	⋮
0.001	1000000
0.01	10000
0.1	100
0.5	4
⋮	⋮

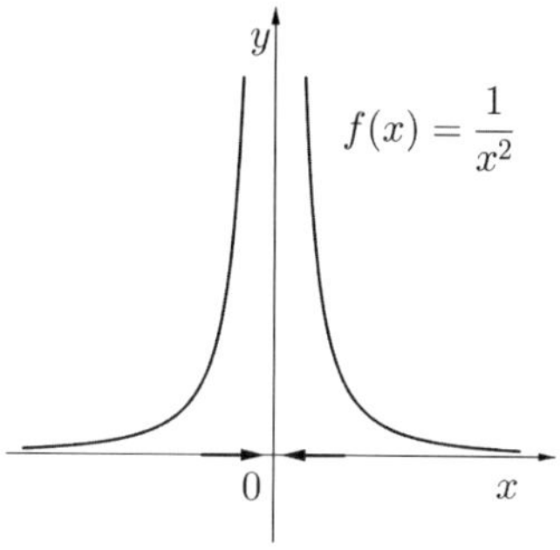

[그림 3-14]

이것은 $x\to0$일 때 $f(x)\to\infty$라 할 수 있고, 이를 기호로

$$\lim_{x\to0}f(x)=\lim_{x\to0}\frac{1}{x^2}=\infty$$

로 나타내고 양의 무한대로 발산(divergence)이라고 한다.

또한 함수 $g(x)=3x$는 오른쪽 그림과 같이 x의 값이 한없이 커질 때 $g(x)$의 값이 양의 무한대로 발산하고 x의 값이 한없이 작아질 때, $g(x)$의 값이 음의 무한대로 발산한다. 이를 기호로 나타내면

$$\lim_{x\to\infty}g(x)=\lim_{x\to\infty}3x=\infty,\quad \lim_{x\to-\infty}g(x)=\lim_{x\to-\infty}3x=-\infty$$

이다.

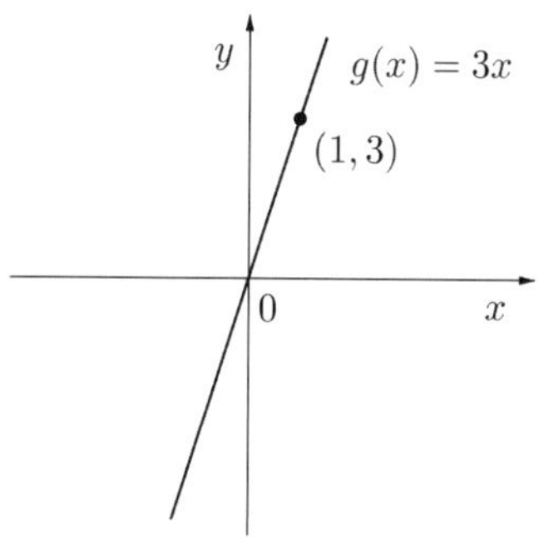

[그림 3-15]

이와 같은 극한을 **무한극한(infinite limit)**이라 부른다.

정의 3-4. **무한극한**

함수 $f(x)$에서 $x \to a(x \to \infty,\ x \to -\infty)$일 때 $f(x)$의 값이 한없이 커지면, $f(x)$는 양의 무한극한을 갖는다고 하며 기호로

$$\lim_{x \to a} f(x) = \infty$$

와 같이 나타낸다. 그리고 $f(x)$는 **양의 무한대로 발산(divergence)**한다고 한다.

마찬가지로 $x \to a(x \to \infty,\ x \to -\infty)$일 때 $f(x)$의 값이 한없이 작아지면, $f(x)$는 음의 무한극한을 갖는다고 하며 기호로

$$\lim_{x \to a} f(x) = -\infty$$

와 같이 나타낸다. 이 경우 $f(x)$는 **음의 무한대로 발산**한다고 한다.

예제 3-3

다음 극한을 구하여라.

(1) $\displaystyle\lim_{x \to 1} \frac{1}{(x-1)^2}$

(2) $\displaystyle\lim_{x \to -2} \left(-\frac{1}{(x+2)^2}\right)$

(3) $\displaystyle\lim_{x \to \infty} (2x+1)$

(4) $\displaystyle\lim_{x \to -\infty} 3x^2$

풀이

(1) $x \neq 1$에 대해 $x \to 1$에 따라 $(x-1)^2 > 0$이고 $(x-1)^2 \to 0$이므로

$$\lim_{x \to 1} \frac{1}{(x-1)^2} = \infty$$

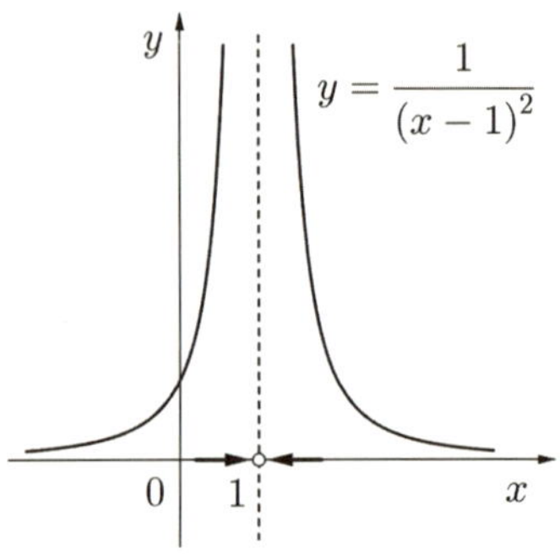

[그림 3-16]

(2) $x \neq -2$에 대해 $x \to -2$에 따라 $(x+2)^2 > 0$이고 $(x-1)^2 \to 0$이므로

$$\lim_{x\to -2}\left(-\frac{1}{(x+2)^2}\right) = -\infty$$

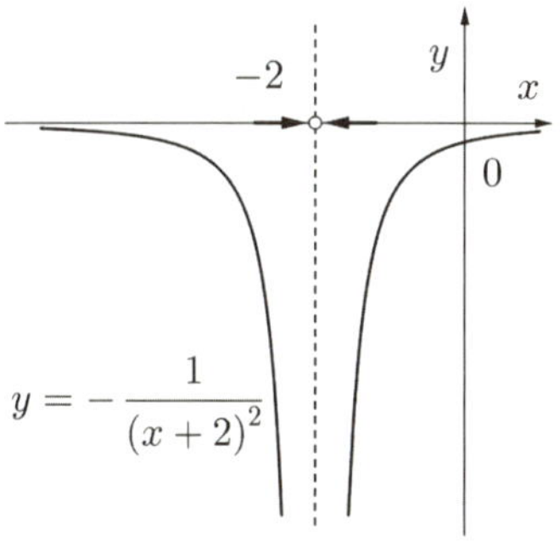

[그림 3-17]

(3) $x \to \infty$에 따라 $2x+1 \to \infty$이므로 $\lim_{x\to\infty}(2x+1) = \infty$.

(4) $x \to -\infty$에 따라 $3x^2 \to \infty$이므로 $\lim_{x\to -\infty} 3x^2 = \infty$.

○ 한쪽극한

함수 $f(x)$에서 x의 값이 a로 가까워질 때, a보다 큰 경우와 작은 경우로 나누어 그 극한을 말할 수 있다.
오른쪽 그림과 같은 함수

$$f(x) = \begin{cases} 2x+1, & x < 0 \\ x^2, & x \geq 0 \end{cases}$$

는 $x < 0$이면서 0에 가까워질 때, $f(x)$의 값이 1에 가까워지고, $x > 0$이면서 0에 가까워질 때 $f(x)$의 값이 0에 가까워진다. 이를 기호로

$$\lim_{x\to 0^-} f(x) = 1, \quad \lim_{x\to 0^+} f(x) = 0$$

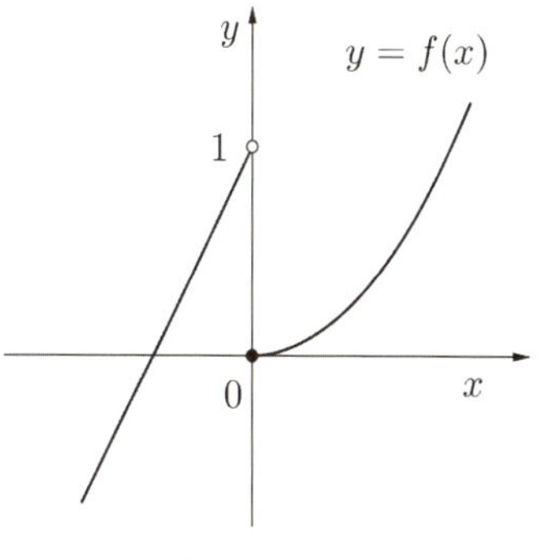

[그림 3-18]

로 나타내고 이를 각각 $x=0$에서의 **좌극한**과 **우극한**이라 한다. 그리고 이를 통틀어 **한쪽극한** (one sided limit)이라 한다.

정의 3-5. 한쪽극한

x의 값이 a보다 작으면서 a에 한없이 가까워질 때, $f(x)$의 값이 L에 한없이 가까워지면,

$$\lim_{x\to a^-} f(x) = L$$

과 같이 나타내고 L을 함수 $f(x)$의 a에서의 **왼쪽극한(left side limit, 좌극한)**이라 한다.
마찬가지로 x의 값이 a보다 크면서 a에 한없이 가까워질 때, $f(x)$의 값이 L에 한없이 가까워지면,

$$\lim_{x\to a^+} f(x) = L$$

과 같이 나타내고 L을 함수 $f(x)$의 a에서의 **오른쪽극한(right side limit, 우극한)**이라 한다.

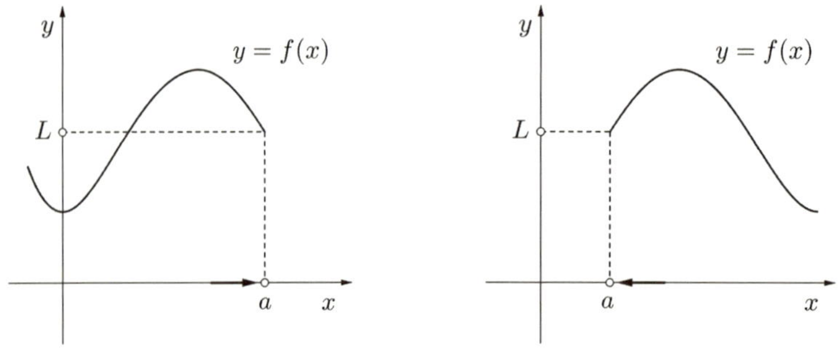

[그림 3-19] [그림 3-20]

한쪽극한과 극한의 정의를 통해 극한의 존재성에 대한 다음과 같은 정리를 얻게 된다.

정리 3-1. 극한의 존재성

함수 $f(x)$에 대해

$$\lim_{x\to a} f(x) = L \Leftrightarrow \lim_{x\to a^-} f(x) = \lim_{x\to a^+} f(x) = L$$

이 성립한다.

Note 정리에 의해 함수 $f(x)$의 $x=a$에서 극한값 $\lim_{x\to a} f(x)$을 구하거나 극한값이 존재하지 않는 것을 증명하기 위해 함수 $f(x)$의 한쪽극한을 이용한다.

예제 3-4

함수 $f(x)=\begin{cases} 2x-1, x \geq 1 \\ x^2+1, x<1 \end{cases}$에 대하여 다음 극한이 존재하면 구하여라.

(1) $\lim_{x\to 1^-} f(x)$

(2) $\lim_{x\to 1^+} f(x)$

(3) $\lim_{x\to 1} f(x)$

풀이

(1) $x \to 1^-$일 때, $x<1$이므로

$$\lim_{x\to 1^-} f(x) = \lim_{x\to 1^-}(x^2+1)=2$$

(2) $x \to 1^+$일 때, $x>1$이므로

$$\lim_{x\to 1^+} f(x) = \lim_{x\to 1^+}(2x-1)=1$$

(3) $\lim_{x\to 1^-} f(x) \neq \lim_{x\to 1^+} f(x)$이므로 정리에 의해 $\lim_{x\to 1} f(x)$는 존재하지 않는다.

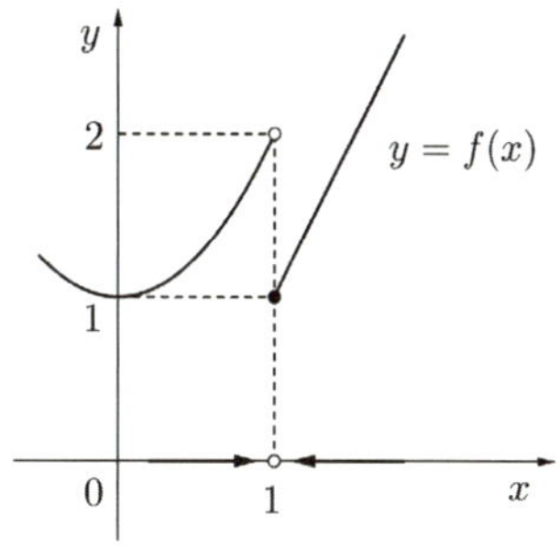

[그림 3-21]

특히 절댓값 기호를 포함하는 함수의 극한을 구하기 위해서는 한쪽극한을 구한 후 극한의 존재성을 이용해야 한다.

예제 3-5

다음 함수의 극한이 존재하면 구하여라.

(1) $\lim_{x\to 0} |x|$

(2) $\lim_{x\to 0} \frac{|x|}{x}$

풀이

(1) $x<0$일 때, $|x|=-x$이고 $x>0$일 때, $|x|=x$이므로

$$\lim_{x\to 0^-}|x| = \lim_{x\to 0^-}(-x)=0, \quad \lim_{x\to 0^+}|x| = \lim_{x\to 0^+}x=0$$

이다. 따라서, $\lim_{x\to 0}|x|=0$이다.

(2) 한쪽극한을 구하면

$$\lim_{x \to 0^-} \frac{|x|}{x} = \lim_{x \to 0^-} \left(\frac{-x}{x} \right) = -1, \quad \lim_{x \to 0^+} \frac{|x|}{x} = \lim_{x \to 0^+} \frac{x}{x} = 1$$

이므로 $\lim_{x \to 0^-} \frac{|x|}{x} \neq \lim_{x \to 0^+} \frac{|x|}{x}$이다. 따라서, $\lim_{x \to 0} \frac{|x|}{x}$는 존재하지 않는다.

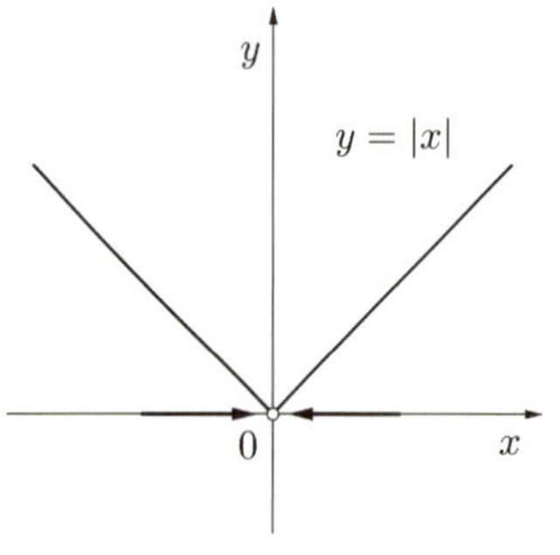

[그림 3-22]

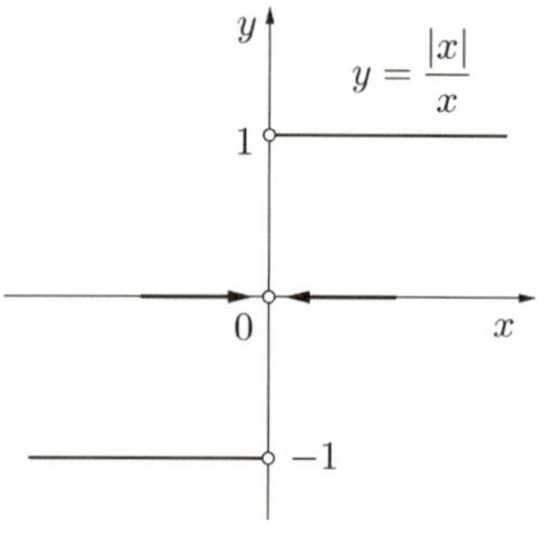

[그림 3-23]

한쪽극한의 경우에도 무한극한값을 가질 수 있다. 예를 들어, 함수 $f(x) = \frac{1}{x}$는 $x < 0$이면서 0에 가까이 접근할 때 $f(x)$의 값이 음수이면서 절댓값이 한없이 커지고, $x > 0$이면서 0에 가까이 접근할 때 $f(x)$의 값이 한없이 커지므로

$$\lim_{x \to 0^-} f(x) = \lim_{x \to 0^-} \frac{1}{x} = -\infty, \quad \lim_{x \to 0^+} f(x) = \lim_{x \to 0^+} \frac{1}{x} = +\infty$$

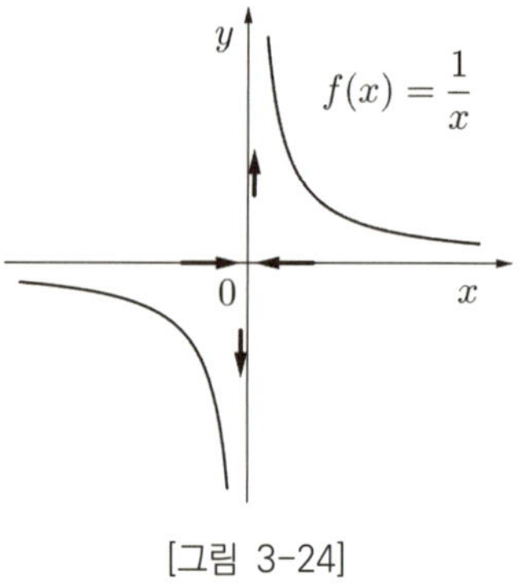

[그림 3-24]

로 나타낸다. 그리고 이 경우에 $\lim_{x \to 0} f(x) = \lim_{x \to 0} \frac{1}{x}$는 존재하지 않는다.

예제 3-6

다음 극한이 존재하면 구하여라.

(1) $\lim_{x\to1^+}\frac{1}{x-1}$

(2) $\lim_{x\to1^-}\frac{1}{x-1}$

(3) $\lim_{x\to1}\frac{1}{x-1}$

풀이

(1) $x\to1^+$이면 $x>1$이므로 $x-1>0$이고 $x-1\to0^+$이다. 따라서 $\lim_{x\to1^+}\frac{1}{x-1}=\infty$.

(2) $x\to1^-$이면 $x<1$이므로 $x-1<0$이고 $x-1\to0^-$이다. 따라서 $\lim_{x\to1^-}\frac{1}{x-1}=-\infty$.

(3) $\lim_{x\to1^+}\frac{1}{x-1}=\infty$, $\lim_{x\to1^-}\frac{1}{x-1}=-\infty$이므로 $\lim_{x\to1}\frac{1}{x-1}$는 존재하지 않는다.

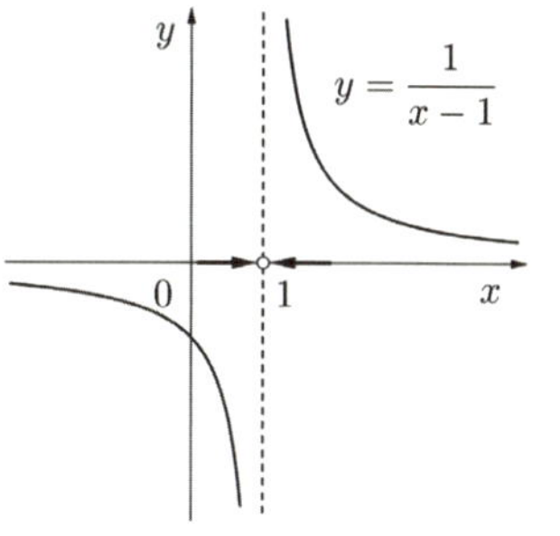

[그림 3-25]

위에 있는 함수 $f(x)=\frac{1}{x-1}$의 그래프에서 볼 수 있듯이, 함수 $f(x)$가 $x=a$에서 무한극한을 가질 때, 즉,

$$\lim_{x\to a^-}f(x)=\infty,\ \lim_{x\to a^-}f(x)=-\infty,\ \lim_{x\to a^+}f(x)=\infty,\ \lim_{x\to a^+}f(x)=-\infty,$$

중 하나가 성립할 때, 함수 $f(x)$의 그래프가 직선 $x=a$에 접근하는 것을 알 수 있다.

정의 3-6. **수직점근선**

함수 $f(x)$가 $x=a$에서 무한극한을 갖는 경우, 즉,

$$\lim_{x\to a^-}f(x)=\infty,\ \lim_{x\to a^-}f(x)=-\infty,\ \lim_{x\to a^+}f(x)=\infty,\ \lim_{x\to a^+}f(x)=-\infty,$$

$$\lim_{x\to a}f(x)=\infty,\ \lim_{x\to a}f(x)=-\infty$$

중 하나가 성립할 때, 직선 $x=a$를 함수 $y=f(x)$의 **수직점근선(vertical asymptote)**이라 한다.

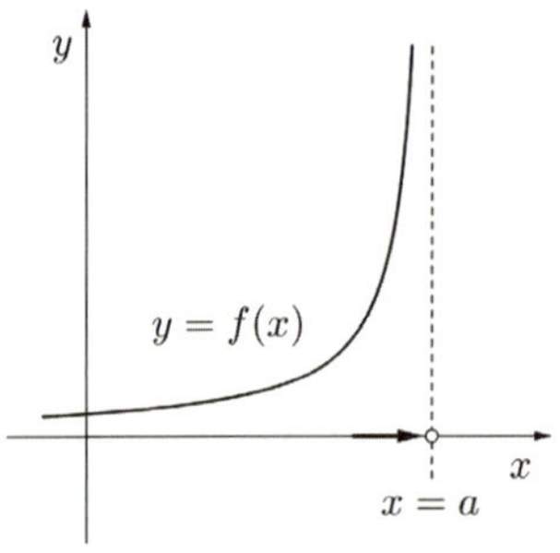

[그림 3-26]

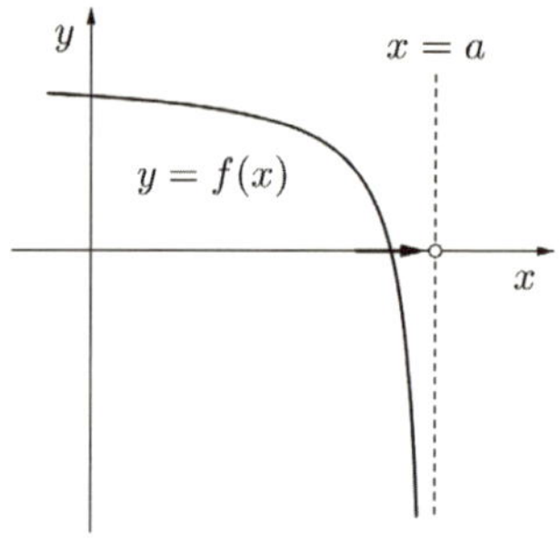

[그림 3-27]

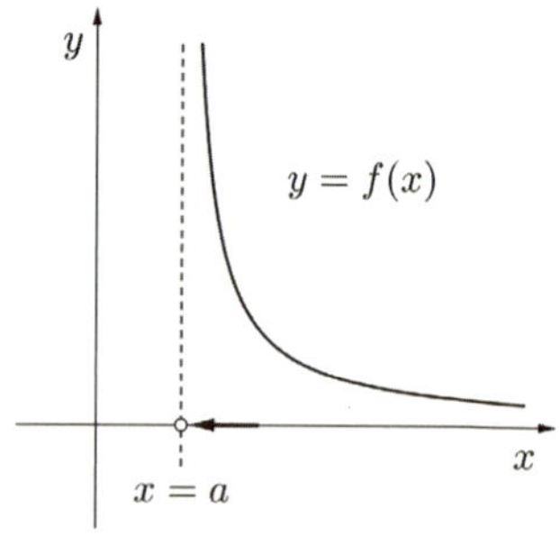

[그림 3-28]

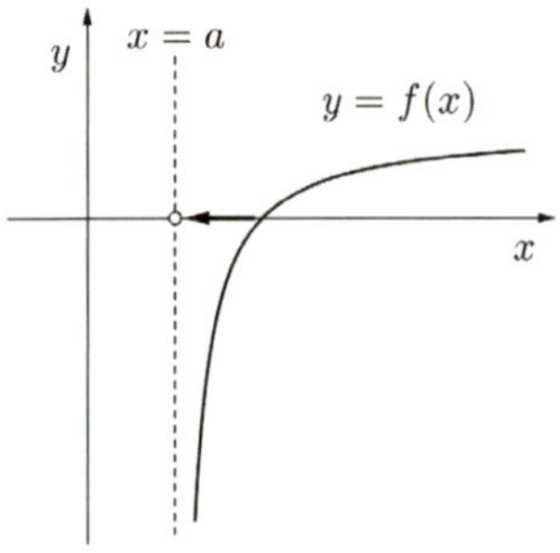

[그림 3-29]

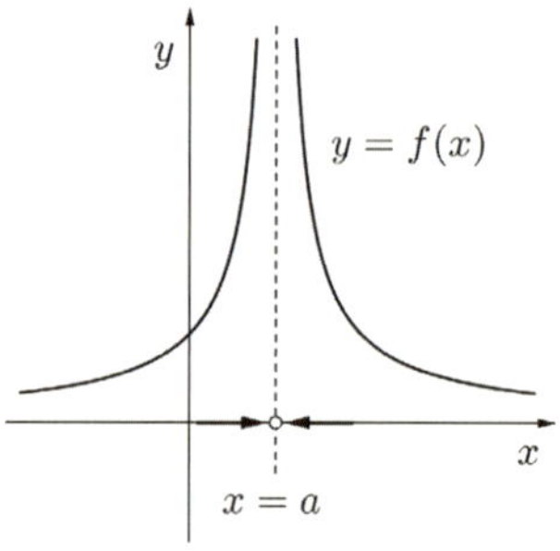

[그림 3-30]

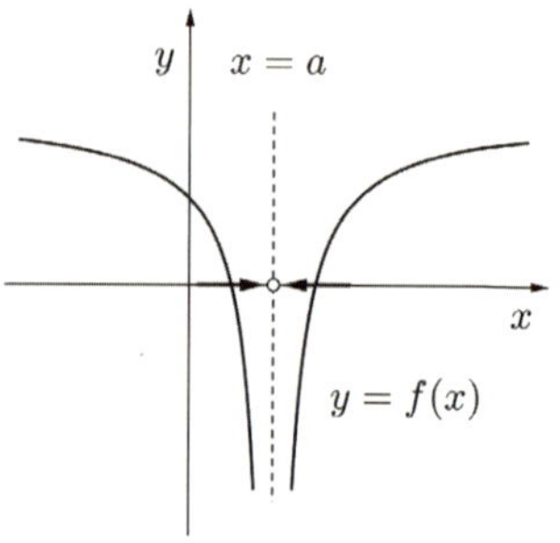

[그림 3-31]

참고 함수 $f(x)=\dfrac{1}{x-1}$의 그래프는 수직점근선 $x=1$을 갖는다.

□ 극한법칙을 이용한 극한값의 계산

○ 극한법칙

함수의 극한을 구하기 위해서는 함수의 그래프 또는 함수값의 변화 추이를 살펴보아야 한다. 그러나 실제로 함수의 극한값은 다음의 극한법칙을 이용하면 쉽게 구할 수 있다.

정리 3-2. 극한법칙

함수 $f(x)$, $g(x)$에 대해 a, c가 상수이고 두 극한 $\lim\limits_{x\to a}f(x)=\alpha$, $\lim\limits_{x\to a}g(x)=\beta$($\alpha$, β는 실수)가 존재할 때 다음이 성립한다.

(a) $\lim\limits_{x\to a}cf(x)=c\lim\limits_{x\to a}f(x)=c\alpha$

(b) $\lim\limits_{x\to a}\{f(x)+g(x)\}=\lim\limits_{x\to a}f(x)+\lim\limits_{x\to a}g(x)=\alpha+\beta$

(c) $\lim\limits_{x\to a}\{f(x)-g(x)\}=\lim\limits_{x\to a}f(x)-\lim\limits_{x\to a}g(x)=\alpha-\beta$

(d) $\lim\limits_{x\to a}\{f(x)g(x)\}=\lim\limits_{x\to a}f(x)\times\lim\limits_{x\to a}g(x)=\alpha\beta$

(e) $\lim_{x \to a} \frac{f(x)}{g(x)} = \frac{\lim_{x \to a} f(x)}{\lim_{x \to a} g(x)} = \frac{\alpha}{\beta}$ (단, $\beta \neq 0$)

(f) $\lim_{x \to a} c = c$

(g) $\lim_{x \to a} x = a$

(h) $\lim_{x \to a} \{f(x)\}^n = \left\{\lim_{x \to a} f(x)\right\}^n = \alpha^n$, n은 양의 정수

(i) $\lim_{x \to a} \sqrt[n]{f(x)} = \sqrt[n]{\lim_{x \to a} f(x)} = \sqrt[n]{\alpha}$, n은 양의 정수

예제 3-7

다음 극한값을 구하여라.

(1) $\lim_{x \to 0}(2x+1)$

(2) $\lim_{x \to 1} \frac{3x+1}{x^2+1}$

(3) $\lim_{x \to 1}(x+1)^3$

(4) $\lim_{x \to 2}\sqrt{x^2+5x}$

풀이

극한법칙을 이용하여 계산하면 다음과 같다.

(1) $\lim_{x \to 0}(2x+1) = 2\lim_{x \to 0} x + \lim_{x \to 0} 1$ 극한법칙 (a), (b)

$= 2 \times 0 + 1$ 극한법칙 (f), (g)

$= 1$

(2) $\lim_{x \to 1} \frac{3x+1}{x^2+1} = \frac{\lim_{x \to 1}(3x+1)}{\lim_{x \to 1}(x^2+1)}$ 극한법칙 (e)

$= \frac{3\lim_{x \to 1} x + \lim_{x \to 1} 1}{\lim_{x \to 1} x^2 + \lim_{x \to 1} 1}$ 극한법칙 (a), (b)

$= \frac{3 \times 1 + 1}{1^2 + 1}$ 극한법칙 (f), (g), (h)

$= 2$

(3) $\lim_{x \to 1}(x+1)^3 = \left\{\lim_{x \to 1}(x+1)\right\}^3$ 극한법칙 (h)

$= \left\{\lim_{x \to 1} x + \lim_{x \to 1} 1\right\}^3$ 극한법칙 (b)

$= (1+1)^3$ 극한법칙 (f), (g)

$$\begin{aligned}&= 8\end{aligned}$$

(4) $\lim_{x\to 2}\sqrt{x^2+5x} = \sqrt{\lim_{x\to 2}(x^2+5x)}$ 극한법칙 (i)

$= \sqrt{\lim_{x\to 2}x^2 + 5\lim_{x\to 2}x}$ 극한법칙 (a), (b)

$= \sqrt{2^2+5\times 2}$ 극한법칙 (g), (h)

$= \sqrt{14}$

위의 예제로부터 $f(x)=2x+1$일 때 $f(0)=1$이고 $\lim_{x\to 0}(2x+1)=1$이므로 함숫값과 극한값이 같은 것을 알 수 있다. 즉, $f(0)=1=\lim_{x\to 0}f(x)$이다.

마찬가지로 $g(x)=\dfrac{3x+1}{x^2+1}$, $h(x)=\sqrt{x^2+5x}$일 때, $g(1)=2=\lim_{x\to 1}g(x)$, $h(2)=4=\lim_{x\to 2}h(x)$로 함수값과 극한값이 같은 것을 알 수 있다.

이와 같이 함수 $f(x)$가 대수함수(다항함수, 유리함수, 무리함수)일 때 극한값은 함숫값과 같으므로, 극한값 $\lim_{x\to a}f(x)$을 구하기 위해서 함수 $f(x)$의 변수 x에 상수 a를 대입하면 된다. 이것을 **직접대입성질**(direct substitution property)이라 한다.

정리 3-3. 직접대입성질

함수 $f(x)$가 대수함수이고 a가 함수 f의 정의역 안에 있으면

$$\lim_{x\to a}f(x)=f(a)$$

가 성립한다.

○ 부정형의 극한

함수 $f(x)$에 대해 극한법칙이나 직접대입성질을 이용하여 극한값을 구할 수 없는 특별한 극한을 **부정형**(indeterminate form)의 극한이라 한다. 여기서는 간단한 형태의 부정형의 극한 계산에 대해 알아본다.

함수 $f(x)$, $g(x)$에 대하여 $\lim_{x\to a}f(x)=0$, $\lim_{x\to a}g(x)=0$일 때 극한 $\lim_{x\to a}\dfrac{f(x)}{g(x)}$은 존재할 수도 있고 아닐 수도 있어서 $\dfrac{0}{0}$꼴의 **부정형**이라 한다. $\dfrac{0}{0}$꼴의 부정형 극한은 주어진 식을 변형하여 약분 또는 통분하여 극한을 구한다.

예제 3-8

다음 극한값을 구하여라.

(1) $\lim_{x \to 3} \frac{x^2-9}{x-3}$

(2) $\lim_{x \to 0} \frac{\sqrt{1+x}-\sqrt{1-x}}{x}$

풀이

(1) 인수분해를 이용하여 식을 변형하여 극한을 계산하면

$$\lim_{x \to 3} \frac{x^2-9}{x-3} = \lim_{x \to 3} \frac{(x-3)(x+3)}{x-3} = \lim_{x \to 3}(x+3) = 6$$

(2) 분자의 식을 유리화해서 식을 변형하여 극한을 계산하면

$$\begin{aligned}\lim_{x \to 0} \frac{\sqrt{1+x}-\sqrt{1-x}}{x} &= \lim_{x \to 0} \frac{(\sqrt{1+x}-\sqrt{1-x})(\sqrt{1+x}+\sqrt{1-x})}{x(\sqrt{1+x}+\sqrt{1-x})} \\ &= \lim_{x \to 0} \frac{(1+x)-(1-x)}{x(\sqrt{1+x}+\sqrt{1-x})} \\ &= \lim_{x \to 0} \frac{2}{\sqrt{1+x}+\sqrt{1-x}} \\ &= \frac{2}{\sqrt{1+0}+\sqrt{1-0}} = 1\end{aligned}$$

Note 좀 더 복잡한 부정형의 극한은 4장에서 로피탈의 법칙을 통해 알아본다.

○ 압축정리

지금까지 공부한 함수의 극한 구하는 방법으로 구할 수 없는 경우, 때로는 함수 극한의 대소 관계를 이용하여 얻은 **압축정리(squeeze theorem)**를 이용하여 구할 수 있다.

정리 3-4.

함수 $f(x)$, $g(x)$에 대해 a의 근방에 있는 모든 x에 대하여 $f(x) \le g(x)$이고 $\lim_{x \to a} f(x) = \alpha$, $\lim_{x \to a} g(x) = \beta$ (α, β는 실수) 이면 $\alpha \le \beta$이다.

정리 3-5. 압축정리

함수 $f(x)$, $g(x)$, $h(x)$에 대해 a의 근방에 있는 모든 x에 대하여 $h(x) \le g(x) \le f(x)$이고 $\lim_{x \to a} f(x) = \lim_{x \to a} h(x) = L$이면 $\lim_{x \to a} g(x) = L$이다.

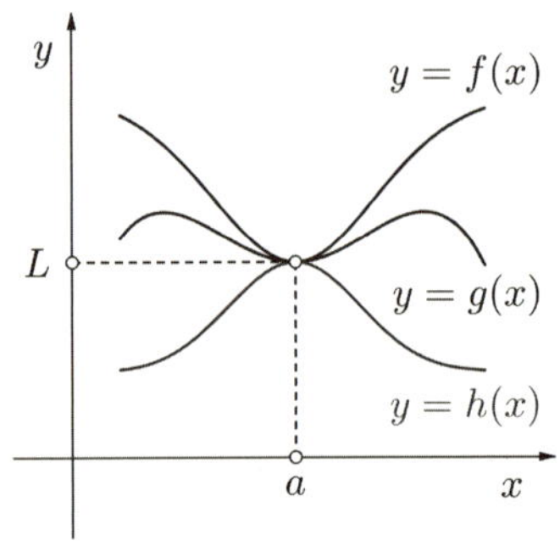

[그림 3-32]

예제 3-9

함수 $f(x)$가 모든 실수 x에 대하여

$$\frac{2x-1}{x^2+1} \le f(x) \le \frac{x^2}{x^2+1}$$

을 만족시킬 때, $\lim_{x \to 1} f(x)$의 값을 구하여라.

풀이

함수 $f(x)$가 모든 실수 x에 대하여 $\frac{2x-1}{x^2+1} \le f(x) \le \frac{x^2}{x^2+1}$이고

$$\lim_{x \to 1} \frac{2x-1}{x^2+1} = \frac{1}{2} = \lim_{x \to 1} \frac{x^2}{x^2+1}$$

이므로, 압축정리에 의해 $\lim_{x \to 1} f(x) = \frac{1}{2}$이다.

3.1 연습문제

01. 다음 극한을 구하여라.

(1) $\lim_{x \to 1}(x^2 - 4x + 2)$

(2) $\lim_{x \to 2}\frac{5x-1}{x^2-1}$

(3) $\lim_{x \to 3}\sqrt{x+6}$

(4) $\lim_{x \to 2}\frac{x^2-5x+6}{x-2}$

(5) $\lim_{x \to -2}\frac{x^3+2x^2+x+2}{x+2}$

(6) $\lim_{x \to -1}\frac{\frac{1}{2x+1}+1}{x+1}$

(7) $\lim_{x \to 1}\frac{x-1}{\sqrt{x+3}-2}$

(8) $\lim_{x \to -\infty}\frac{9x^3-5x^2+2}{3x^3+2}$

(9) $\lim_{x \to \infty}\left(\sqrt{x^2+2x}-x\right)$

(10) $\lim_{x \to 2}\frac{x^2+2x+3}{(x-2)^2}$

(11) $\lim_{x \to 1^-}\frac{2x}{x-1}$

(12) $\lim_{x \to 1^+}\frac{2x}{x-1}$

02. 함수 $f(x)=\begin{cases} 5x+2, & x<1 \\ 2x^2, & x \geq 1 \end{cases}$에 대하여 다음 물음에 답하여라.

(1) $f(1)$을 구하여라.

(2) $\lim_{x \to 0}f(x)$를 구하여라.

(3) 한쪽극한 $\lim_{x \to 1^-}f(x)$와 $\lim_{x \to 1^+}f(x)$를 구하여라.

(4) 극한값 $\lim_{x \to 1}f(x)$는 존재하는가? 존재한다면 극한값을 구하여라.

03. 함수 $f(x)=\frac{2x+1}{x-3}$의 그래프의 수직점근선과 수평점근선의 방정식을 구하여라.

04. 함수 $f(x)$가 모든 실수 x에 대하여

$$2x^2-1 \leq f(x) \leq 2x^2+1$$

을 만족시킬 때, $\lim_{x \to \infty}\frac{f(x)}{x^2+1}$의 값을 구하여라.

3.2 함수의 연속

□ 함수의 연속

오른쪽에 있는 함수 $f(x)=x+2$의 그래프를 보면 $x=2$에서 곡선이 연결되어 있다. 그리고 $\lim_{x\to 2}f(x)=4$, $f(2)=4$으로 극한값과 함수값이 같음을 알 수 있다. 이 때 함수 $f(x)$를 $x=2$에서 연속(continuity)이라고 한다.

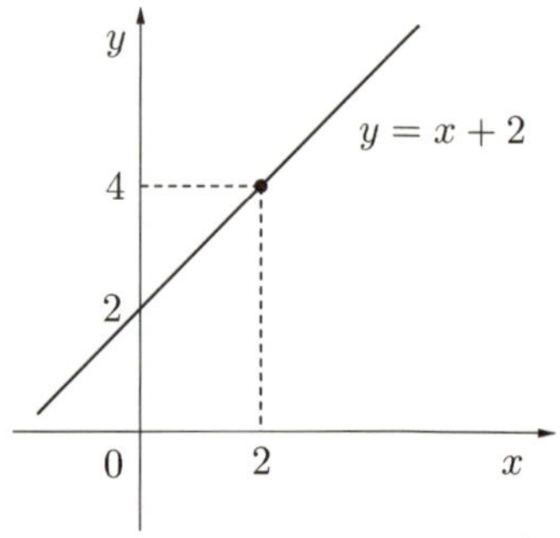

[그림 3-33]

정의 3-7. 연속

함수 $f(x)$가 실수 a에서

$$\lim_{x\to a}f(x)=f(a)$$

를 만족할 때, 함수 $f(x)$는 $x=a$에서 **연속(continuous)**이라 한다. 그리고 연속이 아닌 경우, $f(x)$는 $x=a$에서 **불연속(discontinuous)**이라 한다.

참고 함수 $f(x)$가 $x=a$에서 연속일 때 정의는 다음 세 가지 조건을 포함하고 있다.

(a) $f(a)$가 정의된다.

(b) $\lim_{x\to a}f(x)$가 존재한다.

(c) $\lim_{x\to a}f(x)=f(a)$

그러므로 함수 $f(x)$가 $x=a$에서 불연속이라면 세 조건 중 적어도 하나는 만족하지 못한다.

예제 3-10

다음 함수가 불연속인 점을 찾고 그 이유를 말하여라.

(1) $f(x)=\dfrac{x^2-1}{x-1}$

(2) $g(x)=\begin{cases} x^2-1, & x \le 2 \\ 2x, & x > 2 \end{cases}$

(3) $p(x)=\begin{cases} \dfrac{1}{(x-1)^2}, & x \ne 1 \\ 1, & x=1 \end{cases}$

(4) $q(x)=\begin{cases} \dfrac{x^2-1}{x-1}, & x \ne 1 \\ 1, & x=1 \end{cases}$

풀이

(1) $x=1$일 때, 분모가 0이 되기 때문에 함수 $f(x)$는 $x=1$에서 정의되지 않았다. 그러므로 $f(x)$는 $x=1$에서 불연속이다.

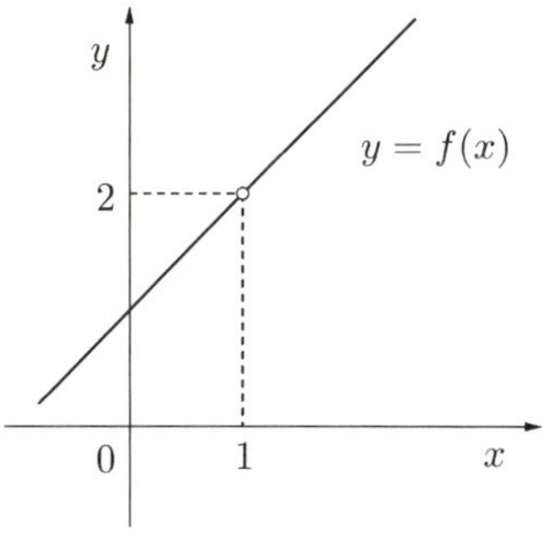

[그림 3-34]

(2) $\lim\limits_{x\to 2^-} g(x)=\lim\limits_{x\to 2^-}(x^2-1)=3$이고, $\lim\limits_{x\to 2^+} g(x)=\lim\limits_{x\to 2^+} 2x=4$ 이기 때문에 $\lim\limits_{x\to 2} g(x)$가 존재하지 않는다. 그러므로 $g(x)$는 $x=2$에서 불연속이다.

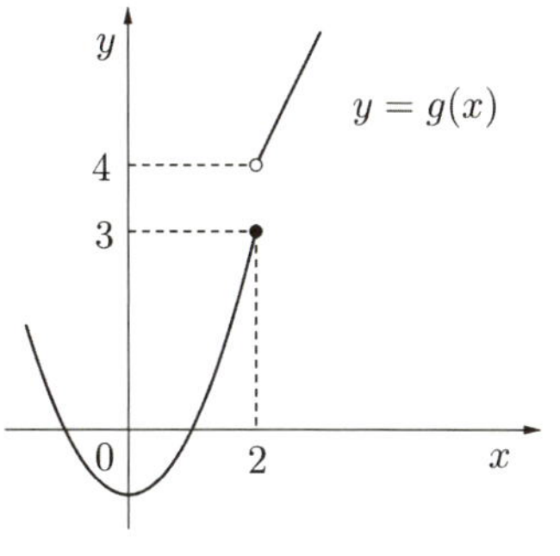

[그림 3-35]

(3) $\lim_{x \to 1} p(x) = \lim_{x \to 1} \frac{1}{(x-1)^2} = \infty$ 이므로 함수 $p(x)$는 $x=1$에서 불연속이다.

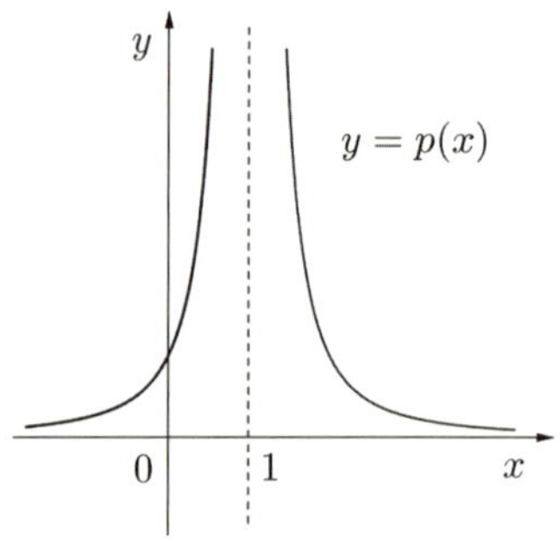

[그림 3-36]

(4) $\lim_{x \to 1} q(x) = \lim_{x \to 1} \frac{x^2-1}{x-1} = \lim_{x \to 1} \frac{(x-1)(x+1)}{x-1} = \lim_{x \to 1}(x+1) = 2$ 이고 $q(1) = 1$ 이기 때문에 $\lim_{x \to 1} q(x) \neq q(1)$ 이다. 따라서, $q(x)$는 $x=1$에서 불연속이다.

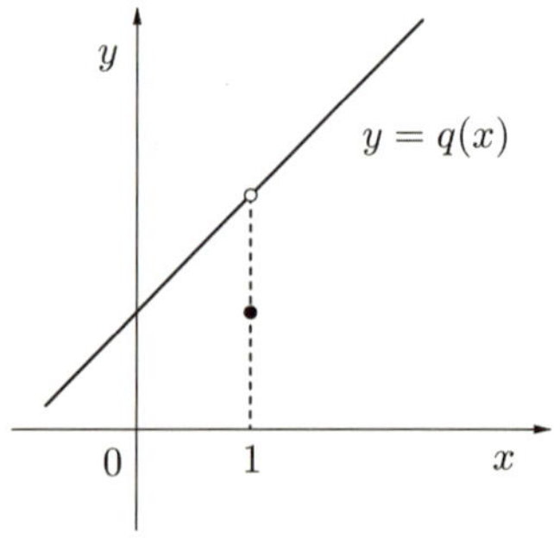

[그림 3-37]

위 예제의 함수의 그래프를 보면 각 그래프에서 불연속인 점에서 구멍이나 절단 또는 도약이 생기는 것을 알 수 있다. (1), (4)와 같은 불연속은 $x=1$에서 함수 $f(x)$의 함수값을 다시 정의하면 연속이 되게 할 수 있기 때문에 **제거가능 불연속(removable discontinuity)**라고 한다. 이에 반해 (2)는 **도약 불연속(jump discontinuity)**, (3)은 **무한 불연속(infinite discontinuity)**라 한다.

참고 다음과 같이 한쪽극한을 이용하여 연속성을 정의할 수도 있다.

정의 3-8.

함수 $f(x)$가 실수 a에서

$$\lim_{x \to a^+} f(x) = f(a)$$

일 때 $f(x)$는 $x=a$에서 **오른쪽에서 연속(right continuous)**라 하고

$$\lim_{x \to a^-} f(x) = f(a)$$

일 때 $f(x)$는 $x=a$에서 **왼쪽에서 연속(left continuous)**라 한다.

예제 3-11

함수

$$f(x)=\begin{cases} x^2+1, & x \le 1 \\ -x+4, & x>1 \end{cases}$$

에 대해 $x=1$에서 왼쪽 혹은 오른쪽에서 연속인지, 또는 양쪽 다 연속이 안 되는지 말하여라.

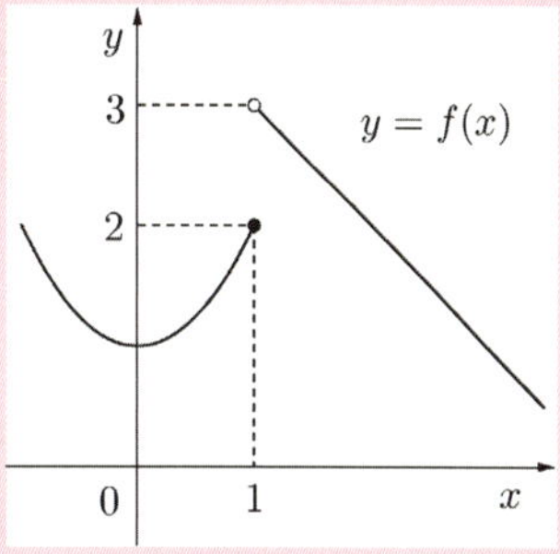

[그림 3-38]

풀이

한쪽 극한을 구하면

$$\lim_{x\to 1^-} f(x)=\lim_{x\to 1^-}(x^2+1)=2$$
$$\lim_{x\to 1^+} f(x)=\lim_{x\to 1^+}(-x+4)=3$$

이고 $f(1)=2$이므로 $\lim_{x\to 1^-} f(x)=f(1)$이고 $\lim_{x\to 1^+} f(x)\ne f(1)$이다. 따라서 $f(x)$는 $x=1$에서 왼쪽에서 연속이지만, 오른쪽에서 연속이지 않다. 또한 $f(x)$는 $x=1$에서 불연속이다.

□ 연속함수의 성질

연속의 정의와 극한법칙을 이용하면 다음과 같은 연속함수의 성질을 얻을 수 있다.

정리 3-6. 연속함수의 성질

두 함수 $f(x)$, $g(x)$가 $x=a$에서 연속이면 다음 함수도 $x=a$에서 연속이다.

(a) $cf(x)$ (단, c는 상수)

(b) $f(x)+g(x)$

(c) $f(x)-g(x)$

(d) $f(x)g(x)$

(e) $\dfrac{f(x)}{g(x)}$ (단, $g(a)\ne 0$)

위의 정리로부터 모든 다항함수

$$f(x)=a_nx^n+a_{n-1}x^{n-1}+\cdots+a_1x+a_0$$

는 모든 $x=a$에서 연속임을 알 수 있고, 유리함수 $\frac{f(x)}{g(x)}$는 $g(a)\neq 0$인 모든 $x=a$에서 연속임을 알 수 있다.

일반적으로 복잡한 형태를 갖고 있는 함수는 여러 개의 간단한 함수들의 합성으로 구성되어 있다. 예를 들어, 함수 $h(x)=\sqrt{x+1}$은 두 연속함수 $f(x)=\sqrt{x}$와 $g(x)=x+1$의 합성함수로 또 다른 연속함수이다. 따라서 연속인 두 함수의 합성함수 또한 연속인 것을 알 수 있다.

정리 3-7. 합성함수의 연속성

함수 f가 $x=a$에서 연속이고 함수 g가 $b=f(a)$에서 연속이면, 합성함수 $g\circ f$는 $x=a$에서 연속이다.

정의 3-9. 함수의 연속

정의역이 실수집합 $\mathbb{R}$의 부분집합 D인 함수 $f(x)$에 대해 함수의 연속은 다음과 같이 세 가지로 표현할 수 있다.

(a) $f(x)$가 정의역 D 안의 점 a에 대해 $\lim_{x\to a}f(x)=f(a)$이면 $f(x)$가 $x=a$에서 연속이다.

(b) $f(x)$가 D의 부분집합 S에 속하는 모든 점 a에서 연속이면 $f(x)$는 S에서 연속이다.

(c) $f(x)$가 D에서 연속이면 $f(x)$는 연속함수이다.

정리 3-6에 의해 모든 대수함수는 연속함수임을 알 수 있고 이를 이용하여 대수함수의 극한값을 구할 수 있다. 이를 앞에서는 **직접대입성질**이라고 하였다.

예제 3-12

다음 극한값을 구하여라.

(1) $\lim_{x\to 2}\frac{6x}{x^2+2}$

(2) $\lim_{x\to 1}\sqrt{x+3}$

풀이

(1) 함수 $y=\frac{6x}{x^2+2}$가 $x=2$에서 연속이므로

$$\lim_{x\to2}\frac{6x}{x^2+2}=\frac{6\times2}{2^2+2}=2$$

(2) 함수 $y=\sqrt{x+3}$이 $x=1$에서 연속이므로

$$\lim_{x\to1}\sqrt{x+3}=\sqrt{1+3}=2$$

예제 3-13

함수 $f(x)$가 연속함수이고

$$(x-1)f(x)=\sqrt{x+3}-2$$

을 만족할 때, 함수값 $f(1)$을 구하여라.

풀이

$x\neq1$에 대해

$$f(x)=\frac{\sqrt{x+3}-2}{x-1}$$

이고, $f(x)$가 $x=1$에서 연속이므로

$$\begin{aligned}f(1)=\lim_{x\to1}f(x)=\lim_{x\to1}\frac{\sqrt{x+3}-2}{x-1}&=\lim_{x\to1}\frac{(\sqrt{x+3}-2)(\sqrt{x+3}+2)}{(x-1)(\sqrt{x+3}+2)}\\&=\lim_{x\to1}\frac{x+3-4}{(x-1)(\sqrt{x+3}+2)}\\&=\lim_{x\to1}\frac{1}{\sqrt{x+3}+2}=\frac{1}{\sqrt{1+3}+2}=\frac{1}{4}\end{aligned}$$

○ 중간값 정리

함수 $f(x)$가 폐구간 $[a,b]$에서 연속이면 함수 $f(x)$의 그래프는 아래 그림과 같이 그 구간에서 끊어지지 않고 이어져 있다.

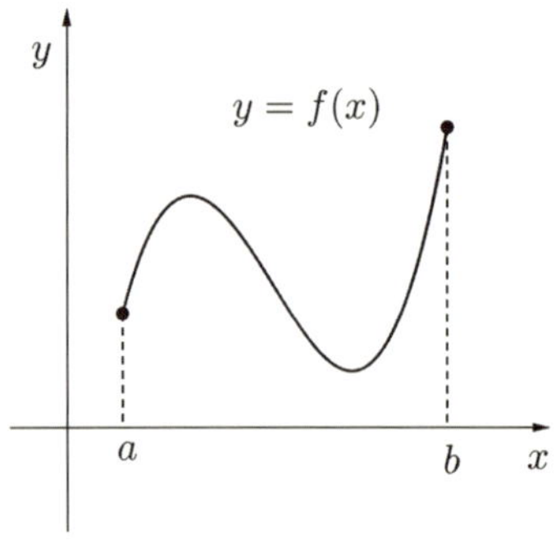

[그림 3-39]

그러므로 $f(a) \neq f(b)$라면 $f(a)$와 $f(b)$ 사이의 임의의 실수 k에 대하여 그래프 $y=f(x)$와 직선 $y=k$는 적어도 한 점에서 만난다. 이와 같은 연속함수의 성질을 말해주는 것이 **중간값 정리(intermediate value theorem)**라 한다.

정리 3-8. 중간값 정리

함수 $f(x)$가 폐구간 $[a,b]$에서 연속이고 $f(a) \neq f(b)$이면 $f(a)$와 $f(b)$ 사이의 임의의 실수 k에 대하여

$$f(c)=k, \quad a<c<b$$

인 c가 적어도 하나 존재한다.

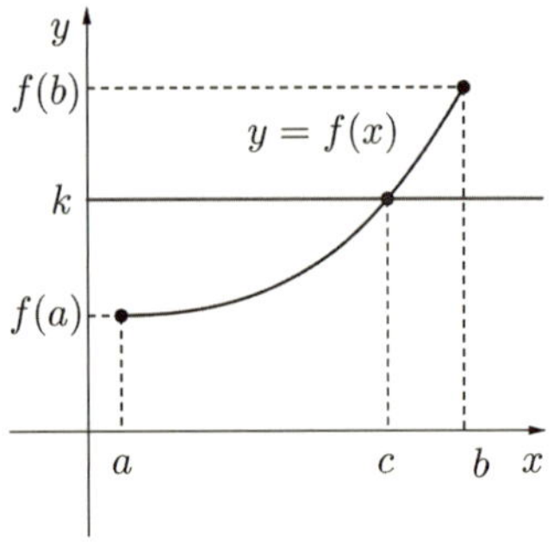

[그림 3-40]

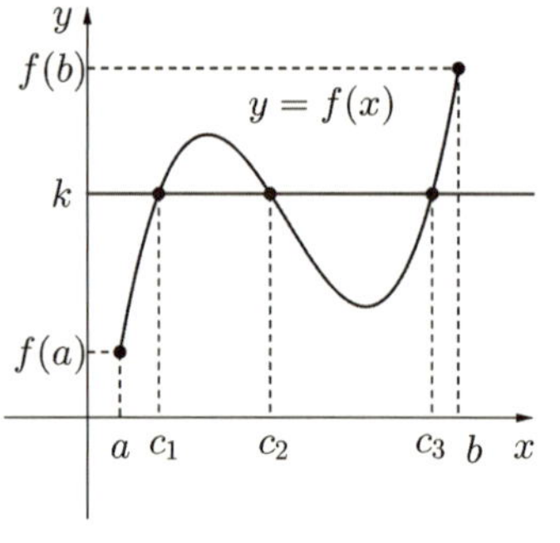

[그림 3-41]

중간값 정리에 의하면 함수 $f(x)$가 폐구간 $[a,b]$에서 연속이고 $f(a)f(b)<0$일 때 $f(c)=0$인 c가 a와 b사이에 적어도 하나 존재한다. 그러므로 이것을 이용하면 방정식 $f(x)=0$이 구간 (a,b)에서 적어도 하나의 실근을 갖는다는 것을 보일 수 있다.

예제 3-14

방정식 $x^3-x+1=0$은 -2와 -1 사이에 적어도 하나의 실근을 가짐을 보여라.

풀이

함수 $f(x)=x^3-x+1$라고 정의하자. 그러면 함수 $f(x)$는 폐구간 $[-2,-1]$에서 연속이고

$$f(-2)=(-2)^3-(-2)+1=-5<0$$
$$f(-1)=(-1)^3-(-1)+1=1>0$$

이다. 그러므로 중간값 정리에 의해 -2와 -1 사이에 $f(c)=0$인 c가 적어도 하나 존재한다. 즉,

$$f(c)=c^3-c+1=0$$

이 성립한다. 따라서, $x=c$가 주어진 방정식의 근이고 방정식은 -2와 -1 사이에 적어도 하나의 실근을 갖는다.

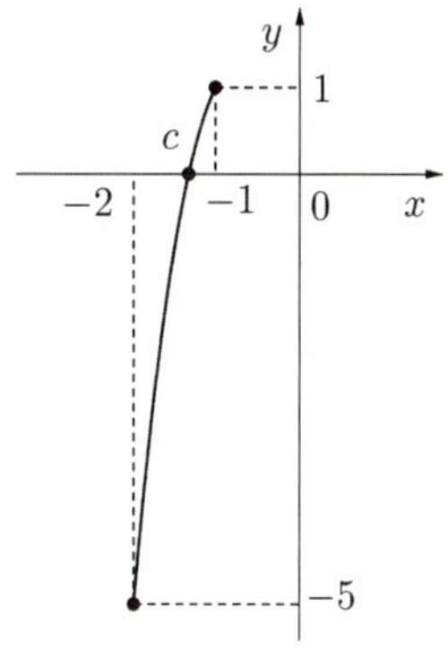

[그림 3-42]

3.2 연습문제

01. 다음 함수가 불연속인 점을 찾고 그 이유를 말하여라.

(1) $f(x)=\dfrac{3x-2}{x+1}$

(2) $g(x)=\begin{cases} -x, & x<1 \\ x+1, & x \ge 1 \end{cases}$

(3) $h(x)=\begin{cases} \dfrac{\sqrt{x}-1}{x-1}, & x \ne 1 \\ 1, & x=1 \end{cases}$

(4) $p(x)=\begin{cases} \dfrac{1}{(x+2)^2}, & x \ne -2 \\ 0, & x=-2 \end{cases}$

02. 함수 $f(x)=\begin{cases} \dfrac{\sqrt{x^2+5}-3}{x-2}, & x \ne 2 \\ ax+1, & x=2 \end{cases}$가 $x=2$에서 연속이기 위한 상수 a의 값을 구하여라.

03. 함수 $f(x)$가 연속함수이고 모든 실수 x에 대해

$$(x+1)f(x)=x^3+2x^2+3x+2$$

를 만족한다. 함수값 $f(-1)$을 구하여라.

Chapter
04 대수함수의 미분

4.1 미분계수와 도함수

이 절에서는 함수의 미분계수와 도함수의 정의에 대해 알아보고, 이를 이용하여 대수함수의 접선의 방정식을 구해본다.

□ 미분계수

○ 평균변화율

함수 $y=f(x)$에서 x의 값의 변화량에 대한 y의 값의 변화량의 비율에 대해 알아보자. x의 값이 a에서 b까지 변할 때 변화량 $b-a$를 **x의 증분**(increment), y의 값의 변화량 $f(b)-f(a)$를 **y의 증분**이라 하고, 각각 기호

$$\Delta x=b-a,\quad \Delta y=f(b)-f(a)$$

로 나타낸다. 또한 $b=a+\Delta x$이므로

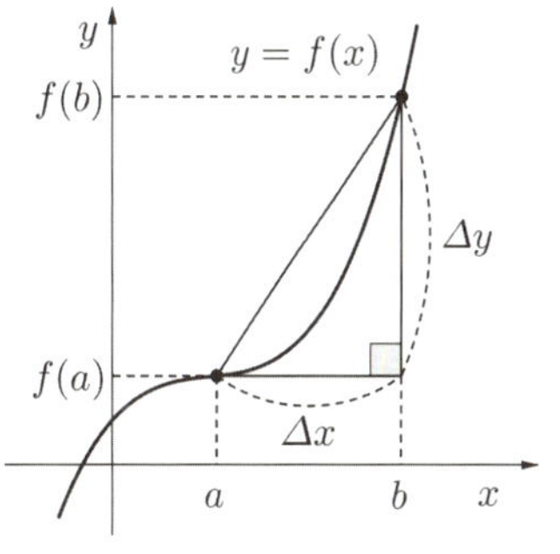

[그림 4-1]

$$\Delta y=f(a+\Delta x)-f(a)$$

로 나타낼 수도 있다. 여기서 x의 증분 Δx에 대한 y의 증분 Δy의 비율을 **평균변화율**이라 한다.

정의 4-1. **평균변화율**

함수 $y=f(x)$에서 x의 값이 a에서 b까지 변할 때 **평균변화율(average rate of change)**은

$$\frac{\Delta y}{\Delta x}=\frac{f(b)-f(a)}{b-a}=\frac{f(a+\Delta x)-f(a)}{\Delta x}$$

이다.

평균변화율은 $y=f(x)$의 그래프 위의 두 점 $(a,f(a))$, $(b,f(b))$를 지나는 직선의 기울기와 같다.

○ 미분계수

함수 $y=f(x)$에서 x의 값이 a에서 $a+\Delta x$까지 변할 때 평균변화율은

$$\frac{\Delta y}{\Delta x}=\frac{f(a+\Delta x)-f(a)}{\Delta x}$$

이다. 여기서 $\Delta x \to 0$일 때, 극한값

$$\lim_{\Delta x \to 0}\frac{\Delta y}{\Delta x}=\lim_{\Delta x \to 0}\frac{f(a+\Delta x)-f(a)}{\Delta x}$$

을 **미분계수** 또는 **순간변화율**(instantaneous rate of change)이라 한다.

정의 4-2. **미분계수**

함수 $f(x)$에 대해 극한

$$\lim_{\Delta x \to 0}\frac{f(a+\Delta x)-f(a)}{\Delta x}$$

이 존재할 때, 이 극한을 $x=a$에서 함수 $f(x)$의 **미분계수(derivate)** 또는 **순간변화율**이라 하고 $f'(a)$로 나타낸다. 즉,

$$f'(a)=\lim_{\Delta x \to 0}\frac{f(a+\Delta x)-f(a)}{\Delta x}$$

이다.

예제 4-1

함수 $f(x)=x^2+1$의 $x=1$에서의 미분계수 $f'(1)$을 정의에 의해 구하여라.

풀이

미분계수의 정의에 의해

$$f'(1)=\lim_{\Delta x\to 0}\frac{f(1+\Delta x)-f(1)}{\Delta x}=\lim_{\Delta x\to 0}\frac{\{(1+\Delta x)^2+1\}-(1^2+1)}{\Delta x}$$
$$=\lim_{\Delta x\to 0}\frac{2\Delta x+(\Delta x)^2}{\Delta x}$$
$$=\lim_{\Delta x\to 0}(2+\Delta x)=2$$

이다.

함수 $f(x)$의 $x=a$에서의 미분계수는 다음과 같은 형태의 극한으로 표현할 수 있다.

$$f'(a)=\lim_{\Delta x\to 0}\frac{f(a+\Delta x)-f(a)}{\Delta x}$$

또는

$$f'(a)=\lim_{h\to 0}\frac{f(a+h)-f(a)}{h}$$

또는

$$f'(a)=\lim_{x\to a}\frac{f(x)-f(a)}{x-a}$$

다음은 함수의 그래프에서 미분계수의 기하학적 의미를 알아본다.
함수 $f(x)$가 $x=a$에서의 미분계수 $f'(a)$가 존재한다고 가정하자.

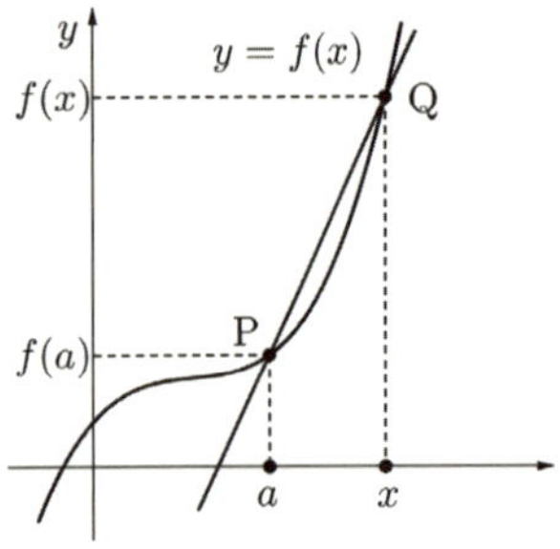

[그림 4-2]

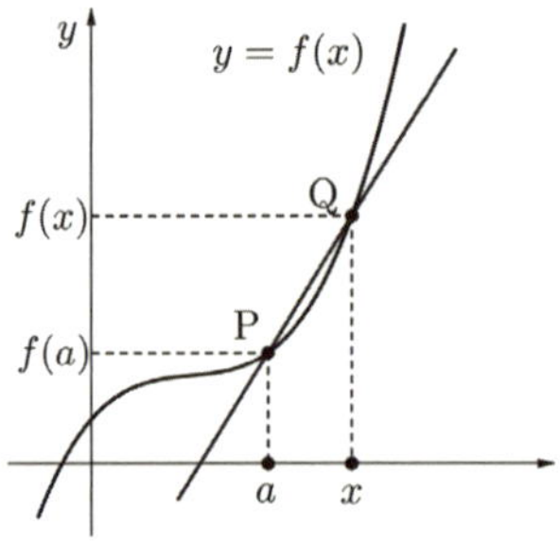

[그림 4-3]

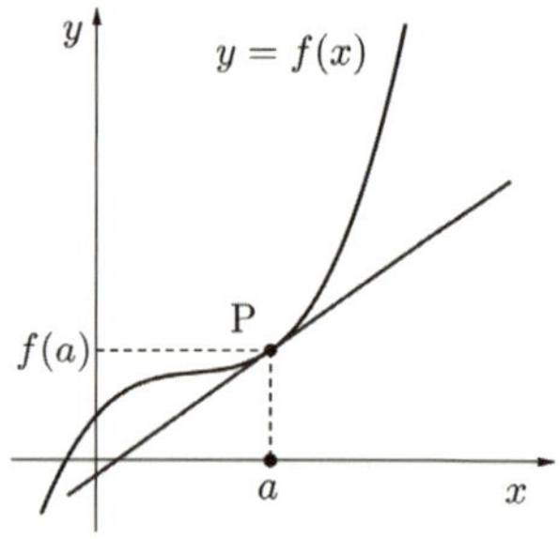

[그림 4-4]

위의 그림과 같이 곡선 $y=f(x)$ 위의 점 $\mathrm{P}(a,f(a))$와 $\mathrm{Q}(x,f(x))$에 대해 미분계수 $f'(a)$는

$$f'(a)=\lim_{x\to a}\frac{f(x)-f(a)}{x-a}$$

로 나타낼 수 있으므로 두 점을 이은 할선 PQ의 기울기는 $x\to a$에 따라 점 $\mathrm{P}(a,f(a))$에서의 접선의 기울기에 가까워짐을 알 수 있다. 그러므로 미분계수는 $y=f(x)$의 곡선 위의 점 $\mathrm{P}(a,f(a))$에서의 접선의 기울기가 되므로 접선의 방정식은 다음과 같다.

정리 4-1. 접선의 방정식

함수 $f(x)$가 $x=a$에서의 미분계수 $f'(a)$가 존재하면 곡선 위의 점 $\mathrm{P}(a,f(a))$에서의 접선의 방정식은

$$y=f'(a)(x-a)+f(a)$$

이다.

예제 4-2

곡선 $y=2x^2-3$ 위의 점 $(1,-1)$에서의 접선의 방정식을 구하여라.

풀이

$f(x)=2x^2-3$이라 하고 점 $(1,-1)$에서의 접선의 기울기를 먼저 구하면

$$\begin{aligned} f'(1)&=\lim_{x\to 1}\frac{f(x)-f(1)}{x-1}=\lim_{x\to 1}\frac{(2x^2-3)-(-1)}{x-1}\\ &=\lim_{x\to 1}\frac{2(x-1)(x+1)}{x-1}\\ &=\lim_{x\to 1}2(x+1)=4 \end{aligned}$$

이다. 그러므로 접선의 방정식은

$$y = f'(1)(x-1) + f(1) = 4(x-1) - 1$$
$$y = 4x - 5$$

이다.

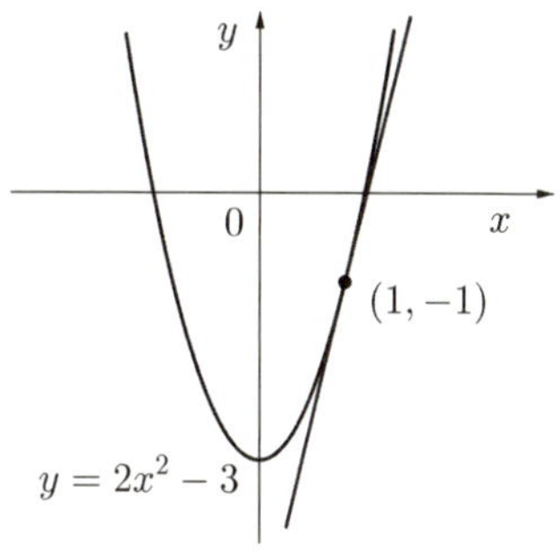

[그림 4-5]

□ 도함수

○ 미분가능성

함수 $f(x)$에 대해 $f'(a)$가 존재하면, 즉, 극한값

$$\lim_{\Delta x \to 0} \frac{f(a+\Delta x) - f(a)}{\Delta x} \text{ 혹은 } \lim_{x \to a} \frac{f(x) - f(a)}{x - a}$$

이 존재하면 $f(x)$는 $x = a$에서 **미분가능하다(differentiable)**라고 한다.

정의 4-3. 미분가능성

함수 $f(x)$에 대해 극한값

$$\lim_{h \to 0} \frac{f(a+h) - f(a)}{h} \text{ 또는 } \lim_{x \to a} \frac{f(x) - f(a)}{x - a}$$

이 존재할 때, $f(x)$는 $x = a$에서 미분가능하다고 한다.

다음 정리를 통해 미분가능성과 연속성의 관계를 말해준다.

정리 4-2.

함수 $f(x)$가 $x = a$에서 미분가능하면 $f(x)$는 $x = a$에서 연속이다.

증명

함수 $f(x)$가 $x=a$에서 미분가능하다고 가정하자. 즉, 극한값

$$f'(a)=\lim_{x\to a}\frac{f(x)-f(a)}{x-a}$$

이 존재한다. 그러므로

$$\begin{aligned}\lim_{x\to a}\{f(x)-f(a)\}&=\lim_{x\to a}\left\{\frac{f(x)-f(a)}{x-a}\times(x-a)\right\}\\&=\lim_{x\to a}\frac{f(x)-f(a)}{x-a}\times\lim_{x\to a}(x-a)\\&=f'(a)\times 0=0\end{aligned}$$

이 된다. 따라서

$$\lim_{x\to a}f(x)=f(a)$$

이 성립하므로 $f(x)$는 $x=a$에서 연속이다.

예제 4-3

함수 $f(x)=|x|$는 $x=0$에서 미분가능한가?

풀이

미분가능성의 정의에 의해 극한

$$f'(0)=\lim_{h\to 0}\frac{f(0+h)-f(0)}{h}=\lim_{h\to 0}\frac{|h|}{h}$$

이 존재하는지 알아보기 위해 한쪽극한을 구해본다.

왼쪽극한의 경우 $h\to 0^-$일 때, $h<0$이므로

$$\lim_{h\to 0^-}\frac{|h|}{h}=\lim_{h\to 0^-}\frac{-h}{h}=-1$$

이고, 오른쪽극한의 경우 $h\to 0^+$일 때, $h>0$이므로

$$\lim_{h\to 0^+}\frac{|h|}{h}=\lim_{h\to 0^+}\frac{h}{h}=1$$

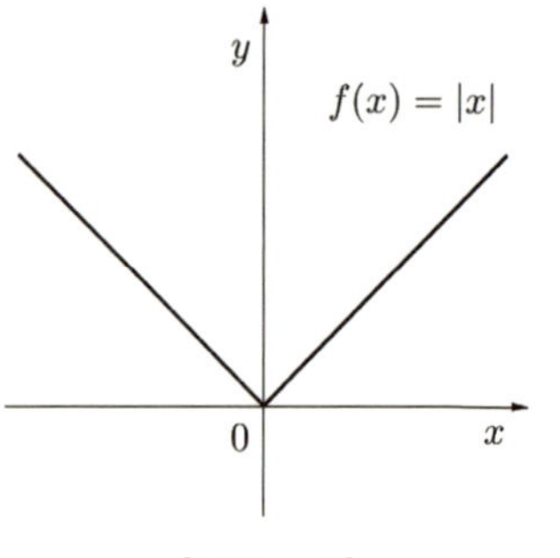

[그림 4-6]

이다. 따라서 극한 $\lim_{h\to 0}\frac{f(0+h)-f(0)}{h}$은 존재하지 않고 함수 $f(x)$는 $x=0$에서 미분가능하지 않다.

참고 예제에서 $f(x)=|x|$는 $x=0$에서 연속이지만 미분가능하지 않음을 알았다. 그러므로 정리의 역은 성립하지 않음을 알 수 있다. 또한 위의 그래프로부터 미분가능하지 않은 점 $(0,0)$은 **뾰족점**(cusp point, **첨점**)임을 알 수 있다.

일반적으로 함수 $f(x)$에 대해 아래와 같은 세 가지의 경우에 $x=a$에서 미분가능하지 않는다는 것을 알 수 있다.

(a) 곡선 $y=f(x)$가 $(a,f(a))$에서 뾰족점(첨점)인 경우

(b) 함수 $f(x)$가 $x=a$에서 불연속인 경우

(c) 곡선 $y=f(x)$가 점 $(a,f(a))$에서 수직접선을 가질 때, 즉,

$$\lim_{x\to a}|f'(x)|=\lim_{x\to a}\left|\frac{f(x)-f(a)}{x-a}\right|=\infty$$

인 경우

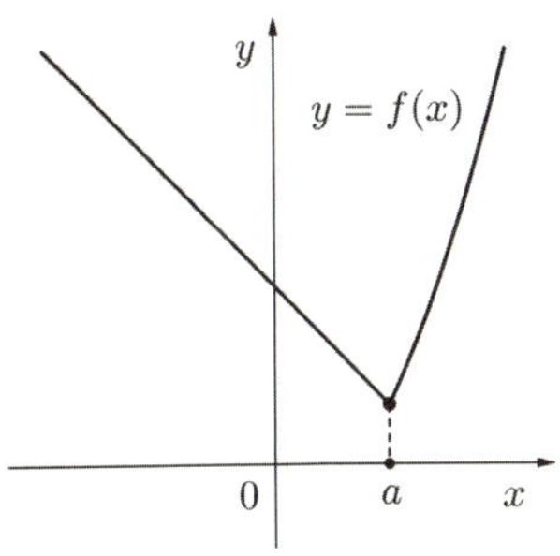

[그림 4-7]

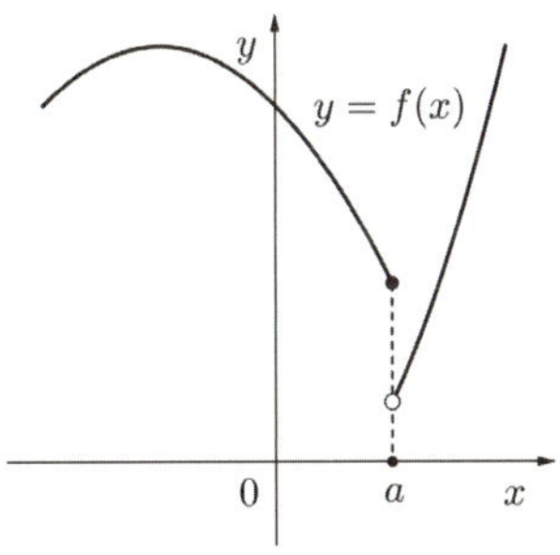

[그림 4-8]

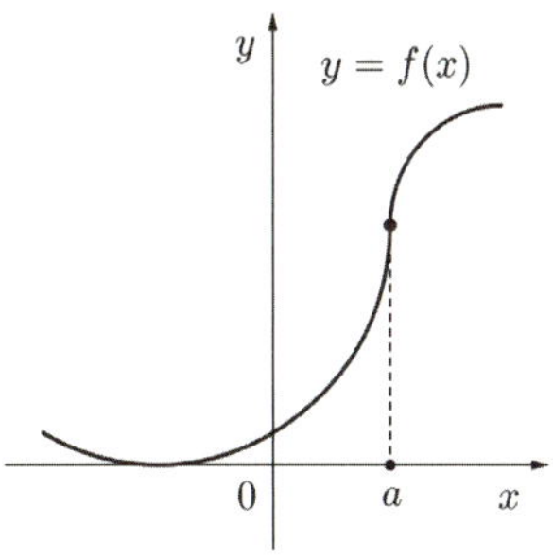

[그림 4-9]

□ 도함수의 정의

함수 $f(x)$가 $x=a$에서 미분가능하면, a에서의 미분계수

$$f'(a)=\lim_{h\to 0}\frac{f(a+h)-f(a)}{h}$$

는 a에 대응시키는 함수로 생각할 수 있다. 따라서 미지수 x에서의 미분계수

$$f'(x)=\lim_{h\to 0}\frac{f(x+h)-f(x)}{h}$$

는 x에 대응하는 함수로 생각할 수 있다. 이것을 $f(x)$의 **도함수**(derivative)라 한다.

정의 4-4. 도함수

실수집합 $\mathbb{R}$의 부분집합 D에서 정의된 함수 $f(x)$와 집합 $S=\{x \in D | f'(x)$가 존재$\}$의 원소 x에 대해 미분계수

$$f'(x)=\lim_{h \to 0}\frac{f(x+h)-f(x)}{h}$$

를 대응시키는 함수를 $f(x)$의 **도함수**라 한다.

예제 4-4

함수 $f(x)=x^2+5x$의 도함수를 구하여라.

풀이

도함수의 정의에 의해 $f(x)$의 도함수를 구하면

$$f'(x)=\lim_{h \to 0}\frac{f(x+h)-f(x)}{h}=\lim_{h \to 0}\frac{\{(x+h)^2+5(x+h)\}-(x^2+5x)}{h}$$

$$=\lim_{h \to 0}\frac{2xh+h^2+5h}{h}=\lim_{h \to 0}(2x+h+5)=2x+5$$

이다.

Note 미분계수는 특정한 값 $x=a$에서의 도함수이다.

예제 4-5

함수 $f(x)=x^2-3x-4$의 도함수를 구하고, 곡선 $y=f(x)$ 위의 점 $(3,-4)$에서의 접선의 방정식을 구하여라.

풀이

$f(x)$의 도함수를 먼저 구하면

$$f'(x)=\lim_{h \to 0}\frac{f(x+h)-f(x)}{h}$$

$$=\lim_{h \to 0}\frac{\{(x+h)^2-3(x+h)-4\}-(x^2-3x-4)}{h}$$

$$=\lim_{h \to 0}\frac{2xh+h^2-3h}{h}$$

$$=\lim_{h\to 0}(2x+h-3)=2x-3$$

이므로, $f'(3)=3$이고 곡선 $y=f(x)$ 위의 점 $(3,-4)$에서의 접선의 방정식은

$$y=3(x-3)-4=3x-13$$

이다.

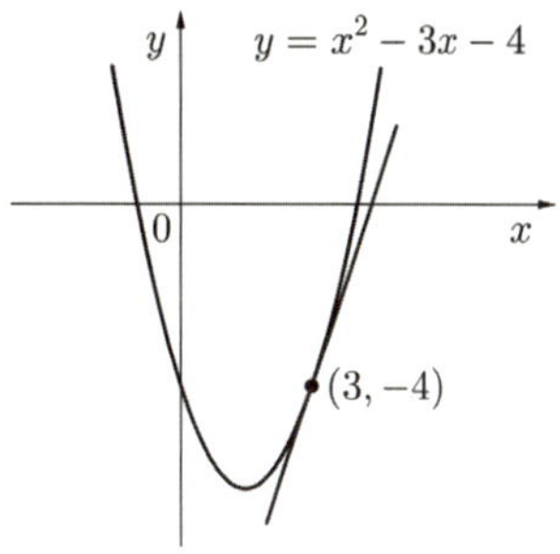

[그림 4-10]

○ 도함수의 기호

도함수를 나타내는 기호는 여러 가지가 있다. 함수 $y=f(x)$의 도함수는

$$y',\ f'(x)$$

와 같이 프라임 부호를 써서 나타내는 **라그랑주 표기법**,

$$\frac{dy}{dx},\ \frac{d}{dx}f(x),\ \frac{df}{dx}$$

로 나타내는 **라이프니츠 표기법**,

$$Dy,\ Df$$

와 같이 미분 연산자 D를 이용하여 표현하는 **오일러 표기법**과 물리학에서 시간 변수 t에 대한 함수의 도함수를 표현하는 데 쓰이는 **뉴턴 표기법**으로

$$\dot{y},\ \dot{f}$$

이 있다.

4.1 연습문제

01. 다음 함수의 $x=a$에서의 미분계수 $f'(a)$를 정의에 의해 구하여라.

(1) $f(x)=2x^2+x$; $a=1$

(2) $f(x)=\dfrac{1}{x}$; $a=2$

(3) $f(x)=\sqrt{x}$; $a=4$

02. 함수 $f(x)=2x^2-1$의 그래프 위의 점 $(-2,7)$에서의 접선의 방정식을 구하여라.

03. 함수 $f(x)=\begin{cases} x^2+a, x<2 \\ bx+1, x \geq 2 \end{cases}$에 대하여 $f(x)$가 $x=2$에서 미분가능할 때, 두 상수 a, b의 값을 구하여라.

4.2 대수함수의 미분법

이 절에서는 대수함수(다항함수, 분수함수, 무리함수)의 도함수를 구하여 본다.

□ 미분법

○ 기본함수의 미분공식

함수의 도함수를 구하는 것을 **미분한다**고 한다. 함수를 미분할 때마다 도함수의 정의를 이용하여 구하는 것, 즉, 극한값을 계산하는 것은 어렵다. 여기서는 기본함수에 대한 도함수를 구하고 미분과 관련된 성질을 알아보고 이를 이용하여 도함수를 구하는 방법에 대해 알아본다.

우선 상수함수의 도함수를 구하기 위해 상수 c에 대해 $f(x)=c$라 하자. 그러면

$$f'(x)=\lim_{h\to 0}\frac{f(x+h)-f(x)}{h}=\lim_{h\to 0}\frac{c-c}{h}=0$$

이다.
다음으로 기본적인 다항함수의 도함수를 구하기 위해 $f(x)=x$라 하자. 그러면

$$f'(x)=\lim_{h\to 0}\frac{f(x+h)-f(x)}{h}=\lim_{h\to 0}\frac{(x+h)-x}{h}=1$$

이다. 또한, 자연수 n에 대해 $f(x)=x^n$이라 하자. 그러면

$$\begin{aligned}
f'(x)&=\lim_{h\to 0}\frac{f(x+h)-f(x)}{h}=\lim_{h\to 0}\frac{(x+h)^n-x^n}{h}\\
&=\lim_{h\to 0}\frac{\{(x+h)-x\}\{(x+h)^{n-1}+(x+h)^{n-2}x+\cdots+(x+h)x^{n-2}+x^{n-1}\}}{h}\\
&=\lim_{h\to 0}\{(x+h)^{n-1}+(x+h)^{n-2}x+\cdots+(x+h)x^{n-2}+x^{n-1}\}\\
&=x^{n-1}+x^{n-1}+\cdots+x^{n-1}\\
&=nx^{n-1}
\end{aligned}$$

이다. 이를 정리하면 다음과 같다.

정리 4-3. 기본함수의 미분공식

(a) 상수함수의 도함수 : 상수 c에 대해 $f(x)=c$이면 $f'(x)=0$이다.

(b) 거듭제곱 법칙 : 자연수 n에 대해 $f(x)=x^n$이면 $f'(x)=nx^{n-1}$이다.

Note 정리의 거듭제곱 법칙은 n이 실수인 경우에 대해서도 성립한다.

예제 4-6

다음 함수의 도함수를 구하여라.

(1) $f(x)=10$

(2) $f(x)=x^9$

(3) $f(x)=\sqrt{x}$

풀이

기본함수의 미분공식을 이용하여 도함수를 구하면

(1) $f'(x)=0$

(2) $f'(x)=9x^8$

(3) $f(x)=\sqrt{x}=x^{\frac{1}{2}}$이므로

$$f'(x)=\frac{1}{2}x^{\frac{1}{2}-1}=\frac{1}{2}x^{-\frac{1}{2}}=\frac{1}{2x^{\frac{1}{2}}}=\frac{1}{2\sqrt{x}}$$

이다.

○ 도함수의 성질

미분가능한 함수들의 사칙연산에 대한 도함수를 알아본다.

정리 4-4.

상수 c와 미분가능한 함수 $f(x)$, $g(x)$에 대해 다음이 성립한다.

(a) 상수배 법칙 :

$$\frac{d}{dx}[cf(x)]=c\frac{d}{dx}f(x),\quad \{cf(x)\}'=cf'(x)$$

(b) 합 법칙 :

$$\frac{d}{dx}[f(x)+g(x)]=\frac{d}{dx}f(x)+\frac{d}{dx}g(x),\quad \{f(x)+g(x)\}'=f'(x)+g'(x)$$

(c) 차 법칙:

$$\frac{d}{dx}[f(x)-g(x)]=\frac{d}{dx}f(x)-\frac{d}{dx}g(x),\quad \{f(x)-g(x)\}'=f'(x)-g'(x)$$

(d) 곱 법칙 :

$$\frac{d}{dx}[f(x)g(x)]=f(x)\frac{d}{dx}g(x)+g(x)\frac{d}{dx}f(x),\quad \{f(x)g(x)\}'=f(x)g'(x)+f'(x)g(x)$$

(e) 몫 법칙 :

$$\frac{d}{dx}\left[\frac{f(x)}{g(x)}\right]=\frac{g(x)\frac{d}{dx}f(x)-f(x)\frac{d}{dx}g(x)}{\{g(x)\}^2},\quad \left\{\frac{f(x)}{g(x)}\right\}'=\frac{f'(x)g(x)-f(x)g'(x)}{\{g(x)\}^2}$$

증명

(a) $F(x)=cf(x)$라 하자. 그러면

$$\begin{aligned}\{cf(x)\}'=F'(x)&=\lim_{h\to0}\frac{F(x+h)-F(x)}{h}\\&=\lim_{h\to0}\frac{cf(x+h)-cf(x)}{h}=c\lim_{h\to0}\frac{f(x+h)-f(x)}{h}=cf'(x)\end{aligned}$$

이다.

(b) $F(x)=f(x)+g(x)$라 하자. 그러면

$$\begin{aligned}\{f(x)+g(x)\}'=F'(x)&=\lim_{h\to0}\frac{F(x+h)-F(x)}{h}\\&=\lim_{h\to0}\frac{\{f(x+h)+g(x+h)\}-\{f(x)+g(x)\}}{h}\\&=\lim_{h\to0}\frac{f(x+h)-f(x)}{h}+\lim_{h\to0}\frac{g(x+h)-g(x)}{h}\\&=f'(x)+g'(x)\end{aligned}$$

이다.

(c) (b)와 비슷하게 증명할 수 있다.

(d) $F(x)=f(x)g(x)$라 하자. 그러면

$$\begin{aligned}\{f(x)g(x)\}'=F'(x)&=\lim_{h\to 0}\frac{F(x+h)-F(x)}{h}\\&=\lim_{h\to 0}\frac{f(x+h)g(x+h)-f(x)g(x)}{h}\\&=\lim_{h\to 0}\frac{f(x+h)g(x+h)-f(x)g(x+h)+f(x)g(x+h)-f(x)g(x)}{h}\\&=\lim_{h\to 0}\left\{f(x)\times\frac{g(x+h)-g(x)}{h}\right\}+\lim_{h\to 0}\left\{\frac{f(x+h)-f(x)}{h}\times g(x+h)\right\}\\&=f(x)g'(x)+f'(x)g(x)\end{aligned}$$

이다.

(e) $F(x)=\dfrac{f(x)}{g(x)}$라 하자. 그러면

$$\begin{aligned}\left\{\frac{f(x)}{g(x)}\right\}'=F'(x)&=\lim_{h\to 0}\frac{F(x+h)-F(x)}{h}\\&=\lim_{h\to 0}\frac{\dfrac{f(x+h)}{g(x+h)}-\dfrac{f(x)}{g(x)}}{h}\\&=\lim_{h\to 0}\frac{f(x+h)g(x)-f(x)g(x+h)}{hg(x)g(x+h)}\\&=\lim_{h\to 0}\frac{f(x+h)g(x)-f(x)g(x)+f(x)g(x)-f(x)g(x+h)}{hg(x)g(x+h)}\\&=\frac{\lim\limits_{h\to 0}\left\{\dfrac{f(x+h)-f(x)}{h}\times g(x)\right\}-\lim\limits_{h\to 0}\left\{f(x)\times\dfrac{g(x+h)-g(x)}{h}\right\}}{\lim\limits_{h\to 0}\{g(x)g(x+h)\}}\\&=\frac{f'(x)g(x)-f(x)g'(x)}{\{g(x)\}^2}\end{aligned}$$

이다.

예제 4-7

다음 함수의 도함수를 구하여라.

(1) $f(x)=x^3+2x^2-3x+2$

(2) $g(x)=(2x^2+1)(5x-3)$

(3) $h(x)=\dfrac{x}{x^2+1}$

풀이

(1) 도함수의 성질을 이용하여 도함수를 구하면

$$f'(x)=3x^2+2\times 2x-3\times 1+0=3x^2+4x-3$$

(2) 곱법칙을 이용하여 도함수를 구하면

$$\begin{aligned} g'(x) &= (2x^2+1)\times(5x-3)'+(2x^2+1)'\times(5x-3) \\ &= (2x^2+1)\times 5+4x\times(5x-3) \\ &= 30x^2-12x+5 \end{aligned}$$

(3) 몫법칙을 이용하여 도함수를 구하면

$$h'(x)=\frac{1\times(x^2+1)-x\times 2x}{(x^2+1)^2}=\frac{-x^2+1}{(x^2+1)^2}$$

이다.

○ 고계도함수

미분가능한 함수 $f(x)$의 도함수 $f'(x)$는 x의 함수이므로, 미분가능하면 $f'(x)$의 도함수가 존재한다. 이를 $f(x)$의 **이계도함수(second derivative)**라 한다. 이때 $y=f(x)$의 이계도함수는 다음과 같이 나타낼 수 있다.

$$y'',\ \frac{d^2y}{dx^2},\ \frac{d^2}{dx^2}f(x)$$

마찬가지로 **삼계도함수(third derivative)**는 $f''(x)$의 도함수이므로, $y=f(x)$의 삼계도함수는

$$y''',\ f'''(x),\ \frac{d^3y}{dx^3},\ \frac{d^3f}{dx^3},\ \frac{d^3}{dx^3}f(x)$$

등으로 나타낼 수 있다.
이와 같은 방법을 반복하여 $y=f(x)$의 n계 도함수를 정의하고

$$y^{(n)},\ f^{(n)}(x),\ \frac{d^ny}{dx^n},\ \frac{d^nf}{dx^n},\ \frac{d^n}{dx^n}f(x)$$

로 나타낸다. 이 때 2계 이상의 도함수를 통틀어 **고계도함수(derivative of higher order)**라고 부른다.

예제 4-8

함수 $y=x^3+2x^2-x+1$의 모든 고계도함수를 구하여라.

풀이

도함수를 구하면

$$y'=3x^2+4x-1$$

이고 이계도함수를 구하면

$$y''=6x+4$$

이고 3계도함수를 구하면

$$y^{(3)}=6$$

으로 상수함수이므로 $n \geq 4$인 자연수 n에 대하여 n계도함수는

$$y^{(n)}=0$$

이다. 이를 정리하면

$$y^{(n)}=\begin{cases} 6x+4, & n=2 \\ 6, & n=3 \\ 0, & n=4,5,\cdots \end{cases}$$

이다.

□ 합성함수의 미분법

두 함수 $y=f(u)$, $u=g(x)$가 미분가능할 때, 합성함수 $y=f(g(x))$는 미분가능하며 도함수는 $f(u)$의 도함수와 $g(x)$의 도함수를 이용하여 구할 수 있다. 이를 **연쇄법칙**(chain rule)이라 한다. 연쇄법칙을 이용하면 복잡한 함수의 미분을 쉽게 할 수 있다.

정리 4-5. 합성함수의 미분법(연쇄법칙)

$y=f(u)$와 $u=g(x)$가 미분가능한 함수이면 합성함수 $y=f(g(x))$는 미분가능하며

$$\{f(g(x))\}'=f'(g(x))g'(x)$$

이다.

연쇄법칙을 이용할 때 $y=f(u)$를 외부함수, $u=g(x)$를 내부함수라 한다. 외부함수가 거듭제곱

함수인 경우에는 다음의 거듭제곱 법칙을 이용하면 좀 더 간단하게 미분할 수 있다.

정리 4-6. 연쇄법칙과 관련된 거듭제곱 법칙

n이 임의의 실수이고 $y=\{f(x)\}^n$이고 $f(x)$가 미분가능하면

$$y'=\frac{d}{dx}\{f(x)\}^n=n\{f(x)\}^{n-1}f'(x)$$

이다.

예제 4-9

다음 함수를 미분하여라.

(1) $y=(x^2+x+2)^3$

(2) $y=\frac{1}{(3-5x)^2}$

(3) $y=\sqrt{x^2+1}$

풀이

(1) 외부함수 $y=f(u)=u^3$이고 내부함수 $u=g(x)=x^2+x+2$이므로 연쇄법칙에 의해

$$y'=f'(g(x))\,g'(x)=3(x^2+x+2)^2\times(2x+1)=3(2x+1)(x^2+x+2)^2$$

이다.

(2)

$$y=\frac{1}{(3-5x)^2}=(3-5x)^{-2}$$

이므로 연쇄법칙과 관련된 거듭제곱 법칙에서 $n=-2$, $f(x)=3-5x$인 경우이다. 그러므로

$$y'=-2(3-5x)^{-2-1}\times(-5)=10(3-5x)^{-3}=\frac{10}{(3-5x)^3}$$

이다.

(3) 외부함수 $y=f(u)=\sqrt{u}$이고 내부함수 $u=g(x)=x^2+1$이므로 연쇄법칙에 의해

$$y'=f'(g(x))\,g'(x)=\frac{1}{2\sqrt{x^2+1}}\times 2x=\frac{x}{\sqrt{x^2+1}}$$

이다.

□ 음함수의 미분법

원의 방정식 $x^2+y^2=4$의 경우 아래 그림과 같이 개구간 $(-2,2)$에 속하는 x에 대해 대응되는 y의 값이 2개이므로 함수의 그래프가 될 수 없다. 그러나 y의 범위를 $y \geq 0$ 또는 $y \leq 0$로 제한한다면 함수의 그래프가 될 수 있다.

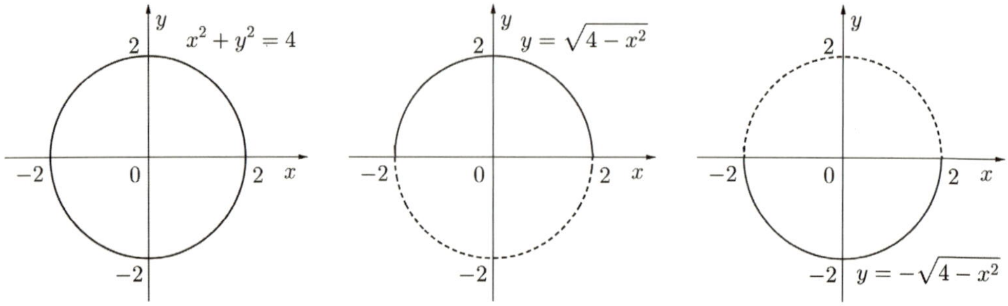

[그림 4-11] [그림 4-12] [그림 4-13]

그리고

$$x^2+y^2=4 \Rightarrow y^2=4-x^2 \Rightarrow y=\pm\sqrt{4-x^2}$$

에서 $y \geq 0$인 경우 $y=\sqrt{4-x^2}$, $y \leq 0$인 경우 $y=-\sqrt{4-x^2}$로 함수식을 구할 수 있다.

이와 같이 $f(x,y)=0$ 형태의 x, y에 대한 방정식에서 특정 조건을 만족하는 경우 y를 x에 대한 함수로 나타낼 수 있다. 이때 방정식 $f(x,y)=0$를 **음함수**(implicit function)이라 한다. 반면 일반적인 $y=f(x)$ 형태의 함수는 **양함수**(explicit function)라 부른다.

방정식 $x^2+y^2=4$에서 y를 x의 함수로 보고, 양변의 각 항을 x에 대해 미분하면

$$2x+2y\times\frac{dy}{dx}=0 \Rightarrow 2y\frac{dy}{dx}=-2x \Rightarrow \frac{dy}{dx}=-\frac{x}{y}$$

이다.

이와 같이 y가 x에 대해 음함수로 주어졌을 때, 도함수 $\frac{dy}{dx}$를 구하는 것을 **음함수의 미분법**이라 한다.

정리 4-7. 음함수의 미분법

1단계) 음함수 $f(x,y)=0$에서 양변을 x에 대해 미분한다.

2단계) 식을 $\frac{dy}{dx}$에 대해 정리한다.

예제 4-10

방정식 $x^2+y^2-2x=24$에 대하여 다음 물음에 답하여라.

(1) 도함수 $\frac{dy}{dx}$을 구하여라.

(2) 곡선 위의 점 $(4,4)$에서의 접선의 방정식을 구하여라.

풀이

(1) 음함수의 미분법에 의해 도함수를 구하면

$$2x+2y\times\frac{dy}{dx}-2=0$$

$$2y\frac{dy}{dx}=-2x+2$$

$$\frac{dy}{dx}=\frac{-x+1}{y}$$

이다.

(2) 점 $(4,4)$에서의 접선의 기울기가

$$\left.\frac{dy}{dx}\right|_{(x,y)=(4,4)}=\frac{-4+1}{4}=-\frac{3}{4}$$

이므로 접선의 방정식은

$$y=-\frac{3}{4}(x-4)+4=-\frac{3}{4}x+7$$

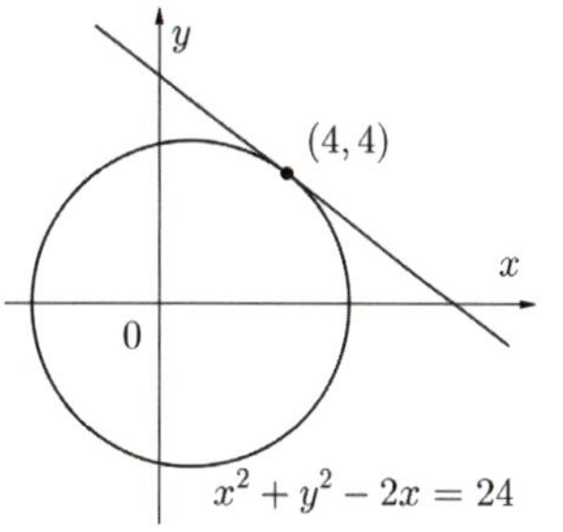

[그림 4-14]

4.2 연습문제

01. 다음 함수의 도함수를 구하여라.

(1) $f(x)=3x^2-x$

(2) $y=\frac{1}{2}x^4+x^2+3$

(3) $f(x)=(x^2+2x)(2x^2+3x-1)$

(4) $y=\frac{x^2+2x}{x+3}$

(5) $f(x)=x^{\frac{5}{3}}+x^{\frac{2}{3}}$

(6) $y=(3x+2)^3$

(7) $f(x)=\frac{1}{(2x+1)^4}$

(8) $y=\sqrt{2x^2+4x+5}$

02. 곡선 $y=-x^3+2x$ 위의 점 $(1,1)$에서의 접선의 방정식을 구하여라.

03. 함수 $f(x)=x^3+ax^2+bx+1$에 대하여 $f(1)=2$, $f'(1)=6$일 때, $f(2)$의 값을 구하여라. (단, a, b는 상수이다.)

04. 다항함수 $f(x)$와 그 도함수 $f'(x)$에 대하여

$$\{f'(x)\}^2=8f(x),\ f(1)=0$$

이 성립할 때, 함수 $f(x)$를 구하여라.

05. 다음과 같이 y가 x에 대해 음함수로 주어졌을 때 도함수 $\frac{dy}{dx}$를 구하여라.

(1) $x^2+y^2=2x$

(2) $x^3-xy+y^3=2$

06. 곡선 $x-2xy+y^2=2$ 위의 점 $(-1,1)$에서의 접선의 방정식을 구하여라.

4.3 도함수의 활용

□ 최댓값과 최솟값

도함수의 가장 중요한 활용은 최적화문제이다. **최적화문제**란 어떤 함수의 최댓값 또는 최솟값을 구하는 문제인데, 도함수를 이용하여 함수의 증가, 감소뿐만 아니라 극값을 구할 수 있다.

○ 함수의 증가와 감소

다음 그림의 그래프는 점 A에서 점 B까지는 올라가고 점 B에서 점 C까지는 내려간다. 그리고 다시 C에서 D, P에서 Q까지는 올라가고 D에서 P까지는 내려간다.

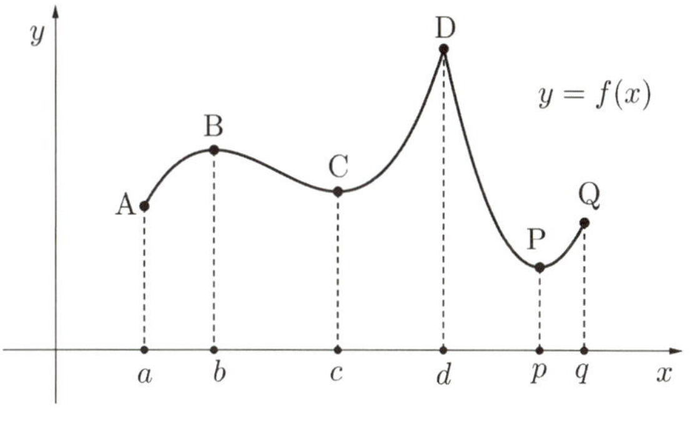

[그림 4-15]

이를 **함수의 증가, 감소**라 하고 위의 그래프에서 $f(x)$는 A와 B 사이, C와 D 사이 그리고 P와 Q 사이에서 증가하며 B와 C 사이 그리고 D와 P 사이에서 감소한다.
함수의 증가, 감소는 다음과 같이 정의한다.

정의 4-5. 함수의 증가, 감소

함수 $f(x)$가 구간 I에 속하는 임의의 두 수 a, b에 대하여

(a) $a < b$이면 $f(a) < f(b)$일 때 함수 $f(x)$는 구간 I에서 **증가**한다

(b) $a < b$이면 $f(a) > f(b)$일 때 함수 $f(x)$는 구간 I에서 **감소**한다

라고 한다.

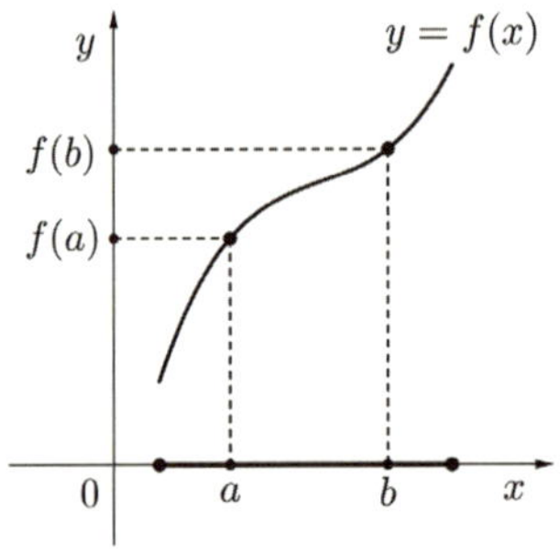

[그림 4-16] 증가함수의 그래프

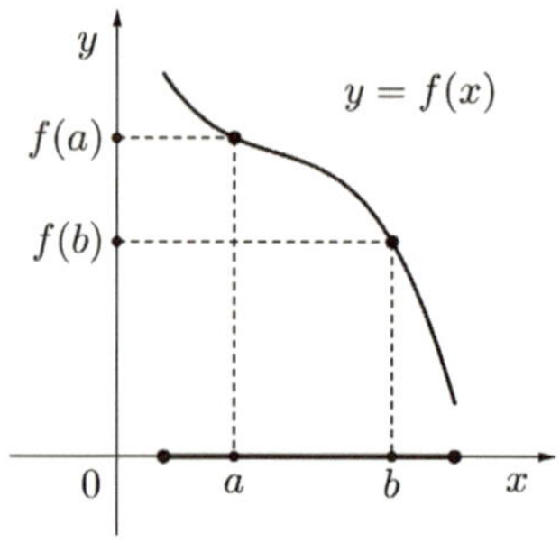

[그림 4-17] 감소함수의 그래프

$f(x)$의 도함수가 증가, 감소와 어떤 관계가 있는지를 알아본다.

아래 [그림 4-18]에서 $f(x)$는 구간 I에서 증가하고 접선은 양수의 기울기를 갖는 것을 알 수 있다. 그러므로 $f'(x)$가 양수일 때 **$f(x)$가 증가한다**고 할 수 있다.

마찬가지로 [그림 4-19]에서 $f(x)$는 구간 I에서 감소하고 접선의 기울기가 음수이므로 $f'(x)$가 음수일 때 **$f(x)$가 감소한다**고 할 수 있다.

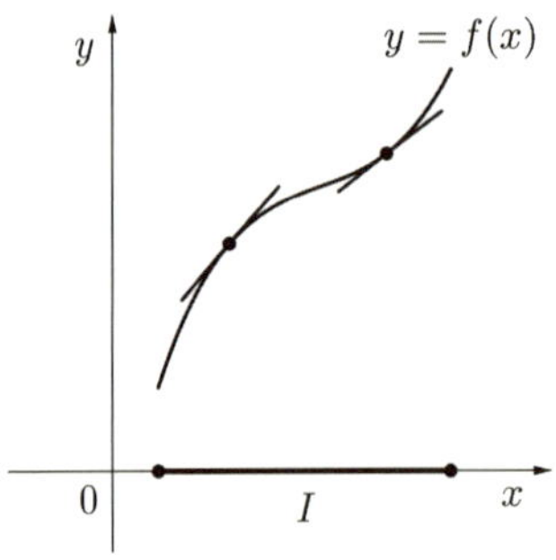

[그림 4-18]

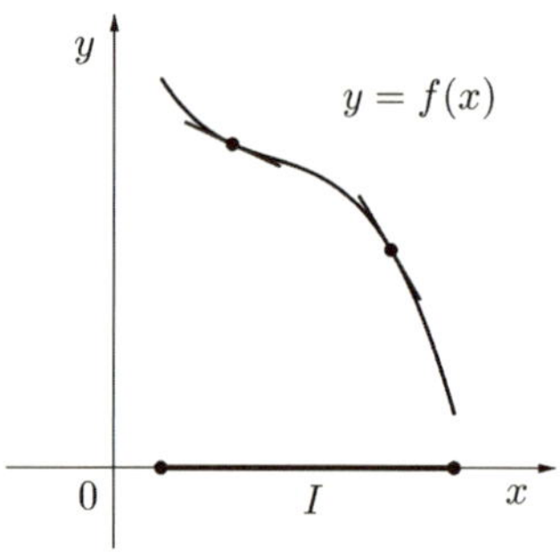

[그림 4-19]

정리 4-8. 증가감소 판정법

함수 $f(x)$가 구간 I에서 미분가능하고
(a) 구간 I에서 $f'(x)>0$이면 $f(x)$는 증가한다.
(b) 구간 I에서 $f'(x)<0$이면 $f(x)$는 감소한다.

예제 4-11

함수 $f(x)=x^3+3x^2-9x$의 증가, 감소를 조사하여라.

풀이

함수 $f(x)$의 증가, 감소를 조사하기 위해 도함수를 먼저 구하면

$$f'(x)=3x^2+6x-9=3(x^2+2x-3)=3(x+3)(x-1)$$

이고 $f'(x)=0$일 때, $x=-3$ 또는 $x=1$이다. 이를 기준으로 함수의 증가와 감소를 표를 이용해서 나타내면 아래와 같다.

x	$x<-3$	$-3<x<1$	$x>1$
$f'(x)$	$+$	$-$	$+$
$f(x)$	증가	감소	증가

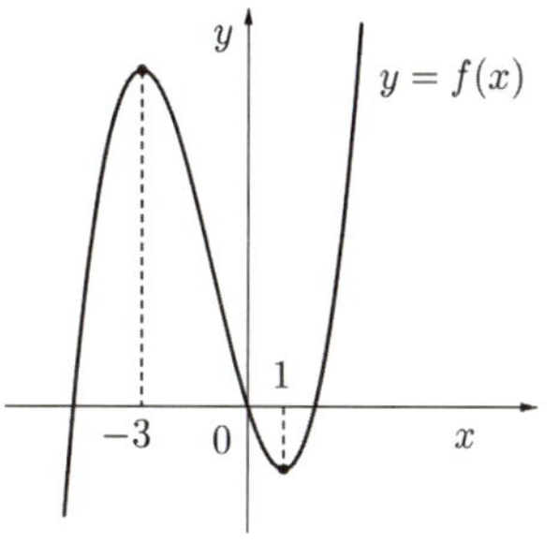

[그림 4-20]

○ 극댓값과 극솟값

함수 $f(x)$가 어느 점을 기준으로 증가하다 감소하는 경우, 이 점은 근방에서 가장 큰 함수값을 갖게 된다. 그리고 반대로 감소하다 증가하는 경우, 이 점은 근방에서 가장 작은 함수값을 갖게 된다. 이 점에서의 함수값을 다음과 같이 정의한다.

정의 4-6. **극댓값과 극솟값**

함수 $f(x)$가 $x=a$를 포함하는 열린구간 I에 속하는 모든 x에 대하여
(a) $f(a)\ge f(x)$일 때, 함수 $f(x)$는 $x=a$에서 극대라고 하며 $f(a)$를 **극댓값(local maximum)**이라 한다.
(b) $f(a)\le f(x)$일 때, 함수 $f(x)$는 $x=a$에서 극소라고 하며 $f(a)$를 **극솟값(local minimum)**이라 한다.
여기서 함수 $f(x)$의 극댓값과 극솟값을 통틀어 **극값(local extrema)**이라 한다.

함수 $f(x)$가 언제 극값을 갖는지에 대해 알아보자. 아래 그림에서 보면 함수 $f(x)$는 $x=a$에서 극댓값, $x=b$에서 극솟값을 가지며 두 점에서의 접선이 모두 수평접선임을 알 수 있다. 그러므로 $f'(a)=f'(b)=0$이다.

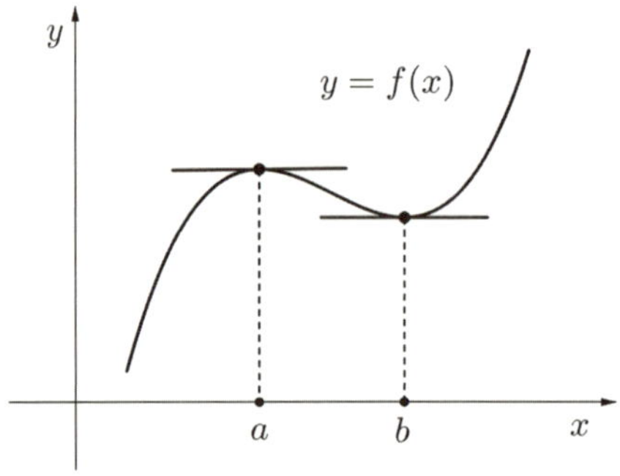

[그림 4-21]

다음 정리는 이것이 미분가능한 함수에 대해 성립함을 보여준다.

정리 4-9.

함수 $f(x)$가 $x=a$에서 극값을 갖고 $f'(a)$가 존재하면 $f'(a)=0$이다.

Note 아래 그림에서 함수 $f(x)$는 $f'(c)=0$이지만 $x=c$에서 극값을 갖지 않는다.

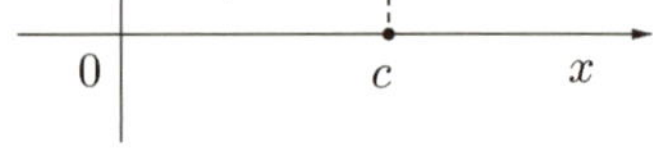

[그림 4-22]

그러므로 정리의 역은 성립하지 않음을 알 수 있다.

[그림 4-23]의 그래프를 보면 $y=f(x)$는 $x=a$에서 극솟값을 갖지만 $x=a$에서 미분가능하지 않음을 알 수 있다.

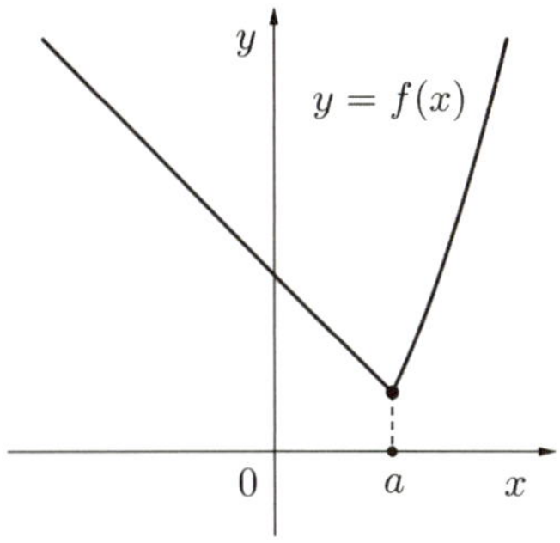

[그림 4-23]

그러므로 함수 $f(x)$가 $x=a$에서 극값을 갖는다면 $x=a$에서 미분가능하지 않거나 또는 $f'(a)=0$라고 할 수 있다. 함수의 극대, 극소 혹은 증가, 감소를 결정할 때 이런 점이 중요한 역할을 한다.

정의 4-7. 임계수

함수 $f(x)$의 정의역에 속하는 a에 대해 $f'(a)=0$이거나 $f'(a)$가 존재하지 않을 경우 a를 함수 $f(x)$의 **임계수(critical number)**이라 한다.

예제 4-12

함수 $f(x)=x^3-6x^2+1$의 임계수를 구하여라.

풀이

임계수를 구하기 위해 먼저 도함수를 구하면

$$f'(x)=3x^2-12x=3x(x-4)$$

이고, $f'(x)=0$에서 $x=0,4$가 임계수이다.

함수 $f(x)$가 $x=a$에서 극대 또는 극소를 갖는다면 a는 $f(x)$의 임계수이다. 그러나 모든 임계수에서 극값을 갖는 것은 아니므로 $f(x)$가 극댓값이나 극솟값을 갖는지 여부를 알 수 있는 판정법이 필요하다.

[그림 4-24]를 보면, 함수 $f(x)$의 임계수는 $x=2$이다. 또한 구간 $(1,2)$에서 함수 $f(x)$는 증가하고 구간 $(2,3)$에서 감소하므로 $f(2)$는 극댓값임을 알 수 있다.

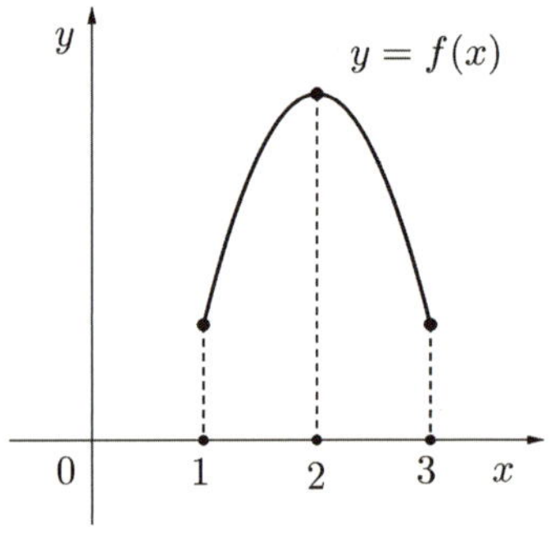

[그림 4-24]

그러므로 $1 < x < 2$에 대해 $f'(x) > 0$이고 $2 < x < 3$에 대해 $f'(x) < 0$이다. 다시 말해서 $x = 2$을 기준으로 $f'(x)$의 부호가 양에서 음으로 변한다. 이러한 결과로부터 다음과 같은 판정법을 얻을 수 있다.

정리 4-10. 일계도함수 판정법

함수 $f(x)$가 $x = a$에서 연속이고 a가 $f(x)$의 임계수라고 하자.

(a) $f'(x)$가 $x = a$근방에서 양$(+)$에서 음$(-)$으로 변하면 함수 $f(x)$는 $x = a$에서 극댓값 $f(a)$를 갖는다.

(b) $f'(x)$가 $x = a$근방에서 음$(-)$에서 양$(+)$으로 변하면 함수 $f(x)$는 $x = a$에서 극솟값 $f(a)$를 갖는다.

(c) $f'(x)$가 $x = a$근방에서 부호가 바뀌지 않으면 함수 $f(x)$는 $x = a$에서 극값을 갖지 않는다.

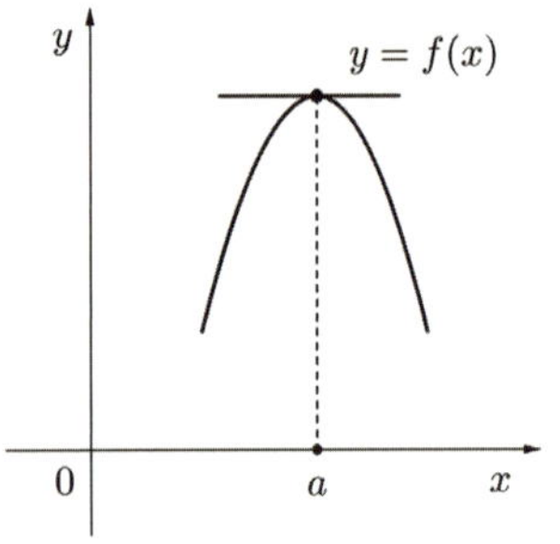

[그림 4-25]

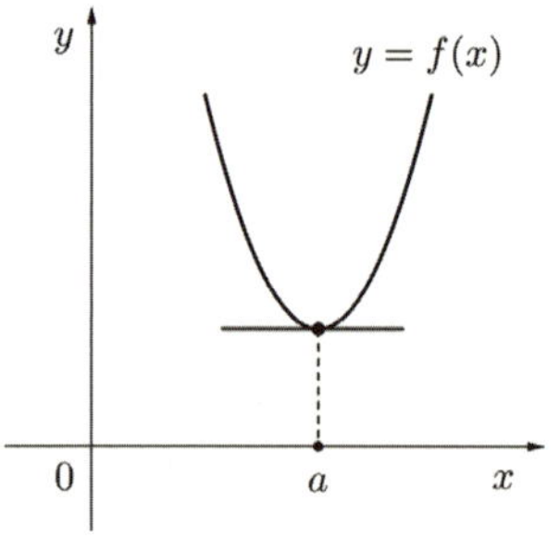

[그림 4-26]

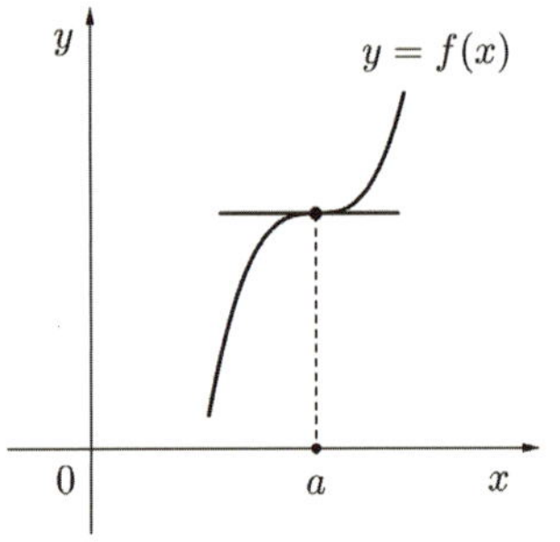

[그림 4-27]

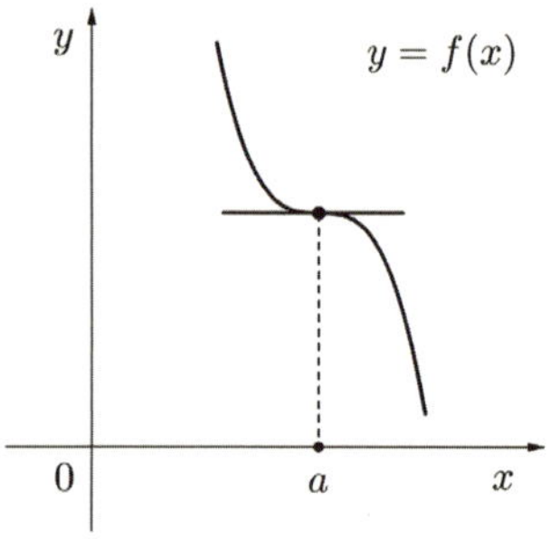

[그림 4-28]

예제 4-13

함수 $f(x)=x^3-3x+4$의 극값을 구하여라.

풀이

함수 $f(x)$의 도함수를 구하면

$$f'(x)=3x^2-3=3(x-1)(x+1)$$

이므로 임계수는 $x=-1,1$이다. 도함수의 부호를 증감표를 이용하여 나타내면 아래와 같다.

x	$x<-1$	-1	$-1<x<1$	1	$x>1$
$f'(x)$	$+$	0	$-$	0	$+$
$f(x)$	증가 ↗	극대 6	감소 ↘	극소 2	증가 ↗

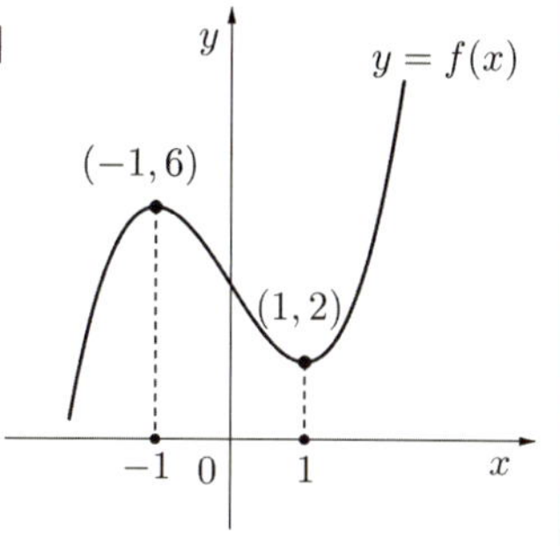

[그림 4-29]

그러므로 극댓값은 $f(-1)=6$이고 극솟값은 $f(1)=2$이다.

○ 최댓값과 최솟값

미분의 활용 중 하나가 최적화문제이다. **최적화문제**란 최댓값과 최솟값을 구하는 것인데 어떤 조건을 만족하는 함수에 대해 **최댓값** 또는 **최솟값**을 갖는지, 그리고 그 값을 어떻게 구하는지에 대해 알아본다. 이를 위해 최댓값과 최솟값에 대한 정의를 알아본다.

정의 4-8. **최댓값과 최솟값**

$x=a$를 함수 $f(x)$의 정의역 안에 있는 점이라 하자. 정의역에 속하는 모든 x에 대해

(a) $f(a)\geq f(x)$일 때, $f(a)$를 $f(x)$의 **최댓값(absolute maximum)**이라 한다.

(b) $f(a)\leq f(x)$일 때, $f(a)$를 $f(x)$의 **최솟값(absolute minimum)**이라 한다.

다음 정리는 함수가 최댓값과 최솟값을 갖는 것을 보장하는 조건을 알려준다.

정리 4-11. **극값정리**

함수 $f(x)$가 폐구간 $[a,b]$에서 연속이면, $f(x)$는 폐구간 $[a,b]$에서 반드시 최댓값과 최솟값을 갖는다.

위의 극값 정리를 아래 그림으로 설명할 수 있다.

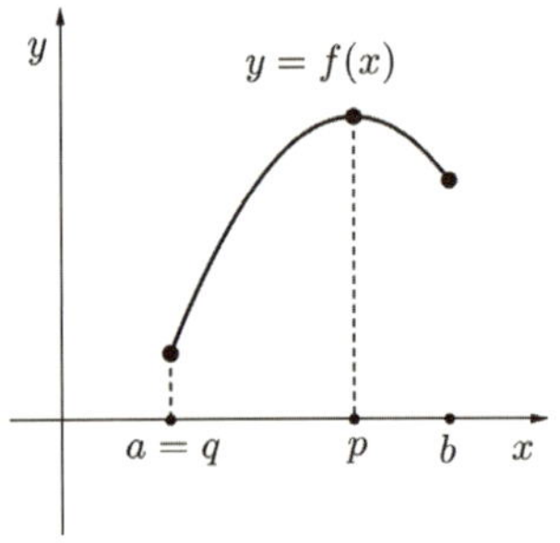

[그림 4-30]

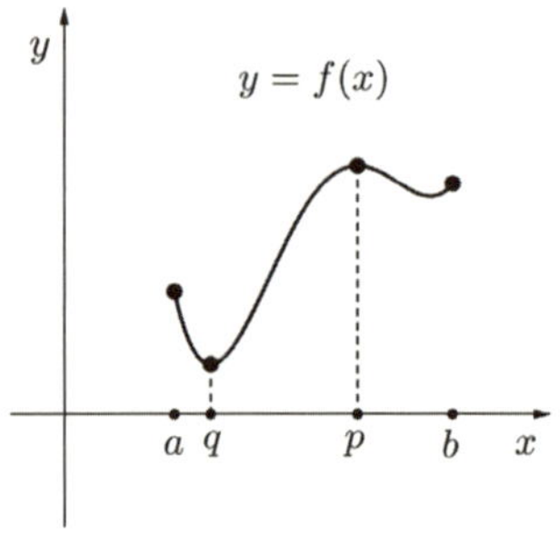

[그림 4-31]

함수 $y=f(x)$는 폐구간 $[a,b]$에서 $x=p$에서 최댓값 $f(p)$를 갖고, $x=q$에서 최솟값을 갖는다.

극값정리에 의해 폐구간에서 연속인 함수는 최댓값과 최솟값이 존재한다. 다음 내용은 그 값을 구하는 방법이다.

정리 4-12. 폐구간법

폐구간 $[a,b]$에서 연속인 함수 $f(x)$의 최댓값과 최솟값은 다음과 같은 단계를 거쳐 구한다.

단계 1) 개구간 (a,b)에 있는 $f(x)$의 임계수를 구하고 그 점에서의 함수값을 구한다.

단계 2) 폐구간의 양 끝점에서의 함수값을 구한다.

단계 3) 1단계와 2단계에서 구한 함수값 중에서 가장 큰 값을 최댓값, 가장 작은 값을 최솟값이라 한다.

예제 4-14

다음 함수의 주어진 구간에서의 최댓값과 최솟값을 구하여라.

$$f(x)=2x^3-21x^2+60x-30,\ 1\le x\le 6$$

풀이

함수 $f(x)$의 도함수를 구하면

$$f'(x) = 6x^2 - 42x + 60 = 6(x-2)(x-5)$$

이므로 임계수는 $x = 2, 5$이고

$$f(2) = 2\times 2^3 - 21\times 2^2 + 60\times 2 - 30 = 22$$
$$f(5) = 2\times 5^3 - 21\times 5^2 + 60\times 5 - 30 = -5$$

이다. 폐구간 $[1,6]$의 양 끝점에서의 함수값을 구하면

$$f(1) = 2\times 1^3 - 21\times 1^2 + 60\times 1 - 30 = 11$$
$$f(6) = 2\times 6^3 - 21\times 6^2 + 60\times 6 - 30 = 6$$

이므로 함수 $f(x)$의 구간 $[1,6]$에서의 최댓값은 22이고 최솟값은 -5이다.

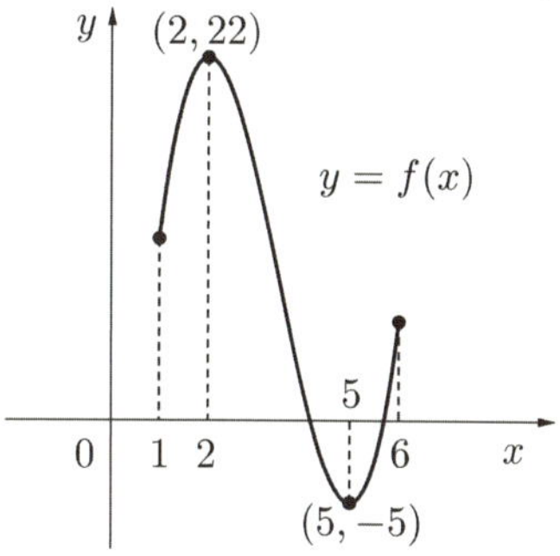

[그림 4-32]

○ 최적화 문제

지금까지 주어진 함수의 극값 그리고 최댓값, 최솟값을 구하는 방법을 실생활의 문제에 응용해 본다. 예를 들어 물건을 생산하는 데 드는 비용을 최소화하거나 물건을 판매하여 얻는 이윤을 최대화하는 문제 등과 같이 최댓값 또는 최솟값을 구하는 것을 **최적화문제**라 한다. 이러한 문제를 해결하는 데 있어 문장으로 된 문제를 수학적 최적화 문제를 바꾸는 것이 가장 중요한 부분이다.

예제 4-15

가로의 길이가 $9m$이고 세로가 $6m$인 종이를 이용하여 뚜껑이 없는 상자를 만들려고 한다. 아래 그림과 같이 네 귀퉁이를 직사각형으로 잘라내고 남는 부분을 접는데, 길이가 긴 부분은 두 번을 접어 두 겹이 되도록 한다.

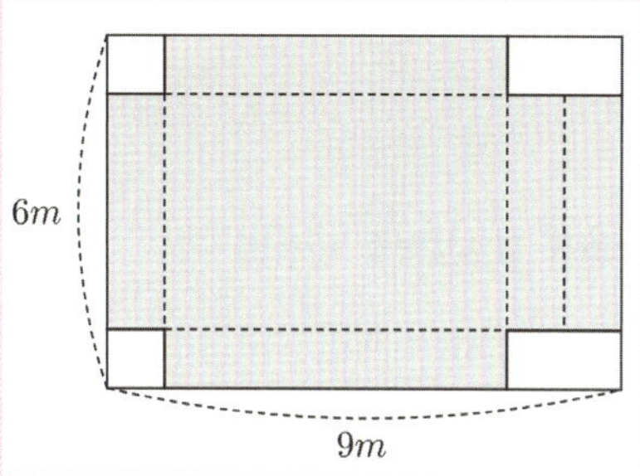

이 상자의 최대 부피를 구하여라.

풀이

잘라내는 직사각형의 가로, 세로의 길이를 각각 $x(m)$, $2x(m)$라 하자. 그러면 아래 그림과 같다.

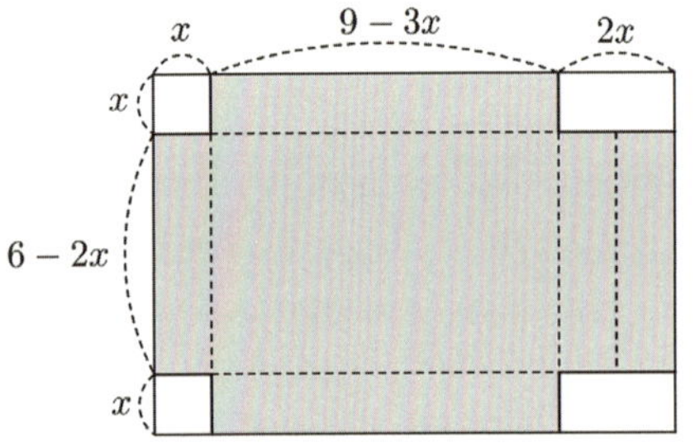

[그림 4-33]

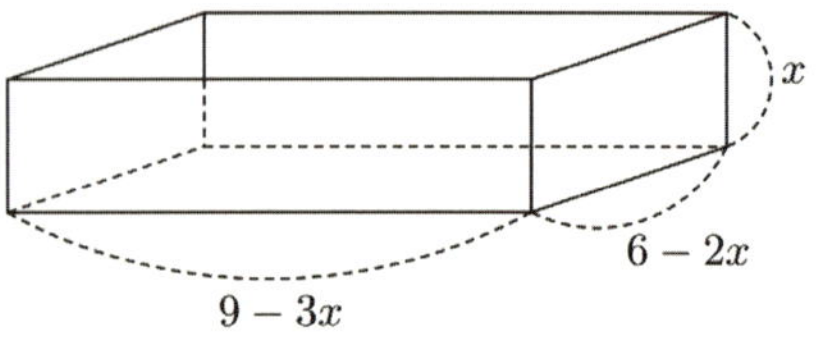

[그림 4-34]

상자의 가로, 세로, 높이가 $9-3x$, $6-2x$, x이므로 부피를 $V=f(x)$라 하면

$$f(x)=(9-3x)(6-2x)x=6x^3-36x^2+54x$$

이고, $9-3x \geq 0$, $6-2x \geq 0$, $x \geq 0$에서 $0 \leq x \leq 3$이다. 폐구간법을 이용해서 최댓값을 구하기 위해 $f(x)$의 임계수를 구하면

$$f'(x)=18x^2-72x+54=18(x-1)(x-3)$$

에서 $x=1,3$이다.

$$f(0)=0$$
$$f(1)=6\times1^3-36\times1^2+54\times1=24$$
$$f(3)=0$$

이므로 $f(x)$의 최댓값은 $f(1)=24$이다. 그러므로 상자의 최대 부피는 $24m^3$이다.

최적화 문제를 풀 때 폐구간방법을 이용할 수 없는 경우에는 다음의 절대 극값에 대한 일계도함수 판정법을 이용하여 문제를 풀 수 있다.

정리 4-13. 절대 극값에 대한 일계도함수 판정법

함수 $f(x)$가 연속함수이고 $x=a$가 임계수라 하자.

(a) 모든 $x<a$에 대해 $f'(x)>0$이고 $x>a$에 대해 $f'(x)<0$이면 $f(a)$는 최댓값이다.

(b) 모든 $x<a$에 대해 $f'(x)<0$이고 $x>a$에 대해 $f'(x)>0$이면 $f(a)$는 최솟값이다.

예제 4-16

걸넓이가 8π인 원기둥이 있다. 이 원기둥의 부피가 최대가 되게 하는 반지름의 길이를 r, 높이를 h라 할 때, $\frac{r}{h}$의 값을 구하여라.

풀이

원기둥의 밑면의 반지름의 길이를 r, 높이를 h라 하자. 그러면 원기둥의 겉넓이가 8π이므로

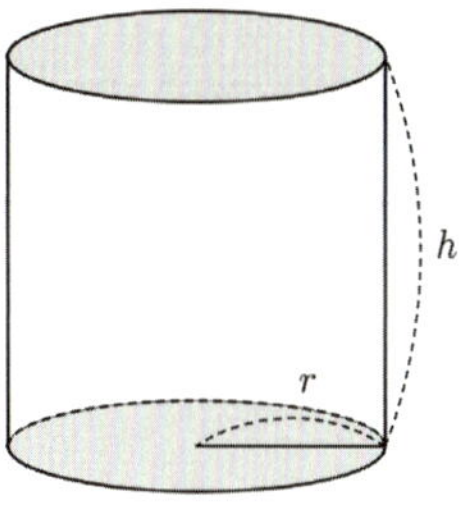

[그림 4-35]

$$2\times\pi r^2+2\pi rh=8\pi$$
$$h=\frac{4-r^2}{r}$$

이 성립한다. 원기둥의 부피를 $V=f(r)$라 하면

$$f(r)=\pi r^2h=\pi r^2\times\frac{4-r^2}{r}=\pi(4r-r^3)$$

이다.

$$f'(r)=\pi(4-3r^2)=0$$

이므로 f의 임계수는 $r=\pm\frac{2}{\sqrt{3}}$이다. $0<r<\frac{2}{\sqrt{3}}$일 때 $f'(r)>0$이고, $r>\frac{2}{\sqrt{3}}$일 때 $f'(r)<0$이므로 절대 극값에 대한 일계도함수 판정법에 의해 $f(r)$은 $r=\frac{2}{\sqrt{3}}$일 때 최댓값을 갖는다. 또한 $r=\frac{2}{\sqrt{3}}$일 때,

$$h=\frac{4-r^2}{r}=\frac{4-\left(\frac{2}{\sqrt{3}}\right)^2}{\frac{2}{\sqrt{3}}}=\frac{4}{\sqrt{3}}$$

이므로

$$\frac{r}{h}=\frac{\frac{2}{\sqrt{3}}}{\frac{4}{\sqrt{3}}}=\frac{1}{2}$$

이다.

□ 평균값 정리

○ 롤의 정리

평균값 정리를 증명하기 위해 먼저 롤의 정리를 소개한다.

정리 4-14. 롤의 정리

함수 $f(x)$가 폐구간 $[a,b]$에서 연속이고 개구간 (a,b)에서 미분가능한 함수라고 하자. $f(a)=f(b)$이면 $f'(c)=0$을 만족하는 c가 개구간 (a,b)에 적어도 하나 존재한다.

롤의 정리를 만족하는 전형적인 함수의 그래프는 아래와 같다.

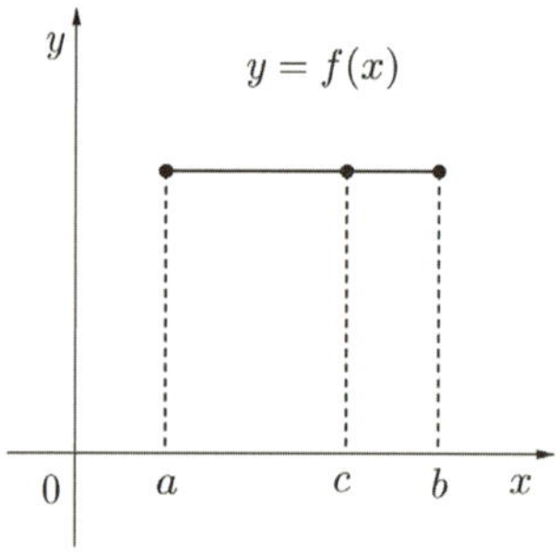

[그림 4-36]

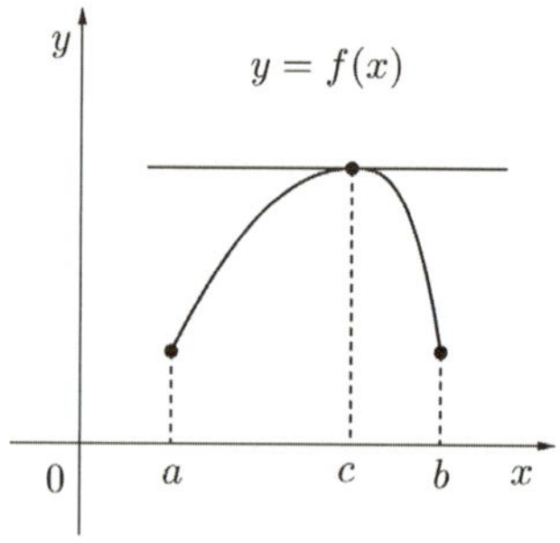

[그림 4-37]

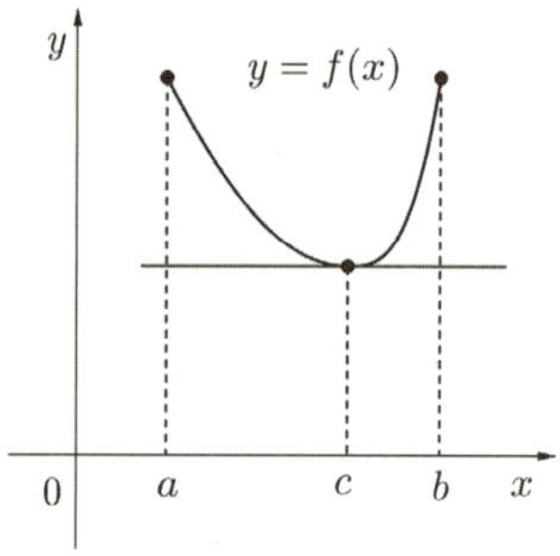

[그림 4-38]

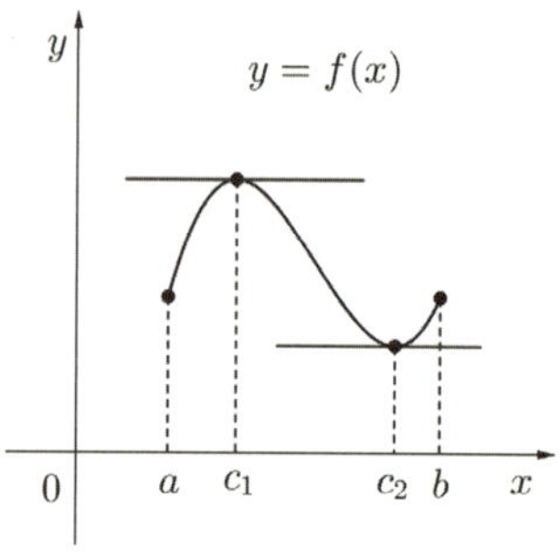

[그림 4-39]

위의 그림에서 볼 수 있듯이 폐구간 $[a,b]$에서 연속인 함수 f에 대해 롤의 정리를 만족하는 점 $(c,f(c))$가 적어도 하나 이상 존재한다.

○ 평균값 정리

폐구간 $[a,b]$에서 연속이고 개구간 (a,b)에서 미분가능한 함수 $f(x)$에 대하여, 롤의 정리에서와 같은 가정 $f(a)=f(b)$을 주지 않는다면 오른쪽 그림에서 보듯이 곡선 $y=f(x)$의 양 끝점을 잇는 직선과 평행한 접선을 그을 수 있는 점이 곡선 상에 적어도 하나 존재하는 것을 알 수 있다. 즉,

$$\frac{f(b)-f(a)}{b-a}=f'(c)$$

를 만족하는 실수 c가 개구간 (a,b)에 적어도 하나 존재한다.

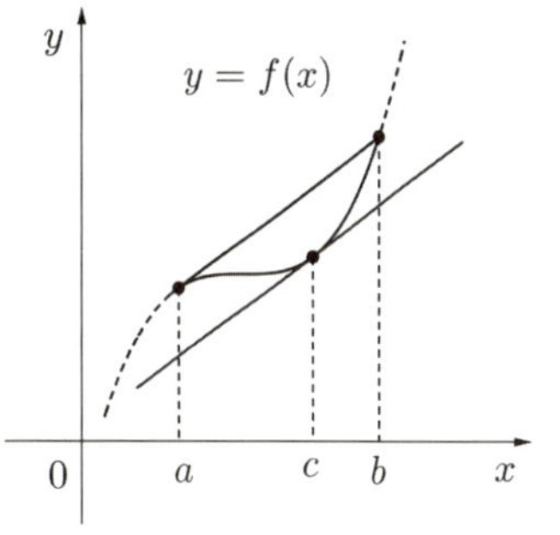

[그림 4-40]

정리 4-15. 평균값 정리

함수 $f(x)$가 폐구간 $[a,b]$에서 연속이고 개구간 (a,b)에서 미분가능한 함수라고 하자. 그러면

$$\frac{f(b)-f(a)}{b-a}=f'(c)$$

을 만족하는 c가 개구간 (a,b)에 적어도 하나 존재한다.

증명

두 점 $(a,f(a))$와 $(b,f(b))$를 이은 직선의 방정식은

$$y-f(a)=\frac{f(b)-f(a)}{b-a}(x-a)$$
$$y=f(a)+\frac{f(b)-f(a)}{b-a}(x-a)$$

이다. 함수 $g(x)$를

$$g(x)=f(x)-\left\{f(a)+\frac{f(b)-f(a)}{b-a}(x-a)\right\}=f(x)-f(a)-\frac{f(b)-f(a)}{b-a}(x-a)$$

라 정의하자. 그러면 $g(x)$는 폐구간 $[a,b]$에서 연속이고 개구간 (a,b)에서 미분가능하며

$$g'(x)=f'(x)-\frac{f(b)-f(a)}{b-a}$$

이다. 또한

$$g(a) = f(a) - f(a) - \frac{f(b)-f(a)}{b-a}(a-a) = 0$$
$$g(b) = f(b) - f(a) - \frac{f(b)-f(a)}{b-a}(b-a) = 0$$

이므로 롤의 정리에 의해 $g'(c)=0$을 만족하는 c가 개구간 (a,b)에 적어도 하나 존재한다. 여기서

$$g'(c) = f'(c) - \frac{f(b)-f(a)}{b-a} = 0$$

이므로 $\frac{f(b)-f(a)}{b-a} = f'(c)$를 만족한다.

예제 4-17

미분가능한 함수 $f(x)$에 대해 $f(0)=3$이고 모든 실수 x에 대해 $f'(x) \geq 4$라고 한다. 함수값 $f(1)$의 최솟값을 구하여라.

풀이

함수 $f(x)$가 모든 실수에 대해 미분가능하므로 연속이다. 따라서 $f(x)$는 폐구간 $[0,1]$에서 연속이고 개구간 $(0,1)$에서 미분가능하다. 평균값 정리에 의해

$$\frac{f(1)-f(0)}{1-0} = f'(c)$$

인 c가 개구간 $(0,1)$에 존재하고 $f'(c) \geq 4$이므로

$$f(1) - 3 \geq 4 \Rightarrow f(1) \geq 7$$

이다. 그러므로 $f(1)$의 최솟값은 7이다.

평균값 정리는 다음과 같은 미적분학의 기본적인 정리를 증명하는 데 활용된다.

정리 4-16.

함수 $f(x)$가 개구간 (a,b)에서 미분가능하고 $a < x < b$인 모든 x에 대해 $f'(x)=0$이면 $f(x)$는 구간 (a,b)에서 상수함수이다. 즉, 상수 C가 존재하여 $f(x)=C$이다.

증명

x_1과 x_2가 개구간 (a,b)에 속하고 $a<x_1<x_2<b$라고 가정하자. 그러면 함수 f는 (x_1,x_2)에서 미분가능하고 $[x_1,x_2]$에서 연속이므로 평균값 정리에 의해

$$\frac{f(x_2)-f(x_1)}{x_2-x_1}=f'(c)$$

를 만족하는 c가 개구간 (x_1,x_2)에 존재한다. 그런데 $f'(c)=0$이므로 $f(x_1)=f(x_2)$이다. x_1, x_2가 임의의 점이므로 $f(x)$는 상수함수이다.

따름정리

두 함수 $f(x)$와 $g(x)$가 개구간 (a,b)에서 미분가능하고 $a<x<b$인 모든 x에 대해 $f'(x)=g'(x)$이면, 상수 C가 존재하여 $f(x)=g(x)+C$이다.

증명

$h(x)=f(x)-g(x)$라고 가정하자. 그러면 $h(x)$는 개구간 (a,b)에서 미분가능하고 $a<x<b$인 모든 x에 대해

$$h'(x)=f'(x)-g'(x)=0$$

이다. 그러므로 $h(x)$는 상수함수이고, 상수 C가 존재하여 $h(x)=C$를 만족한다. 즉, $f(x)-g(x)=C$이고

$$f(x)=g(x)+C$$

이다.

□ 함수의 그래프 그리기

○ 곡선의 오목성

도함수를 이용하여 함수의 증가와 감소, 극대와 극소 등을 알 수 있다. 아래 그림을 보면 두 함수 $f(x)$와 $g(x)$의 그래프는 모두 증가이지만 형태가 조금 다르다.

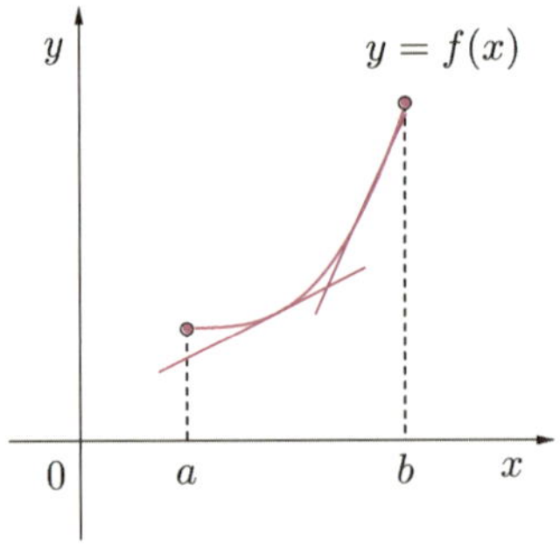

[그림 4-41]

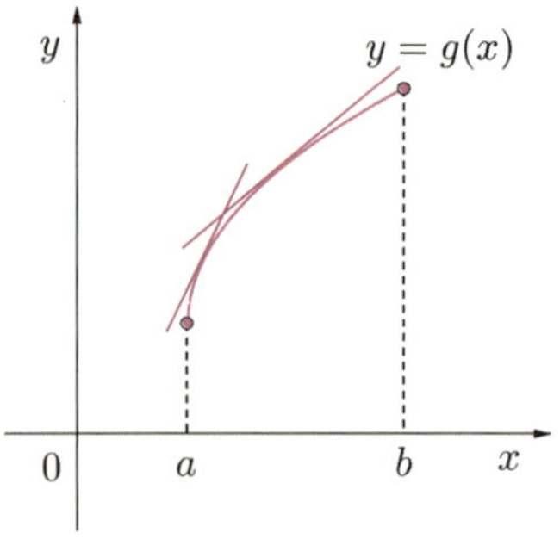

[그림 4-42]

즉 $y=f(x)$의 그래프는 곡선상의 모든 접선 위에 있고, $y=g(x)$의 그래프는 모든 접선 아래에 있다.

정의 4-9.

함수 $f(x)$가 구간 I에서 $y=f(x)$의 그래프가
(a) 모든 접선 위에 존재한다면 **위로 오목(concave upward, CU)**이라 부른다.
(b) 모든 접선 아래에 존재한다면 **아래로 오목(concave downward, CD)**이라 부른다.

다음 그림에서 $y=f(x)$의 그래프는 구간 (a,b)에서 위로 오목하고 구간 (b,d)와 (d,q)에서 아래로 오목한 것을 알 수 있다.

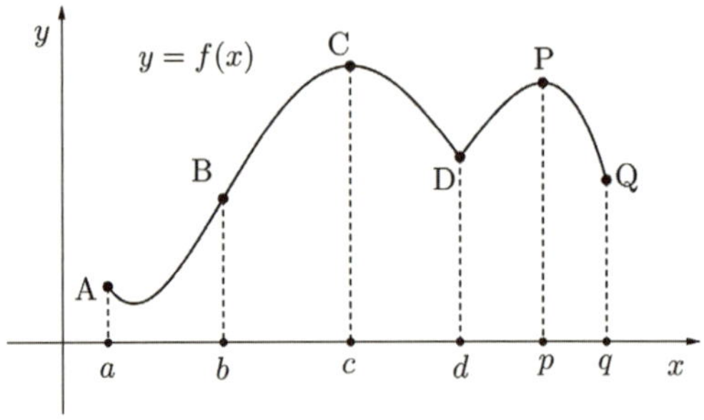

[그림 4-43]

함수의 오목 구간을 결정하는 데 이계도함수가 도움을 준다. 그림에서 보듯이 구간 (a,b)에서 곡선에 대한 접선의 기울기가 증가하는 것을 알 수 있다. 즉, 위로 오목인 구간에서는 $f'(x)$가 증가하므로, $f''(x)>0$이다. 반면 곡선이 아래로 오목한 구간 (b,d)와 (d,q)에서는 접선의 기울기가 감소하므로 $f''(x)<0$이다.

정리 4-17.

함수 $f(x)$가 개구간 (a,b)에서 $f'(x)$와 $f''(x)$가 존재하고 이 구간의 모든 점 x에 대하여

(a) $f''(x)>0$이면 곡선 $y=f(x)$는 위로 오목하다.

(b) $f''(x)<0$이면 곡선 $y=f(x)$는 아래로 오목하다.

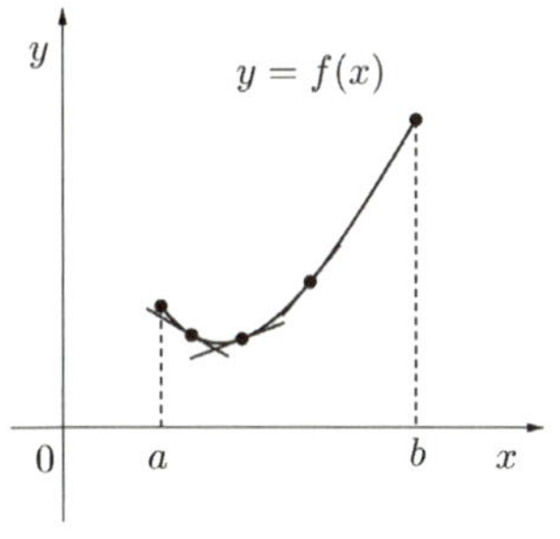

[그림 4-44]

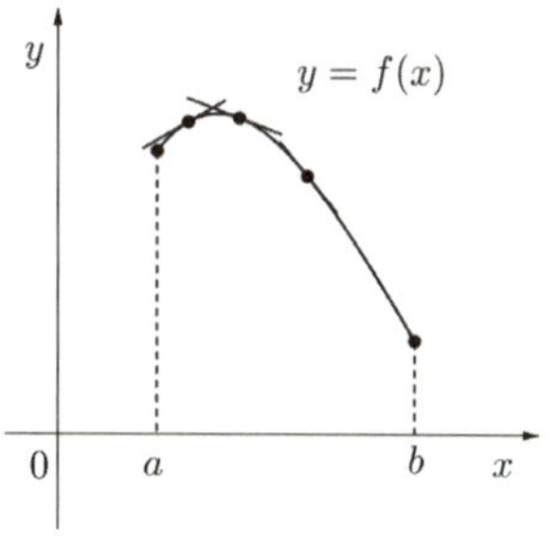

[그림 4-45]

예제 4-18

함수 $f(x)=x^3-3x^2+3$의 그래프가 위로 오목인 구간과 아래로 오목인 구간을 구하여라.

풀이

$$f'(x)=3x^2-6x$$

이고

$$f''(x)=6x-6=6(x-1)$$

이므로, $x<1$일 때 $f''(x)<0$이므로 아래로 오목이고 $x>1$일 때 $f''(x)>0$이므로 위로 오목이다.

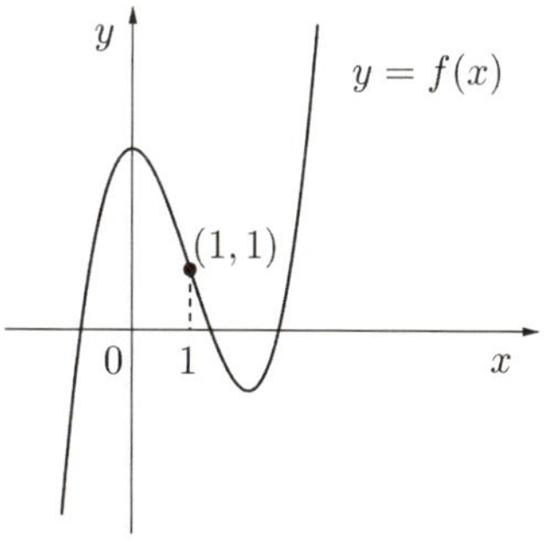

[그림 4-46]

○ **변곡점**

예제 4-18에서 보듯이 함수 $y=f(x)$의 그래프는 점 $(1,1)$에서 곡선의 오목성이 아래로 오목에서 위로 오목으로 변한다. 이 점을 곡선의 **변곡점**이라 부른다.

정의 4-10. 변곡점

곡선 $y=f(x)$가 점 $(a,f(a))$에서 연속이고 곡선이 그곳에서 위로 오목에서 아래로 오목으로 또는 아래로 오목에서 위로 오목으로 변한다면, 이 점을 **변곡점(inflection point)**라 부른다.

예제 4-19

함수 $f(x)=x^4-4x^3$에 대하여 증가와 감소, 극값, 위로 오목, 아래로 오목한 구간과 변곡점을 구하여라. 그리고 곡선의 모양을 그려라.

풀이

$$f'(x)=4x^3-12x^2=4x^2(x-3)$$

이므로 임계수는 $x=0,3$이고

$$f''(x)=12x^2-24x=12x(x-2)$$

이다. 이를 이용하여 증감표를 작성하면 아래와 같다.

x	$\cdots$	0	$\cdots$	2	$\cdots$	3	$\cdots$
$f'(x)$	$-$	0	$-$	$-$	$-$	0	$+$
$f''(x)$	$+$	0	$-$	0	$+$	$+$	$+$
$f(x)$	감소 CU	변곡 0	감소 CD	변곡 -16	감소 CU	극소 -27	증가 CU

따라서, 구간 $(-\infty,3)$에서 감소, $(3,\infty)$에서 증가하고 극댓값은 없고 극소값은 $f(3)=-27$이다. 또한, 구간 $(-\infty,0)$과 $(2,\infty)$에서 위로 오목, 구간 $(0,2)$에서 아래로 오목이며 변곡점은 $(0,0)$과 $(2,-16)$이다. 그리고 이를 바탕으로 곡선을 그리면 아래 그림과 같다.

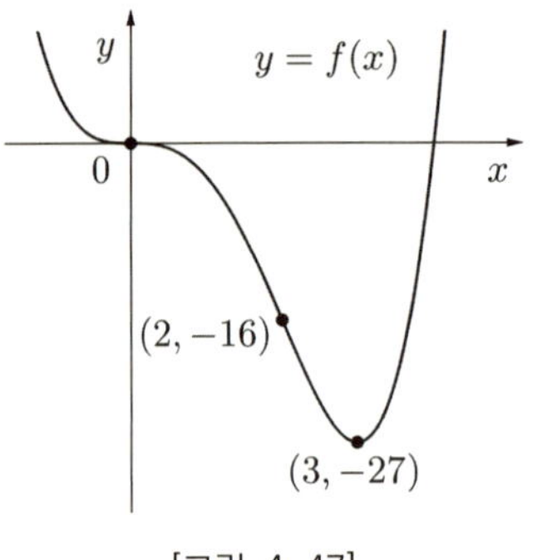

[그림 4-47]

○ 이계도함수 판정법

이계도함수를 이용하여 오목성을 판정할 뿐만 아니라 함수의 극대와 극소를 판정할 수 있다. 이를 **이계도함수 판정법**이라 한다.

정리 4-18. 이계도함수 판정법

함수 $f(x)$가 개구간 (a,b)에서 $f'(x)$와 $f''(x)$가 존재하고 구간 (a,b)에 속하는 임계수 c에 대해 $f''(x)$가 $x=c$근방에서 연속일 때,

(a) $f''(c)>0$이면 $f(x)$는 $x=c$에서 극솟값 $f(c)$를 갖는다.

(b) $f''(c)<0$이면 $f(x)$는 $x=c$에서 극댓값 $f(c)$를 갖는다.

참고 함수 $f(x)=x^4-4x^3$은 $f'(3)=0$이고 $f''(3)>0$이므로 $x=3$에서 극솟값 $f(3)=-23$을 갖는다.

□ **로피탈 법칙**

3장에서 극한법칙이나 직접대입성질을 이용하여 함수 $f(x)$의 극한값을 구할 수 없는 간단한 형태의 부정형(indeterminate form) 극한에 대해 소개했다. 여기서는 좀 더 다양한 형태의 부정형 극한을 소개하고 이를 **로피탈의 법칙**을 이용하여 계산한다.

○ 부정형 극한

정의 4-11. 부정형 극한

함수 $f(x)$, $g(x)$에 대하여 다음 극한은 존재할 수도 있고 아닐 수도 있어서 **부정형**이라 한다.

(a) $\lim\limits_{x\to a} f(x)=0$, $\lim\limits_{x\to a} g(x)=0$일 때 $\lim\limits_{x\to a}\dfrac{f(x)}{g(x)}$을 $\dfrac{0}{0}$꼴의 부정형이라 한다.

(b) $\lim\limits_{x\to a} f(x)=\pm\infty$, $\lim\limits_{x\to a} g(x)=\pm\infty$일 때 $\lim\limits_{x\to a}\dfrac{f(x)}{g(x)}$을 $\dfrac{\infty}{\infty}$꼴의 부정형이라 한다.

(c) $\lim\limits_{x\to a} f(x)=\infty$, $\lim\limits_{x\to a} g(x)=\infty$일 때, $\lim\limits_{x\to a}\{f(x)-g(x)\}$을 $\infty-\infty$꼴의 부정형이라 한다.

(d) $\lim\limits_{x\to a} f(x)=0$, $\lim\limits_{x\to a} g(x)=\infty$일 때, $\lim\limits_{x\to a}\{f(x)g(x)\}$을 $0\times\infty$꼴의 부정형이라 한다.

○ 로피탈 법칙

$\frac{0}{0}$꼴의 부정형 극한 $\lim_{x\to1}\frac{x^2-3x+2}{x-1}$의 경우, 다음과 같이 식의 변형을 이용하여 극한을 구할 수 있다.

$$\lim_{x\to1}\frac{x^2-3x+2}{x-1}=\lim_{x\to1}\frac{(x-1)(x-2)}{(x-1)}=\lim_{x\to1}(x-2)=-1$$

이런 형태의 부정형 극한은 도함수를 이용하여 쉽게 구할 수 있는데, 이것을 **로피탈 법칙**이라 한다.

정리 4-19. 로피탈 법칙

$f(x)$와 $g(x)$가 $x=a$ 근방에서 미분가능하고 $g'(x)\neq0$이라 하자.

$$\lim_{x\to a}f(x)=0\text{이고 }\lim_{x\to a}g(x)=0$$

또는

$$\lim_{x\to a}f(x)=\pm\infty,\ \lim_{x\to a}g(x)=\pm\infty$$

이고 $\lim_{x\to a}\frac{f'(x)}{g'(x)}$가 존재하면

$$\lim_{x\to a}\frac{f(x)}{g(x)}=\lim_{x\to a}\frac{f'(x)}{g'(x)}$$

이다.

예제 4-20

로피탈 법칙을 이용하여 다음 극한값을 구하여라.

(1) $\lim_{x\to1}\frac{x^2-3x+2}{x-1}$

(2) $\lim_{x\to\infty}\frac{2x^2+3x}{x^2+1}$

풀이

(1) $\lim_{x\to1}(x^2-3x+2)=0$이고 $\lim_{x\to1}(x-1)=0$이므로 주어진 극한은 $\frac{0}{0}$꼴의 극한이다. 로피탈의 법칙을 이용하여 극한값을 계산하면

$$\lim_{x\to1}\frac{x^2-3x+2}{x-1}=\lim_{x\to1}\frac{2x-3}{1}=-1$$

이다.

(2) $\lim_{x\to\infty}(2x^2+3x)=\infty$이고 $\lim_{x\to\infty}(x^2+1)=\infty$이므로 주어진 극한은 $\frac{\infty}{\infty}$꼴의 극한이다. 로피탈의 법칙을 이용하여 극한값을 계산하면

$$\lim_{x\to\infty}\frac{2x^2+3x}{x^2+1}=\lim_{x\to\infty}\frac{4x+3}{2x}=\lim_{x\to\infty}\frac{4}{2}=2$$

이다.

4.3 연습문제

01. 다음 함수의 증가, 감소를 조사하여라.

(1) $f(x)=x^3-3x^2+3x$

(2) $f(x)=-x^3+x^2-x-2$

(3) $f(x)=\dfrac{x}{x^2+1}$

02. 다음 함수의 극값을 구하여라.

(1) $f(x)=x^3-6x^2+1$

(2) $f(x)=-x^4+4x^3-4x^2-1$

(3) $f(x)=\dfrac{x+2}{x^2+x+1}$

03. 다음 함수의 주어진 구간에서의 최댓값과 최솟값을 구하여라.

(1) $f(x)=x^3-6x^2+9x,\ 0 \le x \le 4$

(2) $f(x)=2x^3-6x-3,\ 0 \le x \le 2$

(3) $f(x)=\dfrac{4x^2}{x^4+1},\ 0 \le x \le 2$

04. 함수 $f(x)=x^3+ax^2+bx-1$이 $x=3$에서 극솟값 -28을 갖는다. 이때 두 상수 a, b의 값과 극댓값을 구하여라.

05. 겉넓이가 $1200cm^2$인 뚜껑이 없고 바닥이 정사각형인 직육면체 모양의 상자를 만들려고 한다. 부피의 최댓값을 구하여라.

06. 미분가능한 함수 $f(x)$에 대해 $f(0)=5$이고 모든 실수 x에 대해 $f'(x) \le 2$라고 한다. 함수값 $f(2)$의 최댓값을 구하여라.

07. 다음 함수의 위로 오목, 아래로 오목인 구간과 변곡점을 구하여라.

(1) $f(x)=2x^3-6x^2+3$

(2) $f(x)=x^4-4x^3+4x+1$

08. 로피탈 법칙을 이용하여 극한값을 구하여라.

(1) $\lim_{x\to 2}\dfrac{x^4-2x-12}{x-2}$

(2) $\lim_{x\to -3}\dfrac{2x^2+3x-9}{x^3+27}$

(3) $\lim_{x\to 1}\dfrac{(x+1)^4-(x+3)^2}{x^2-1}$

Chapter
05 대수함수의 적분

5.1 부정적분

이 절에서는 함수 $f(x)$를 도함수로 갖는 함수 $F(x)$에 대해 알아본다.

□ 부정적분의 정의

○ 원시함수(역도함수)

함수 $f(x)$를 도함수로 하는 함수 $F(x)$가 존재한다면, 이를 $f(x)$의 **원시함수** 또는 **역도함수**라 부른다.

> 정의 5-1. **원시함수**
>
> 함수 $F(x)$의 정의역에 속하는 모든 x에 대해 $F'(x)=f(x)$를 만족하면 $F(x)$를 $f(x)$의 **원시함수 (primitive function)** 또는 **역도함수(antiderivative)**라고 한다.

예를 들어, 함수 $f(x)=2x$에 대해 $F(x)=x^2$은 $F'(x)=2x=f(x)$이므로 $f(x)$의 원시함수이다. 그러나 함수 $G(x)=x^2+1$도 $G'(x)=2x$이므로 $f(x)$의 원시함수이다. 실제로 C가 상수일 때 $H(x)=x^2+C$인 형태의 모든 함수는 $f(x)$의 원시함수이다. 그러므로 $f(x)$의 원시함수는 무수히 많은 것을 알 수 있다.

○ 부정적분

함수 $f(x)$의 원시함수는 무수히 많으므로, $f(x)$의 원시함수들의 집합을 $f(x)$의 **부정적분**이라 부른다.

정의 5-2. **부정적분**

함수 $f(x)$에 대해 $\int f(x)dx$를 $f(x)$의 **부정적분(indefinite integral)**이라 한다. 함수 $F(x)$가 $f(x)$의 원시함수 중 하나일 때 상수 C에 대해

$$\int f(x)dx = F(x) + C$$

를 만족한다. 여기서 $f(x)$를 **피적분함수(integrand)**, x를 **적분변수(integral variable)**, C를 **적분상수(integration constant)**라고 한다.

○ 부정적분의 성질

부정적분의 정의에 의해 미분의 기본 성질로부터 다음과 같은 부정적분의 기본 성질이 성립함을 알 수 있다.

정리 5-1. **부정적분의 기본 성질**

부정적분이 존재하는 함수 $f(x), g(x)$와 상수 k에 대해 다음이 성립한다.

(a) $\int kf(x)dx = k\int f(x)dx$

(b) $\int \{f(x)+g(x)\}dx = \int f(x)dx + \int g(x)dx$

(c) $\int \{f(x)-g(x)\}dx = \int f(x)dx - \int g(x)dx$

(d) $\int x^n dx = \frac{1}{n+1}x^{n+1} + C$ (단, $n \neq -1$)

증명 (a), (b), (c)의 증명은 생략하고 (d)만 증명한다.

거듭제곱함수의 도함수 공식 $\frac{d}{dx}x^n = nx^{n-1}$임을 이용하면 $n \neq -1$일 때

$$\frac{d}{dx}\left\{\frac{1}{n+1}x^{n+1}\right\} = x^n$$

이 성립한다. 그러므로

$$\int x^n dx = \frac{1}{n+1}x^{n+1} + C$$

이다.

예제 5-1

다음 부정적분을 구하여라.

(1) $\int (4x^3+3x^2-4x+1)dx$　　(2) $\int (x+2)^2 dx$　　(3) $\int 2\sqrt{x}\,dx$

풀이

(1) 부정적분의 기본 성질을 이용하면

$$\begin{aligned}\int (4x^3+3x^2-4x+1)dx &= 4\times\frac{1}{4}x^4+3\times\frac{1}{3}x^3-4\times\frac{1}{2}x^2+x+C\\ &= x^4+x^3-2x^2+x+C\end{aligned}$$

이다.

(2) 먼저 피적분함수를 전개하면 $(x+2)^2=x^2+4x+4$이므로

$$\begin{aligned}\int (x+2)^2 dx = \int (x^2+4x+4)dx &= \frac{1}{3}x^3+4\times\frac{1}{2}x^2+4x+C\\ &= \frac{1}{3}x^3+2x^2+4x+C\end{aligned}$$

이다.

(3) 피적분함수를 거듭제곱함수의 형태로 변형하여 부정적분을 구하면

$$\begin{aligned}\int 2\sqrt{x}\,dx = \int 2x^{\frac{1}{2}}dx &= 2\times\frac{1}{\frac{1}{2}+1}x^{\frac{1}{2}+1}+C\\ &= \frac{4}{3}x^{\frac{3}{2}}+C\\ &= \frac{4}{3}x\sqrt{x}+C\end{aligned}$$

이다.

예제 5-2

다음 조건을 만족시키는 함수 $f(x)$를 구하여라.

$$f'(x)=4x^3-6x^2+3,\ f(2)=1$$

풀이

$f(x)$는 $f'(x)$의 원시함수이므로

$$\begin{aligned} f(x) &= \int f'(x)dx = \int (4x^3 - 6x^2 + 3)dx = 4 \times \frac{1}{4}x^4 - 6 \times \frac{1}{3}x^3 + 3x + C \\ &= x^4 - 2x^3 + 3x + C \end{aligned}$$

이다. $f(2)=1$이므로

$$f(2) = 2^4 - 2 \times 2^3 + 3 \times 2 + C = 1$$

에서 $C=-5$이다. 그러므로 $f(x)=x^4-2x^3+3x-5$이다.

5.1 연습문제

01. 다음 부정적분을 구하여라.

(1) $\int (4x-3)dx$

(2) $\int (4x^3+4x+1)dx$

(3) $\int (3x-1)(x+3)dx$

(4) $\int 4\sqrt[3]{x}\,dx$

02. 등식

$$\int f(x)dx = 4x^3-3x^2+2x+C$$

를 만족하는 함수 $f(x)$를 구하여라.

03. 함수 $f(x)$의 도함수가 $f'(x)=2x-1$이고 $f(1)=2$이다. $f(x)$를 구하여라.

04. 다항함수 $f(x)$의 한 원시함수 $F(x)$에 대하여 조건 (a)와 (b)를 모두 만족시키는 함수 $f(x)$를 구하여라.

(a) $F(x)=xf(x)-4x^3+x^2+3$

(b) $f(0)=3$

5.2 정적분

이 절에서는 구분구적법을 이용한 함수 $f(x)$의 정적분의 정의를 소개하고 미분과 적분을 연결하는 중요한 미적분학의 기본 정리에 대해 알아본다.

□ 수열과 급수의 극한

정적분의 정의를 이해하기 위해 수열과 급수의 극한에 대해 먼저 알아본다.

○ 수열의 극한

순서대로 나열된 수의 열을 **수열(sequence)**이라 한다.

$$a_1,\ a_2,\ a_3,\ \cdots,\ a_n,\ \cdots$$

여기서 a_n을 n번째 항 또는 일반항이라 부른다. 수열의 표기법은 아래와 같다.

$$\{a_n\},\ \ \{a_n\}_{n=1}^{\infty}$$

Note 수열은 양의 정수 집합 $\mathbb{N}$에서 실수 집합 $\mathbb{R}$로의 함수이므로, 수열의 극한은 함수의 극한의 정의와 매우 유사하다.

> **정의 5-3. 수열의 극한**
>
> 수열 $\{a_n\}$에 대하여 n이 무한히 커짐에 따라 a_n이 L에 한없이 가까워질 때 L을 **수열 $\{a_n\}$의 극한(limit)**이라 한다. 그리고
>
> $$\lim_{n\to\infty} a_n = L$$
>
> 로 나타낸다. $\lim_{n\to\infty} a_n$이 존재하면 수열은 **수렴(convergence)**한다고 하며, 그렇지 않을 경우 수열은 **발산(divergence)**한다고 한다.

예를 들어, 수열 $\left\{\frac{1}{n}\right\}$은 $\lim_{n\to\infty}\frac{1}{n}=0$로 수렴하고 수열 $\{n^2\}$은 $\lim_{n\to\infty}n^2=\infty$로 발산하며 수열 $\{(-1)^n\}$도 발산한다.

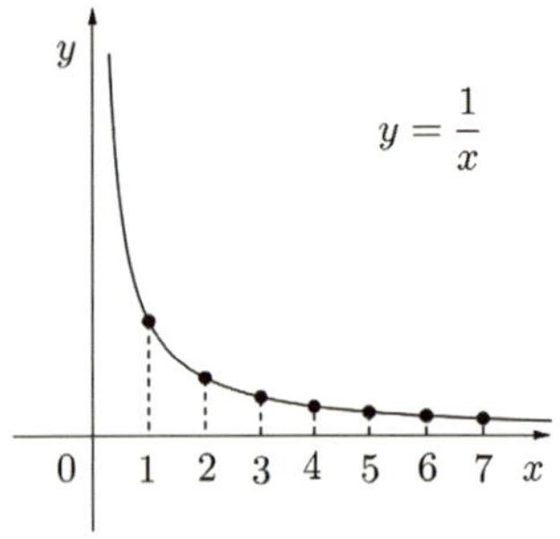

[그림 5-1]

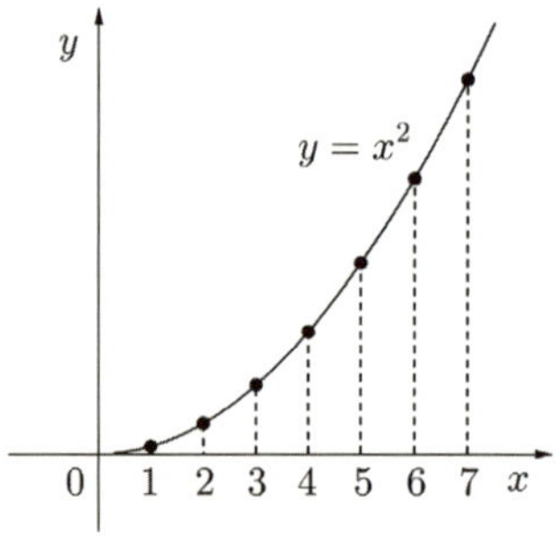

[그림 5-2]

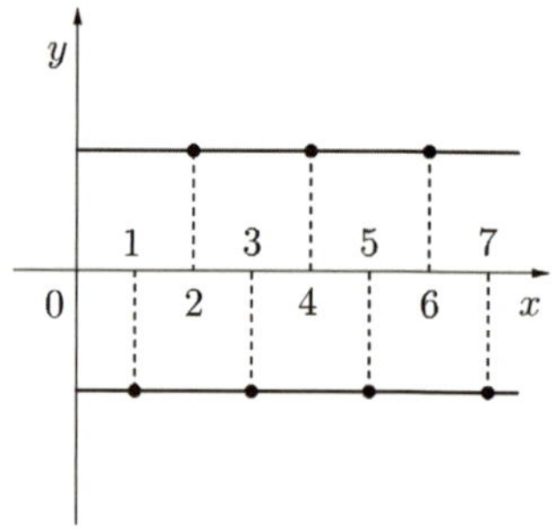

[그림 5-3]

다음은 수열의 극한을 구할 때 필요한 수열의 극한에 대한 기본적 성질이다.

정리 5-2.

양수 p에 대하여 $\lim_{n\to\infty}\frac{1}{n^p}=0$로 수렴하고 $\lim_{n\to\infty}n^p=\infty$로 발산한다.

수열의 극한은 함수의 극한과 비슷한 성질을 갖고 있다.

정리 5-3. **수열의 극한 법칙**

수열 $\{a_n\}$과 $\{b_n\}$이 수렴하는 수열이고, k가 상수이면 다음이 성립한다.

(a) $\lim_{n\to\infty}(a_n+b_n)=\lim_{n\to\infty}a_n+\lim_{n\to\infty}b_n$

(b) $\lim_{n\to\infty}(a_n-b_n)=\lim_{n\to\infty}a_n-\lim_{n\to\infty}b_n$

(c) $\lim_{n\to\infty}ka_n=k\lim_{n\to\infty}a_n$

(d) $\lim_{n\to\infty}a_nb_n=\left(\lim_{n\to\infty}a_n\right)\left(\lim_{n\to\infty}b_n\right)$

(e) $\lim_{n\to\infty}\frac{a_n}{b_n}=\frac{\lim_{n\to\infty}a_n}{\lim_{n\to\infty}b_n}$ (단, $\lim_{n\to\infty}b_n\neq 0$)

예제 5-3

다음 수열의 수렴과 발산을 조사하고, 수렴하면 그 극한을 구하여라.

(1) $\left\{\frac{6n+1}{2n}\right\}$

(2) $\left\{\frac{n^2+1}{2n}\right\}$

풀이

(1) $\lim_{n\to\infty}\frac{1}{n}=0$이므로 수열의 극한 법칙을 이용하면

$$\lim_{n\to\infty}\frac{6n+1}{2n}=\lim_{n\to\infty}\frac{6+\frac{1}{n}}{2}=\frac{6+0}{2}=3$$

이다. 따라서, $\left\{\frac{6n+1}{2n}\right\}$는 수렴하고 극한은 3이다.

(2) $\lim_{n\to\infty}n=\infty$이므로

$$\lim_{n\to\infty}\frac{n^2+1}{2n}=\lim_{n\to\infty}\frac{n+\frac{1}{n}}{2}=\infty$$

이다. 따라서, $\left\{\frac{n^2+1}{2n}\right\}$는 발산한다.

○ 급수

수열 $\{a_n\}_{n=1}^{\infty}$의 모든 항들을 합하면 다음과 같다.

$$a_1+a_2+a_3+\cdots+a_n+\cdots$$

이를 **급수(series)**라 부르며, 기호로

$$\sum_{n=1}^{\infty}a_n,\ \sum a_n$$

로 나타낸다. 그리고 첫 번째 항부터 n번째 항까지의 합을 **부분합(partial sum)**이라 하고 다음과 같이 나타낸다.

$$s_n=\sum_{k=1}^{n}a_k=a_1+a_2+\cdots+a_n$$

다음은 급수의 극한을 계산하기 위하여 필요한 부분합의 성질들이다.

정리 5-4. 합의 공식

(a) $\sum_{i=1}^{n} c = nc$ (단, c는 상수)

(b) $\sum_{i=1}^{n} i = \frac{n(n+1)}{2}$

(c) $\sum_{i=1}^{n} i^2 = \frac{n(n+1)(2n+1)}{6}$

(d) $\sum_{i=1}^{n} i^3 = \left[\frac{n(n+1)}{2}\right]^2$

(e) $\sum_{i=1}^{n} ca_i = c\sum_{i=1}^{n} a_i$

(f) $\sum_{i=1}^{n} (a_i + b_i) = \sum_{i=1}^{n} a_i + \sum_{i=1}^{n} b_i$

(g) $\sum_{i=1}^{n} (a_i - b_i) = \sum_{i=1}^{n} a_i - \sum_{i=1}^{n} b_i$

부분합의 수열 $\{s_n\}$에 대해 수렴 혹은 발산을 말할 수 있고 이를 이용하여 급수의 수렴과 발산을 정의한다.

정의 5-4. 급수의 수렴

급수 $\sum_{n=1}^{\infty} a_n$의 부분합의 수열 $\{s_n\}$이 $\lim_{n\to\infty} s_n = L$로 수렴할 때, 급수 $\sum_{n=1}^{\infty} a_n$은 **수렴**한다고 하고

$$\sum_{n=1}^{\infty} a_n = L$$

로 나타낸다. $\{s_n\}$이 발산할 때, 급수 $\sum_{n=1}^{\infty} a_n$은 **발산**한다고 한다.

□ 정적분의 정의

○ 구분구적법

도형의 넓이를 구하기 위해 주어진 도형을 잘게 나누어 도형의 넓이의 근삿값을 구한 후, 그 근삿값의 극한값으로 도형의 넓이를 구하는 방법을 **구분구적법**이라 한다.

예제 5-4.

곡선 $y = 3x^2$, x축, $x = 1$로 둘러싸인 영역의 넓이를 구하여라.

풀이

자연수 n에 대해 구간 $[0,1]$을 n등분하면 구간의 폭은 $\Delta x=\frac{1}{n}$이고, $i=0,1,\cdots,n$에 대해 경계점은 $x_i=\frac{i}{n}$이 된다. 따라서 도형의 넓이의 근삿값은

$$\begin{aligned}\sum_{i=1}^{n}3x_i^2\times\Delta x&=\sum_{i=1}^{n}\left\{3\times\left(\frac{i}{n}\right)^2\times\frac{1}{n}\right\}=\sum_{i=1}^{n}\frac{3i^2}{n^3}\\&=\frac{3}{n^3}\times\frac{n(n+1)(2n+1)}{6}\\&=\frac{2n^2+3n+1}{2n^2}\end{aligned}$$

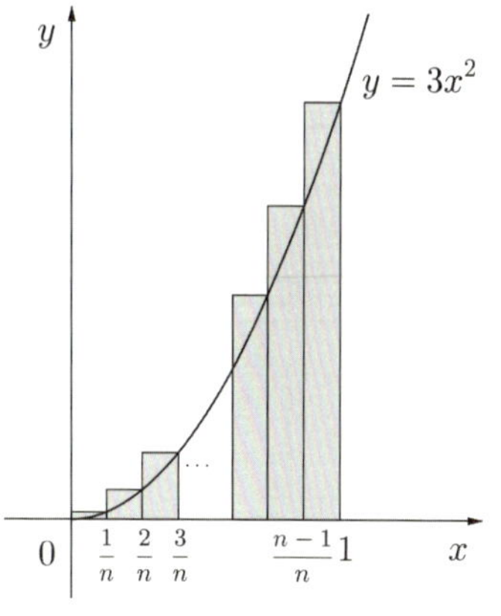

[그림 5-4]

이고, 구분구적법에 의해 영역의 넓이 A는

$$A=\lim_{n\to\infty}\frac{2n^2+3n+1}{2n^2}=\lim_{n\to\infty}\frac{2+\frac{3}{n}+\frac{1}{n^2}}{2}=\frac{2}{2}=1$$

이다.

○ 정적분

함수 f가 폐구간 $[a,b]$에서 정의되는 연속함수일 때, 구간 $[a,b]$를

$$a=x_0<x_1<\cdots<x_{n-1}<x_n=b$$

와 같이 점 $x_0, x_1, \cdots, x_n$에 의해 동일한 폭 $\Delta x=\frac{b-a}{n}$을 갖는 n개의 구간으로 분할하자. 그러면 $i=0,1,\cdots,n$에 대하여

$$x_i=a+i\Delta x=a+\frac{(b-a)i}{n}$$

가 된다. x_i^*를 i번째 부분구간 $[x_{i-1},x_i]$에 속하는 임의의 표본점이라 두면, a에서 b까지의 f의 정적분(definite integral)은

$$\int_a^b f(x)dx=\lim_{n\to\infty}\sum_{i=1}^{n}f(x_i^*)\Delta x$$

로 정의한다.

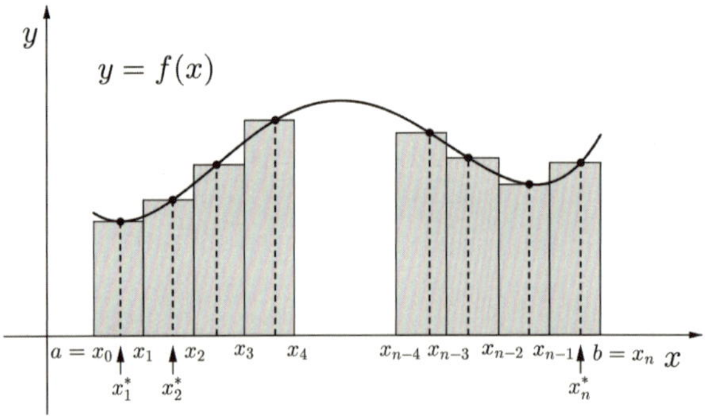

[그림 5-5]

정의 5-5. 정적분

함수 f가 폐구간 $[a,b]$에서 정의되는 연속함수일 때,

$$\int_a^b f(x)dx = \lim_{n\to\infty}\sum_{i=1}^{n} f(x_i^*)\Delta x$$

을 구간 $[a,b]$에서 함수 $f(x)$의 **정적분**이라 한다. 여기서 $f(x)$를 피적분함수, x를 적분변수, a를 하한, b를 상한이라 한다.

극한 $\lim_{n\to\infty}\sum_{i=1}^{n} f(x_i^*)\Delta x$이 수렴하면 $f(x)$는 구간 $[a,b]$에서 **적분가능하다** 또는 수학자 리만 (Bernhard Riemann, 1826~1866)의 이름을 따서 **리만적분가능하다**고 한다. 그리고 합 $\sum_{i=1}^{n} f(x_i^*)\Delta x$을 **리만합(Riemann sum)**이라 한다.

함수 $f(x)$가 구간 $[a,b]$에서 적분가능하면 $\lim_{n\to\infty}\sum_{i=1}^{n} f(x_i^*)\Delta x$이 수렴하고 표본점 x_i^*를 어떤 것으로 선택하든지 극한값이 같다. 그러므로 다음의 정리를 이용하면 적분 계산을 간단하게 할 수 있다.

정리 5-5.

함수 $f(x)$가 구간 $[a,b]$에서 적분가능하고 $\Delta x = \dfrac{b-a}{n}$, $x_i = a + i\Delta x$일 때

$$\int_a^b f(x)dx = \lim_{n\to\infty}\sum_{i=1}^{n} f(x_i)\Delta x$$

이 성립한다.

예제 5-5

다음 정적분을 정리 5-5에 의해 계산하여라.

$$\int_0^3 (-x^2+2x)\,dx$$

풀이

$a=0$, $b=3$이므로

$$\Delta x = \frac{b-a}{n} = \frac{3}{n},\quad x_i = a + i\,\Delta x = \frac{3i}{n}$$

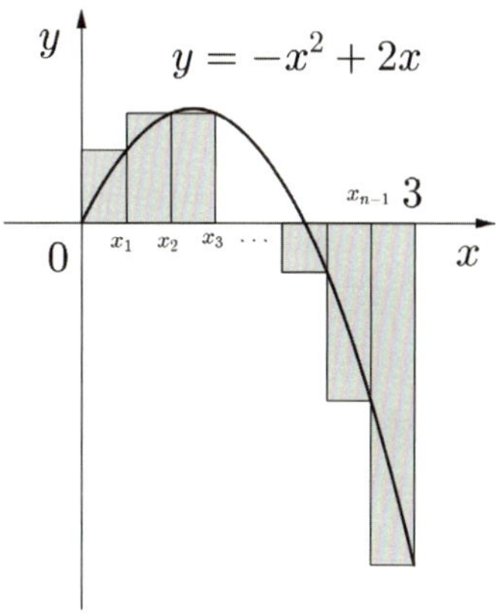

이다. 따라서 구하는 정적분은

$$\begin{aligned}
\int_0^3 (-x^2+2x)\,dx &= \lim_{n\to\infty}\sum_{i=1}^{n}(-x_i^2+2x_i)\,\Delta x \\
&= \lim_{n\to\infty}\sum_{i=1}^{n}\left\{-\left(\frac{3i}{n}\right)^2 + 2\times\frac{3i}{n}\right\}\times\frac{3}{n} \\
&= \lim_{n\to\infty}\sum_{i=1}^{n}\left(-\frac{27i^2}{n^3}+\frac{18i}{n^2}\right) \\
&= \lim_{n\to\infty}\left\{-\frac{27}{n^3}\times\frac{n(n+1)(2n+1)}{6}+\frac{18}{n^2}\times\frac{n(n+1)}{2}\right\} \\
&= \lim_{n\to\infty}\left\{-\frac{9(n+1)(2n+1)}{2n^2}+\frac{9(n+1)}{n}\right\} \\
&= -9+9=0
\end{aligned}$$

이다.

○ 정적분의 기하학적 의미

함수 f가 $[a,b]$에서 연속이고 $f(x) \geq 0$이면, f의 그래프와 x축과 두 직선 $x=a$, $x=b$로 둘러 싸인 영역의 넓이는 정적분 $\int_a^b f(x)dx$으로 나타낼 수 있다.

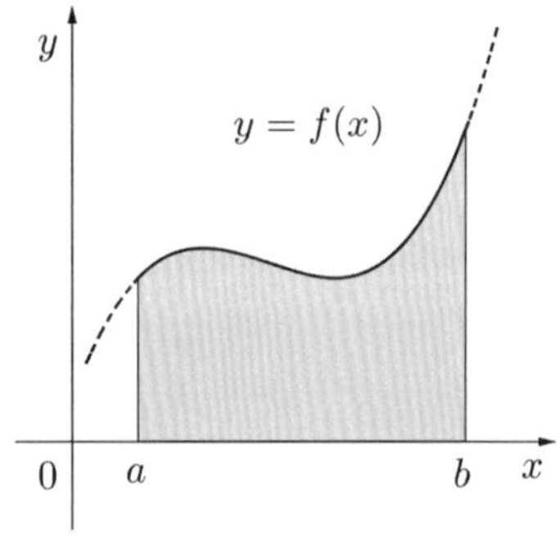

[그림 5-7]

함수 f가 $[a,b]$에서 연속이지만 반드시 $f(x) \geq 0$이지 않은 함수에 대해서도 넓이를 이용하여 정적분의 값을 구할 수 있다. 예를 들어 $[a,b]$에서 함수 f의 그래프가 다음과 같고 각 영역의 넓이를 A_1, A_2, A_3라 할 때, 정적분의 값은

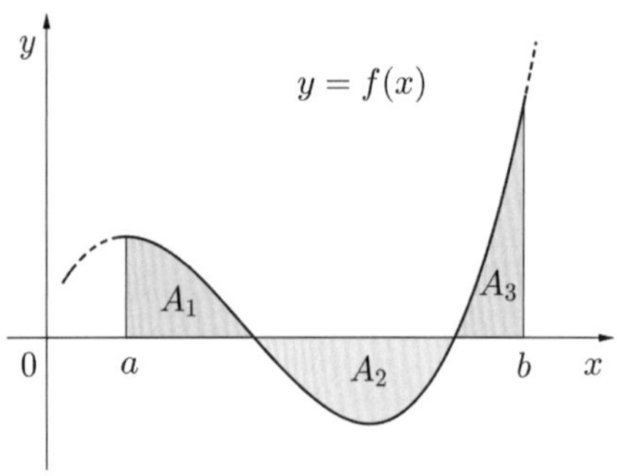

[그림 5-8]

$$\int_a^b f(x)\,dx = A_1 - A_2 + A_3$$

으로 구할 수 있다.

예제 5-6

다음 정적분을 각각 넓이로 해석함으로써 계산하여라.

(1) $\int_0^3 (x-2)dx$

(2) $\int_{-1}^1 \sqrt{1-x^2}\,dx$

풀이

(1) 함수 $f(x)=x-2$의 구간 $[0,3]$에서 그래프가 오른쪽 그림과 같다. 삼각형의 넓이 A_1, A_2가

$$A_1=\frac{1}{2}\times 2\times 2=2$$

$$A_2=\frac{1}{2}\times 1\times 1=\frac{1}{2}$$

이므로 정적분을 넓이로 해석하여 계산하면

$$\int_0^3 (x-2)dx=-A_1+A_2=-2+\frac{1}{2}=-\frac{3}{2}$$

이다.

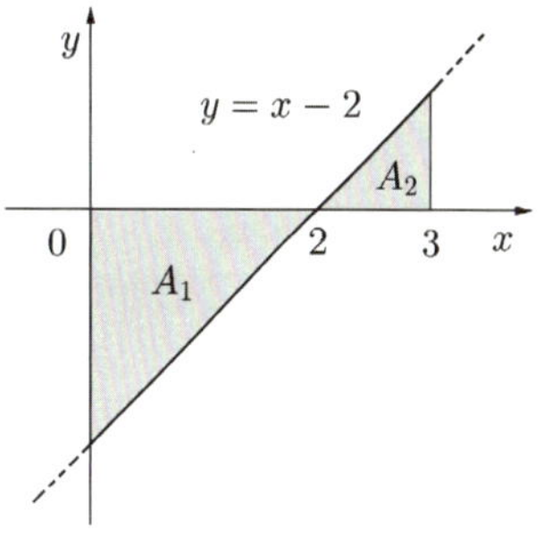

[그림 5-9]

(2) $y=\sqrt{1-x^2}$이라 하자.

$$y^2=1-x^2 \Rightarrow x^2+y^2=1$$

이므로, 함수 $y=\sqrt{1-x^2}$의 그래프는 중심이 원점이고 반지름이 1인 반이다.

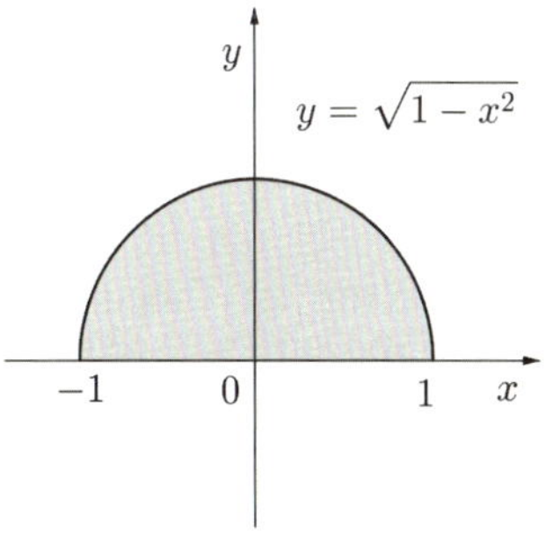

[그림 5-10]

정적분을 넓이로 해석하여 계산하면

$$\int_{-1}^1 \sqrt{1-x^2}\,dx=\frac{1}{2}\times\pi\times 1^2=\frac{\pi}{2}$$

이다.

○ 정적분의 성질

적분을 계산하는 데 도움을 주는 기본적인 적분의 성질을 알아본다.

정리 5-6. 적분의 성질

함수 $f(x)$와 $g(x)$가 연속일 때 다음이 성립한다.

(a) $\int_b^a f(x)dx = -\int_a^b f(x)dx$

(b) $\int_a^a f(x)dx = 0$

(c) $\int_a^b k\,dx = k(b-a)$, (단, k는 상수)

(d) $\int_a^b kf(x)dx = k \cdot \int_a^b f(x)dx$, (단, k는 상수)

(e) $\int_a^b [f(x)+g(x)]dx = \int_a^b f(x)dx + \int_a^b g(x)dx$

(f) $\int_a^b [f(x)-g(x)]dx = \int_a^b f(x)dx - \int_a^b g(x)dx$

(g) $\int_a^c f(x)dx + \int_c^b f(x)dx = \int_a^b f(x)dx$

(h) 구간 $[a,b]$에 속하는 모든 x에 대하여 $f(x) \geq 0$이면 $\int_a^b f(x)dx \geq 0$

(i) 구간 $[a,b]$에 속하는 모든 x에 대하여 $f(x) \geq g(x)$이면 $\int_a^b f(x)dx \geq \int_a^b g(x)dx$

(j) 구간 $[a,b]$에 속하는 모든 x에 대하여 $m \leq f(x) \leq M$이면

$$m(b-a) \leq \int_a^b f(x)dx \leq M(b-a)$$

□ **미적분학의 기본정리**

미적분학의 기본정리(Fundamental Theorem of Calculus, FTC)는 미분과 적분을 연결하는 중요한 정리이다. 이 정리를 이용하면 정적분을 매우 쉽게 구할 수 있다.

○ 미적분학의 제1 기본정리

함수 $y=f(t)$가 구간 $[a,b]$에서 연속일 때, 구간 $[a,b]$에 속하는 x에 대해 함수 $F(x)$를

$$F(x) = \int_a^x f(t)dt$$

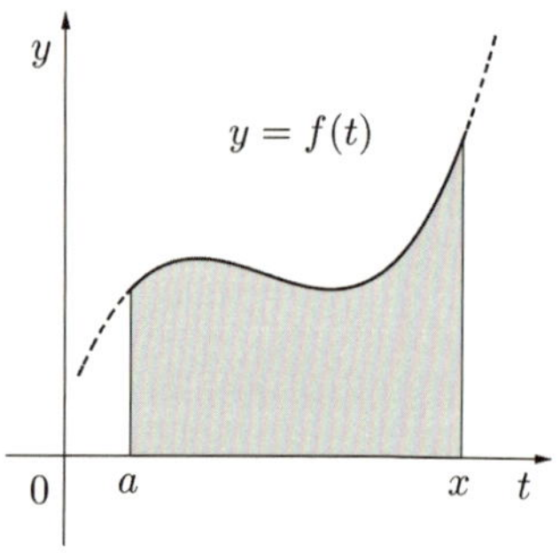

[그림 5-11]

로 정의할 수 있다. 이때

$$\frac{F(x+h)-F(x)}{h}=\frac{1}{h}\left\{\int_a^{x+h} f(t)dt-\int_a^x f(t)dt\right\} =\frac{1}{h}\int_x^{x+h} f(t)dt$$

이고 구간 $[x,x+h]$에서 함수 $f(t)$의 최댓값을 $M=f(u)$, 최솟값을 $m=f(v)$(단, u, v는 구간 $(x,x+h)$에 속한다)라 하면

$$m\{(x+h)-x\}\le \int_x^{x+h} f(t)dt\le M\{(x+h)-x\}$$

이므로

$$m \le \frac{1}{h}\int_x^{x+h} f(t)dt\le M$$

이 성립한다. $h\to 0$일 때, $u\to x$, $v\to x$이므로 $M\to f(x)$, $m\to f(x)$이다. 따라서

$$F'(x)=\lim_{h\to 0}\frac{F(x+h)-F(x)}{h}=\lim_{h\to 0}\frac{1}{h}\int_x^{x+h} f(t)dt=f(x)$$

가 성립한다. 이를 **미적분학의 제1 기본정리**라 부른다.

정리 5-7. 미적분학의 제1 기본정리

함수 f가 $[a,b]$에서 연속이면, $a \le x \le b$인 점 x에 대하여 함수

$$F(x)=\int_a^x f(t)dt$$

는 구간 (a,b)에서 미분가능하고

$$F'(x) = \frac{d}{dx}\int_a^x f(t)\,dt = f(x)$$

이다.

예제 5-7

임의의 실수 x에 대하여

$$\int_a^x f(t)dt = x^2 - 2x - 3$$

를 만족시키는 다항함수 $f(x)$와 양수 a의 값을 구하여라.

풀이

다항함수 $f(x)$는 연속함수이므로 미적분학의 제1 기본정리에 의해 양변을 미분하면

$$\frac{d}{dx}\int_a^x f(t)dt = \frac{d}{dx}\{x^2 - 2x - 3\}$$

$$f(x) = 2x - 2$$

이고, 적분의 성질에 의해 $x = a$를 양변에 대입하면

$$\int_a^a f(t)dt = a^2 - 2a - 3$$

$$0 = a^2 - 2a - 3$$

$$(a-3)(a+1) = 0$$

$$a = 3, -1$$

이다. $a > 0$이므로 $a = 3$이다.

예제 5-8

다음 함수의 도함수를 구하여라.

(1) $f(x) = \int_1^x \frac{1}{1+t^2}dt$

(2) $g(x) = \int_0^{2x} \sqrt{t^2 + 2t + 3}\, dt$

풀이

(1) 함수 $y = \frac{1}{1+t^2}$가 연속함수이므로 미적분학의 제1 기본정리에 의해

$$f'(x) = \frac{1}{1+x^2}$$

이다.

(2) 함수 $h(x)$를

$$h(x)=\int_{0}^{x}\sqrt{t^2+2t+3}\,dt$$

로 정의하자. 그러면 $y=\sqrt{t^2+2t+3}$이 연속함수이므로 미적분학의 제1 기본정리에 의해

$$h'(x)=\sqrt{x^2+2x+3}$$

이다.

$$g(x)=\int_{0}^{2x}\sqrt{t^2+2t+3}\,dt=h(2x)$$

이므로 연쇄법칙에 의해

$$g'(x)=h'(2x)\times 2=\sqrt{(2x)^2+2\times 2x+3}\times 2=2\sqrt{4x^2+4x+3}$$

이다.

○ 미적분학의 제2 기본정리

정적분의 정의를 이용하여 정적분을 계산하는 것은 복잡하고 어렵다. 그러나 미적분학의 제 2 기본정리라고 부르는 성질을 이용하면 정적분 계산을 좀 더 쉽게 할 수 있다.

함수 f가 $[a,b]$에서 연속일 때, $\int_{a}^{x}f(t)dt$는 미적분학의 제 1 기본정리에 의해 함수 $f(x)$의 원시함수임을 알 수 있다. 즉, $f(x)$의 임의의 원시함수를 $F(x)$라 하면 상수 C에 대해

$$F(x)=\int_{a}^{x}f(t)dt+C$$

이다. 또한 정적분의 성질에 의해

$$F(a)=\int_{a}^{a}f(t)dt+C=0+C=C$$

이므로

$$F(x)=\int_{a}^{x}f(t)dt+F(a)$$

이다. 여기서 $x=b$로 놓으면 $F(b)=\int_{a}^{b}f(t)dt+F(a)$이므로

$$\int_a^b f(x)dx = F(b) - F(a)$$

이다.

정리 5-8. 미적분학의 제2 기본정리

함수 f가 $[a,b]$에서 연속이고 $F'(x) = f(x)$이면, 즉, $F(x)$가 $f(x)$의 원시함수이면

$$\int_a^b f(x)dx = F(b) - F(a)$$

이다.

정적분 계산을 위해 다음과 같은 기호를 사용한다.

$$\int_a^b f(x)dx = F(x)\Big]_a^b = F(b) - F(a)$$

예제 5-9.

다음 정적분을 계산하여라.

(1) $\int_0^2 (x^3 - x)dx$

(2) $\int_1^4 \sqrt{x}\,dx$

풀이

미적분학의 제2 기본정리를 이용하여 정적분을 계산하면 다음과 같다.

(1)

$$\int_0^2 (x^3 - x)dx = \left[\frac{1}{4}x^4 - \frac{1}{2}x^2\right]_0^2 = \left(\frac{1}{4}\times 2^4 - \frac{1}{2}\times 2^2\right) - 0 = 2$$

(2)

$$\int_1^4 \sqrt{x}\,dx = \int_1^4 x^{\frac{1}{2}}dx = \left[\frac{1}{\frac{1}{2}+1}x^{\frac{1}{2}+1}\right]_1^4 = \left[\frac{2}{3}x^{\frac{3}{2}}\right]_1^4 = \frac{2}{3}\times 4^{\frac{3}{2}} - \frac{2}{3} = \frac{14}{3}$$

5.2 연습문제

01. 다음 정적분을 정리 5-5에 의해 계산하여라.

(1) $\int_{-1}^{1}(2x+1)dx$

(2) $\int_{0}^{2}3x^2dx$

02. 다음 정적분을 넓이로 해석함으로써 계산하여라.

(1) $\int_{0}^{4}(x-1)dx$

(2) $\int_{-2}^{0}\sqrt{4-x^2}\,dx$

03. 다음 함수의 도함수를 구하여라.

(1) $f(x)=\int_{2}^{x}\frac{t+1}{t^2+t+4}dt$

(2) $f(x)=\int_{0}^{x}\sqrt{t^5+2t}\,dt$

(3) $f(x)=\int_{0}^{3x}\frac{1}{t^2+1}dt$

04. 다음 정적분을 계산하여라.

(1) $\int_{0}^{1}(9x^2-2x+3)dx$

(2) $\int_{0}^{4}(\sqrt{x}+2x)dx$

(3) $\int_{0}^{1}(x^3+x^2+2x-3)dx-\int_{0}^{1}(x^3-x^2+2x)dx$

(4) $\int_{0}^{1}(4x^3-2x)dx+\int_{1}^{2}(4x^3-2x)dx$

(5) $\int_{0}^{3}|x-2|dx$

5.3 정적분의 활용

정적분을 이용하여 곡선으로 둘러싸인 영역의 넓이와 입체의 부피를 구하여 본다.

□ 곡선으로 둘러싸인 영역의 넓이

○ $y=f(x)$의 그래프와 x축으로 둘러싸인 영역의 넓이

정적분의 기하학적 의미를 이용하여 함수 $y=f(x)$의 그래프와 직선 $x=a$, $x=b$, 그리고 x축으로 둘러싸인 영역의 넓이를 정적분을 이용하여 구할 수 있다.
만일 $f(x)$가 구간 $[a,b]$에서 아래 그림과 같이 $f(x) \geq 0$이라면

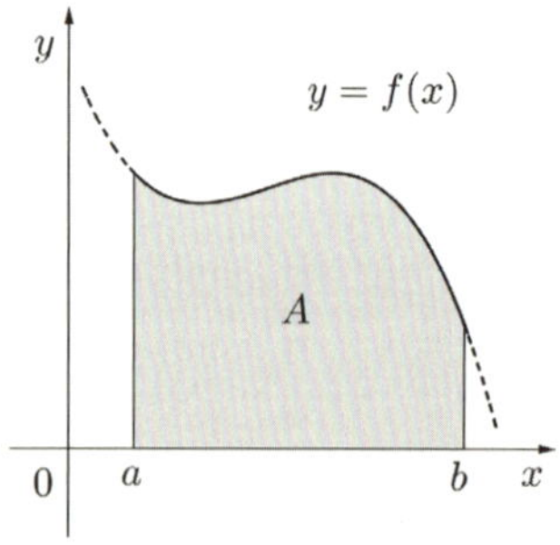

[그림 5-12]

영역의 넓이 A는

$$A=\int_a^b f(x)dx$$

이다. 또한 반드시 $f(x) \geq 0$이지 않은 아래 그림과 같은 경우에는

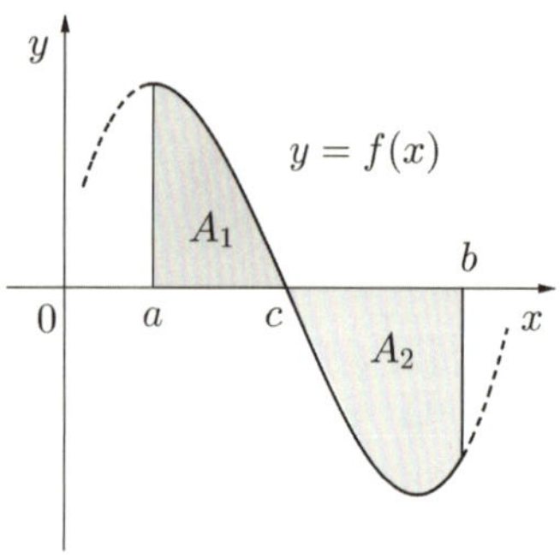

[그림 5-13]

영역의 넓이 A는

$$A = A_1 + A_2 = \int_a^c f(x)dx - \int_c^b f(x)dx$$

이다. 이것은 간단히

$$A = \int_a^b |f(x)|dx$$

로 나타낼 수 있다.

정리 5-9. **함수 $y=f(x)$의 그래프와 x축 사이의 넓이**

구간 $[a,b]$에서 연속인 함수 $y=f(x)$의 그래프와 x축 그리고 두 직선 $x=a$, $x=b$로 둘러싸인 영역의 넓이는

$$A = \int_a^b |f(x)|\, dx$$

이다.

예제 5-10

곡선 $y=x^2-2x$과 직선 $x=1$, $x=3$ 그리고 x축으로 둘러싸인 영역의 넓이를 구하여라.

풀이

함수 $y=x^2-2x$의 그래프가 오른쪽 그림과 같다. $1 \le x < 2$일 때, $y<0$이고 $2 < x \le 3$일 때, $y>0$이므로 영역의 넓이는

$$\begin{aligned} A &= \int_1^3 |x^2-2x|\, dx \\ &= \int_1^2 (-x^2+2x)dx + \int_2^3 (x^2-2x)dx \\ &= \left[-\frac{1}{3}x^3+x^2\right]_1^2 + \left[\frac{1}{3}x^3-x^2\right]_2^3 \\ &= \left(-\frac{8}{3}+4\right)-\left(-\frac{1}{3}+1\right)+(9-9)-\left(\frac{8}{3}-4\right)=2 \end{aligned}$$

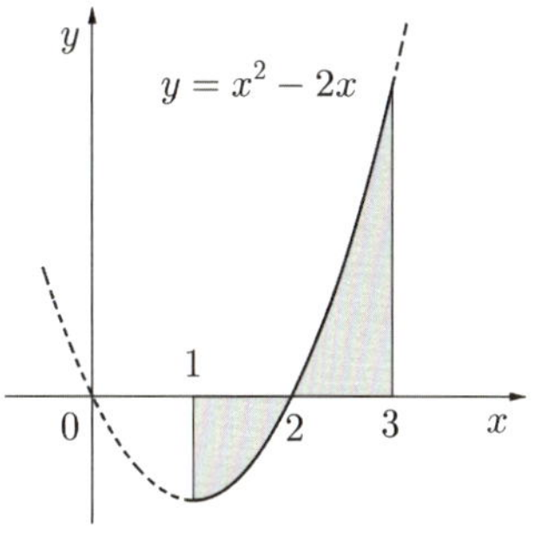

[그림 5-14]

이다.

○ **두 곡선 $y=f(x)$, $y=g(x)$로 둘러싸인 영역의 넓이**

구간 $[a,b]$에서 연속인 두 함수 $y=f(x)$, $y=g(x)$의 그래프와 두 직선 $x=a, x=b$로 둘러싸인 영역의 넓이를 구하기 위해 아래 그림과 같이 근사 직사각형을 그린다.

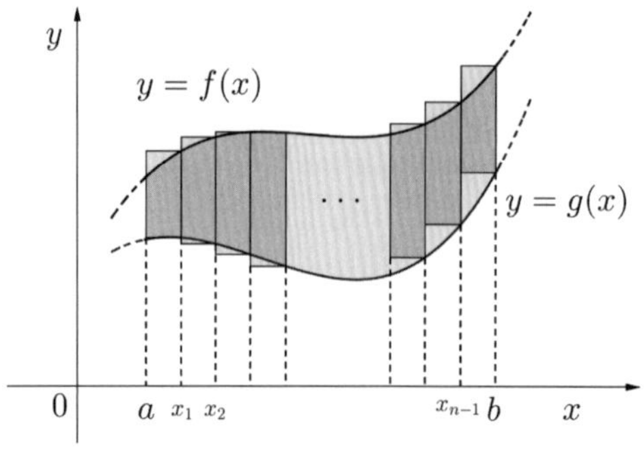

[그림 5-15]

구분구적법에 의해 곡선으로 둘러싸인 영역의 넓이 A는

$$A=\lim_{n\to\infty}\sum_{i=1}^{n}[f(x_i)-g(x_i)]\Delta x$$

이므로 이를 정적분으로 나타내면

$$A=\int_a^b[f(x)-g(x)]dx$$

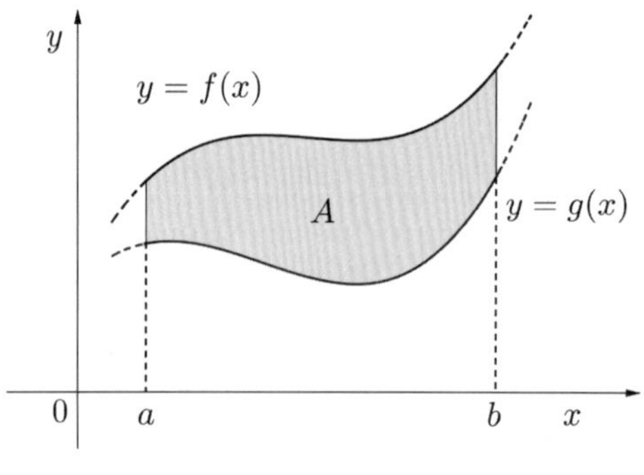

[그림 5-16]

이 된다.

정리 5-10.

함수 $f(x)$와 $g(x)$가 구간 $[a,b]$에서 연속이고 구간 $[a,b]$에 속하는 모든 x에 대해 $f(x) \geq g(x)$를 만족하면 $y=f(x)$, $y=g(x)$의 그래프와 두 직선 $x=a$, $x=b$로 둘러싸인 영역의 넓이 A는

$$A=\int_a^b [f(x)-g(x)]\,dx$$

이다.

예제 5-11

곡선 $y=x^2-4x+3$과 직선 $y=x-3$으로 둘러싸인 도형의 넓이를 구하여라.

풀이

두 곡선의 교점의 x좌표를 구하면

$$x^2-4x+3=x-3$$
$$x^2-5x+6=0$$
$$x=2,3$$

이므로 교점의 좌표는 $(2,-1)$, $(3,0)$이고 이를 바탕으로 두 곡선을 그리면 오른쪽 그림과 같다. 그러므로 둘러싸인 도형의 넓이 A는

$$A=\int_2^3 \{(x-3)-(x^2-4x+3)\}\,dx$$
$$=\int_2^3 (-x^2+5x-6)\,dx=\left[-\frac{1}{3}x^3+\frac{5}{2}x^2-6x\right]_2^3$$
$$=\left(-9+\frac{45}{2}-18\right)-\left(-\frac{8}{3}+10-12\right)=\frac{1}{6}$$

이다.

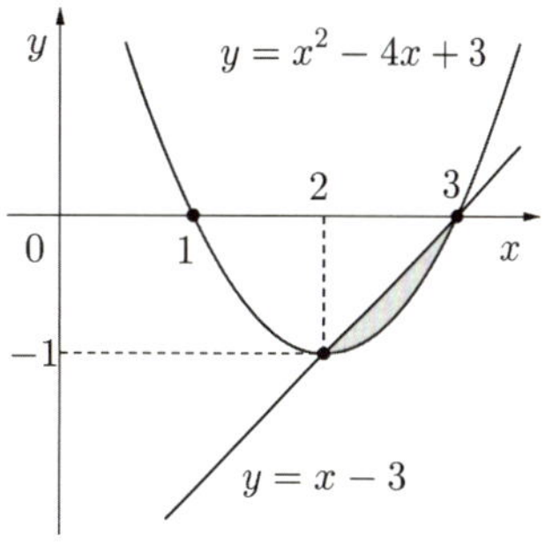

[그림 5-17]

만일 함수 $f(x)$와 $g(x)$가 구간 $[a,c]$에서는 $f(x) \geq g(x)$이고 구간 $[c,b]$에서는 $f(x) \leq g(x)$이면

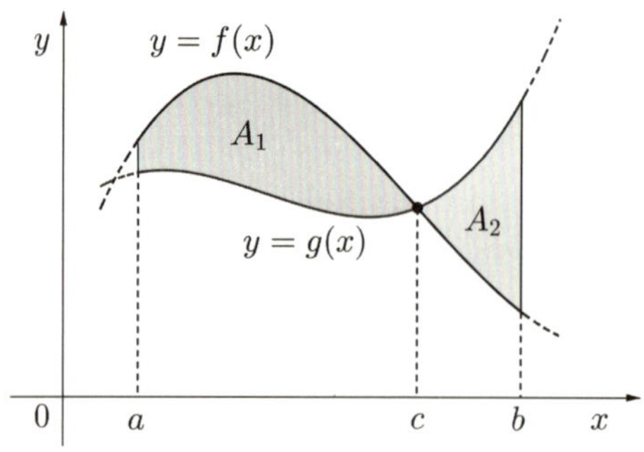

[그림 5-18]

$y=f(x)$, $y=g(x)$의 그래프와 두 직선 $x=a$, $x=b$로 둘러싸인 영역의 넓이 A는

$$A = A_1 + A_2 = \int_a^c \{f(x) - g(x)\}dx + \int_c^b \{g(x) - f(x)\}dx$$

이다. 이것을 간단히 표현하면,

$$A = \int_a^b |f(x) - g(x)|dx$$

이다.

정리 5-11. 두 곡선 사이의 넓이

$y=f(x)$, $y=g(x)$의 그래프와 두 직선 $x=a$, $x=b$로 둘러싸인 영역의 넓이 A는

$$A = \int_a^b |f(x) - g(x)|dx$$

이다.

예제 5-12

두 곡선 $y=x^3-x^2$과 $y=x^2+x-2$로 둘러싸인 영역의 넓이를 구하여라.

풀이

두 곡선의 교점의 x좌표를 구하면

$$x^3-x^2=x^2+x-2$$
$$x^3-2x^2-x+2=0$$
$$(x-1)(x+1)(x-2)=0$$
$$x=-1,1,2$$

이므로 교점의 좌표는 $(-1,-2)$, $(1,0)$, $(2,4)$이다. 이를 바탕으로 두 곡선을 그리면 오른쪽 그림과 같다. $f(x)=x^3-x^2$, $g(x)=x^2+x-2$라 할 때, 구간 $[-1,1]$에서 $f(x)>g(x)$이고 구간 $[1,2]$에서 $f(x)<g(x)$이므로 둘러싸인 영역의 넓이 A는

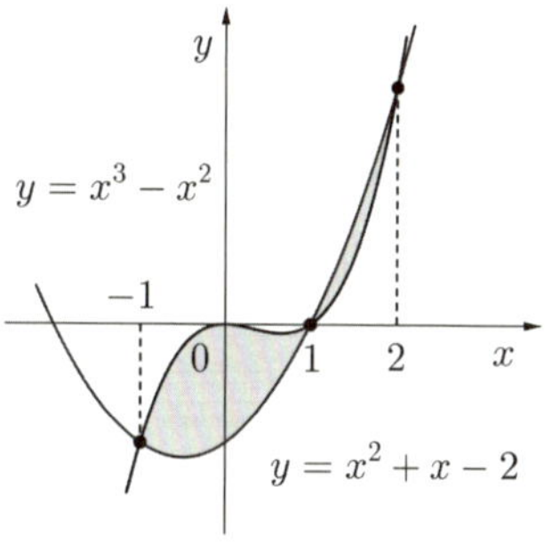

[그림 5-19]

$$\begin{aligned}
A&=\int_{-1}^{2}|f(x)-g(x)|dx\\
&=\int_{-1}^{1}\{(x^3-x^2)-(x^2+x-2)\}dx+\int_{1}^{2}\{(x^2+x-2)-(x^3-x^2)\}dx\\
&=\int_{-1}^{1}(x^3-2x^2-x+2)dx+\int_{1}^{2}(-x^3+2x^2+x-2)dx\\
&=\left[\frac{1}{4}x^4-\frac{2}{3}x^3-\frac{1}{2}x^2+2x\right]_{-1}^{1}+\left[-\frac{1}{4}x^4+\frac{2}{3}x^3+\frac{1}{2}x^2-2x\right]_{1}^{2}\\
&=\left(\frac{1}{4}-\frac{2}{3}-\frac{1}{2}+2\right)-\left(\frac{1}{4}+\frac{2}{3}-\frac{1}{2}-2\right)+\left(-1+\frac{16}{3}+2-4\right)-\left(-\frac{1}{4}+\frac{2}{3}+\frac{1}{2}-2\right)\\
&=\frac{37}{12}
\end{aligned}$$

이다.

□ 입체의 부피

정적분을 이용하여 입체도형의 부피를 구하는 방법에 대해 알아본다.
입체가 아래 그림과 같이 x축 위에 있다고 할 때

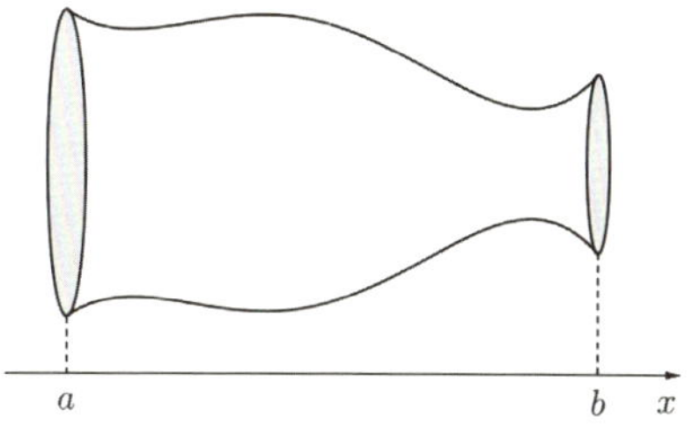

[그림 5-20]

구간 $[a,b]$를

$$a=x_0 < x_1 < \cdots < x_{n-1} < x_n = b$$

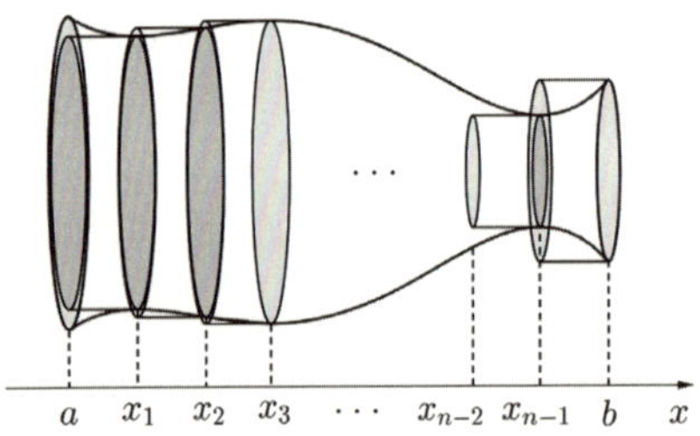

[그림 5-21]

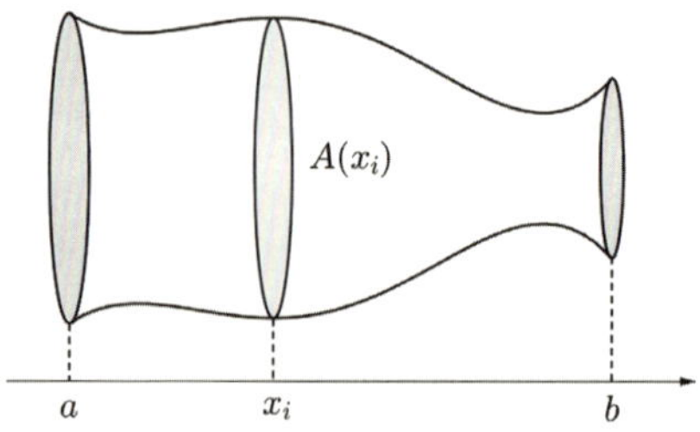

[그림 5-22]

와 같이 점 $x_0, x_1, \cdots, x_n$에 의해 동일한 폭 $\Delta x = \frac{b-a}{n}$을 갖는 n개의 구간으로 분할한 후에 점 x_i를 지나고 x축에 수직인 평면과 만나서 생기는 절단면의 넓이를 $A(x_i)$라 하면, 절단면들로 만들어지는 평판조각 부피의 합의 근삿값은

$$\sum_{i=1}^{n} A(x_i)\,\Delta x$$

이 된다. 따라서 구분구적법에 의해 입체의 부피 V는

$$V = \lim_{n\to\infty}\sum_{i=1}^{n} A(x_i)\,\Delta x$$

이고 이를 정적분으로 나타내면

$$V = \int_a^b A(x)dx$$

가 된다.

정리 5-12.

입체 S가 $x=a$와 $x=b$ 사이에 놓였다고 가정하자. 점 x를 지나고 x축에 수직인 평면과 만나서 생기는 절단면의 넓이를 $A(x)$라 하면 입체의 부피 V는

$$V = \int_a^b A(x)dx$$

이다.

예제 5-13

아래 그림과 같이 곡선 $y=-x^2+2x$와 x축으로 둘러싸인 영역을 밑면으로 갖는 입체로서 밑면에 수직인 절단면들이 정삼각형으로 이루어진 입체의 부피를 구하여라.

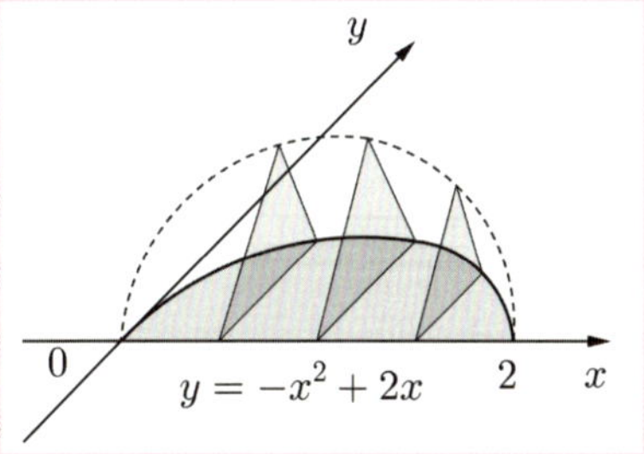

[그림 5-23]

풀이

곡선 $y=-x^2+2x$와 x축으로 둘러싸인 영역의 그림이 아래와 같다.

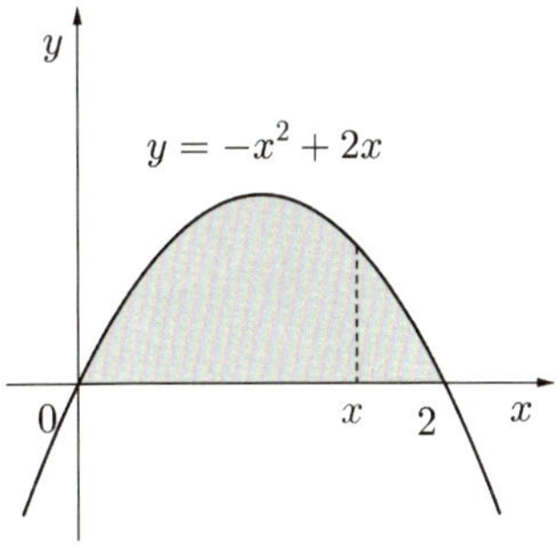

[그림 5-24]

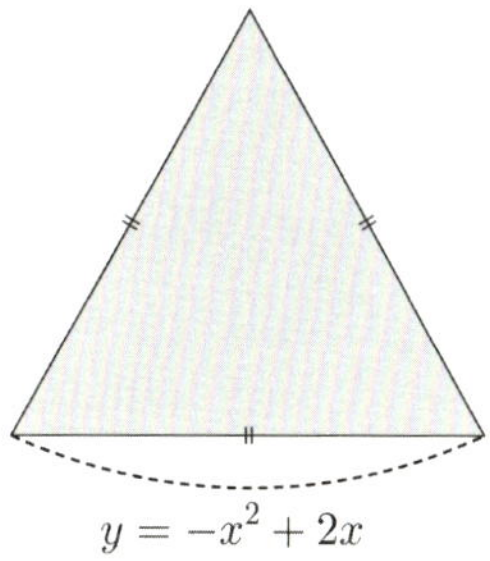

[그림 5-25]

$0 \le x \le 2$인 x에 대해 x축에 수직인 평면과 입체의 단면의 모양이 정삼각형이므로 단면의 넓이 $A(x)$는

$$A(x)=\frac{\sqrt{3}}{4}\times(-x^2+2x)^2=\frac{\sqrt{3}}{4}(x^4-4x^3+4x^2)$$

이고, 입체의 부피 V는

$$V=\int_0^2 A(x)dx=\int_0^2\frac{\sqrt{3}}{4}(x^4-4x^3+4x^2)dx=\frac{\sqrt{3}}{4}\left[\frac{1}{5}x^5-x^4+\frac{3}{4}x^3\right]_0^2=\frac{4\sqrt{3}}{15}$$

이다.

○ 회전체의 부피

함수 f가 $[a,b]$에서 연속이고 $f(x) \geq 0$일 때, 곡선 $y=f(x)$, $x=a, x=b$ 그리고 x축으로 둘러싸인 영역을 x축을 회전축으로 회전하여 얻은 회전체의 부피를 구하기 위해서, x축에 수직인 평면으로 자르면 단면의 모양은 원이다.

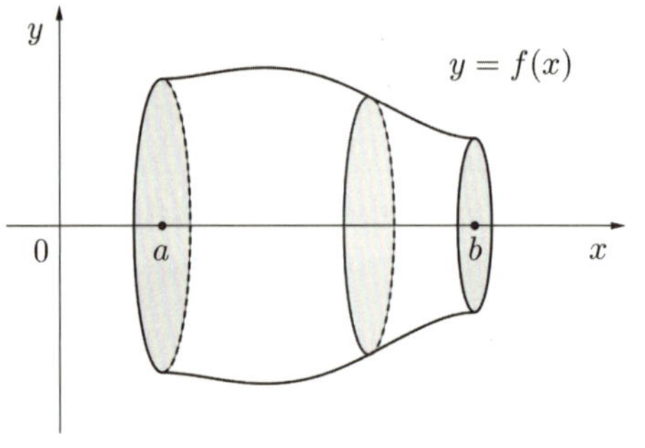

[그림 5-26]

따라서 회전체의 부피 V는

$$V=\int_a^b \pi\{f(x)\}^2 dx$$

으로 구할 수 있다.

예제 5-14

포물선 $y=x^2$와 직선 $x=1$ 및 x축으로 둘러싸인 영역을 x축을 회전축으로 하여 얻은 회전체의 부피를 구하여라.

풀이

회전시키는 영역과 회전시킨 입체의 그림이 아래와 같다.

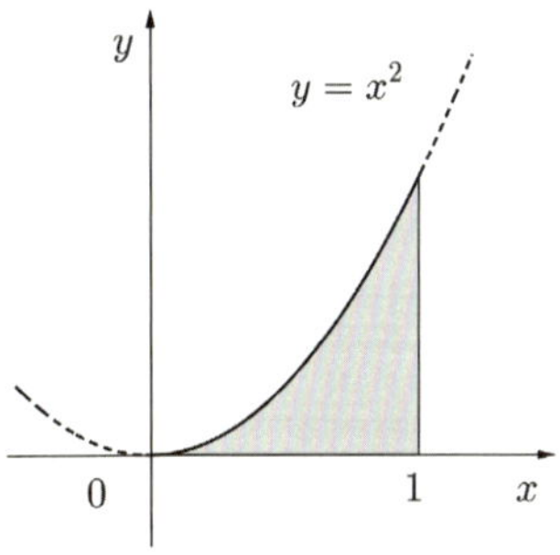

[그림 5-27]

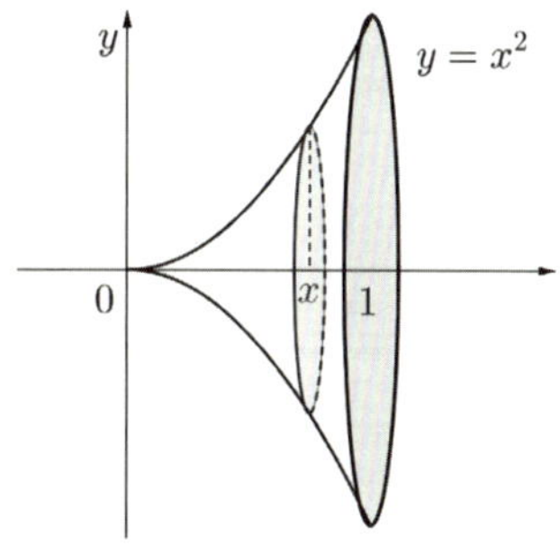

[그림 5-28]

그러므로 $0 \le x \le 1$인 x에 대해 x축에 수직인 평면으로 자른 회전체의 절단면에 해당하는 원의 넓이 $A(x)$는

$$A(x) = \pi y^2 = \pi \times (x^2)^2 = \pi x^4$$

이다. 따라서 회전체의 부피 V는

$$V = \int_0^1 A(x)dx = \int_0^1 \pi x^4 dx = \left[\frac{1}{5}\pi x^5\right]_0^1 = \frac{\pi}{5}$$

이다.

5.3 연습문제

01. 다음 곡선과 직선으로 둘러싸인 영역의 넓이를 구하여라.

(1) $y=-x^2+2x$, $x=0$, $x=1$, x축

(2) $y=x^3-3x^2-x+3$, x축

(3) $y=x^3-x^2$, $x=0$, $x=2$, x축

02. 다음 곡선으로 둘러싸인 영역의 넓이를 구하여라.

(1) $y=-x^2+x+8$, $y=x^2-3x+2$

(2) $y=x^3+x^2-2x$, $y=x^2+2x$

(3) $y=-x^3+2x+3$, $y=-x+1$

(4) $y=6x$, $y=3\sqrt{x}$

03. 다음 곡선과 직선으로 둘러싸인 영역을 x축을 회전축으로 회전하여 생긴 회전체의 부피를 구하여라.

(1) $y=1-x$, $x=0$, x축

(2) $y=2\sqrt{x}$, $x=9$, x축

Part II

초월함수의 미분과 적분

초월함수(transcendental function)는 대수함수(algebraic function)와 대조적으로 다항식의 근으로 정의할 수 없는 함수이다. 즉, 초월함수는 유한한 대수 연산으로 표현될 수 없는 대수학을 초월하는 함수로서 무한급수의 합으로 나타낼 수 있다. 가장 기본적인 초월함수는 로그함수, 지수함수, 삼각함수 그리고 쌍곡선함수와 그 역함수들이다. (출처: 위키백과)

따라서 Part II의 목적은 Part I에서 공부한 대수함수의 미분과 적분을 초월함수의 미분과 적분으로 확장하는 것이다. 제6장에서는 지수함수와 로그함수 그리고 제7장에서는 삼각함수의 정의와 기본성질에 대해 공부하고 이들의 미분과 적분에 대해 공부한다.

Chapter 06 지수함수와 로그함수의 미분과 적분

Part I에서 공부한 일차함수, 이차함수, 다항함수, 유리함수 등은 대수함수로서, 대수 연산만으로 표현할 수 있는 함수이다. 그러나 함수가 대수함수가 아닐 때, 이를 초월함수라고 부른다. 이 장에서는 지수함수와 로그함수라고 부르는 2개의 초월함수에 대해 공부한다.

6.1 지수와 로그

이 장에서 공부하고자 하는 지수함수와 로그함수를 정의하기 위해 **지수**와 **거듭제곱근**, 그리고 **로그**에 대해 공부한다.

□ 지수

실수 a와 양의 정수 n에 대하여 a을 n번 곱한 것을 a의 n**제곱**이라 하고 a^n으로 나타낸다.

$$a^n = a \times a \times \cdots \times a$$

또한 영(0)이 아닌 실수 a와 양의 정수 n에 대하여

$$a^0 = 1, \qquad a^{-n} = \frac{1}{a^n}$$

이때 a를 **거듭제곱의 밑(base)**, n을 **거듭제곱의 지수(exponent)**라 하며, 다음의 지수법칙이 성립한다.

정리 6-1. 지수법칙

$a>0, b>0$ 이고 m, n이 정수일 때, 다음의 성질들이 성립한다. (단, 분모가 0인 경우는 성립하지 않는다)

(a) $a^m \times a^n = a^{m+n}$

(b) $a^m \div a^n = a^{m-n}$

(c) $(a^m)^n = a^{mn} = (a^n)^m$

(d) $(ab)^n = a^n b^n$

(e) $\left(\dfrac{b}{a}\right)^n = \dfrac{b^n}{a^n}$

예제 6-1

다음 값을 구하여라.

(1) $3^2 \times 3^{-4} \div 3^{-3}$

(2) $(-2)^5 \div 2^{-3} \times \dfrac{1}{256}$

풀이

(1) $3^2 \times 3^{-4} \div 3^{-3} = 3^{2+(-4)-(-3)} = 3^{-1} = \dfrac{1}{3}$

(2) $(-2)^5 \div 2^{-3} \times \dfrac{1}{256} = -2^5 \div 2^{-3} \times 2^{-8} = -2^{(5+3-8)} = -2^0 = -1$

□ 거듭제곱근

실수 x에 대하여 $n(n \geq 2)$제곱하여 a가 되는 수, 즉 방정식 $x^n = a$을 만족하는 실수 x을 a의 n제곱근이라 한다. 특히, n이 홀수이면 $x^n = a$을 만족하는 실수는 오직 한 개 있으며 $\sqrt[n]{a}$으로 나타낸다. 그러나 n이 짝수이면 $a>0$인 경우에만 $x^n = a$을 만족하는 실수가 양수, 음수 두 개 있으며 이것을 $\sqrt[n]{a}$, $-\sqrt[n]{a}$ 으로 나타낸다. 예를 들어, $\sqrt[3]{8}=2$, $\sqrt[3]{-1}=-1$인 반면 $\sqrt[2]{4}=2, -2$이다.

정리 6-2. 거듭제곱근의 성질

$a>0$, $b>0$이고, m, n이 1보다 큰 정수일 때, 다음 성질들이 성립한다.

(a) $\sqrt[n]{a}\sqrt[n]{b} = \sqrt[n]{ab}$

(b) $\dfrac{\sqrt[n]{a}}{\sqrt[n]{b}} = \sqrt[n]{\dfrac{a}{b}}$

(c) $(\sqrt[n]{a})^m = \sqrt[n]{a^m}$

(d) $\sqrt[m]{\sqrt[n]{a}} = \sqrt[mn]{a} = \sqrt[n]{\sqrt[m]{a}}$

예제 6-2

다음 식을 간단히 하여라.

(1) $\sqrt[4]{125} \times \sqrt[4]{80}$

(2) $\sqrt{2} \times \sqrt[3]{3} \times \sqrt[6]{10}$

풀이

(1) $\sqrt[4]{125} \times \sqrt[4]{80} = \sqrt[4]{125 \times 80} = \sqrt[4]{2^4 \times 5^4} = 10$

(2) $\sqrt{2} \times \sqrt[3]{3} \times \sqrt[6]{10} = \sqrt[6]{2^3} \times \sqrt[6]{3^2} \times \sqrt[6]{10} = \sqrt[6]{2^3 \times 3^2 \times 10} = \sqrt[6]{720}$

□ 일반화된 지수법칙

양의 실수 a와 양의 정수 m, n에 대하여

$$a^{\frac{1}{n}} = \sqrt[n]{a}, \qquad a^{\frac{m}{n}} = \left(a^{\frac{1}{n}}\right)^m = \sqrt[n]{a^m} = (\sqrt[n]{a})^m$$

으로 정의되므로, 지수법칙은 유리수에 대해 확장할 수 있을 뿐만 아니라 임의의 실수에 대해서도 확장할 수 있다.

정리 6-3. 일반화된 지수법칙

$a>0$, $b>0$일 때 임의의 실수 x, y에 대하여 다음의 성질이 성립한다.

(a) $a^x a^y = a^{x+y}$

(b) $a^x \div a^y = a^{x-y}$

(c) $(a^x)^y = a^{xy}$

(d) $(ab)^x = a^x b^x$

(e) $\left(\frac{b}{a}\right)^x = \frac{b^x}{a^x}$

예제 6-3

다음 식을 간단히 하여라.

(1) $\left\{\left(\frac{125}{27}\right)^{\frac{1}{2}}\right\}^{-\frac{2}{3}} \times \left(\frac{5}{27}\right)^{\frac{1}{3}}$

(2) $\sqrt{\frac{b^3}{a}} \div \sqrt[3]{\frac{a^2}{b^4}}$

풀이

(1) $\left\{\left(\frac{125}{27}\right)^{\frac{1}{2}}\right\}^{-\frac{2}{3}} \times \left(\frac{5}{27}\right)^{\frac{1}{3}} = \left(\frac{125}{27}\right)^{-\frac{1}{3}} \times \left(\frac{27}{5}\right)^{-\frac{1}{3}} = (25)^{-\frac{1}{3}} = \frac{1}{\sqrt[3]{25}}$

(2) $\sqrt{\frac{b^3}{a}} \div \sqrt[3]{\frac{a^2}{b^4}} = \left(\frac{b^3}{a}\right)^{\frac{1}{2}} \times \left(\frac{b^4}{a^2}\right)^{\frac{1}{3}} = \frac{b^{\frac{3}{2}+\frac{4}{3}}}{a^{\frac{1}{2}+\frac{2}{3}}} = \frac{b^{\frac{17}{6}}}{a^{\frac{7}{6}}} = a^{-\frac{7}{6}} b^{\frac{17}{6}}$

□ 로그

지수의 연산은 일반적으로 매우 큰 수 또는 매우 작은 수를 만든다. 그러므로 매우 큰 수로부터 적당한 크기의 수를 만들기 위해서 지수 연산의 역연산을 이용하면 되는데, 이것을 **로그의 연산**이라 한다.

a가 1이 아닌 양수이고 $N>0$일 때 $a^x = N$ 을 만족하는 x은 오직 하나 존재한다. 변수 x는 지수함수 값이 N인 밑 a의 지수인데, 이것을 '**a을 밑으로 하는 N의 로그**'라 하고 $x = \log_a N$으로 나타낸다. 이 때, N 을 $\log_a N$의 **진수**라 한다.

정리 6-4.

$a > 0$, $a \neq 1$ 이고 $N > 0$ 일 때,

$$a^x = N \quad \Leftrightarrow \quad x = \log_a N$$

참고 지수 형태는 로그 형태로, 로그 형태는 지수 형태로 바꿀 수 있다. 즉,

$$a^m = N \quad \Leftrightarrow \quad m = \log_a N$$

이므로 $5^2 = 25 \Leftrightarrow \log_5 25 = 2$이고 $\sqrt{16} = 4 \Leftrightarrow \log_{16} 4 = \frac{1}{2}$이다.

예제 6-4

지수 형태를 로그 형태로 변경하여라.

(1) $3^2 = 9$

(2) $2^{-3} = \frac{1}{8}$

(3) $\sqrt[3]{27} = 3$

풀이

(1) $3^2 = 9 \Leftrightarrow \log_3 9 = 2$

(2) $2^{-3} = \frac{1}{8} \Leftrightarrow \log_2 \frac{1}{8} = -3$

(3) $\sqrt[3]{27} = 3 \Leftrightarrow \log_{27} 3 = \frac{1}{3}$

예제 6-5

로그 형태를 지수 형태로 변경하여라.

(1) $\log_{10} 100 = 2$

(2) $\log_2 \frac{1}{8} = -3$

(3) $\log_3 1 = 0$

풀이

(1) $\log_{10}100 = 2 \Leftrightarrow 10^2 = 100$

(2) $\log_2 \frac{1}{8} = -3 \Leftrightarrow 2^{-3} = \frac{1}{8}$

(3) $\log_3 1 = 0 \Leftrightarrow 3^0 = 1$

Note 주어진 로그의 수치 값을 구하기 위해서는 다음 성질을 이용하는 것이 좋다.

정리 6-5.

1이 아닌 양의 실수 a에 대하여,

$$a^x = a^y \Rightarrow x = y$$

예제 6-6

주어진 로그의 값을 구하여라.

(1) $\log_2 64$

(2) $\log_3 \frac{1}{9}$

(3) $\log_9 27$

풀이

(1) $\log_2 64 = N$라 하면, $2^N = 64 = 2^6 \Rightarrow N = 6$

(2) $\log_3 \frac{1}{9} = N$라 하면, $3^N = \frac{1}{9} = 3^{-2} \Rightarrow N = -2$

(3) $\log_9 27 = N$라 하면, $9^N = 27 \Leftrightarrow 3^{2N} = 3^3 \Rightarrow 2N = 3,\ N = \frac{3}{2}$

참고 밑이 10인 로그를 **상용로그**라 부르고 간단히 $\log N$으로 표시한다. 반면 밑이 무리수 e인 로그를 **자연로그**라 하고 $\ln x$로 표기한다. 예를 들어, $\log 1 = 0, \log 10 = 1, \log 100 = 2$는 상용로그인 반면 $\ln 1 = 0, \ln e = 1$은 자연로그이다. 특히 자연로그는 자연과학 영역에서 주로 사용된다.

예제 6-7

다음 로그의 값을 구하여라.

(1) $\log\frac{1}{10}$

(2) $\log 10^4$

(3) $\ln\sqrt{e}$

(4) $\ln\frac{1}{e}$

풀이

(1) $\log\frac{1}{10}=N \Leftrightarrow 10^N=\frac{1}{10}=10^{-1} \Rightarrow N=-1$

(2) $\log 10^4=N \Leftrightarrow 10^N=10^4 \Rightarrow N=4$

(3) $\log\sqrt{e}=N \Leftrightarrow e^N=\sqrt{e}=e^{\frac{1}{2}} \Rightarrow N=\frac{1}{2}$

(4) $\ln\frac{1}{e}=N \Leftrightarrow e^N=\frac{1}{e}=e^{-1} \Rightarrow N=-1$

일반적으로 밑이 다른 로그끼리의 연산은 쉽지 않다. 이런 경우 다음과 같은 공식을 이용하여 밑을 같게 만든 후에 연산하면 된다.

정리 6-6. 밑 변환 공식

$a>0$, $a\neq 1$이고 $c>0$, $c\neq 1$, $b>0$일 때,

$$\log_a b=\frac{\log_c b}{\log_c a}$$

Note 자연과학에서는 주로 자연로그를 사용하기 때문에 이를 이용하여 밑변환하는 것이 좋다. 예를 들어 $\log_2 3=\frac{\ln 3}{\ln 2}$이다.

예제 6-8

자연로그를 이용하여 $\log_3 3.84$의 값을 구하여라.

풀이

밑 변환 공식을 이용하면,

$$\log_3 3.84 = \frac{\ln 3.84}{\ln 3} \approx \frac{1.345472367}{1.098612289} \approx 1.224701726$$

참고 밑 변환 공식을 이용하면 다음과 같은 성질이 성립함을 알 수 있다.

(a) $\log_a b = \dfrac{1}{\log_b a} \quad (a, b > 0,\quad a \neq 1,\ b \neq 1)$

(b) $\log_{a^m} M^n = \dfrac{n}{m} \log_a M$ (m, n은 실수, $m \neq 0$)

예제 6-9

다음 식을 간단히 하여라.

(1) $(\log_3 5)(\log_5 2)(\log_2 10)$

(2) $(\log_2 3 + \log_4 9)(\log_3 4 + \log_9 2)$

풀이

(1) $(\log_3 5)(\log_5 2)(\log_2 10) = \dfrac{\ln 5}{\ln 3} \times \dfrac{\ln 2}{\ln 5} \times \dfrac{\ln 10}{\ln 2} = \dfrac{\ln 10}{\ln 3} = \log_3 10$

(2) $(\log_2 3 + \log_4 9)(\log_3 4 + \log_9 2) = \left(\log_2 3 + \log_{2^2} 3^2\right)\left(\log_3 2^2 + \log_{3^2} 2\right)$

$= (\log_2 3 + \log_2 3)\left(2\log_3 2 + \dfrac{1}{2}\log_3 2\right) = (2\log_2 3)\left(\dfrac{5}{2}\log_3 2\right) = 5\log_2 3\left(\dfrac{1}{\log_2 3}\right) = 5$

6.1 연습문제

01. 지수법칙을 이용하여 다음 식을 간단히 하여라.

(1) $\dfrac{(-2)^5}{4^5}$

(2) $4^{\frac{3}{2}} \times 8^{\frac{2}{3}}$

(3) $\sqrt[3]{4} \times \sqrt[3]{108}$

(4) $\dfrac{(2x^{-2})^3}{x^{-6}}$

02. 다음 지수 형태는 로그 형태로, 로그 형태는 지수 형태로 나타내어라.

(1) $e^0 = 1$

(2) $9^3 = 729$

(3) $\log_{10}1 = 0$

(4) $\log_2 64 = 6$

03. 다음 값을 구하여라.

(1) $\log_3 9$

(2) $\log_{10}100$

(3) $\log_2\sqrt{2}$

(4) $\log_5 125$

04. $1 < a < b$일 때, $\log_a b$, $\log_b a$, $\log_a \dfrac{a}{b}$, $\log_b \dfrac{b}{a}$의 크기를 비교하여라.

05. 양수 x, y, z에 대하여 $\log_2 x + 2\log_4 y + 3\log_8 z = 1$을 만족할 때, 2^{xyz}의 값을 구하여라.

6.2 지수함수와 로그함수

□ 지수함수와 그의 그래프

1이 아닌 양수 a와 임의의 실수 x에 대하여

$$f(x) = a^x$$

형태인 함수를 a를 밑으로 하는 **지수함수**라 한다. 이때, 밑 a는 1이 아닌 양수이므로 $a > 1$인 경우와 $0 < a < 1$인 경우로 분류하여 $f(x) = a^x$의 그래프 개형을 살펴본다.

예제 6-10

$f(x) = 2^x$의 그래프를 그려라.

풀이

x	$f(x) = 2^x$
-3	$\frac{1}{8}$
-2	$\frac{1}{4}$
-1	$\frac{1}{2}$
0	1
1	2
2	4
3	8

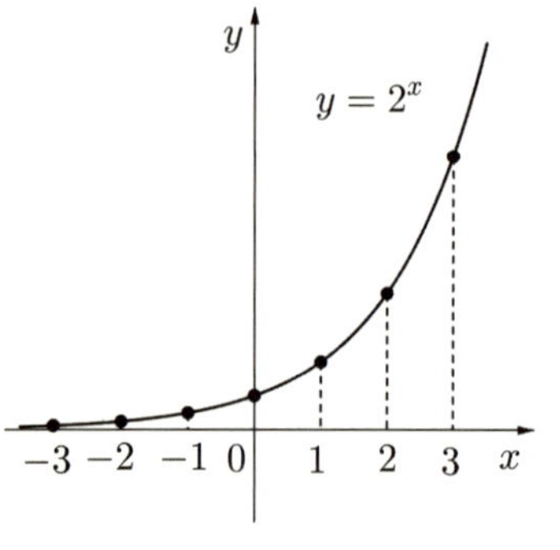

[그림 6-1]

따라서 함수 $f(x) = 2^x$는 수평점근선 $y = 0$을 갖는 증가함수임을 알 수 있다.

예제 6-11

$f(x) = \left(\frac{1}{2}\right)^x$의 그래프를 그려라.

풀이

x	$f(x)=\left(\frac{1}{2}\right)^x$
-3	8
-2	4
-1	2
0	1
1	$\frac{1}{2}$
2	$\frac{1}{4}$
3	$\frac{1}{8}$

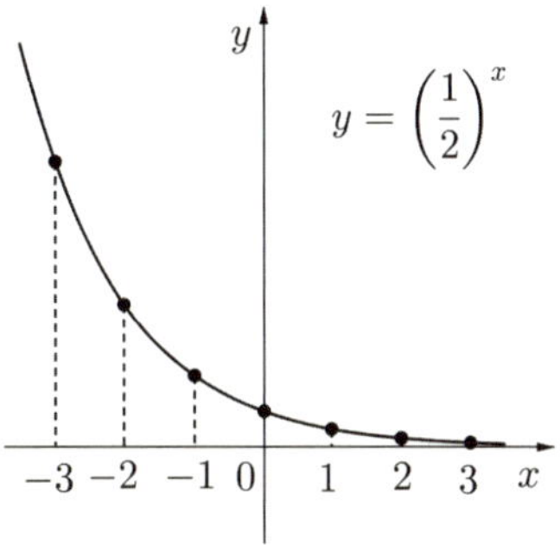

[그림 6-2]

따라서 $f(x)=\left(\frac{1}{2}\right)^x$는 감소함수이고 수평점근선이 $y=0$임을 알 수 있다.

Note 그림 6.1, 6.2로부터 지수함수 $f(x)=a^x$의 그래프는 다음과 같은 성질을 갖는 것을 알 수 있다.

(a) 점 $(0,1)$을 지난다.

(b) 모든 실수 x에 대해 $f(x)>0$이다.

(c) $a>1$이면 f는 증가함수이고 $0<a<1$이면 f는 감소함수이다.

따라서 지수함수 $f(x)=a^x$의 정의역은 실수 전체 집합이고 치역은 양의 실수 집합으로, 그래프는 다음과 같다.

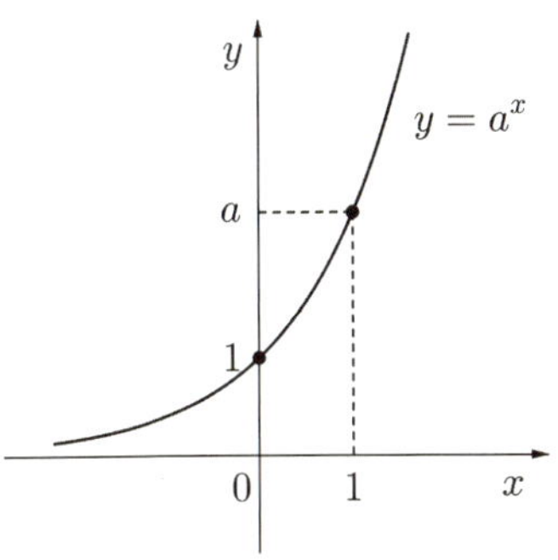

[그림 6-3] $y=a^x$, $a>1$

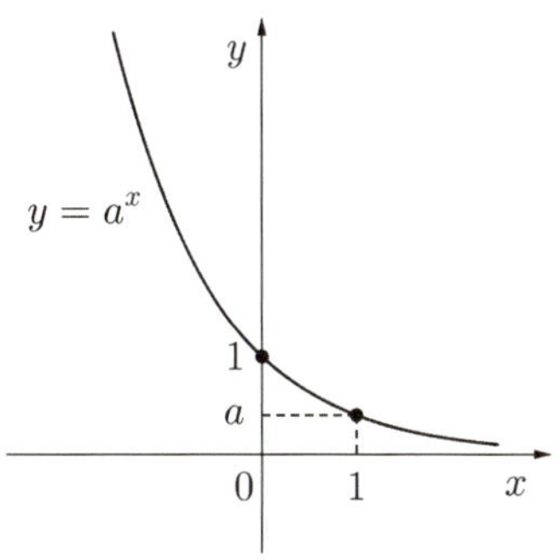

[그림 6-4] $y=a^x$, $0<a<1$

정리 6-7. 지수함수의 성질

(a) 정의역은 실수 전체의 집합 $\mathbb{R}$이고, 치역은 양의 실수집합 $\{y | y > 0\}$이다.

(b) 지수함수의 그래프는 a값에 상관없이 정점 $(0, 1)$을 지난다.

(c) 지수함수의 그래프는 직선 $y = 0$(x축)을 수평점근선으로 한다.

(d) 지수함수는 $0 < a < 1$일 때는 감소함수이고, $a > 1$일 때는 증가함수이다.

예제 6-12

다음 함수의 그래프를 그리고 정의역과 치역을 구하여라.

(1) $f(x) = 2^{-x} + 1$

(2) $f(x) = 1 - 3^x$

풀이

(1) 함수 $f(x) = 2^{-x} + 1$의 그래프는 $y = 2^{-x} = \left(\frac{1}{2}\right)^x$의 그래프를 y축으로 1만큼 평행이동한 것으로 수평점근선 $y = 1$을 갖는다. 또한 정의역은 실수 전체 집합 $\mathbb{R}$이고 치역은 $\{y | y > 1\}$이다.

(2) 먼저 $y = -3^x$의 그래프는 $y = 3^x$의 그래프를 x축에 대칭이동시킨 것이므로, 이것을 y축으로 1만큼 평행이동한 것이 $f(x) = 1 - 3^x$의 그래프이다. 따라서 정의역은 실수 전체 집합 $\mathbb{R}$이고 치역은 $\{y | y < 1\}$이고 수평점근선 $y = 1$을 갖는다.

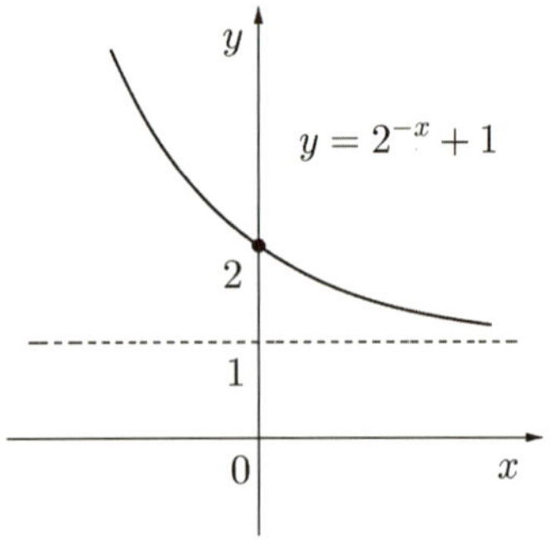

[그림 6-5]

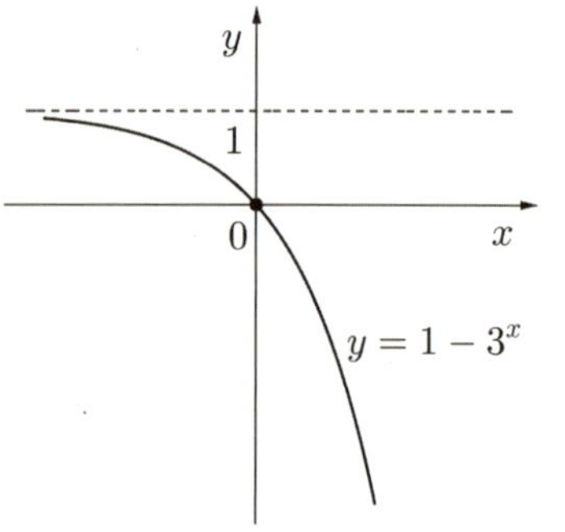

[그림 6-6]

□ 수 e

기호 e로 표기하는 수 e를 두 가지 방법으로 정의해 본다.

방법 1 지수함수 $y=2^x$와 $y=3^x$의 그래프 위의 점 $(0,1)$에서 접선을 그었을 때, 접선의 기울기를 구하여 보자. 점 $(0,1)$에서 $y=2^x$일 때 접선의 기울기는 $m_1 \approx 0.7$이고 $y=3^x$일 때 접선의 기울기는 $m_2 \approx 1.1$ 이므로, $(0,1)$에서 접선의 기울기가 $m=1$인 지수함수 $y=a^x$의 밑은 $2<a<3$이라고 추측할 수 있다.

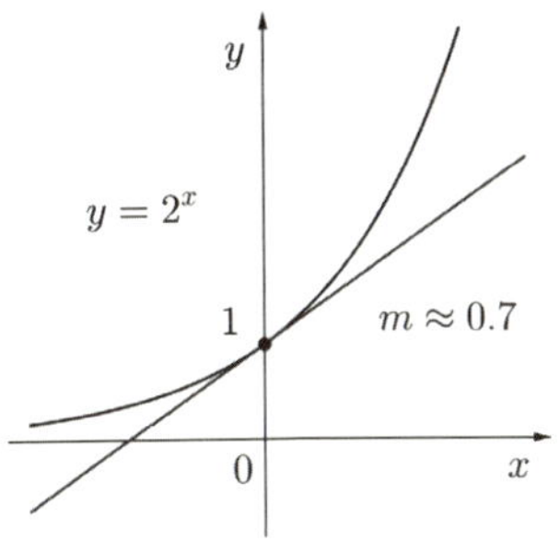

[그림 6-7]

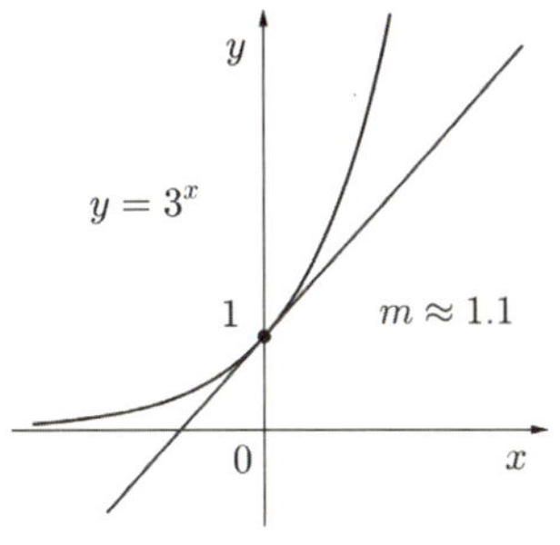

[그림 6-8]

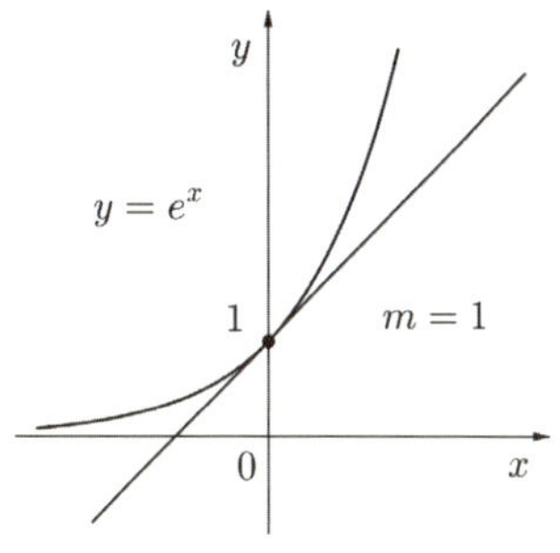

[그림 6-9]

접선의 기울기가 1인 지수함수의 밑을 'e'로 표기한다. 이 때 e는 $e \approx 2.71828$인 무리수이다.

방법 2 복리 이자 계산을 통해 수 e를 정의해 본다.

정의 6-1. 복리

원금 P를 t년동안 연이율 r으로 연 n회 복리로 투자할 때, 현재 지급되는 금액(원리합계) 는

$$A=P\left(1+\frac{r}{n}\right)^{nt}$$

이다.

1달러를 연이율 100%로 1년 동안 다양한 형태의 복리로 투자되었다고 가정하면, 1년 후 총액은 다음과 같다.

기간 수(n)	공식	총액
$n=1$(연 1회 이자 지급)	$\left(1+\frac{1}{1}\right)^1$	\$2.00
$n=2$(연 2회 이자 지급)	$\left(1+\frac{1}{2}\right)^2$	\$2.25
$n=4$(연 4회 이자 지급)	$\left(1+\frac{1}{4}\right)^4$	\$2.44
$n=12$(매 월 이자 지급)	$\left(1+\frac{1}{12}\right)^{12}$	\$2.61
$n=365$(매 일 이자 지급)	$\left(1+\frac{1}{365}\right)^{365}$	\$2.715
$n=8,640$(매 시간 이자 지급)	$\left(1+\frac{1}{8,640}\right)^{8,640}$	\$2.7181

n의 값이 커질수록 총액은 일정한 값에 접근하는 것을 알 수 있다. 그런데 이것은 소수점 이하의 수가 무한히 반복되는 무리수이므로 이를 기호 e로 표기한다.

정리 6-8.

$$n \to \infty \text{이면,} \quad \left(1+\frac{1}{n}\right)^n \to e$$

Note 무리수 e의 근사값은 $e \approx 2.71828$이다.

□ 자연지수함수

밑을 무리수 e로 하는 지수함수를 **자연지수함수**라 한다. 따라서 자연지수함수는 정의역은 실수 전체집합, 치역은 양의 실수 집합이고 정점 $(0,1)$을 지나는 증가함수로서 그래프는 다음과 같다.

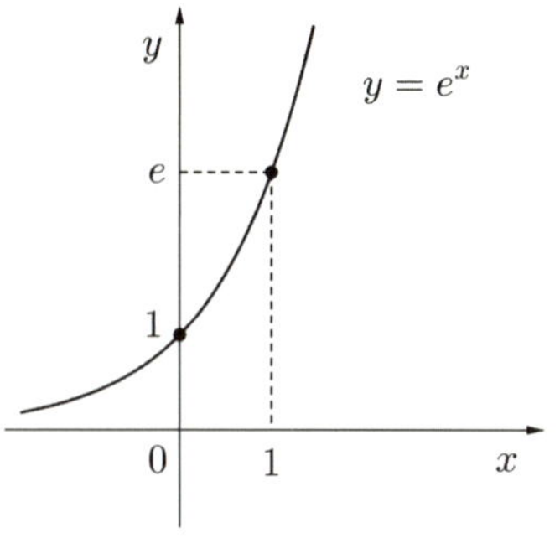

[그림 6-10]

예제 6-13

함수 $y=1-e^{-x}$의 그래프를 그리고, 정의역, 치역, 그리고 수평점근선을 구하여라.

풀이

먼저 $y=e^{-x}$의 그래프는 $y=e^x$의 그래프를 y축에 대해 대칭이동한 것이다. 이 그래프를 x축에 대해 대칭이동한 후, y축에 대해 1만큼 평행이동한 것이 $y=1-e^{-x}$의 그래프이다.

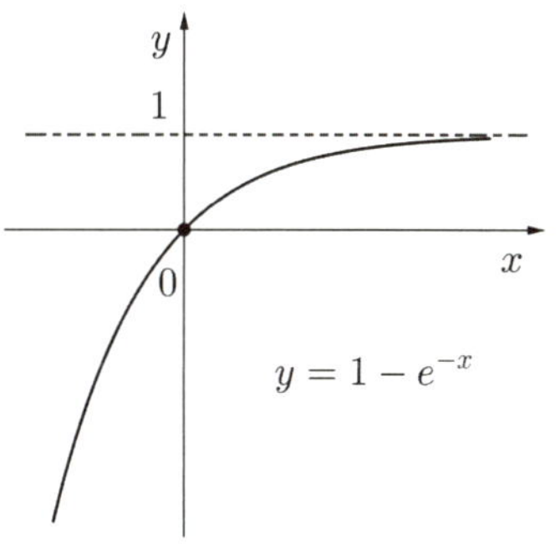

[그림 6-11]

따라서 정의역은 실수 전체집합이고 치역은 $\{y|y<1\}$, 그리고 수평점근선은 $y=1$이다.

□ 로그함수와 그의 그래프

1이 아닌 양수 a에 대하여 지수함수 $f(x)=a^x$을 생각해 보자. 함수 f는 $a>1$이면 증가함수이고 $0<a<1$이면 감소함수이므로 일대일 함수이다. 따라서 $x=f(y) \Leftrightarrow y=f^{-1}(x)$을 만족하는 f의 역함수 f^{-1}가 존재한다. 이때 역함수 f^{-1}를 $\log_a$로 나타내고 **밑을 a로 하는 로그함수**라고 부른다. 그러므로

$$y = \log_a x \iff x = a^y$$

이다. 또한 f^{-1}의 정의역은 f의 치역과 같고 f^{-1}의 치역은 f의 정의역과 같다.

정의 6-2. 로그함수

1이 아닌 모든 양수 a에 대하여 $f(x) = \log_a x$으로 정의된 함수 f를 밑을 a로 하는 **로그함수**라 한다.

지수함수와 로그함수는

$$x = a^y \iff y = \log_a x$$

의 관계를 만족하므로, 로그함수 $y = \log_a x$의 그래프는 지수함수 $x = a^y$의 그래프와 같다. 예로서 $x = 2^y$의 그래프를 이용하여 $y = \log_2 x$의 그래프를 그려 보자. 그리고 지수함수 $y = 2^x$의 그래프와 비교해 보자.

y	x
-3	$2^{-3} = \frac{1}{8}$
-2	$2^{-2} = \frac{1}{4}$
-1	$2^{-1} = \frac{1}{2}$
0	$2^0 = 1$
1	$2^1 = 2$
2	$2^2 = 4$
3	$2^3 = 8$

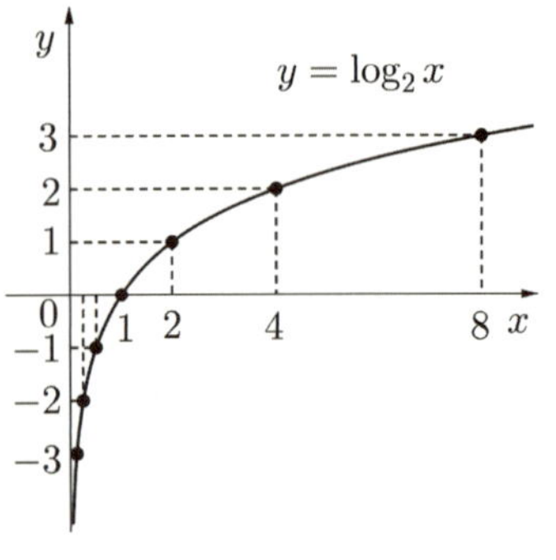

[그림 6-12]

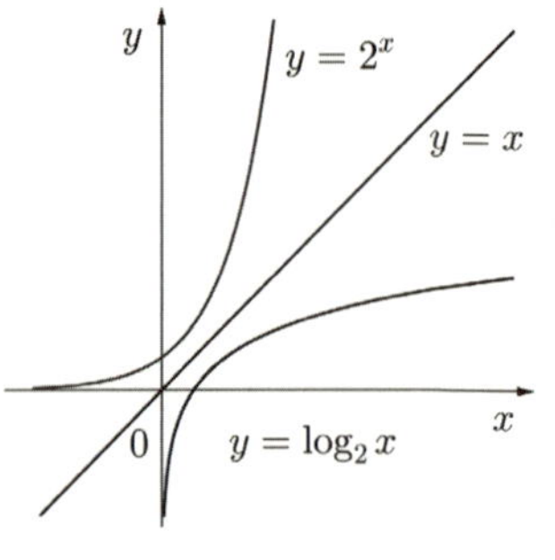

[그림 6-13]

그림에서 보듯이 두 곡선은 직선 $y = x$에 대해 대칭이다.

예제 6-14

다음 로그함수의 그래프 개형을 그려라.

(1) $y=\log_2(x+2)-3$

(2) $y=\log_{\frac{1}{2}}x$

풀이

(1) $y=\log_2(x+2)-3$의 그래프는 $y=\log_2 x$의 그래프를 왼쪽으로 2만큼, 아래로 3만큼 평행이동한 그래프이다.

(2) $y=\log_{\frac{1}{2}}x$의 그래프는 아래 그림과 같이 지수함수 $x=\left(\frac{1}{2}\right)^y$의 그래프와 같다. 그래프의 모양은 위로 오목하다.

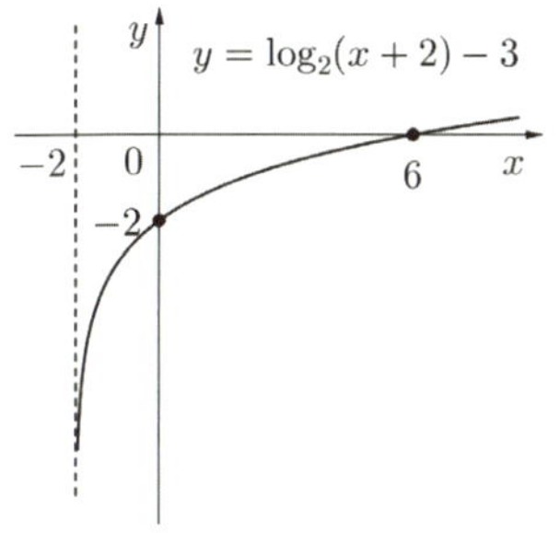

[그림 6-14]

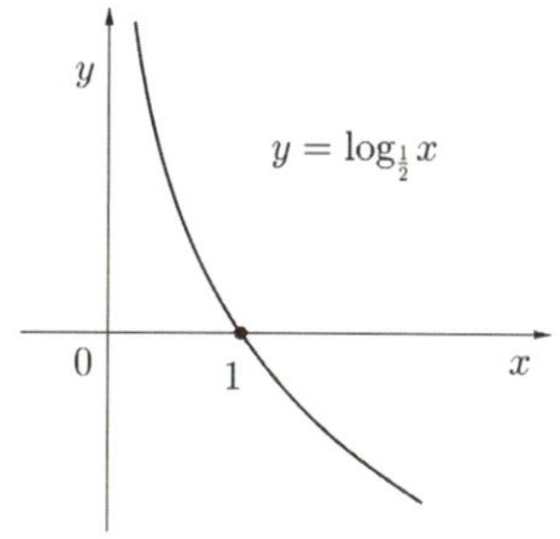

[그림 6-15]

참고 위의 그래프에서 보듯이 로그함수의 밑 a에 따라 그래프의 모양이 다르다.

(a) $a>1$이면 그래프는 아래로 오목하고 $0<a<1$이면 위로 오목하다. 또한, $a>1$이면 로그함수는 증가하고 $0<a<1$이면 감소한다.

(b) $f(x)=\log_a x$의 정의역은 양의 실수집합이고 치역은 실수 전체집합이다.

(c) 로그함수의 그래프는 수직점근선 $x=0$을 갖는다;

(d) $y=\log_a x$는 일대일 함수이다.

정리 6-9. 로그함수의 성질

(a) 정의역은 양의 실수집합 $\{x | x > 0\}$이고, 치역은 실수 전체의 집합 $\mathbb{R}$이다.
(b) 로그함수의 그래프는 a값에 상관없이 정점 $(1,0)$을 지난다.
(c) 로그함수의 그래프는 직선 $x=0$(y축)을 점근선으로 한다.
(d) 로그함수는 $0<a<1$일 때는 감소함수이고 $a>1$일 때는 증가함수이다.

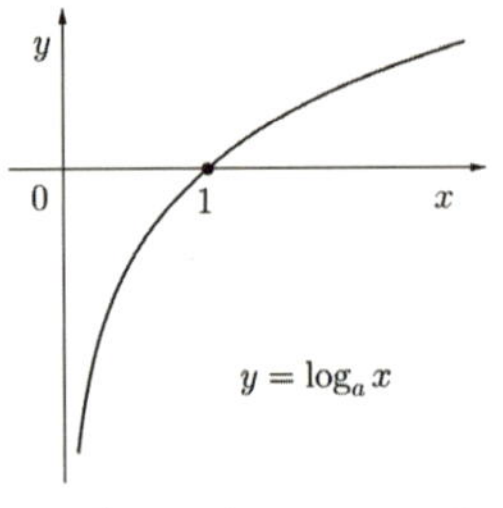

[그림 6-16] $y=\log_a x$, $a>1$

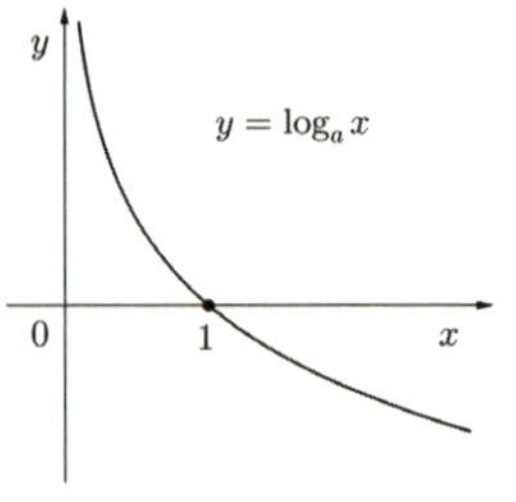

[그림 6-17] $y=\log_a x$, $0<a<1$

예제 6-15

다음 로그함수의 그래프를 그리고 정의역과 치역을 구하여라. 또한 수직점근선을 구하여라.
(1) $y=\log_2(x+1)$
(2) $y=\log_{\frac{1}{2}}(x-1)+1$

풀이

(1) 함수 $y=\log_2(x+1)$의 그래프는 $y=\log_2 x$의 그래프를 왼쪽으로 1만큼 평행이동한 것이다. 따라서 함수 $y=\log_2(x+1)$의 정의역은 $\{x | x>-1\}$이고 치역은 실수 전체의 집합 $\mathbb{R}$이다. 또한 수직점근선은 $x=-1$이다.
(2) 함수 $y=\log_{\frac{1}{2}}(x-1)+1$의 그래프는 $y=\log_{\frac{1}{2}}x$의 그래프를 x축 방향으로 1만큼, y축 방향으로 1만큼 평행이동한 것이다. 따라서 정의역은 $\{x | x>1$인 실수$\}$이고 치역은 실수 전체의 집합 $\mathbb{R}$이다. 또한 수직점근선은 $x=1$이다.

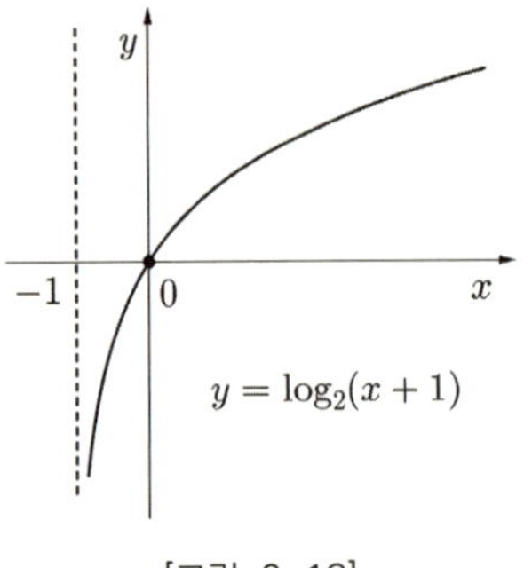

[그림 6-18]

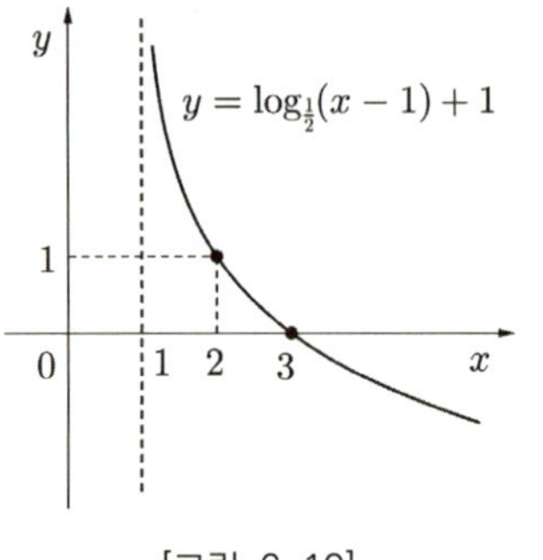

[그림 6-19]

□ 역함수로서의 로그함수와 지수함수

로그함수의 정의에서 보듯이 로그함수 $y=\log_2 x$의 그래프는 지수함수 $y=2^x$와 비교하면 직선 $y=x$에 대해 대칭인 것을 알 수 있다.

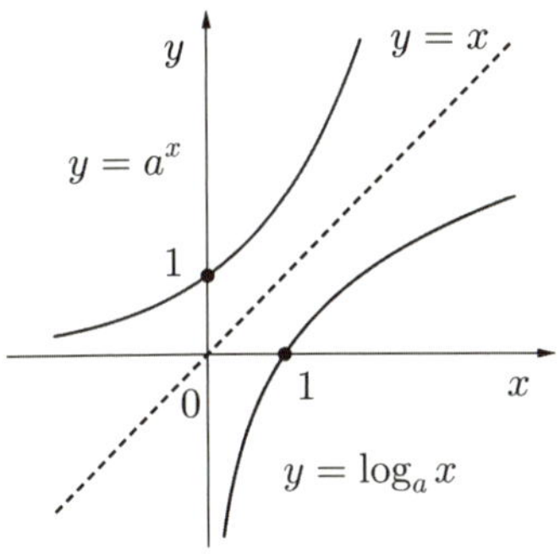

[그림 6-20] $a>1$

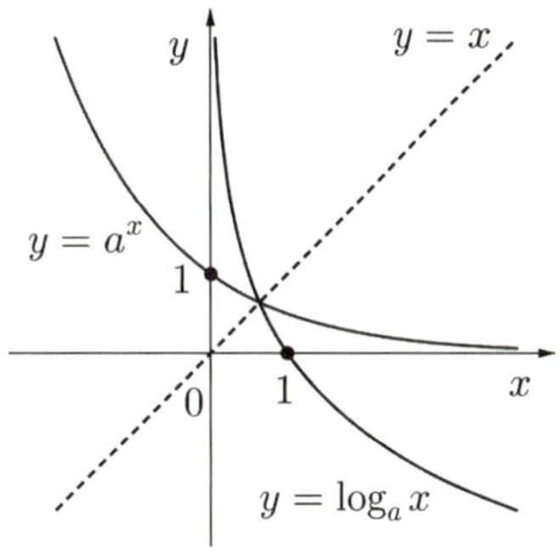

[그림 6-21] $0<a<1$

따라서 이들은 서로의 역함수이고, 다음의 성질을 만족한다.

정리 6-10.

모든 실수 x에 대해 $\log_a a^x = x$이고, 모든 양수 x에 대해 $a^{\log_a x} = x$이다.

증명

$f(x)=\log_a x$, $g(x)=a^x$라 하면, 모든 실수 x에 대해 $f\circ g(x)=f(a^x)=\log_a a^x = x$ 이고, 모든 양의 실수 x에 대해 $g\circ f(x)=g(\log_a x)=a^{\log_a x}=x$이다.

예제 6-16

곡선 $y=\log_2 x$을 직선 $y=x$에 관하여 대칭이동한 다음, 다시 x축에 따라 1만큼, y축에 따라 2만큼 평행이동한 곡선의 방정식을 구하여라.

풀이

곡선 $y=\log_2 x$을 직선 $y=x$에 관하여 대칭이동하면 역함수인 $y=2^x$이 된다. 이를 x축을 따라 1만큼, y축을 따라 2만큼 평행이동한 곡선의 방정식은

$$y-2=2^{x-1} \Leftrightarrow y=2^{x-1}+2$$

이다.

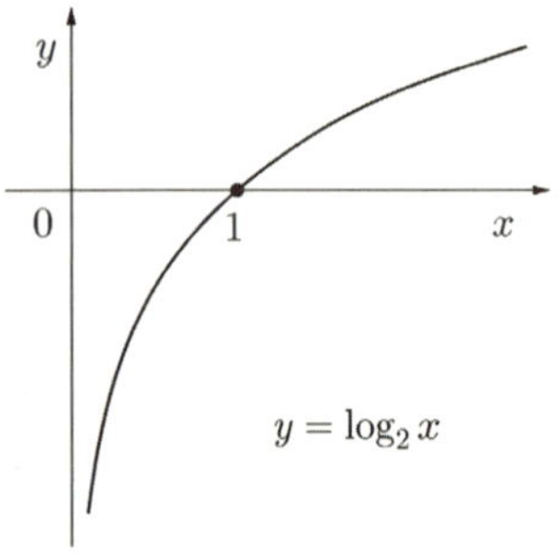

[그림 6-22]

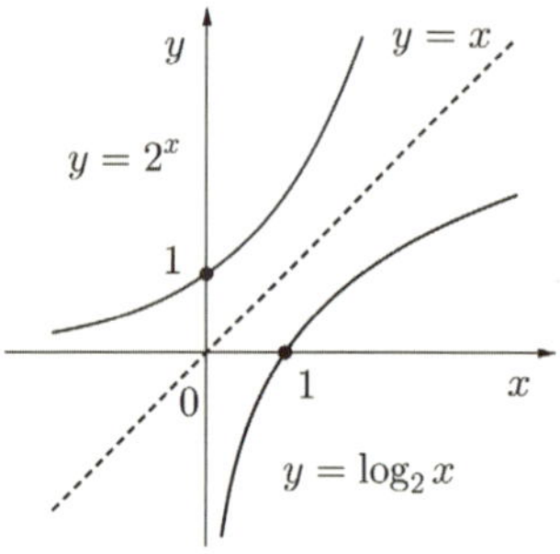

[그림 6-23]

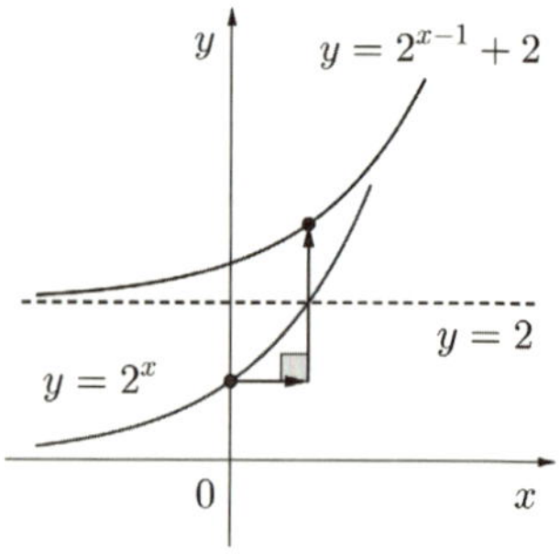

[그림 6-24]

□ 자연로그함수

밑을 무리수 e로 하는 자연지수함수 $f(x)=e^x$의 역함수를 **자연로그함수**라 하고

$$f(x)=\log_e x=\ln x$$

으로 표기한다.

지연지수함수의 밑 e은 1보다 큰 양수이므로 자연지수함수와 마찬가지로 증가함수이다. 또한 정의역은 양의 실수집합, 치역은 실수 전체집합이고 정점 $(1,0)$을 지난다.

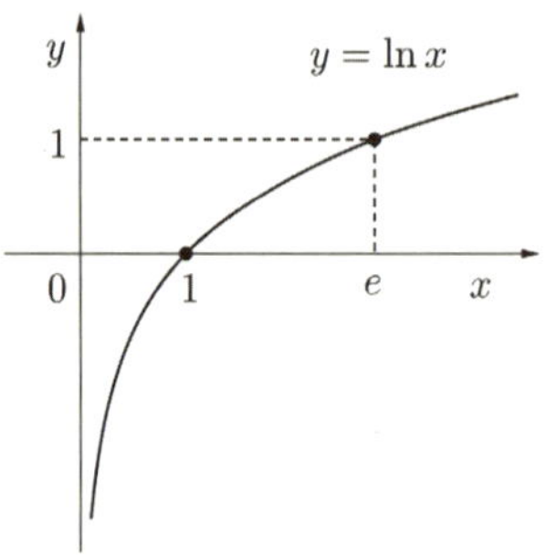

[그림 6-25]

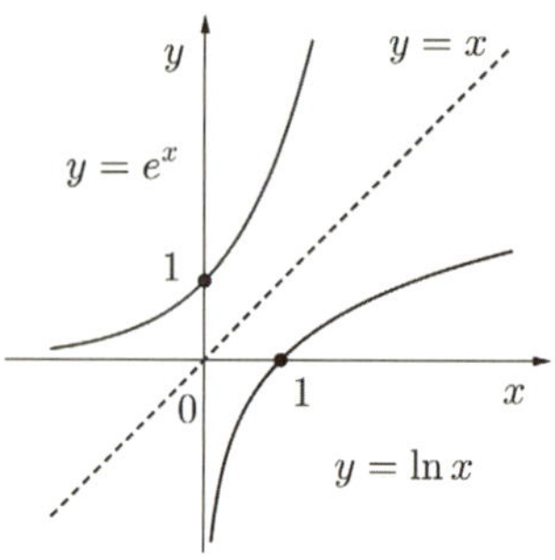

[그림 6-26]

뿐만 아니라,

$$e^0 = 1 \Leftrightarrow \ln 1 = 0,\ \ e^1 = e \Leftrightarrow \ln e = 1$$

을 만족한다. 그리고 자연지수함수 $f(x) = e^x$의 역함수이므로,

모든 실수 x에 대하여 $\ln e^x = x$, 모든 양의 실수 x에 대하여 $e^{\ln x} = x$ 이다.

6.2 연습문제

01. 다음 지수함수의 그래프를 그려라.

(1) $y=\left(\frac{1}{3}\right)^x$

(2) $y=-2^x$

(3) $y=2^{-x}-1$

(4) $y=2+\left(\frac{2}{3}\right)^{2x}$

02. 다음 로그함수의 그래프를 그려라.

(1) $y=\log_{\frac{1}{2}} x$

(2) $y=\log_2(x+1)$

(3) $y=\ln x$

(4) $y+3=\ln (x-2)$

03. $y=e^x$의 그래프를 $y=2$에 대하여 대칭시킨 그래프의 방정식을 구하여라.

04. 평면 위의 두 점 $(1,6)$, $(3,24)$을 지나는 지수함수 $y=ka^x$을 구하여라.

05. $0 \le x \le 1$일 때, $y=\left(\frac{1}{2}\right)^{x-1}$의 최댓값과 최솟값을 구하여라.

06. 함수 $y=2^x-1$의 역함수를 구하여라.

07. $1+\frac{1}{x}=10^{x-f(x)}$을 만족시키는 함수 $f(x)$에 대하여 $f(1)+f(2)+\cdots+f(9)$의 값을 구하여라.

6.3 방정식과 부등식

□ 로그방정식의 해법

진수 또는 밑에 미지수 x를 포함하는 방정식을 **로그방정식**이라 하는데, 해를 구하기 위해서는 로그의 정의와 함께 다음 성질을 이용하면 좋다.

예제 6-17

$\log_2\sqrt{2} = x$의 해를 구하여라.

풀이

로그 정의에 의해, $\log_2\sqrt{2} = x \Leftrightarrow 2^x = \sqrt{2} = 2^{\frac{1}{2}} \Leftrightarrow x = \frac{1}{2}$이다

예제 6-18

$\log_x 25 = 2$의 해를 구하여라.

풀이

로그 정의에 의해, $\log_x 25 = 2 \Leftrightarrow x^2 = 25 \Leftrightarrow x = \pm 5$이다. 그러나 진수 조건에 의해 $x > 0$이어야 하므로, 해는 $x = 5$뿐이다.

예제 6-19

$\ln x = 3$의 해를 구하여라.

풀이

로그 정의에 의해, $\ln x = 3 \Leftrightarrow x = e^3$이다.

정리 6-11.

모든 양수 $A, B, a(a \neq 1)$에 대해,

$$\log_a A = \log_a B \Leftrightarrow A = B$$

예제 6-20

$\log_3 x = \log_3 15$의 해를 구하여라.

풀이

양변의 로그의 밑이 같으므로, $\log_3 x = \log_3 15 \Leftrightarrow x = 15$이다.

참고 다음은 지수법칙으로부터 쉽게 알 수 있는 **로그법칙**으로 복잡한 로그방정식의 해를 구할 때 유용하게 사용된다.

정리 6-12. 로그법칙

$a > 0,\ a \neq 1,\ x > 0,\ y > 0$ 일 때,

(a) $\log_a a = 1,\quad \log_a 1 = 0$

(b) $\log_a xy = \log_a x + \log_a y$

(c) $\log_a \frac{x}{y} = \log_a x - \log_a y$

(d) $\log_a x^n = n \log_a x$ (n은 실수)

예제 6-21

$\log_2 80 - \log_2 5 + \log_3 27$을 간단히 하여라.

풀이

로그법칙을 이용하면

$$\log_2 80 - \log_2 5 + \log_3 27 = \log_2\left(\frac{80}{5}\right) + \log_3 27 = \log_2 2^4 + \log_3 3^3 = 4 + 3 = 7$$

예제 6-22

방정식 $\log_8 3+\frac{1}{2}\log_8 25=\log_8 x$의 해를 구하여라.

풀이

로그법칙을 이용하면

$$\log_8 3+\frac{1}{2}\log_8 25=\log_8 3+\log_8 25^{\frac{1}{2}}=\log_8(3\times 5)=\log_8 15$$

이므로, $\log_8 15=\log_8 x$이다. 따라서 $x=15$이다.

예제 6-23

$\ln x=\frac{1}{2}\ln(x+4)+\ln\sqrt{2}$ 의 해를 구하여라.

풀이

로그법칙을 이용하면

$$\frac{1}{2}\ln(x+4)+\ln\sqrt{2}=\ln\sqrt{x+4}+\ln\sqrt{2}=\ln\sqrt{2(x+4)}$$

이므로 $\ln x=\ln\sqrt{2(x+2)}$ 이다. 따라서,

$$x=\sqrt{2(x+4)}\Rightarrow x^2=2(x+4)\Leftrightarrow(x-4)(x+2)=0\Rightarrow x=4,\ -2$$

이다. 그러나 진수조건에 의해 $x>0, x+4>0$이어야 하므로, 방정식의 해는 $x=4$ 뿐이다.

□ 지수방정식의 해법

지수에 미지수를 포함하는 방정식을 **지수방정식**이라 한다. 지수방정식의 해를 구하기 위해서는 방정식 양변의 밑이 같으면 $a^{f(x)}=a^{g(x)}\Rightarrow f(x)=g(x)$, 그리고 밑이 다르면 방정식의 양변에 로그를 취한다. 즉, $a^{f(x)}=b^{g(x)}\Rightarrow f(x)\log a=g(x)\log b$을 이용하여 푼다.

예제 6-24

$2^x = 32$의 해를 구하여라.

풀이

$$2^x = 32 \Leftrightarrow 2^x = 2^5 \Leftrightarrow x = 5$$

예제 6-25

$3^{x+2} = \dfrac{1}{3^x}$의 해를 구하여라.

풀이

$$3^{x+2} = \frac{1}{3^x} = 3^{-x} \quad \Rightarrow \quad x+2 = -x, \quad 2x = -2, \quad x = -1$$

예제 6-26

$10^{5x+3} = 2^x$의 해를 구하여라.

풀이

양변에 상용로그를 취하면

$10^{5x+3} = 2^x \Rightarrow (5x+3)\log 10 = x\log 2 \Leftrightarrow 5x+3 = x\log 2,$

$(5-\log 2)x = -3,\ x = -\dfrac{3}{5-\log 2} = \dfrac{3}{\log 2 - 5}$

예제 6-27

$2^{x+1} + 4^x = 3$의 해를 구하여라.

풀이

$t=2^x$라 하면,

$$2t+t^2=3 \Leftrightarrow t^2+2t-3=(t+3)(t-1)=0 \Leftrightarrow t=-3,1$$

그런데 $t=2^x>0$이므로, $t=1$ 뿐이다. 따라서 $2^x=1$이고 $x=0$이다.

□ 로그부등식의 해법

진수 또는 밑에 미지수 x를 포함하는 부등식을 **로그부등식**이라 한다. 로그부등식의 해를 구하는 과정은 로그방정식과 유사한 데, 밑이 다른 경우에는 밑 변환 공식을 이용한다. 반면 밑이 같은 경우에는 밑 a가 1보다 큰 또는 작은 양수인지에 따라 부등식의 부호가 바뀐다. 즉, $a>1$이면

$$\log_a f(x) > \log_a g(x) \Rightarrow f(x) > g(x)$$

이고, $0<a<1$이면

$$\log_a f(x) > \log_a g(x) \Rightarrow f(x) < g(x)$$

이다.

예제 6-28

$\log_3 x^2 > \log_3 (x+2)$의 해를 구하여라.

풀이

밑이 1보다 큰 양수이므로,

$$\log_3 x^2 > \log_3(x+2) \Rightarrow x^2 > x+2 \Leftrightarrow x^2-x-2=(x-2)(x+1)>0 \Leftrightarrow x>2, x<-1$$

이다. 그런데 진수조건에 의해 $x^2>0, x+2>0$이어야 하므로 부등식의 해는
$-2<x<-1, x>2$이다.

예제 6-29

$\log_{\frac{1}{2}} x > \log_{\frac{1}{2}}(2x+1)$의 해를 구하여라.

풀이

밑이 1보다 작은 양수이므로,

$$\log_{\frac{1}{2}} x > \log_{\frac{1}{2}}(2x+1) \Rightarrow x < 2x+1 \Leftrightarrow x+1>0 \Leftrightarrow x>-1$$

이다. 그러나 진수조건에 의해 $x>0,\ 2x+1>0$이어야 하므로 부등식의 해는 $x>0$이다.

예제 6-30

$\log_2 x > \log_3 x$의 해를 구하여라.

풀이

밑 변환 공식을 이용하면,

$$\frac{\ln x}{\ln 2} > \frac{\ln x}{\ln 3} \Rightarrow \ln 3 \ln x > \ln 2 \ln x \Leftrightarrow (\ln 3 - \ln 2)\ln x > 0$$

이다. 그런데 $\ln 3 - \ln 2 = \ln\left(\frac{3}{2}\right) > \ln 1 = 0$이므로, $\ln x > 0 \Rightarrow x > 1$이다. 따라서 부등식의 해는 $x > 1$이다.

□ 지수부등식의 해법

지수에 미지수를 포함하는 부등식을 **지수부등식**이라 하는데, 지수방정식과 마찬가지로 양변의 밑이 같은 경우와 다른 경우로 분류하여 해를 구한다. 밑이 같은 경우에는

$$a^{f(x)} < a^{g(x)} \quad \Leftrightarrow \quad \begin{cases} f(x) < g(x), & a > 1 \\ f(x) > g(x), & 0 < a < 1 \end{cases}$$

이고, 밑이 다른 경우에는 양변에 로그를 취하여 푼다. 즉,

$$a^{f(x)} < b^{g(x)} \Rightarrow f(x)\log a < g(x)\log b$$

이다.

예제 6-31

$2^{x-1} > 32$의 해를 구하여라.

풀이

$32 = 2^5$이므로 $2^{x-1} > 2^5 \Rightarrow x-1 > 5$ 이다. 따라서 부등식의 해는 $x > 6$이다.

예제 6-32

$e^{x^2-2} > e^x$의 해를 구하여라.

풀이

$e^{x^2-2} > e^x$이면 $x^2-2 > x$이므로, $x^2-x-2 > 0 \Leftrightarrow (x-2)(x+1) > 0 \Rightarrow x > 2,\ x < -1$이다.

예제 6-33

$2^{x+1} > 5^{1-x}$의 해를 구하여라.

풀이

양변에 상용로그를 취하면

$$\log 2^{x+1} > \log 5^{1-x} \quad \Leftrightarrow \quad (x+1)\log 2 > (1-x)\log 5$$

$$(\log 2 + \log 5)x > \log 5 - \log 2 \ \Rightarrow \ x > \frac{\log 5 - \log 2}{\log 5 + \log 2} = \frac{\log 5 - \log 2}{\log 10} = \log \frac{5}{2}$$

이다.

6.3 연습문제

01. 다음 로그방정식의 해를 구하여라.

(1) $\log_5 25 = x$

(2) $\log_x (x+6) = 2$

(3) $\log_3 (x^2+6x+5) = 1 + \log_3 (x+3)$

(4) $\ln x^2 = 3 - (\ln x)^2$

02. 이차방정식 $2x^2 - 5x + 2 = 0$의 두 근이 $\log a$, $\log b$일 때, $\log_a b + \log_b a$의 값을 구하여라.

03. 다음 지수방정식의 해를 구하여라.

(1) $5^{x+2} = 125$

(2) $2^{4-3x} = 8^x$

(3) $e^{2x} = 9$

(4) $e^{1+x^3} = 1$

04. 다음 지수부등식 또는 로그부등식의 해를 구하여라.

(1) $3^{2x-1} \geq 27^x$

(2) $\left(\frac{1}{8}\right)^{x+2} < \left(\frac{1}{32}\right)^x$

(3) $25^x - 5^{x+1} + 4 \leq 0$

(4) $\log_5 (2x-3) > 2$

(5) $\log_{\frac{1}{2}} (2x-1) \leq \log_{\frac{1}{2}} (x+2)$

(6) $(\log_2 x)^2 < \log_2 x^2 + 3$

6.4 지수함수와 로그함수의 극한

이 절에서는 지수함수와 로그함수의 극한에 대해 공부한다. 먼저 함수의 극한을 상기해 보자.

> 정의 6-3. **함수의 극한**
>
> 함수 $f(x)$에서 변수 x의 값이 a와 다른 값을 가지면서 a에 한없이 가까워질 때, $f(x)$의 값이 일정한 값 α에 한없이 가까워지면 $f(x)$는 α에 수렴한다고 하고, 기호로
>
> $$\lim_{x\to a} f(x)=\alpha$$
>
> 와 같이 나타낸다. 이 때 α를 $x=a$에서의 $f(x)$의 극한값 또는 극한이라고 한다.

일반적으로 함수의 극한을 구하는 가장 쉬운 방법은 함수의 그래프 개형을 관찰하는 것이다. 지수함수 $f(x)=a^x$와 로그함수 $f(x)=\log_a x$는 정의역 안에 있는 모든 점에서 연속이므로, 임의의 점 $x=c$에서의 극한은 함숫값 $f(c)$와 같다. 즉,

$$\lim_{x\to c} a^x = a^c, \quad \lim_{x\to c}\log_a x = \log_a c$$

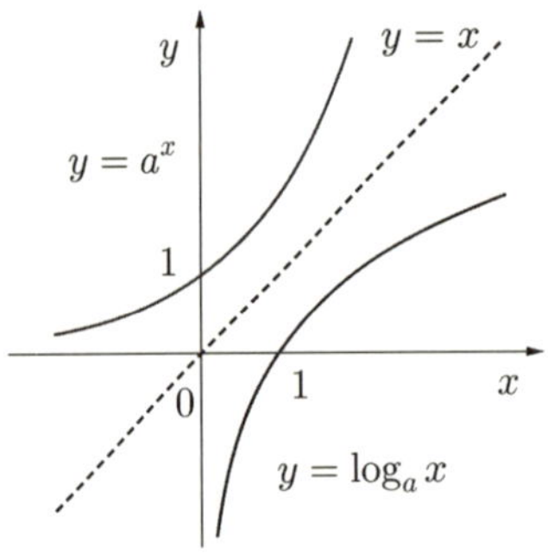

[그림 6-27] $a>1$

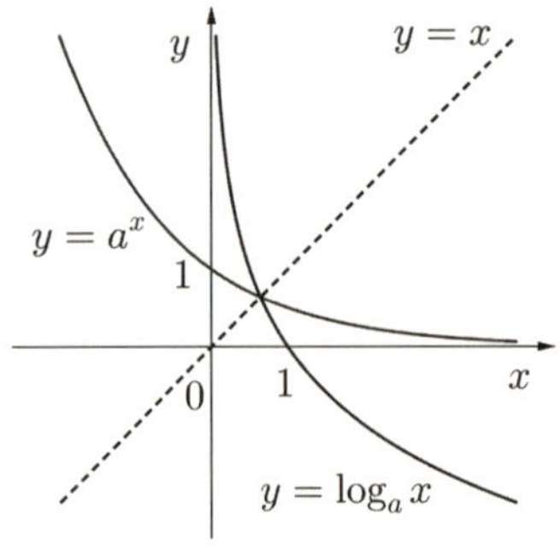

[그림 6-28] $0<a<1$

지수함수와 로그함수의 무한대에서의 극한과 로그함수의 0에서의 우극한은 그래프의 개형을 관찰함으로서 쉽게 얻을 수 있다. 즉, $a>1$이면

$$\lim_{x\to\infty} a^x=\infty, \ \lim_{x\to-\infty} a^x=0, \ \lim_{x\to\infty} \log_a x=\infty, \ \lim_{x\to 0^+} \log_a x=-\infty$$

이고, $0<a<1$이면

$$\lim_{x\to\infty} a^x = 0,\ \lim_{x\to-\infty} a^x = \infty,\quad \lim_{x\to\infty}\log_a x = -\infty,\ \lim_{x\to 0^+}\log_a x = \infty$$

이다.

정리 6-13. 지수함수와 로그함수의 극한

(a) $a > 1$일 때,

$$\lim_{x\to\infty} a^x = \infty,\ \lim_{x\to-\infty} a^x = 0,\ \lim_{x\to\infty} \log_a x = \infty,\ \lim_{x\to 0^+} \log_a x = -\infty$$

(b) $0 < a < 1$일 때,

$$\lim_{x\to\infty} a^x = 0,\ \lim_{x\to-\infty} a^x = \infty,\ \lim_{x\to\infty}\log_a x = -\infty,\ \lim_{x\to 0^+}\log_a x = \infty$$

예제 6-34

다음 극한값을 구하여라.

(1) $\lim_{x\to\infty}\frac{2^x-1}{2^x+1}$

(2) $\lim_{x\to\infty}\{\log_2(x+1)-\log_2 x\}$

(3) $\lim_{x\to 0}\frac{e^x-1}{e^x+1}$

(4) $\lim_{x\to 0^+}\frac{x}{\ln x}$

풀이

(1) $\lim_{x\to\infty}\frac{2^x-1}{2^x+1} = \lim_{x\to\infty}\frac{2^x\left(1-\frac{1}{2^x}\right)}{2^x\left(1+\frac{1}{2^x}\right)} = 1$

(2) $\lim_{x\to\infty}\{\log_2(x+1)-\log_2 x\} = \lim_{x\to\infty}\log_2\left(1+\frac{1}{x}\right) = \log_2 1 = 0$

(3) $\lim_{x\to 0}\frac{e^x-1}{e^x+1} = \frac{e^0-1}{e^0+1} = \frac{0}{2} = 0$

(4) $x\to 0^+$일 때 분자 $x\to 0$, 분모 $\ln x\to -\infty$이므로, $\lim_{x\to 0^+}\frac{x}{\ln x} = 0$

□ 지수함수 $f(x)=(1+x)^{\frac{1}{x}}$의 극한으로서 '수 e'

$x=0$에서 지수함수 $f(x)=(1+x)^{\frac{1}{x}}$의 극한값을 구하기 위해, 0 근방에서의 함숫값의 변화를 살펴보면 다음과 같다.

x	$f(x)$
-0.1	$2.86797\cdots$
-0.01	$2.73199\cdots$
-0.001	$2.71964\cdots$
-0.0001	$2.71841\cdots$
$\vdots$	$\vdots$
0	$2.71828\cdots$
$\vdots$	$\vdots$
0.0001	$2.71814\cdots$
0.001	$2.71692\cdots$
0.01	$2.70481\cdots$
0.1	$2.59374\cdots$

즉, x가 0으로 가까워 질수록 함수값 $f(x)$는 순환하지 않는 무한소수

$$e=2.718281828459045\cdots$$

로 가까워지는 것을 볼 수 있다. 따라서 무리수 e을 $x=0$에서의 $f(x)=(1+x)^{\frac{1}{x}}$의 극한값으로 정의할 수 있다.

$$\lim_{x\to 0}(1+x)^{\frac{1}{x}}=e$$

Note $t=\frac{1}{x}$라 하면 $x\to 0$일 때 $t\to\infty$이므로, $\lim_{x\to 0}(1+x)^{\frac{1}{x}}=\lim_{t\to\infty}\left(1+\frac{1}{t}\right)^{t}=e$

정리 6-14.

$$\lim_{x\to 0}(1+x)^{\frac{1}{x}}=e,\qquad \lim_{x\to\infty}\left(1+\frac{1}{x}\right)^{x}=e$$

예제 6-35

다음 극한값을 구하여라.

(1) $\lim_{x \to 0}(1+x)^{\frac{1}{2x}}$

(2) $\lim_{x \to 0}\frac{\ln(1+x)}{3x}$

(3) $\lim_{x \to \infty}\left(1+\frac{1}{x}\right)^{2x}$

(4) $\lim_{x \to -\infty}\left(1-\frac{1}{x}\right)^{2x}$

풀이

(1) $\lim_{x \to 0}(1+x)^{\frac{1}{2x}} = \left\{\lim_{x \to 0}(1+x)^{\frac{1}{x}}\right\}^{\frac{1}{2}} = e^{\frac{1}{2}} = \sqrt{e}$

(2) $\lim_{x \to 0}\frac{\ln(1+x)}{3x} = \frac{1}{3}\lim_{x \to 0}\ln(1+x)^{\frac{1}{x}} = \frac{1}{3}\ln\left\{\lim_{x \to 0}(1+x)^{\frac{1}{x}}\right\} = \frac{1}{3}\ln e = \frac{1}{3}$

(3) $\lim_{x \to \infty}\left(1+\frac{1}{x}\right)^{2x} = \left\{\lim_{x \to \infty}\left(1+\frac{1}{x}\right)^{x}\right\}^{2} = e^{2}$

(4) $t = -x$라 하면 $x \to -\infty$일 때 $t \to \infty$ 이므로,

$\lim_{x \to -\infty}\left(1-\frac{1}{x}\right)^{2x} = \lim_{t \to \infty}\left\{\left(1+\frac{1}{t}\right)^{t}\right\}^{-2} = e^{-2} = \frac{1}{e^2}$

6.4 연습문제

01. 다음 극한값을 구하여라.

(1) $\lim_{x \to 0} x e^{x}$

(2) $\lim_{x \to 0} e^{-x}$

(3) $\lim_{x \to \infty} \frac{e^{x} - e^{-x}}{e^{x} + e^{-x}}$

(4) $\lim_{x \to 0^{+}} e^{\frac{1}{x}}$

(5) $\lim_{x \to \infty} \{\ln(x+2) - \ln x\}$

(6) $\lim_{x \to 0} (1-x)^{\frac{2}{x}}$

02. 곡선 $y = \frac{2e^{x}}{e^{x} - 1}$의 수직점근선과 수평점근선을 구하여라.

6.5 지수함수와 로그함수의 미분법

이 절에서는 지수함수와 로그함수의 도함수를 구하여 본다. 이를 위해 임의의 함수 f의 도함수 정의를 복습한다.

정의 6-4. 도함수

함수 $f(x)$가 정의역 안의 모든 x에 대하여 미분가능할 때, $f(x)$는 미분가능한 함수라고 한다. 또한, x에 대한 $f(x)$의 미분계수를 $y=f(x)$의 **도함수**라 하고 기호로 $f'(x)$와 같이 나타낸다. 그리고 함수 $f(x)$의 도함수를 구하는 것을 $f(x)$을 x에 대하여 **미분한다**고 한다. 이 때, 도함수 $f'(x)$는 다음의 극한값으로 나타낸다.

$$f'(x)=\lim_{\Delta x\to 0}\frac{\Delta y}{\Delta x}=\lim_{\Delta x\to 0}\frac{f(x+\Delta x)-f(x)}{\Delta x}=\lim_{h\to 0}\frac{f(x+h)-f(x)}{h}$$

□ 로그함수의 도함수

먼저 밑을 e로 하는 자연로그함수 $f(x)=\ln x$의 도함수에 대하여 알아본다.
도함수 정의에 의해,

$$y'=\lim_{h\to 0}\frac{\ln(x+h)-\ln x}{h}=\lim_{h\to 0}\frac{1}{h}\ln\frac{x+h}{x}$$
$$=\frac{1}{x}\lim_{h\to 0}\ln\left(1+\frac{h}{x}\right)^{\frac{x}{h}}=\frac{1}{x}\ln e=\frac{1}{x}$$

이므로

$$(\ln x)'=\frac{1}{x}$$

이다.
반면 1이 아닌 양수 a를 밑으로 하는 일반 로그함수 $f(x)=\log_a x$의 도함수를 구하기 위해서는 '밑 변환 공식'을 이용하여

$$\log_a x=\frac{\ln x}{\ln a}$$

로 나타낸 후, 자연로그함수의 도함수를 이용하면 된다. 즉,

$$\frac{d}{dx}(\log_a x) = \frac{d}{dx}\left(\frac{\ln x}{\ln a}\right) = \frac{1}{\ln a}\frac{d}{dx}(\ln x) = \frac{1}{x\ln a}$$

이다. 따라서 로그함수의 도함수는 다음과 같다.

정리 6-15. 자연 로그함수와 일반 로그함수의 도함수

$$(\ln x)' = \frac{1}{x}, \qquad (\log_a x)' = \frac{1}{x\ln a} \quad (\text{단, } a>0, \quad a \neq 1)$$

예제 6-36

다음 함수를 미분하여라.

(1) $y = \ln(1+x)$

(2) $y = \log_3(1-2x)^2$

풀이

(1) $y' = \dfrac{(1+x)'}{1+x} = \dfrac{1}{1+x}$

(2) $y' = \dfrac{\{(1-2x)^2\}'}{(1-2x)^2\ln 3} = \dfrac{2(1-2x)(1-2x)'}{(1-2x)^2\ln 3} = \dfrac{2(1-2x)(-2)}{(1-2x)^2\ln 3} = -\dfrac{4}{(1-2x)\ln 3}$

□ 지수함수의 도함수

자연지수함수 $f(x) = e^x$는 자연로그함수의 역함수이다. 즉,

$$y = e^x \iff \ln y = x$$

이므로 자연로그함수의 도함수를 이용하여 구할 수 있다. 연쇄법칙을 사용하면

$$\frac{d}{dx}(\ln y) = \frac{d}{dx}(x) \iff \frac{1}{y}\frac{dy}{dx} = 1 \iff \frac{1}{e^x}\frac{dy}{dx} = 1$$

이 되고, 이것을 $\dfrac{dy}{dx}$에 대해 풀면

$$\frac{dy}{dx} = e^x$$

이다.

마찬가지로, 밑을 1이 아닌 양수 a로 하는 지수함수 $y=a^x$는 로그함수 $y=\log_a x$의 역함수이므로

$$y = a^x \quad \Leftrightarrow \quad x = \log_a y$$

이다. 다시 밑 변환 공식을 이용하면 $x = \log_a y = \dfrac{\ln y}{\ln a}$ 이므로, 연쇄법칙에 의해

$$\frac{d}{dx}(x) = \frac{d}{dx}\left(\frac{\ln y}{\ln a}\right) \Leftrightarrow 1 = \frac{1}{\ln a}\frac{d}{dx}(\ln y) = \frac{1}{y\ln a}\frac{dy}{dx}$$

이 된다. 이것을 $\dfrac{dy}{dx}$에 대해 풀면

$$\frac{dy}{dx} = y\ln a = a^x \ln a$$

이다.

정리 6-16. 자연지수함수와 일반지수함수의 도함수

$$(e^x)' = e^x, \qquad (a^x)' = a^x \ln a \ (\text{단, } a>0, \quad a \neq 1)$$

예제 6-37

다음 함수를 미분하여라.

(1) $y = e^{2x+1}$

(2) $y = 3^{\ln x}$

풀이

(1) $y' = e^{2x+1}(2x+1)' = 2e^{2x+1}$

(2) $y' = 3^{\ln x}\ln 3\,(\ln x)' = 3^{\ln x}\ln 3 \times \dfrac{1}{x} = \dfrac{3^{\ln x}\ln 3}{x}$

예제 6-38

다음 함수의 도함수를 구하여라.

(1) $y = 2^x \ln x$

(2) $y = \dfrac{\log_2 x}{e^x}$

풀이

(1) $\dfrac{d}{dx}(2^x \ln x) = \dfrac{d}{dx}(2^x) \times \ln x + 2^x \times \dfrac{d}{dx}(\ln x) = 2^x \ln 2 \times \ln x + \dfrac{2^x}{x} = 2^x\left(\ln 2 \times \ln x + \dfrac{1}{x}\right)$

(2) $y' = \dfrac{\dfrac{1}{x\ln 2}e^x - e^x \log_2 x}{e^{2x}} = \dfrac{1 - x\ln 2 \times \dfrac{\ln x}{\ln 2}}{xe^x \ln 2} = \dfrac{1 - x\ln x}{xe^x \ln 2}$

□ 로그 미분법

곱셈이나 나눗셈으로 복잡하게 정의된 식에 로그를 취하면, 식은 덧셈과 뺄셈으로 간단하게 표현된다. 이처럼 로그를 이용하여 미분하는 방법을 **로그 미분법**이라 한다.

정리 6-17. **로그미분법의 단계**

단계 1) $y = f(x)$의 양변에 로그를 취한 후 로그법칙을 이용하여 간단히 한다.
단계 2) 연쇄법칙을 사용하여 양변을 x에 대해 미분한다.
단계 3) $\dfrac{dy}{dx}$에 대해 푼다.

예제 6-39

$y = \dfrac{x^{\frac{2}{3}}\sqrt{x^2+1}}{(3x+2)^2}$을 미분하여라.

풀이

양변에 자연로그를 취한 후 로그법칙을 적용하면,

$$\ln y = \frac{2}{3}\ln x + \frac{1}{2}\ln(x^2+1) - 2\ln(3x+2)$$

이다. 연쇄법칙을 이용하여 양변을 x에 대해 미분하면

$$\frac{1}{y}\frac{dy}{dx} = \frac{2}{3x} + \frac{1}{2}\times\frac{2x}{x^2+1} - 2\times\frac{3}{3x+2} = \frac{2}{3x} + \frac{x}{x^2+1} - \frac{6}{3x+2}$$

이다. 그러므로

$$\frac{dy}{dx} = y\left(\frac{2}{3x} + \frac{x}{x^2+1} - \frac{6}{3x+2}\right) = \frac{x^{\frac{2}{3}}\sqrt{x^2+1}}{(3x+2)^2}\left(\frac{2}{3x} + \frac{x}{x^2+1} - \frac{6}{3x+2}\right)$$

이다.

예제 6-40

$y = x^{\frac{1}{x}}$을 미분하여라.

풀이

$y = x^{\frac{1}{x}}$ 의 양변에 자연로그를 취하면, $\ln y = \frac{\ln x}{x}$이다. 미분법칙과 연쇄법칙을 사용하여 양변을 x에 대해 미분하면

$$\frac{1}{y}\frac{dy}{dx} = \frac{\frac{1}{x}(x) - \ln x}{x^2} = \frac{1-\ln x}{x^2}$$

이 된다. 식의 양변에 y를 곱하면

$$\frac{dy}{dx} = \frac{1-\ln x}{x^2}y = \frac{(1-\ln x)x^{\frac{1}{x}}}{x^2}$$

이다.

□ 미분의 활용

일반적으로 미분(또는 도함수)은 접선 문제, 최적화 문제 또는 곡선의 개형을 그리는 데 활용된다. 다음의 예제들은 지수함수와 로그함수의 미분의 활용을 보여 준다.

예제 6-41

곡선 $y=\ln(x-1)+2$ 위의 점 $(2,2)$에서 곡선에 대한 접선의 방정식을 구하여라.

풀이

$f'(x)=y'=\dfrac{1}{x-1}$이므로, 점 $(2,2)$에서 곡선에 대한 접선의 기울기는 $f'(2)=1$이다. 따라서 접선의 방정식은

$$y-2=1(x-2)\ \Rightarrow\ y=x$$

이다.

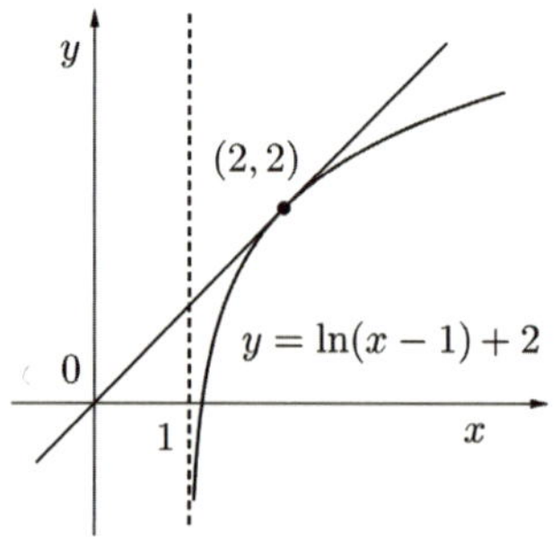

[그림 6-29]

예제 6-42

함수 $f(x)=100(e^{x}-1)$가 증가하는 구간과 감소하는 구간을 구하고, 구간 $[0,1]$에서 최댓값과 최솟값을 구하여라.

풀이

모든 실수 x에 대하여 $f'(x)=100e^x>0$이므로 $f(x)=100(e^x-1)$는 증가함수이다. 따라서 증가구간은 $(-\infty,\infty)$이다. 또한 함수 f는 $[0,1]$에서 연속이므로 최댓값 $f(1)=100(e-1)$, 최솟값 $f(0)=100(e^0-1)=0$을 갖는다.

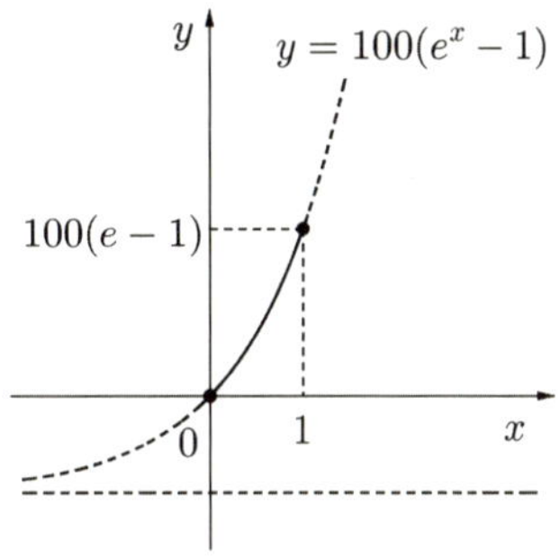

[그림 6-30]

예제 6-43

함수 $f(x)=x^2e^{-x}$의 극값을 구하여라.

풀이

$f'(x)=2xe^{-x}-x^2e^{-x}=x(2-x)e^{-x}=-x(x-2)e^{-x}$ 이므로, $f'(x)>0\Leftrightarrow x(x-2)<0\Leftrightarrow 0<x<2$일 때 f는 증가하고 $f'(x)<0\Leftrightarrow x(x-2)>0\Leftrightarrow x>2,\ x<0$일 때 f는 감소한다. 따라서 함수 f는 극솟값 $f(0)=0$, 극댓값 $f(2)=4e^{-2}=\dfrac{4}{e^2}$을 갖는다.

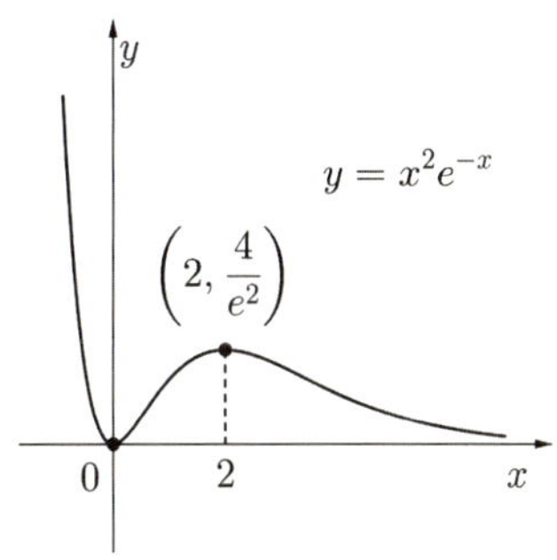

[그림 6-31]

예제 6-44

함수 $f(x)=xe^{-x}$의 그래프를 그려라. 그리고 존재하면, $f(x)$의 최댓값과 최솟값을 구하여라.

풀이

함수 f의 정의역은 실수 전체 집합이고, $f(0)=0$이므로 곡선은 원점을 지난다. 또한

$$f'(x)=e^{-x}-xe^{-x}=(1-x)e^{-x},\ f''(x)=-e^{x}-(1-x)e^{-x}=(x-2)e^{-x}$$

이고 $f'(1)=0$, $f''(2)=0$이다. 그러므로 f', f''의 부호는 다음 표와 같다.

x	$\cdots$	1	$\cdots$	2	$\cdots$
$f'(x)$	$+$	0	$-$		$-$
$f''(x)$	$-$		$-$	0	$+$
$f(x)$	증가 CD	$\frac{1}{e}$	감소 CD	$\frac{2}{e^2}$	감소 CU

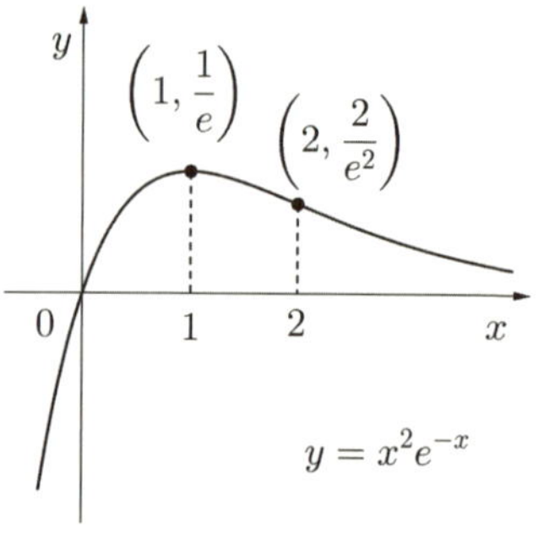

[그림 6-32]

함수의 그래프를 보면 함수 $f(x)=xe^{-x}$는 $x=1$에서 최댓값 $\frac{1}{e}$을 갖는다.

Note $\frac{0}{0}$ 또는 $\frac{\infty}{\infty}$ 형태의 부정형의 극한을 구할 때는 '로피탈의 법칙'을 사용하는 것이 좋다.

예제 6-45

다음 극한값을 구하여라.

(1) $\lim_{x\to 1}\left(\frac{1}{x-1}-\frac{1}{\ln x}\right)$

(2) $\lim_{x\to\infty}\{\ln(1+x)-\ln(1+x^2)\}$

(3) $\lim_{x\to\infty}(x+1)^{\frac{1}{x}}$

풀이

(1) '$\infty - \infty$' 형태의 부정형이므로, $\dfrac{0}{0}$ 형태로 변환한 후에 로피탈의 법칙을 반복 적용하여 푼다.

$$\lim_{x\to1}\left(\frac{1}{x-1}-\frac{1}{\ln x}\right)=\lim_{x\to1}\frac{\ln x-x+1}{(x-1)\ln x}=\lim_{x\to1}\frac{\frac{1}{x}-1}{\ln x+\frac{x-1}{x}}=\lim_{x\to1}\frac{1-x}{x\ln x+x-1}$$

$$=\lim_{x\to1}\frac{-1}{\ln x+1+1}=-\frac{1}{2}$$

(2) 로그법칙을 이용한 후, 로피탈의 법칙을 사용한다.

$$\lim_{x\to\infty}\{\ln(1+x)-\ln(1+x^2)\}$$

$$=\lim_{x\to\infty}\ln\left(\frac{1+x}{1+x^2}\right)=\ln\left\{\lim_{x\to\infty}\left(\frac{1+x}{1+x^2}\right)\right\}=\ln\left\{\lim_{x\to\infty}\left(\frac{1}{2x}\right)\right\}=\ln(0)=-\infty$$

(3) $y=(x+1)^{\frac{1}{x}}$라 하면, $\ln y=\dfrac{\ln(x+1)}{x}$으로 $\dfrac{\infty}{\infty}$ 형태의 부정형이 된다. 로피탈의 법칙을 사용하면 $\displaystyle\lim_{x\to\infty}\ln y=\lim_{x\to\infty}\frac{\ln(x+1)}{x}=\lim_{x\to\infty}\frac{\frac{1}{x+1}}{1}=0$이므로,

$$\lim_{x\to\infty}(x+1)^{\frac{1}{x}}=\lim_{x\to\infty}y=\lim_{x\to\infty}e^{\ln y}=e^{\lim_{x\to\infty}\ln y}=e^0=1$$

이다.

6.5 연습문제

01. 다음 함수의 도함수를 구하여라.

(1) $y = \ln(\ln 2x)$

(2) $y = x\log_2 x$

(3) $y = 3^{2x+1}$

(4) $y = \left(\frac{1}{2}\right)^{x^2+1}$

(5) $y = \dfrac{\ln(x^2+1)}{x^2}$

(6) $y = e^{x^2}\ln(x+1)$

(7) $y = \dfrac{(2x+1)^{\frac{2}{3}}(x+3)^5}{\sqrt[3]{x^2+1}}$

(8) $y = (x+1)^{\frac{1}{x}}$

02. 함수 $f(x) = 100(e^{-x}-1)$가 증가하는 구간과 감소하는 구간을 구하고, 구간 $[0,1]$에서 최댓값과 최솟값을 구하여라.

03. $x > 0$일 때, 함수 $f(x) = x - \ln x$의 증가구간과 감소구간을 구하여라. 또한 존재한다면 극댓값과 극솟값을 구하여라.

04. 곡선 $y = x^2\ln x$의 개형을 그려라.

05. 다음 극한값을 구하여라.

(1) $\lim_{x\to\infty}(x+e^x)^{\frac{1}{x}}$

(2) $\lim_{x\to 0}\dfrac{e^{2x}-1}{x}$

(3) $\lim_{x\to\infty}\dfrac{\ln x}{x}$

(4) $\lim_{x\to 0^+} x\ln x$

6.6 지수함수와 로그함수의 적분법

□ 부정적분

함수 $f(x)$의 부정적분에 대한 정의를 복습해 본다.

정의 6-5.

$f(x)$에 대하여 $F'(x) = f(x)$인 함수 $F(x)$을 $f(x)$의 역도함수라 하는데, 모든 상수 C에 대하여 $F(x)+C$ 또한 $f(x)$의 역도함수이다. 그러므로 함수 $f(x)$의 역도함수들의 모임을 $f(x)$의 부정적분이라 하고 $\int f(x)\,dx = F(x) + C$ 로 나타낸다.

미분법에 의하면

$$(e^x)' = e^x, \quad (a^x)' = a^x \ln a \Leftrightarrow \left(\frac{a^x}{\ln a}\right)' = a^x$$

이므로, 지수함수의 부정적분은

$$\int e^x\,dx = e^x + C, \quad \int a^x\,dx = \frac{a^x}{\ln a} + C \ (\text{단, } C\text{는 임의의 상수})$$

이다.

정리 6-18. 지수함수의 부정적분

(a) $\int e^x\,dx = e^x + C$

(b) $\int a^x\,dx = \dfrac{a^x}{\ln a} + C$ (단, $a > 0$, $a \neq 1$)

단, C는 임의의 상수이다.

예제 6-46

$\int (2e^x + 1)\,dx$을 구하여라.

풀이

$$\int(2e^x+1)\,dx = 2\int e^x\,dx + \int 1\,dx = 2e^x + x + C$$

예제 6-47

$\int 2^{x-1}dx$을 구하여라.

풀이

$$\int 2^{x-1}dx = \frac{1}{2}\int 2^x\,dx = \frac{2^x}{2\ln 2} + C$$

예제 6-48

$\int \frac{4^x-1}{2^x-1}dx$을 구하여라.

풀이

$$\int \frac{4^x-1}{2^x-1}dx = \int \frac{(2^x-1)(2^x+1)}{2^x-1}dx = \int(2^x+1)\,dx = \frac{2^x}{\ln 2} + x + C$$

참고 자연로그함수의 미분공식에 의하면 $(\ln x)' = \frac{1}{x}$ 이므로, $\frac{1}{x}$의 역도함수는 $\ln x + C$이다. 그런데 이것은 $x>0$일 때만 성립한다. 그렇다면 $x<0$일 때, $\frac{1}{x}$의 역도함수는 무엇일까?

$(\ln(-x))' = \frac{(-x)'}{-x} = \frac{-1}{-x} = \frac{1}{x}$ 이므로, $x<0$일 때 $\frac{1}{x}$의 역도함수는 $\ln(-x)+C$ 이다.

그러므로 0이 아닌 모든 실수 x에 대하여 $(\ln|x|)' = \frac{1}{x}$, 즉, $\frac{1}{x}$의 역도함수는 $\ln|x|+C$ 가 된다.

정리 6-19.

0이 아닌 모든 실수 x에 대하여,

$$\int \frac{1}{x}\,dx = \ln|x| + C$$

예제 6-49

$\displaystyle\int \frac{x^5 - 3x^3 + 2x + 1}{x^2}\,dx$을 구하여라.

풀이

$$\int \frac{x^5 - 3x^3 + 2x + 1}{x^2}\,dx = \int \left(x^3 - 3x + \frac{2}{x} + \frac{1}{x^2}\right)dx = \frac{x^4}{4} - \frac{3x^2}{2} + 2\ln|x| - \frac{1}{x} + C$$

예제 6-50

$\displaystyle\int \frac{4x-6}{x^2 - 3x - 1}\,dx$을 구하여라.

풀이

$t = x^2 - 3x - 1$이면 $\dfrac{dt}{dx} = 2x - 3$이므로, 치환적분법에 의해

$$\int \frac{4x-6}{x^2-3x-1}\,dx = \int \frac{2(2x-3)}{x^2-3x-1}\,dx = \int \frac{2\,dt}{t} = 2\ln|t| + C = 2\ln\left|x^2 - 3x - 1\right| + C$$

이제 로그함수의 부정적분을 구하여 본다. 그런데 미분공식으로부터 도함수가 로그함수인 함수를 찾을 수 없으므로, 부정적분 $\int \ln x\,dx$, $\int \log_a x\,dx$을 구하기 위해서는 미분공식 이외의 적분법칙을 활용해야 한다.

일반적으로 각각의 미분법칙에 대응하는 적분법칙이 있다. 그 중에서 미분의 곱 법칙에 대응하는 적분법칙이 있는데 이를 **부분적분법**이라 한다.

곱 법칙에 의하면, 미분 가능한 두 함수 f, g에 대하여

$$\{f(x)g(x)\}' = f'(x)g(x) + f(x)g'(x)$$

이므로,

$$f(x)g'(x) = \{f(x)g(x)\}' - f'(x)g(x)$$

이다. 양변에 부정 적분을 취하면

$$\int f(x)g'(x)\,dx = \int \{f(x)g(x)\}'\,dx - \int f'(x)g(x)\,dx = f(x)g(x) - \int f'(x)g(x)\,dx$$

이 된다. 이것을 '부분적분 공식'이라 한다.

정리 6-20. 부분적분법

미분가능한 두 함수 $f(x), g(x)$에 대하여

$$\int f(x)g'(x)\,dx = f(x)g(x) - \int f'(x)g(x)\,dx$$

참고 부분적분법은 피적분함수가 서로 다른 형태의 두 함수의 곱일 때 유용하게 사용할 수 있다. 예를 들어, $\int xe^x\,dx$을 구할 때 부분적분법을 사용하는 것이 좋다. 이때 피적분함수를 구성하고 있는 두 함수 중에 역도함수를 구하기 쉬운 것을 $g'(x)$ 그리고 남은 함수를 $f(x)$라 한다. 즉, $f(x)=x, g'(x)=e^x$라 하면 $f'(x)=1, g(x)=e^x$이므로 부분적분법 공식에 의해

$$\int xe^x\,dx = xe^x - \int e^x dx = xe^x - e^x + C$$

이 된다. 그러나 $g'(x)=x, f(x)=e^x$라 하면 $g(x)=\frac{x^2}{2}, f'(x)=e^x$이 되므로 부분적분법 공식에 의해

$$\int xe^x\,dx = \frac{x^2e^x}{2} - \int \frac{x^2e^x}{2}dx$$

이 되고 우변에 포함된 부정적분을 쉽게 구할 수 없다. 따라서 부분적분법을 사용할 때는 피적분함수에서 어느 함수를 $g'(x)$로 놓을 것인지가 중요하다.

예제 6-51

$\int \ln x\,dx$을 구하여라.

풀이

$f(x)=\ln x$, $g'(x)=1$라 하면 $f'(x)=\dfrac{1}{x}$, $g(x)=x$이므로, 부분적분법에 의해

$$\int \ln x\,dx = x\ln x - \int \frac{1}{x}(x)\,dx = x\ln x - x + C$$

이다.

Note $\int \ln x\,dx = x\ln x - x + C$ 이고 밑변환 공식에 의해 $\log_a x = \dfrac{\ln x}{\ln a}$이므로,

$$\int \log_a x\,dx = \int \frac{\ln x}{\ln a}\,dx = \frac{1}{\ln a}\int \ln x\,dx = \frac{1}{\ln a}(x\ln x - x) + C$$

임을 알 수 있다.

정리 6-21. **로그함수의 부정적분**

$$\int \ln x\,dx = x\ln x - x + C, \qquad \int \log_a x\,dx = \frac{1}{\ln a}(x\ln x - x) + C$$

예제 6-52

다음 부정적분을 구하여라.

(1) $\int \ln 2x\,dx$

(2) $\int x\ln x\,dx$

(3) $\int \log_2(2x+1)\,dx$

풀이

(1) $t=2x$라 하면 $\dfrac{dx}{dt}=\dfrac{1}{2}$이므로,

$$\begin{aligned}\int \ln 2x\,dx = \frac{1}{2}\int \ln t\,dt &= \frac{1}{2}(t\ln t - t)+C \\ &= \frac{1}{2}(2x\ln 2x - 2x)+C = x(\ln 2x - 1)+C\end{aligned}$$

(2) $f(x)=\ln x$, $g'(x)=x$라 하면 $f'(x)=\dfrac{1}{x}$, $g(x)=\dfrac{x^2}{2}$이므로, 부분적분법에 의해

$$\int x\ln x\,dx = \frac{1}{2}x^2\ln x - \int \frac{1}{x}\left(\frac{x^2}{2}\right)dx = \frac{1}{2}x^2\ln x - \frac{1}{4}x^2 + C$$

(3) $t=2x+1$라 하면 $dt=2dx$이므로,

$$\begin{aligned}\int \log_2(2x+1)\,dx = \frac{1}{2}\int \log_2 t\,dt &= \frac{1}{2}\frac{1}{\ln 2}(t\ln t - t)+C \\ &= \frac{1}{2\ln 2}(2x+1)(\ln(2x+1)-1)+C\end{aligned}$$

□ 정적분

폐구간 $[a,b]$에서 연속인 함수 f에 대한 정적분의 정의에 대해 이미 공부한 바가 있다. 또한 미적분학의 제2 기본정리를 이용하면 정적분을 쉽게 구할 수 있다는 것도 이미 알고 있다.

정리 6-22.

$$\int_a^b f(x)\,dx = F(b)-F(a),\quad F'(x)=f(x)$$

따라서 이 절에서는 피적분함수에 지수함수 또는 로그함수를 포함하고 있는 함수에 대한 정적분 문제를 풀어 본다. 이때 기억할 것은 함수들의 집합인 부정 적분과는 달리 정적분은 수(number)라는 사실이다.

예제 6-53

다음 정적분을 구하여라.

(1) $\int_0^1 e^{2x+1}dx$ (2) $\int_1^e \frac{\ln x}{x}dx$

(3) $\int_0^1 xe^x dx$ (4) $\int_e^{e^2} \frac{dx}{x\ln x}$

풀이

(1) $u=2x+1$로 치환하면 $du=2dx$이므로 치환적분법에 의해,

$$\int_0^1 e^{2x+1}dx = \frac{1}{2}\int_1^3 e^u du = \frac{1}{2}[e^u]_1^3 = \frac{1}{2}(e^3-e)$$

(2) $u=\ln x$라 하면 $du=\frac{dx}{x}$이므로 치환적분법에 의해,

$$\int_1^e \frac{\ln x}{x}dx = \int_0^1 u\,du = \left[\frac{u^2}{2}\right]_0^1 = \frac{1}{2}$$

(3) $f(x)=x,\ g'(x)=e^x$라 하면 $f'(x)=1,\ g(x)=e^x$이므로 부분적분법에 의해,

$$\int_0^1 xe^x dx = [xe^x]_0^1 - \int_0^1 e^x dx = [xe^x - e^x]_0^1 = (e-e)-(0-e^0) = 1$$

(4) $u=\ln x$라 하면 $du=\frac{dx}{x}$이므로 치환적분법에 의해,

$$\int_e^{e^2} \frac{dx}{x\ln x} = \int_1^2 \frac{du}{u} = [\ln u]_1^2 = \ln 2 - \ln 1 = \ln 2$$

□ 정적분의 응용

앞에서 공부한 정적분은 평면에서 곡선으로 둘러싸인 영역의 넓이, 호의 길이 또는 입체도형의 부피를 구할 때 유용하게 활용된다. 다음은 **지수함수 또는 로그함수의 정적분을 활용한 예제들이다.**

예제 6-54

곡선 $y=\ln x$, $x=e$, $y=0$로 둘러싸인 영역의 넓이를 구하여라.

풀이

곡선 $y=\ln x$, $y=0$의 교점은 $x=1$이므로, 곡선들로 둘러싸인 영역의 범위는 $[1, e]$이다. 따라서 영역의 넓이는

$$A=\int_1^e \ln x\,dx$$

이므로 부분적분법에 의해,

$$A=[x\ln x]_1^e-\int_1^e dx=[x\ln x-x]_1^e$$
$$=(e\ln e-e)-(1\ln 1-1)=1$$

이다.

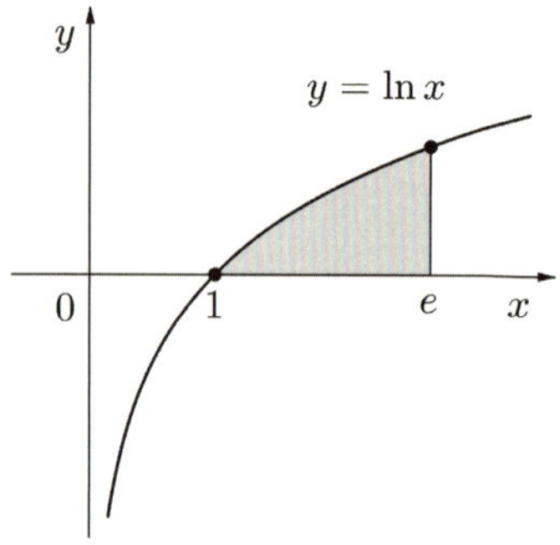

[그림 6-33]

예제 6-55

$0\le x\le 1$일 때, 곡선 $y=\dfrac{e^x+e^{-x}}{2}$ 의 길이를 구하여라.

풀이

$y'=\left(\dfrac{e^x+e^{-x}}{2}\right)'=\dfrac{e^x-e^{-x}}{2}$이므로 곡선의 길이는

$$L=\int_0^1\sqrt{1+(y')^2}\,dx=\int_0^1\sqrt{1+\left(\frac{e^x-e^{-x}}{2}\right)^2}\,dx$$
$$=\int_0^1\sqrt{\frac{(e^x+e^{-x})^2}{4}}\,dx$$
$$=\int_0^1\frac{e^x+e^{-x}}{2}\,dx=\left[\frac{e^x-e^{-x}}{2}\right]_0^1$$
$$=\frac{1}{2}\left(e-\frac{1}{e}\right)$$

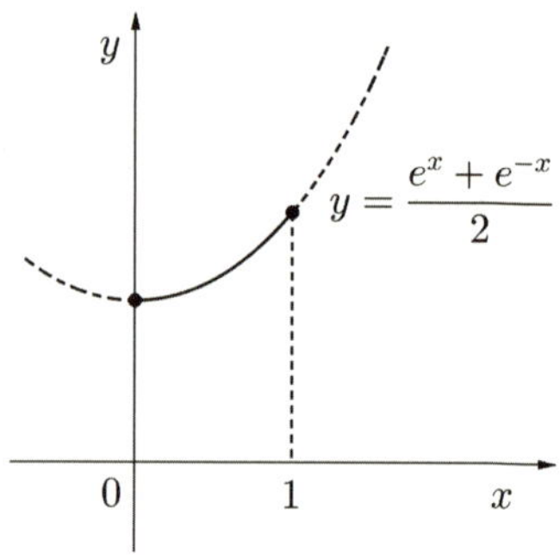

[그림 6-34]

예제 6-56

곡선 $y=e^x$, $x=0$, $x=e$, $y=0$으로 둘러싸인 영역 R를 x축을 회전축으로 하여 얻은 회전체의 부피를 구하여라.

풀이

영역 R은 구간 $[0,e]$에서 곡선 $y=e^x$ 아래에 놓여 있으므로 회전체의 부피는

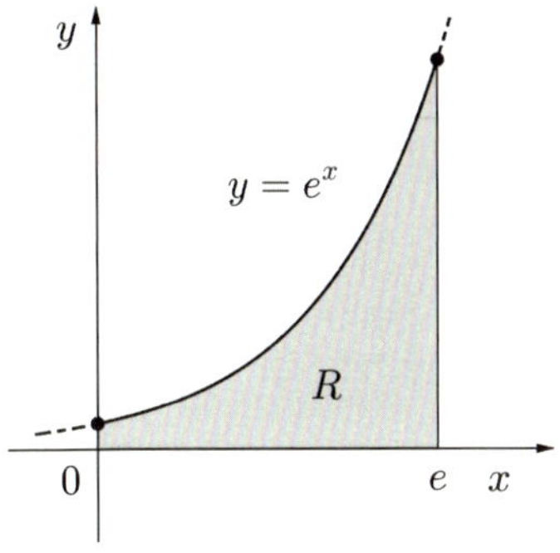

[그림 6-35]

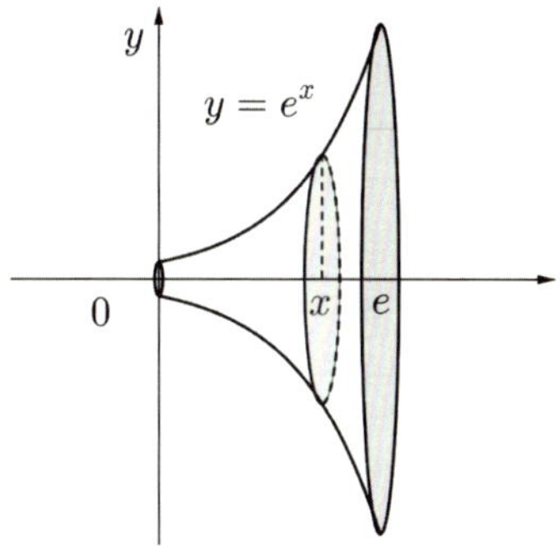

[그림 6-36]

$$V=\int_0^e \pi y^2\,dx=\int_0^e \pi e^{2x}\,dx$$

이다. $t=2x$로 치환하면 $dt=2dx$ 이므로,

$$V=\int_0^e \pi y^2\,dx=\int_0^e \pi e^{2x}\,dx=\frac{\pi}{2}\int_0^{2e} e^t\,dt=\frac{\pi}{2}\left[e^t\right]_0^{2e}=\frac{\pi}{2}\left(e^{2e}-e^0\right)=\frac{\pi}{2}\left(e^{2e}-1\right)$$ 이다.

6.6 연습문제

01. 다음 부정적분을 구하여라.

(1) $\int \frac{4x-3}{2x^2-3x-5}dx$

(2) $\int \frac{1+x}{x^2}dx$

(3) $\int \frac{1+\ln x}{x}dx$

(4) $\int \frac{x}{\sqrt{x^2-4}}dx$

(5) $\int e^x\sqrt{1+e^x}\,dx$

(6) $\int \frac{(\ln t)^2}{t}dt$

(7) $\int xe^{x^2}dx$

(8) $\int \ln(x+1)\,dx$

02. 다음 정적분을 계산하여라.

(1) $\int_1^e \frac{1}{x}dx$

(2) $\int_0^1 2^x dx$

(3) $\int_1^e x\ln x\,dx$

(4) $\int_1^e \ln x\,dx$

(5) $\int_2^3 \frac{dx}{x^2-1}$

(6) $\int_0^1 \frac{x^3}{x+1}dx$

03. 다음 곡선 또는 직선으로 둘러싸인 도형의 넓이를 구하여라.

$$y=\ln x,\ \ x=e,\ \ y=0$$

04. 곡선 $y=\frac{e^x+e^{-x}}{2}$ $(0 \le x \le 1)$ 의 길이를 구하여라.

05. 곡선 $y=e^{x-1}$ 및 y축과 직선 $x=1$로 둘러싸인 영역을 x축을 축으로 하여 회전시켜 얻은 입체의 부피를 구하여라.

Chapter 07

삼각함수의 미분과 적분

7.1 각과 단위원

□ 단위원

원(circle)은 삼각법 연구에서 가장 중요하다. 원은 **중심**(center)이라 부르는 주어진 점에서 **반지름**(radius)이라 부르는 주어진 거리에 있는 점들의 집합이다. 따라서 원의 방정식은 두 점 사이의 거리 공식을 이용하여 구할 수 있다. 예를 들어, 중심이 (a,b)이고 반지름이 r인 원의 방정식은

$$(x-a)^2+(y-b)^2=r^2$$

이다. 특히 중심이 원점 $(0,0)$이고 반지름이 1인 원은 **단위원**(unit circle)이라 한다.

> **정의 7-1.**
> 단위원은 중심이 원점 $(0,0)$이고 반지름이 1인 원이다. 단위원의 방정식은
>
> $$x^2+y^2=1$$
>
> 이다.

□ 각

평면 위의 한 점 O에서 시작하는 두 개의 반직선 OX, OY로 만들어진 도형을 **각**이라 하고 기호 $\angle XOY$로 나타낸다. 이때, 점 O는 각의 꼭지점이고 반직선 OX는 각의 시작변(initial side), 반직선 OY는 종변(terminal side)이라 한다. 그리고 시작변 OX로부터 시계 반대방향으로 회전하여 생기는 각은 **양의 각**, 시계 방향으로 회전하여 생기는 각은 **음의 각**이라 한다.

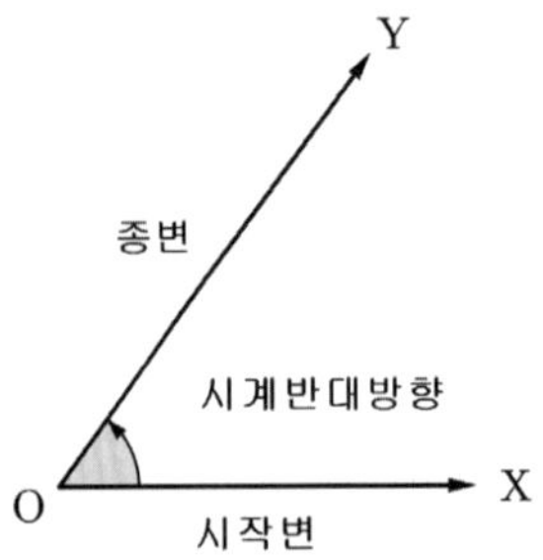

[그림 7-1]

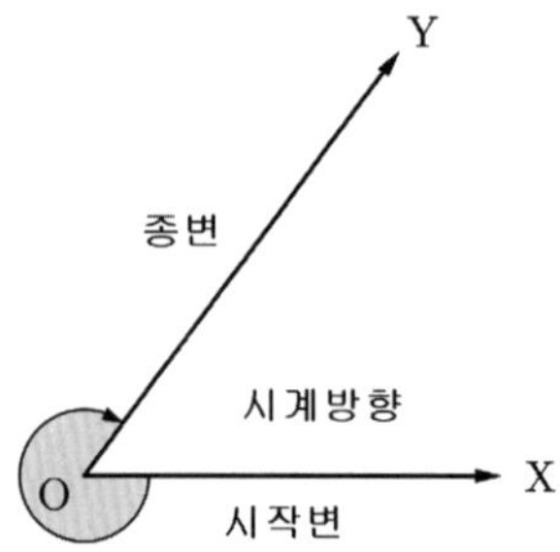

[그림 7-2]

○ 각의 크기

각의 크기는 시작변에서 종변까지의 회전 양에 의해 결정된다. 각의 측정하는 단위는 **도**(°)와 **라디안**(radian)이 있다.

시작변으로부터 시계반대 방향으로 완전히 한 바퀴 회전하여 생긴 각의 크기는 360°이다. 따라서 반 바퀴 회전하여 생긴 **평각**의 크기는 180°, $\frac{1}{4}$바퀴 회전하여 생긴 **직각**의 크기는 90° 이고, 1°는 $\frac{1}{360}$바퀴를 회전하여 얻은 각의 크기이다.

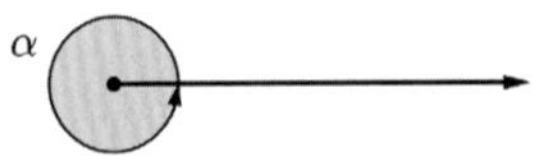

[그림 7-3] $\angle\alpha = 360°$

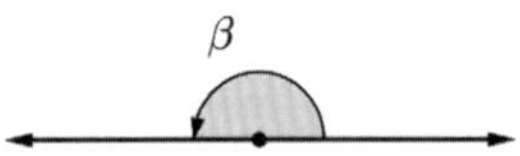

[그림 7-4] $\angle\beta = 180°$ (평각)

[그림 7-5] $\angle\gamma = 90°$ (직각)

그리고 각의 크기가 0°와 90°사이인 각을 **예각**, 90°와 180°사이인 각을 **둔각**이라 한다.

각의 크기를 측정하는 또 다른 방법은 **라디안**이다. 이것은 원의 원주율을 이용하는 것으로, 1 라디안(radian)은 반지름이 r인 원에서 호의 길이가 r이 되는 중심각의 크기이다.

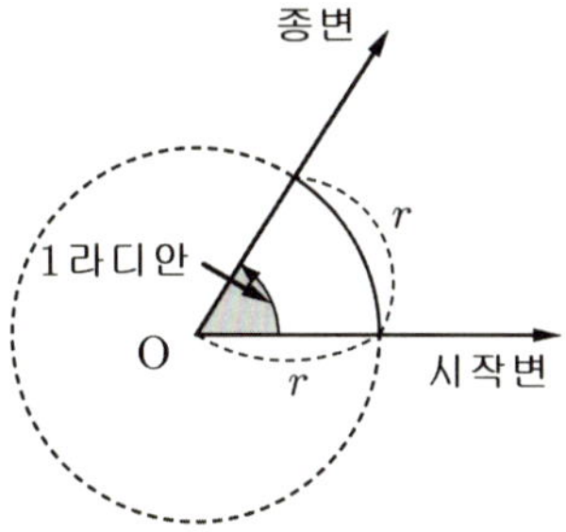

[그림 7-6]

반지름이 r인 원주의 길이는 $2\pi r$이고 이에 대응하는 중심각의 크기는 2π라디안이므로, 반 바퀴 회전한 각의 크기는 π라디안, $\frac{1}{4}$바퀴 회전한 각의 크기는 $\frac{\pi}{2}$라디안이다. 따라서 $360^\circ=2\pi$라디안, $180^\circ=\pi$라디안, $90^\circ=\frac{\pi}{4}$라디안 이므로, 1 라디안 $=\frac{180^\circ}{\pi}$이고 $1^\circ=\frac{\pi}{180}$라디안이다.

정리 7-1.

$$1 \text{ 라디안} = \frac{180^\circ}{\pi},\ 1^\circ = \frac{\pi}{180}\text{라디안}$$

예제 7-1

다음 각을 도(°)는 라디안으로, 라디안은 도(°)로 나타내어라.

(1) 135°

(2) -150°

(3) $\frac{9}{2}\pi$

(4) $-\frac{\pi}{2}$

풀이

(1) $135^\circ=135\times\frac{\pi}{180}=\frac{3}{4}\pi$ 라디안

(2) $-150^\circ=-150\times\frac{\pi}{180}=-\frac{5}{6}\pi$ 라디안 또는 $\frac{7}{6}\pi$ 라디안

(3) $\frac{9}{2}\pi=\frac{9}{2}\pi\times\frac{180^\circ}{\pi}=810^\circ$

(4) $-\frac{\pi}{2}=-\frac{\pi}{2}\times\frac{180^\circ}{\pi}=-90^\circ$ 또는 270°

참고 일반적으로 많이 사용하는 각(특별각)의 크기는 두 가지 측정 단위로 기억하는 것이 좋다.

도(°)	라디안(radian)
0°	0
30°	$\frac{\pi}{6}$
45°	$\frac{\pi}{4}$
60°	$\frac{\pi}{3}$
90°	$\frac{\pi}{2}$
180°	π
270°	$\frac{3\pi}{2}$
360°	2π

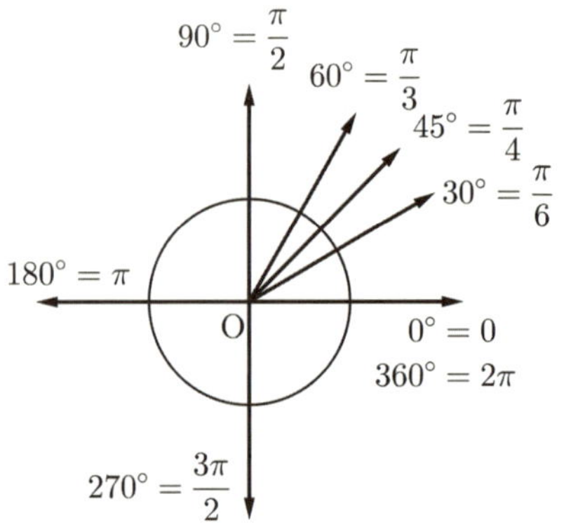

[그림 7-7]

예제 7-2

다음 각의 종변은 몇 사분면에 위치하는가?

(1) 420°　　(2) $-390°$

(3) $-\frac{5}{6}\pi$　　(4) $\frac{24}{7}\pi$

풀이

(1) $420° = 360° + 60°$ 이므로 각의 종변은 제1사분면에 있다.

(2) $-390° = -360° + (-30°)$이므로 각의 종변은 제4사분면에 있다.

(3) $-\frac{5}{6}\pi$은 $-\pi$와 $-\frac{\pi}{2}$사이에 있으므로 각의 종변은 제3사분면에 있다.

(4) $\frac{24}{7}\pi = 3\pi + \frac{3}{7}\pi$이므로 각의 종변은 제3사분면에 있다.

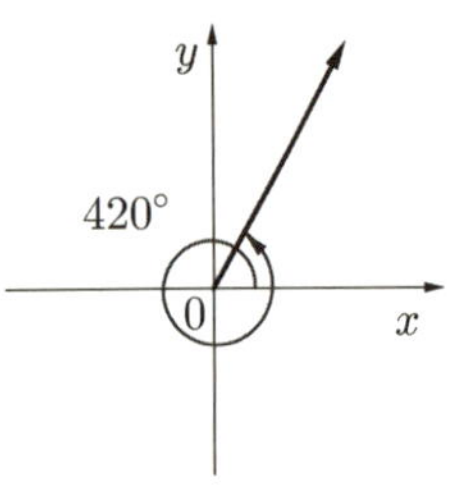

[그림 7-8]

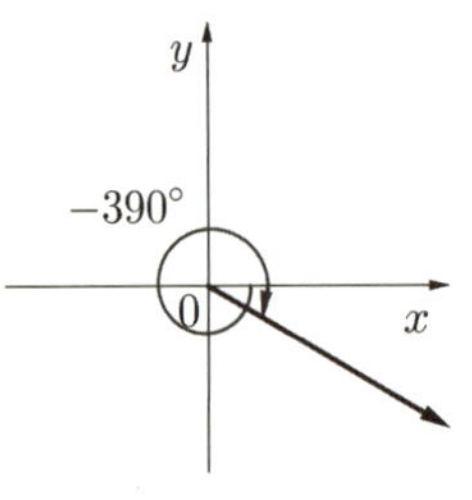

[그림 7-9]

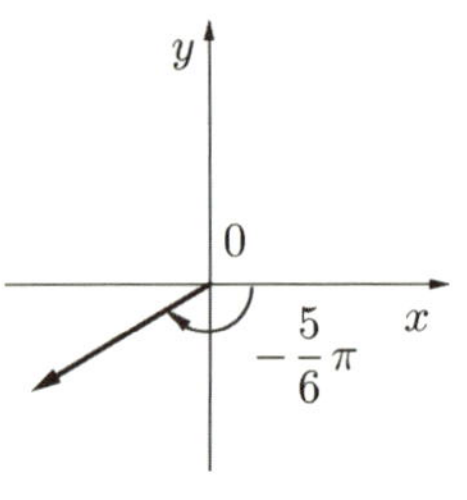

[그림 7-10]

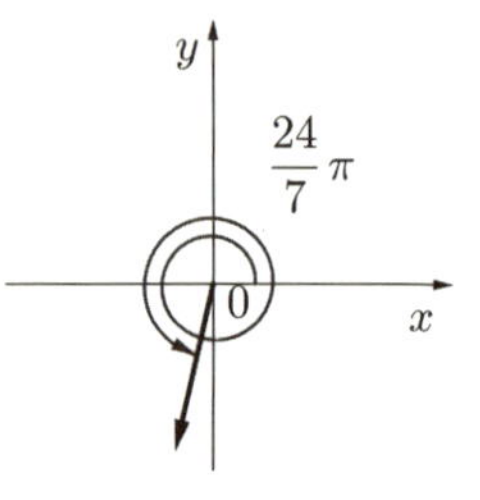

[그림 7-11]

○ 호의 길이

원(circle)에서 1회전(one revolution)에 해당하는 호의 길이는 원주(원둘레)이다. 호의 길이를 r, 측정된 각의 크기를 θ(라디안)이라 하면, 1회전의 각의 크기(라디안)는 2π이므로

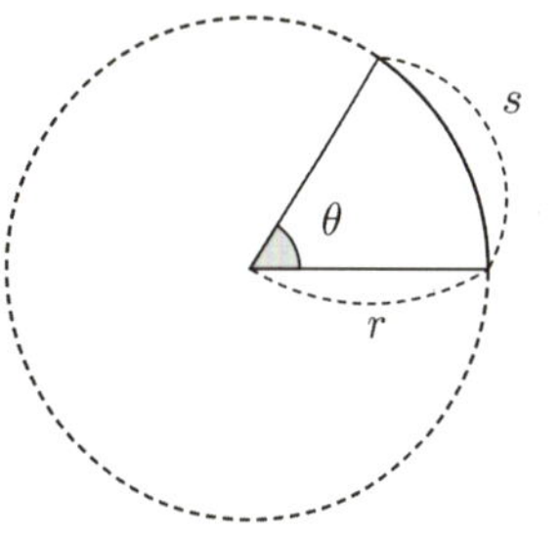

[그림 7-12]

$$\frac{\theta}{2\pi}=\frac{s}{2\pi r}$$

이다. 따라서 반지름이 r인 원에서 중심각이 θ인 호의 길이는

$$s=r\theta$$

이다.

예제 7-3

반지름이 20, 중심각이 36°인 호의 길이를 구하여라.

풀이

중심각 $36^\circ = 36\times\frac{\pi}{180}=\frac{\pi}{5}$ 라디안이므로, 호의 길이는

$$s=20\times\frac{\pi}{5}=4\pi.$$

7.1 연습문제

01. 〈보기〉에서 다음 각 θ의 종변에 해당하는 번호를 구하여라.

〈보기〉

① 양의 x축　② 양의 y축　③ 음의 x축　④ 음의 y축

(1) $\theta = \frac{\pi}{2}$

(2) $\theta = \pi$

(3) $\theta = \frac{3}{2}\pi$

(4) $\theta = 2\pi$

02. 다음 각에 대해, 도(°)는 라디안으로, 라디안은 도(°)로 나타내어라.

(1) $225°$

(2) $-110°$

(3) $\frac{5}{3}\pi$

(4) $-\frac{7}{6}\pi$

03. 다음 각의 종변은 몇 사분면에 위치하는 지 알아보아라.

(1) $420°$

(2) $-390°$

(3) $-\frac{5}{6}\pi$

(4) $\frac{24}{7}\pi$

04. 반지름이 5인 원에서 호의 길이가 $\frac{5}{3}\pi$인 중심각 θ의 크기를 구하여라.

7.2 삼각함수

□ 삼각함수

좌표평면 위에 원점이 중심이고 반지름이 r인 원을 그리고, 양의 x축을 시작선으로 하여 각 θ(라디안)만큼 회전하여 얻어진 반직선과 원주와의 교점을 점 $P(x,y)$라 하자.

반직선 OP가 양의 x축과 이루는 각을 θ라고 할 때,

$$\sin\theta = \frac{y}{r}, \quad \cos\theta = \frac{x}{r}, \quad \tan\theta = \frac{y}{x}$$

$$\csc\theta = \frac{r}{y}, \quad \sec\theta = \frac{r}{x}, \quad \cot\theta = \frac{x}{y}$$

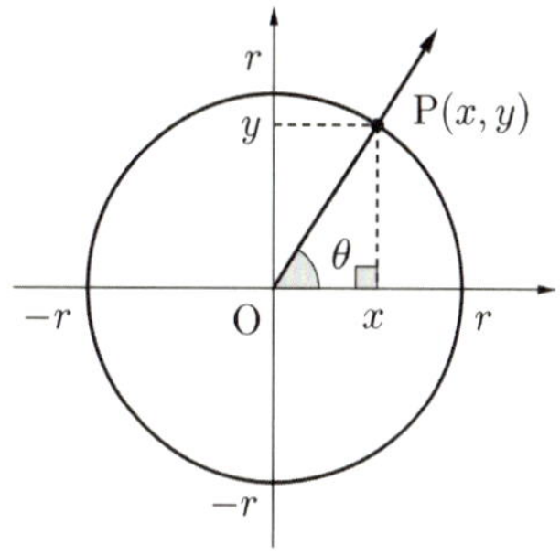

[그림 7-13]

로 나타내고, 이들을 각각 θ의 **사인함수**, **코사인함수**, **탄젠트함수**, **코시컨트함수**, **시컨트함수**, **코탄젠트함수**라 하며, 이들을 통틀어 각 θ의 **삼각함수**라고 부른다.

이때, $\frac{y}{r}, \frac{x}{r}, \frac{y}{x}, \frac{r}{y}, \frac{r}{x}, \frac{x}{y}$의 값은 각 θ의 크기와 상관없이 θ에 대한 함수가 된다.

특히 $\mathrm{P}(x,y)$가 단위 원주상의 점이면,

$$\sin\theta = y,\ \cos\theta = x,\ \tan\theta = \frac{y}{x},\ \csc\theta = \frac{1}{y},\ \sec\theta = \frac{1}{x},\ \cot\theta = \frac{x}{y}$$

이다.

참고 $r = \sqrt{x^2+y^2} \neq 0$이므로, $\sin\theta$와 $\cos\theta$는 모든 각 θ에 대해 정의된다. 그러나 $x=0$일 때 $\tan\theta, \sec\theta$, 그리고 $y=0$일 때 $\cot\theta, \csc\theta$가 정의되지 않는다. 뿐만 아니라 점 $\mathrm{P}(x,y)$가 좌표평면에서 몇 사분면의 점인지에 따라 삼각함수의 부호가 결정된다. 즉,

(a) θ가 제 1사분면의 각이면,

$$\sin\theta > 0, \cos\theta > 0, \tan\theta > 0$$

(b) θ가 제 2사분면의 각이면,

$$\sin\theta > 0, \cos\theta < 0, \tan\theta < 0$$

(c) θ가 제 3사분면의 각이면,

$$\sin\theta < 0, \cos\theta < 0, \tan\theta > 0$$

(d) θ가 제 4사분면의 각이면,

$$\sin\theta < 0, \cos\theta > 0, \tan\theta < 0$$

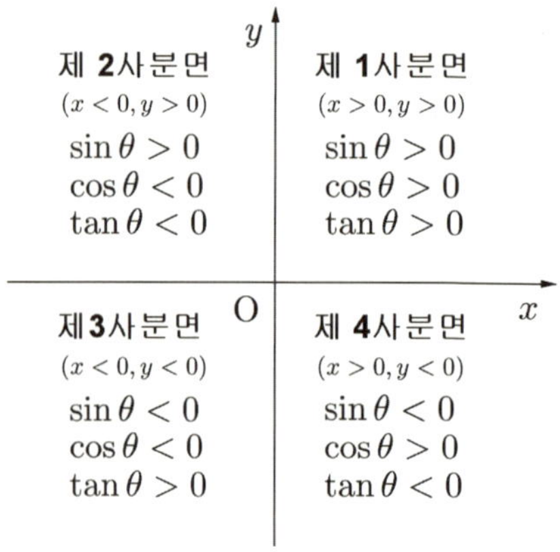

[그림 7-14]

예제 7-4

θ가 제 2사분면의 각일 때, $\sqrt{\sin^2\theta} - \sqrt[3]{\cos^3\theta} + \sqrt[4]{(\cos\theta - \sin\theta)^4}$ 을 간단히 하여라.

풀이

θ가 제 2사분면의 각이므로, $\sin\theta > 0, \cos\theta < 0$이다. 따라서,

$$\begin{aligned}\sqrt{\sin^2\theta} - \sqrt[3]{\cos^3\theta} + \sqrt[4]{(\cos\theta - \sin\theta)^4} &= |\sin\theta| - \cos\theta + |\cos\theta - \sin\theta| \\ &= \sin\theta - \cos\theta - \cos\theta + \sin\theta = 2(\sin\theta - \cos\theta)\end{aligned}$$

예제 7-5

단위원주 위에 있는 점 $\left(-\frac{1}{2}, \frac{\sqrt{3}}{2}\right)$을 지나는 반직선을 종변으로 하는 각을 θ라 할 때, 각 θ에 대한 삼각함수의 값을 구하여라.

풀이

$$\sin\theta = \frac{\sqrt{3}}{2},\ \cos\theta = -\frac{1}{2},\ \tan\theta = -\sqrt{3},\ \csc\theta = \frac{2}{\sqrt{3}},\ \sec\theta = -2,\ \cot\theta = -\frac{1}{\sqrt{3}}$$

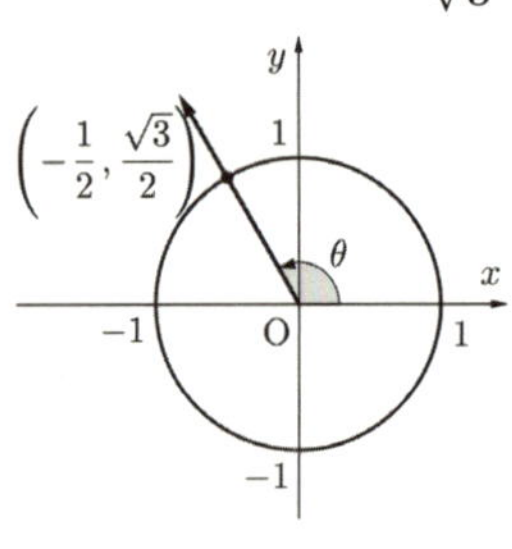

[그림 7-15]

예제 7-6

$(-3, 4)$가 각 θ의 종변 위에 있는 점일 때, $\sin\theta$, $\cos\theta$, $\tan\theta$을 구하여라.

풀이

$r=\sqrt{(-3)^2+(4)^2}=5$이므로 삼각함수 정의에 의해,

$$\sin\theta=\frac{4}{5},\ \cos\theta=-\frac{3}{5},\ \tan\theta=-\frac{4}{3}$$

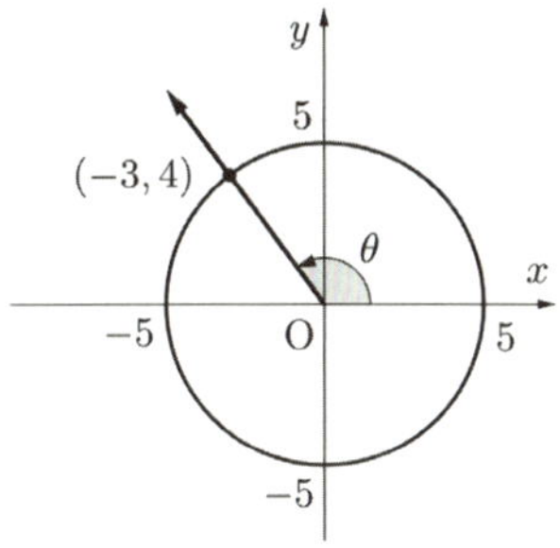

[그림 7-16]

○ 참고각

90° 보다 큰 각의 삼각함수의 값을 구할 때 유용하게 사용되는 각으로 **참고각**(reference angle)이 있다. 이차원 좌표계에서 양의 x축을 시작변으로 하는 각 θ에 대해, x축과 θ의 종변이 이루는 예각을 θ의 참고각 θ'이라 한다. 참고각을 찾는 과정은 다음 그림처럼 θ의 종변이 몇 사분면에 있는가에 따라 다르게 정의된다.

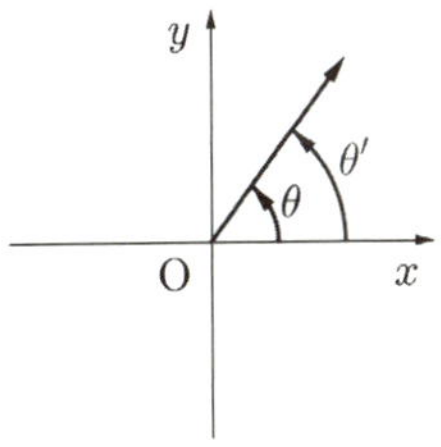
[그림 7-17]

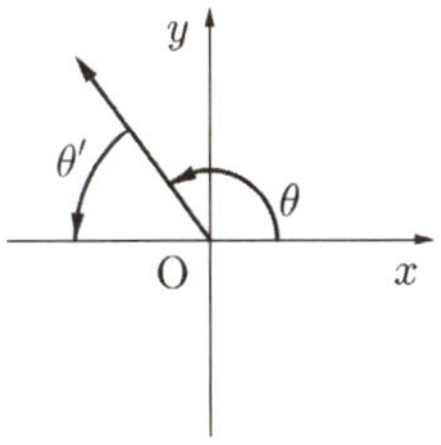
[그림 7-18]

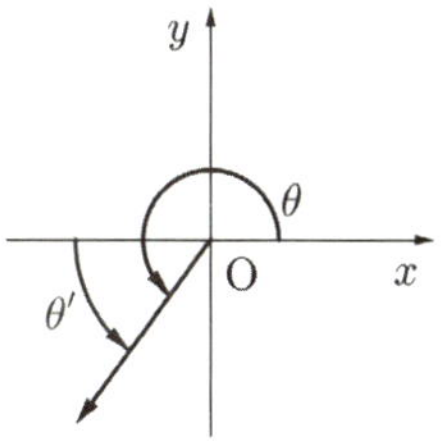
[그림 7-19]

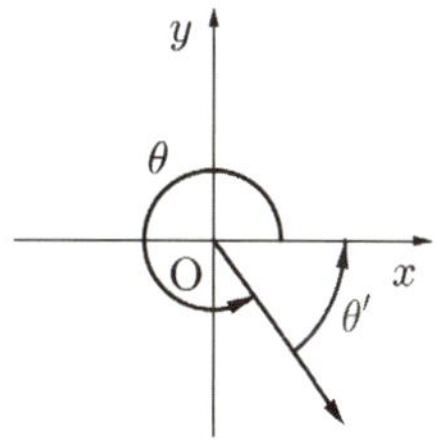
[그림 7-20]

예제 7-7

다음 각의 참고각을 구하여라.

(1) $210°$ (2) $150°$

(3) $-\frac{4\pi}{3}$ (4) $\frac{7\pi}{6}$

풀이

(1) $210°$ 의 종편은 제3사분면에 있으므로 참고각은 $210° - 180° = 30°$ 이다.
(2) $150°$ 의 종변은 제2사분면에 있으므로 참고각은 $180° - 150° = 30°$ 이다.
(3) $-\frac{4\pi}{3} = \frac{2\pi}{3}$ 의 종변은 제2사분면에 있으므로 참고각은 $\pi - \frac{2\pi}{3} = \frac{\pi}{3}$ 이다.
(4) $\frac{7\pi}{6}$ 의 종변은 제3사분면에 있으므로 참고각은 $\frac{7\pi}{6} - \pi = \frac{\pi}{6}$ 이다.

○ 삼각함수의 값

각 θ에 대한 삼각함수의 값을 구하는 방법들에 대해 공부한다.

삼각함수의 값 구하기 (Ⅰ):

각 θ의 종변이 좌표 축상에 놓인 삼각함수의 값은 단위원에서의 삼각함수 정의를 사용하여 구한다.

예제 7-8

크기가 $-\frac{3\pi}{2}$ 인 각의 모든 삼각함수의 값을 구하여라.

풀이

단위원에서 크기가 $-\frac{3\pi}{2}$ 인 각의 종변과 좌표축의 교점은 $(0,1)$이므로,

$\sin\left(-\frac{3\pi}{2}\right) = 1$, $\cos\left(-\frac{3\pi}{2}\right) = 0$, $\tan\left(-\frac{3\pi}{2}\right) = \frac{1}{0}$ 는 정의되지 않는다

$\csc\left(-\frac{3\pi}{2}\right) = 1$, $\sec\left(-\frac{3\pi}{2}\right) = \frac{1}{0}$ 는 정의되지 않는다. $\cot\left(-\frac{3\pi}{2}\right) = \frac{0}{1} = 0$

참고 **특별각** $0^\circ(0)$, $30^\circ\left(\frac{\pi}{6}\right)$, $45^\circ\left(\frac{\pi}{4}\right)$, $60^\circ\left(\frac{\pi}{3}\right)$, $90^\circ\left(\frac{\pi}{2}\right)$, $180^\circ(\pi)$, $360^\circ(2\pi)$의 삼각함수의 값을 **특별값**이라 한다. 이를 구하기 위해서는 삼각비를 사용하면 좋다.

정리 7-2.

직각삼각형 ABC (단, $\angle C = 90^\circ$)의 변의 길이를 각각

$$\overline{BC} = a,\ \overline{AC} = b,\ \overline{AB} = c$$

라 할 때, 각 A에 대한 삼각비는 다음과 같이 정의한다.

$$\sin A = \frac{a}{c},\ \cos A = \frac{b}{c},\ \tan A = \frac{a}{b}$$

$$\csc A = \frac{c}{a},\ \sec A = \frac{c}{b},\ \cot A = \frac{b}{a}$$

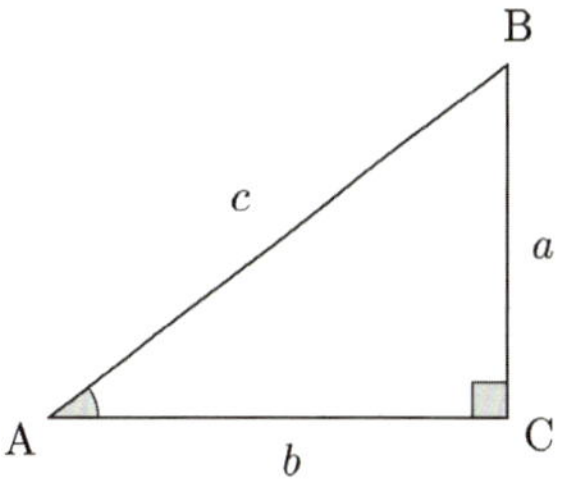

[그림 7-21]

예제 7-9

크기가 $\frac{\pi}{4}$인 삼각함수의 값을 구하여라.

풀이

한 각의 크기가 $\frac{\pi}{4}$인 삼각형은 직각이등변삼각형이므로,

$\angle A = \frac{\pi}{4}$, $a = b = 1$이면 $c = \sqrt{2}$이다. 따라서

$$\cos\left(\frac{\pi}{4}\right) = \frac{1}{\sqrt{2}},\ \sin\left(\frac{\pi}{4}\right) = \frac{1}{\sqrt{2}},\ \tan\left(\frac{\pi}{4}\right) = 1,$$

$$\sec\left(\frac{\pi}{4}\right) = \sqrt{2},\ \csc\left(\frac{\pi}{4}\right) = \sqrt{2},\ \cot\left(\frac{\pi}{4}\right) = 1$$

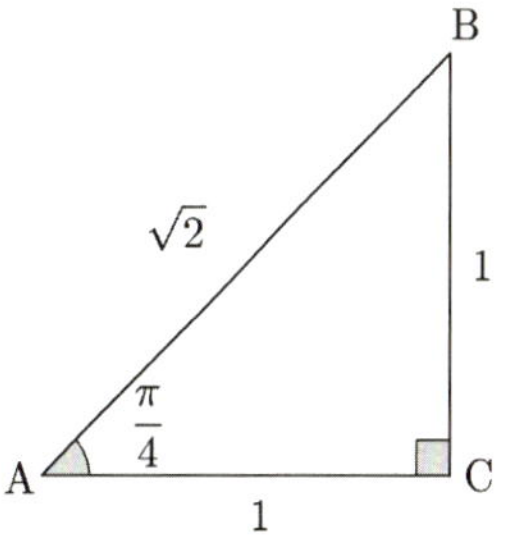

[그림 7-22]

예제 7-10

크기가 60°, 30°인 삼각함수의 값을 구하여라.

풀이

한 변의 길이가 2인 정삼각형을 한 꼭짓점에서 수직 이등분하여 얻은 직각삼각형은 다음과 같다. 그림에서 각 B의 크기는 60°이고 변 AC의 길이는 피타고라스 정리에 의해 $\sqrt{3}$이므로,

$$\cos 60^\circ = \frac{1}{2},\ \sin 60^\circ = \frac{\sqrt{3}}{2},\ \tan 60^\circ = \sqrt{3}$$

$$\sec 60^\circ = 2,\ \csc 60^\circ = \frac{2}{\sqrt{3}},\ \cot 60^\circ = \frac{1}{\sqrt{3}}$$

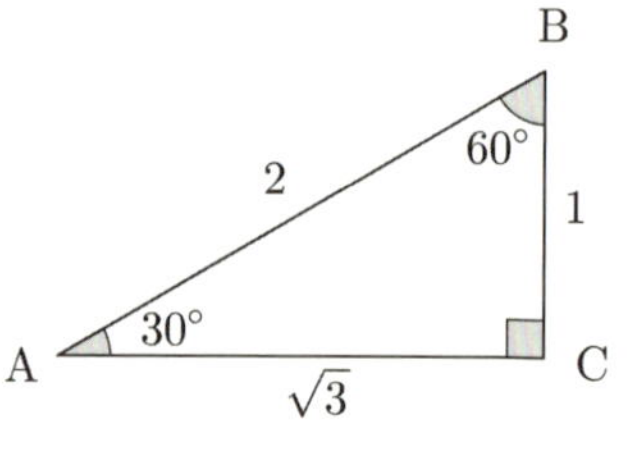

또한 각 A의 크기는 30°이므로,

$$\cos 30^\circ = \frac{\sqrt{3}}{2},\ \sin 30^\circ = \frac{1}{2},\ \tan 30^\circ = \frac{1}{\sqrt{3}}$$

$$\sec 30^\circ = \frac{2}{\sqrt{3}},\ \csc 30^\circ = 2,\ \cot 30^\circ = \sqrt{3}$$

다음은 자주 사용되는 특별각에 대한 특별값으로, 외워서 사용하는 것이 좋다.

각 θ	$\sin\theta$	$\cos\theta$	$\tan\theta$	$\csc\theta$	$\sec\theta$	$\cot\theta$
0°	0	1	0	없음	1	없음
30°	$\frac{1}{2}$	$\frac{\sqrt{3}}{2}$	$\frac{\sqrt{3}}{3}$	2	$\frac{2}{\sqrt{3}}$	$\sqrt{3}$
45°	$\frac{\sqrt{2}}{2}$	$\frac{\sqrt{2}}{2}$	1	$\sqrt{2}$	$\sqrt{2}$	1
60°	$\frac{\sqrt{3}}{2}$	$\frac{1}{2}$	$\sqrt{3}$	$\frac{2}{\sqrt{3}}$	2	$\frac{1}{\sqrt{3}}$
90°	1	0	없음	1	없음	0
180°	0	−1	0	없음	−1	없음
270°	−1	0	없음	−1	없음	0

예제 7-11

다음 값을 구하여라.

(1) $\sin 60^\circ + \cos 30^\circ$

(2) $\sec 180^\circ + \tan 45^\circ$

(3) $\dfrac{\csc 30^\circ + \cot 45^\circ}{\sec 60^\circ}$

풀이

표를 이용하여 쉽게 구할 수 있다.

(1) $\sin 60^\circ + \cos 30^\circ = \dfrac{\sqrt{3}}{2} + \dfrac{\sqrt{3}}{2} = \sqrt{3}$

(2) $\sec 180^\circ + \tan 45^\circ = -1 + 1 = 0$

(3) $\dfrac{\csc 30^\circ + \cot 45^\circ}{\sec 60^\circ} = \dfrac{2+1}{2} = \dfrac{3}{2}$

삼각함수의 값 구하기 (II):

크기가 특별각의 배수인 각 θ에 대한 삼각함수의 값을 구할 때는 앞에서 배운 참고각(reference angle)을 사용하면 좋다. 즉, θ의 참고각이 θ'이면, $\sin\theta = \pm\sin\theta'$이다. 그런데 θ의 종변이 몇 사분면에 있는지에 따라 $\sin\theta$의 부호가 결정된다.

예를 들어 120°의 참고각은 60°이고 각의 종변은 제2사분면에 있으므로,

$$\sin 120^\circ = \sin 60^\circ = \frac{\sqrt{3}}{2}$$

이고,

$$\cos 120^\circ = -\cos 60^\circ = -\frac{1}{2},\quad \tan 120^\circ = -\tan 60^\circ = -\sqrt{3}$$

이다.

예제 7-12

다음 값을 구하여라.

(1) $\cos\frac{4}{3}\pi$ (2) $\tan(-210^\circ)$

(3) $\csc\frac{11}{4}\pi$ (4) $\sec\frac{5\pi}{3}+\sec\frac{\pi}{3}$

풀이

(1) $\frac{4}{3}\pi$이 제3사분면에 있고 참고각이 $\frac{\pi}{3}$이다. 또한 제3사분면에서 $\cos\theta<0$이므

$$\cos\frac{4}{3}\pi=-\cos\frac{\pi}{3}=-\frac{1}{2}$$

(2) -210°의 종변은 제2사분면에 있고 참고각은 30°이다. 제2사분면에서 $\tan\theta<0$이므로

$$\tan(-210^\circ)=-\tan30^\circ=-\frac{1}{\sqrt{3}}$$

(3) $\frac{11}{4}\pi$의 종변은 제2사분면에 있고 참고각은 $\frac{\pi}{4}$이다. 따라서

$$\csc\frac{11}{4}\pi=\csc\frac{\pi}{4}=\sqrt{2}$$

(4) $\frac{5\pi}{3}$의 종변은 제4사분면에 있고 참고각은 $\frac{\pi}{3}$이고 $\sec\theta>0$이다. 따라서

$$\sec\frac{5\pi}{3}+\sec\frac{\pi}{3}=\sec\frac{\pi}{3}+\sec\frac{\pi}{3}=2+2=4$$

○ 삼각함수의 기본성질

삼각함수의 정의로부터 다음의 기본성질이 성립하는 것을 알 수 있다.

정리 7-3. 기본성질: 역수관계 및 상제관계

$$\csc\theta=\frac{1}{\sin\theta},\ \sec\theta=\frac{1}{\cos\theta},\ \cot\theta=\frac{1}{\tan\theta},\ \tan\theta=\frac{\sin\theta}{\cos\theta},\ \cot\theta=\frac{\cos\theta}{\sin\theta}$$

예제 7-13

$\sin\theta = \frac{4}{5}$, $\cos\theta = -\frac{3}{5}$일 때, $\tan\theta, \sec\theta, \csc\theta$을 구하여라.

풀이

$$\tan\theta = \frac{\sin\theta}{\cos\theta} = \frac{\frac{4}{5}}{-\frac{3}{5}} = -\frac{4}{3} \quad \sec\theta = \frac{1}{\cos\theta} = \frac{1}{-\frac{3}{5}} = -\frac{5}{3} \quad \csc\theta = \frac{1}{\sin\theta} = \frac{1}{\frac{4}{5}} = \frac{5}{4}$$

단위원 위의 한 점을 $P(x,y)$라 하면 $x^2+y^2=1$이다. 양의 x축으로부터 점 $P(x,y)$까지의 회전각을 θ라 하면, $\cos\theta = x$, $\sin\theta = y$이므로

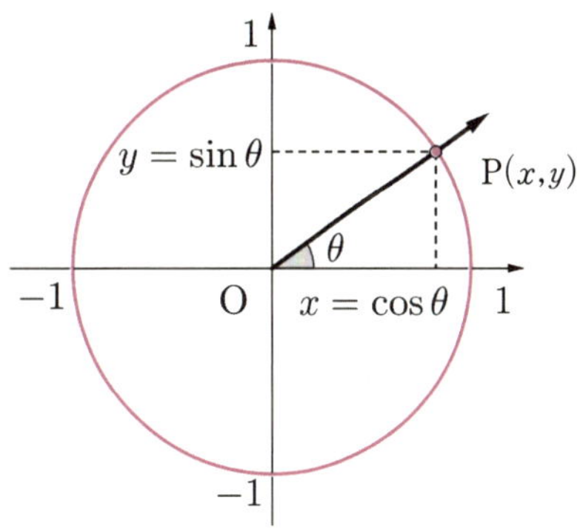

$$\sin^2\theta + \cos^2\theta = 1$$

이다. 식의 양변을 $\cos^2\theta$ 로 나누면,

$$\frac{\sin^2\theta}{\cos^2\theta} + 1 = \frac{1}{\cos^2\theta} \iff 1 + \tan^2\theta = \sec^2\theta$$

이다. 또한 식의 양변을 $\sin^2\theta$로 나누면,

$$1 + \frac{\cos^2\theta}{\sin^2\theta} = \frac{1}{\sin^2\theta} \iff 1 + \cot^2\theta = \csc^2\theta$$

이다. 따라서 다음과 같은 삼각함수의 항등식이 성립한다.

정리 7-4.

기본성질: 제곱관계

$$\sin^2\theta + \cos^2\theta = 1, \quad 1 + \tan^2\theta = \sec^2\theta, \quad 1 + \cot^2\theta = \csc^2\theta$$

예제 7-14

$\sin\theta = \frac{4}{5}$, $\tan\theta < 0$일 때, $\cos\theta$, $\tan\theta$를 구하여라.

풀이

$\sin\theta > 0, \tan\theta < 0$이므로 θ는 제 2사분면의 각이다. 제 2사분면에서 $\cos\theta < 0$이므로

$$\cos\theta = -\sqrt{1-\sin^2\theta} = -\sqrt{1-\left(\frac{4}{5}\right)^2} = -\frac{3}{5}$$

이고,

$$\tan\theta = \frac{\sin\theta}{\cos\theta} = \frac{\frac{4}{5}}{-\frac{3}{5}} = -\frac{4}{3}$$

이다.

예제 7-15

$\sin\theta - \cos\theta = \frac{1}{2}$일 때, $\sin\theta + \cos\theta$의 값을 구하여라.

풀이

$\sin\theta - \cos\theta = \frac{1}{2}$의 양변을 제곱하면

$$\sin^2\theta - 2\sin\theta\cos\theta + \cos^2\theta = \frac{1}{4} \quad \Rightarrow \quad -2\sin\theta\cos\theta = -\frac{3}{4}$$

이므로, $2\sin\theta\cos\theta = \frac{3}{4}$ 이다. 따라서

$$(\sin\theta + \cos\theta)^2 = \sin^2\theta + 2\sin\theta\cos\theta + \cos^2\theta = 1 + \frac{3}{4} = \frac{7}{4}$$

이다. 즉, $\sin\theta + \cos\theta = \pm\sqrt{\frac{7}{4}} = \pm\frac{\sqrt{7}}{2}$이다.

7.2 연습문제

01. 점 P의 좌표가 $(-1,\sqrt{3})$, 반직선 OP의 길이가 2이고 양의 x축과 이루는 각을 θ일 때, θ에 대한 삼각함수의 값을 구하여라.

02. 다음 각 θ에 대하여, $\sin\theta, \sec\theta, \tan\theta$ 을 구하여라.

(1) $\frac{7}{4}\pi$

(2) -120°

(3) 240°

(4) $-\frac{4}{3}\pi$

03. $\tan\theta = \frac{3}{2}$일 때, $\sin\theta, \cos\theta$ 을 구하여라.(단 θ는 예각이다)

04. $(-5, -12)$가 각 θ의 종변 위의 점일 때, $\sin\theta, \sec\theta, \tan\theta$ 을 구하여라.

05. 각 $\theta = -\frac{13}{4}\pi$의 종변과 단위원의 교점 $P(x,y)$을 구하여라.

06. $\theta = -\frac{5}{2}\pi$에 대하여, $\sin\theta$와 $\cos\theta$의 값을 구하여라.

07. 다음 값을 구하여라.

(1) $\sin\frac{\pi}{4}+\cos\frac{\pi}{4}-\tan\frac{\pi}{4}$

(2) $\frac{\sec 60^\circ+\tan 60^\circ}{\csc 30^\circ}$

(3) $\tan 180^\circ-\cos 270^\circ+\sin 90^\circ$

08. 다음 값을 구하여라.

(1) $\sin 210^\circ$

(2) $\cos 120^\circ$

(3) $\tan\left(-\frac{7\pi}{6}\right)$

09. 다음 식을 간단히 하여라.

(1) $\sin x+\cos x\cot x$

(2) $\sin^2 x+\frac{1}{\sec^2 x}$

10. 다음의 항등식이 성립함을 보여라.

(1) $\csc x-\sin x=\frac{\cot^2 x}{\csc x}$

(2) $\frac{\sin x}{1-\cos x}=\frac{1+\cos x}{\sin x}$

7.3 삼각함수의 여러 가지 공식

이 절에서는 특별각이 아닌 일반각에 대한 삼각함수의 값을 구할 때 유용한 여러 가지 공식에 대해 공부한다.

□ 삼각함수의 덧셈정리

좌표평면에서 단위원 위의 점 P_1, P_2에 대하여, 반직선 OP_1과 OP_2가 양의 x축과 이루는 각의 크기를 각각 $\alpha, \beta(\alpha > \beta)$라 하면 점 P_1의 좌표는 $(\cos\alpha, \sin\alpha)$, 점 P_2의 좌표는 $(\cos\beta, \sin\beta)$이다. 또한 양의 x축과 이루는 각의 크기가 $\alpha-\beta$인 단위원 위의 점을 P_3이라 하면, 점 P_3의 좌표는 $(\cos(\alpha-\beta), \sin(\alpha-\beta))$이다.

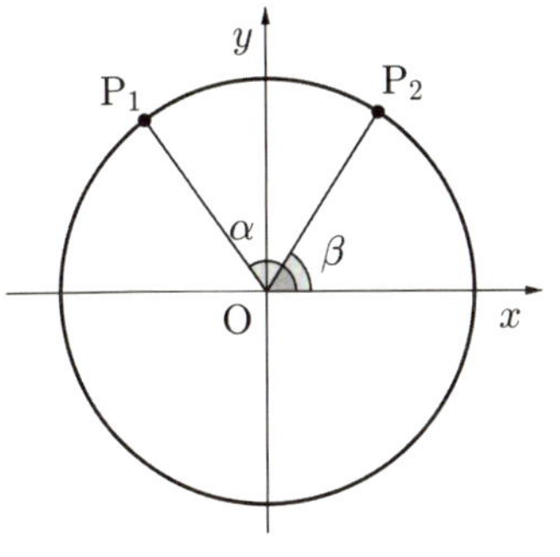

[그림 7-24]

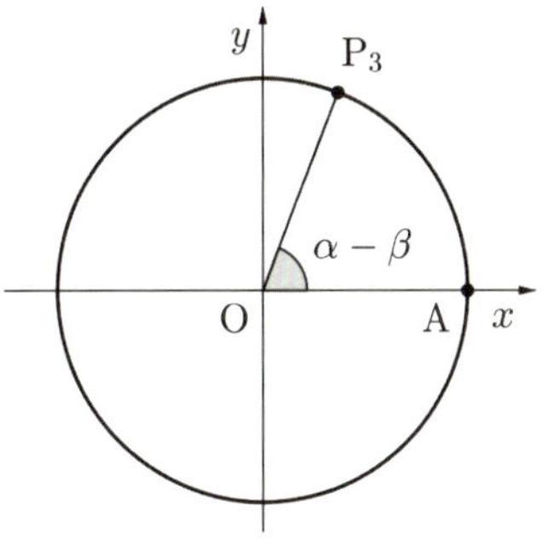

[그림 7-24]

이 때, $d(P_1, P_2) = d(A, P_3)$이므로 거리공식에 의해서

$$\sqrt{(\cos\alpha - \cos\beta)^2 + (\sin\alpha - \sin\beta)^2} = \sqrt{(\cos(\alpha-\beta)-1)^2 + \sin^2(\alpha-\beta)}$$

이므로,

$$\cos^2\alpha - 2\cos\alpha\cos\beta + \cos^2\beta + \sin^2\alpha - 2\sin\alpha\sin\beta + \sin^2\beta$$
$$= \cos^2(\alpha-\beta) - 2\cos(\alpha-\beta) + 1 + \sin^2(\alpha-\beta)$$

그런데 $\cos^2\alpha + \sin^2\alpha = 1$, $\cos^2\beta + \sin^2\beta = 1$, $\cos^2(\alpha-\beta) + \sin^2(\alpha-\beta) = 1$이므로

$$\cos(\alpha-\beta) = \cos\alpha\cos\beta + \sin\alpha\sin\beta$$

을 얻게 된다. 또한

$$\cos(\alpha+\beta) = \cos(\alpha-(-\beta)) = \cos\alpha\cos(-\beta) + \sin\alpha\sin(-\beta) = \cos\alpha\cos\beta - \sin\alpha\sin\beta$$

이다.

예제 7-16

$\cos\left(\frac{\pi}{2}-\alpha\right)=\sin\alpha$임을 보여라.

풀이

삼각함수의 덧셈정리를 적용하면

$$\cos\left(\frac{\pi}{2}-\alpha\right)=\cos\frac{\pi}{2}\cos\alpha + \sin\frac{\pi}{2}\sin\alpha = 0\times\cos\alpha + 1\times\sin\alpha$$

또한 코사인함수와 탄젠트함수에 대해 다음 성질이 성립한다.

정리 7-5.

임의의 실수(또는 각) α에 대해

$$\cos\left(\frac{\pi}{2}-\alpha\right)=\sin\alpha,\qquad \sin\left(\frac{\pi}{2}-\alpha\right)=\cos\alpha,\qquad \tan\left(\frac{\pi}{2}-\alpha\right)=\cot\alpha$$

예제 7-17

$\cos x=\frac{1}{3}$일 때, $\csc\left(\frac{\pi}{2}-x\right)$을 구하여라.

풀이

$$\csc\left(\frac{\pi}{2}-x\right)=\frac{1}{\sin\left(\frac{\pi}{2}-x\right)}=\frac{1}{\cos x}=\frac{1}{\frac{1}{3}}=3$$

코사인함수의 합 공식을 이용하면 사인함수에 대한 공식도 얻을 수 있다.

$$\sin(\alpha+\beta)=\cos\left(\frac{\pi}{2}-(\alpha+\beta)\right)=\cos\left(\left(\frac{\pi}{2}-\alpha\right)-\beta\right)$$
$$=\cos\left(\frac{\pi}{2}-\alpha\right)\cos\beta+\sin\left(\frac{\pi}{2}-\alpha\right)\sin\beta = \sin\alpha\cos\beta+\cos\alpha\sin\beta,$$
$$\sin(\alpha-\beta) = \sin(\alpha+(-\beta)) = \sin\alpha\cos\beta + \cos\alpha\sin(-\beta) = \sin\alpha\cos\beta - \cos\alpha\sin\beta$$

또한

$$\tan(\alpha+\beta) = \frac{\sin(\alpha+\beta)}{\cos(\alpha+\beta)} = \frac{\sin\alpha\cos\beta + \cos\alpha\sin\beta}{\cos\alpha\cos\beta - \sin\alpha\sin\beta}$$

이므로, 우변의 분자, 분모를 각각 $\cos\alpha\cos\beta$ 로 나누면

$$\tan(\alpha+\beta) = \frac{\tan\alpha + \tan\beta}{1-\tan\alpha\tan\beta}$$

마찬가지로 $\tan(\alpha-\beta)=\tan(\alpha+(-\beta))=\frac{\tan\alpha + \tan(-\beta)}{1-\tan\alpha\ \tan(-\beta)}$이고 $\tan(-\beta)=-\tan\beta$이므로,

$$\tan(\alpha-\beta) = \frac{\tan\alpha - \tan\beta}{1+\tan\alpha\tan\beta}$$

이다.

이와 같은 성질을 삼각함수의 덧셈정리라고 한다.

정리 7-6. 삼각함수의 덧셈정리

임의의 두 각 α, β에 대하여

(a) $\sin(\alpha+\beta) = \sin\alpha\cos\beta + \cos\alpha\sin\beta$, $\sin(\alpha-\beta) = \sin\alpha\cos\beta - \cos\alpha\sin\beta$

(b) $\cos(\alpha+\beta) = \cos\alpha\cos\beta - \sin\alpha\sin\beta$, $\cos(\alpha-\beta) = \cos\alpha\cos\beta + \sin\alpha\sin\beta$

(c) $\tan(\alpha+\beta) = \dfrac{\tan\alpha+\tan\beta}{1-\tan\alpha\tan\beta}$, $\tan(\alpha-\beta) = \dfrac{\tan\alpha-\tan\beta}{1+\tan\alpha\tan\beta}$

예제 7-18.

다음 삼각함수의 값을 구하여라.

(1) $\cos 75°$

(2) $\cos 75° + \cos 15°$

풀이

(1) $\cos 75^\circ = \cos(45^\circ + 30^\circ) = \cos 45^\circ \cos 30^\circ - \sin 45^\circ \sin 30^\circ$

$$= \frac{\sqrt{2}}{2}\frac{\sqrt{3}}{2} - \frac{\sqrt{2}}{2}\frac{1}{2} = \frac{\sqrt{6}-\sqrt{2}}{4}$$

(2) $\cos 15^\circ = \cos(45^\circ - 30^\circ) = \cos 45^\circ \cos 30^\circ + \sin 45^\circ \sin 30^\circ$

$$= \frac{\sqrt{2}}{2}\frac{\sqrt{3}}{2} + \frac{\sqrt{2}}{2}\frac{1}{2} = \frac{\sqrt{6}+\sqrt{2}}{4}$$

이므로,

$$\cos 75^\circ + \cos 15^\circ = \frac{\sqrt{6}-\sqrt{2}}{4} + \frac{\sqrt{6}+\sqrt{2}}{4} = \frac{\sqrt{6}}{2}$$

예제 7-19

$\sin\alpha = \frac{3}{5}$, $\cos\beta = -\frac{5}{13}$일 때, $\tan(\alpha+\beta)$의 값을 구하여라. (단, $\frac{\pi}{2} < \alpha, \beta < \pi$)

풀이

$\frac{\pi}{2} < \alpha, \beta < \pi$이므로, 참고각을 이용한 삼각함수의 값 구하기에 의해,

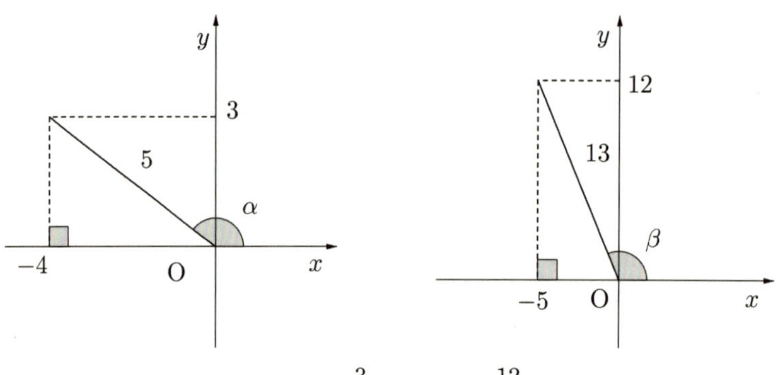

$$\tan\alpha = -\frac{3}{4},\ \tan\beta = -\frac{12}{5}$$

이므로,

$$\tan(\alpha+\beta) = \frac{\tan\alpha + \tan\beta}{1-\tan\alpha\tan\beta} = \frac{-\frac{3}{4}+\frac{12}{5}}{1+\frac{3}{4}\times\left(-\frac{12}{5}\right)} = \frac{33}{56}$$

다음은 음의 각에 대한 삼각함수의 값을 구하여 보자.

삼각함수의 덧셈정리를 이용하면

$$\sin(-\alpha) = \sin(0-\alpha) = \sin 0 \cos\alpha - \cos 0 \sin\alpha = -\sin\alpha$$

임을 알 수 있다. 마찬가지로 덧셈정리에 의해

$$\cos(-\alpha) = \cos\alpha,\ \tan(-\alpha) = -\tan\alpha$$

이므로, 음의 각에 대해 다음 성질이 성립함을 알 수 있다.

정리 7-7.

임의의 양수(또는 각) α에 대해

$$\cos(-\alpha) = \cos\alpha, \quad \sin(-\alpha) = -\sin\alpha, \quad \tan(-\alpha) = -\tan\alpha$$

Note 위 성질에 의해 사인함수와 탄젠트함수는 기함수이고 코사인함수는 우함수임을 알 수 있다.

예제 7-20

다음 삼각함수의 값을 구하여라.

(1) $\sin(-120^\circ)$ (2) $\cos(-60^\circ)$ (3) $\tan\left(-\frac{7}{6}\pi\right)$

풀이

(1) $\sin(-120^\circ) = -\sin 120^\circ = -\sin 60^\circ = -\frac{\sqrt{3}}{2}$

(2) $\cos(-60^\circ) = \cos 60^\circ = \frac{1}{2}$

(3) $\tan\left(-\frac{7}{6}\pi\right) = -\tan\frac{7}{6}\pi = -\tan\frac{\pi}{6} = -\frac{1}{\sqrt{3}}$

□ 배각공식과 반각공식

덧셈정리의 두 가지 특별한 경우인 **배각공식과 반각공식**을 알아본다.

○ 삼각함수의 배각공식

삼각함수의 덧셈정리에서 $\beta=\alpha$라 하면,

$$\sin 2\alpha = \sin\alpha\cos\alpha + \cos\alpha\sin\alpha = 2\sin\alpha\cos\alpha,$$

$$\begin{aligned}\cos 2\alpha &= \cos^2\alpha - \sin^2\alpha = \cos^2\alpha - (1-\cos^2\alpha) = 2\cos^2\alpha - 1 = 2(1-\sin^2\alpha) - 1 \\ &= 1-2\sin^2\alpha,\end{aligned}$$

$$\tan 2\alpha = \tan(\alpha+\alpha) = \frac{\tan\alpha + \tan\alpha}{1-\tan\alpha\tan\alpha} = \frac{2\tan\alpha}{1-\tan^2\alpha}$$

이 된다. 이것을 삼각함수의 배각공식이라 한다.

정리 7-8. 배각공식

(a) $\sin 2\alpha = 2\sin\alpha\cos\alpha$

(b) $\cos 2\alpha = 2\cos^2\alpha - 1 = 1 - 2\sin^2\alpha$

(c) $\tan 2\alpha = \dfrac{2\tan\alpha}{1-\tan^2\alpha}$

예제 7-21

배각공식을 이용하여 $\sin 120^\circ$을 구하여라.

풀이

$$\sin 120^\circ = \sin 2(60^\circ) = 2\sin 60^\circ\cos 60^\circ = 2\times\frac{\sqrt{3}}{2}\times\frac{1}{2} = \frac{\sqrt{3}}{2}$$

예제 7-22

$\pi < \alpha < \dfrac{3\pi}{2}$이고, $\cos\alpha = -\dfrac{5}{13}$일 때, $\sin 2\alpha$와 $\cos 2\alpha$을 구하여라.

풀이

$\sin^2\alpha = 1-\cos^2\alpha = \frac{144}{169}$이고 $\pi < \alpha < \frac{3\pi}{2}$이므로, $\sin\alpha = -\frac{12}{13}$이다. 따라서

$$\sin 2\alpha = 2\sin\alpha\cos\alpha = 2\times\frac{-12}{13}\times\frac{-5}{13} = \frac{120}{169}$$
$$\cos 2\alpha = 2\cos^2\alpha - 1 = 2\left(-\frac{5}{13}\right)^2 - 1 = -\frac{119}{169}$$

○ 삼각함수의 반각공식

$\cos 2\alpha$에 관한 배각공식

$$\cos 2\alpha = 2\cos^2\alpha - 1 = 1 - 2\sin^2\alpha$$

에서 α대신 $\frac{\alpha}{2}$을 대입하면

$$\cos\alpha = \cos 2\left(\frac{\alpha}{2}\right) = 2\cos^2\frac{\alpha}{2} - 1 = 1 - 2\sin^2\frac{\alpha}{2}$$

이므로,

$$\cos^2\frac{\alpha}{2} = \frac{1+\cos\alpha}{2}, \quad \sin^2\frac{\alpha}{2} = \frac{1-\cos\alpha}{2}$$

이다. 따라서

$$\tan^2\frac{\alpha}{2} = \frac{1-\cos\alpha}{1+\cos\alpha}$$

을 얻는다. 이를 **반각공식**이라 한다.

정리 7-9. 반각공식

(a) $\cos^2\frac{\alpha}{2} = \frac{1+\cos\alpha}{2}$

(b) $\sin^2\frac{\alpha}{2} = \frac{1-\cos\alpha}{2}$

(c) $\tan^2\frac{\alpha}{2} = \frac{1-\cos\alpha}{1+\cos\alpha}$

예제 7-23

반각공식을 이용하여 $\cos^2 15°$ 와 $\sin^2 15°$ 의 값을 구하여라.

풀이

$$\cos^2 15° = \cos^2\frac{30°}{2} = \frac{1+\frac{\sqrt{3}}{2}}{2} = \frac{2+\sqrt{3}}{4}$$

$$\sin^2 15° = \sin^2\frac{30°}{2} = \frac{1-\cos 30°}{2} = \frac{1-\frac{\sqrt{3}}{2}}{2} = \frac{2-\sqrt{3}}{4}$$

예제 7-24

θ는 제 1사분면의 각이고 $\cot 2\theta = \frac{4}{3}$일 때, $\tan\theta$를 구하여라.

풀이

$\tan 2\theta = \frac{1}{\cot 2\theta} = \frac{3}{4}$이므로 $\sec 2\theta = \sqrt{1+\tan^2 2\theta} = \sqrt{1+\left(\frac{3}{4}\right)^2} = \frac{5}{4}$, 따라서

$\cos 2\theta = \frac{1}{\sec 2\theta} = \frac{4}{5}$이다. 반각공식을 이용하면,

$$\cos^2\theta = \frac{1+\frac{4}{5}}{2} = \frac{9}{10},\ \sin^2\theta = \frac{1-\frac{4}{5}}{2} = \frac{1}{10}$$

이고 θ가 제 1사분면의 각이므로

$$\cos\theta = \frac{3}{\sqrt{10}},\ \sin\theta = \frac{1}{\sqrt{10}}$$

이다. 따라서

$$\tan\theta = \frac{\sin\theta}{\cos\theta} = \frac{1}{3}$$

□ **곱을 합 또는 차로 고치는 공식**

사인함수의 덧셈정리의 두 식

$$\sin(\alpha+\beta) = \sin\alpha\cos\beta + \cos\alpha\sin\beta, \quad \sin(\alpha-\beta) = \sin\alpha\cos\beta - \cos\alpha\sin\beta$$

을 더하면

$$\sin(\alpha+\beta) + \sin(\alpha-\beta) = 2\sin\alpha\cos\beta$$

이고, 또한 두 식을 빼면

$$\sin(\alpha+\beta) - \sin(\alpha-\beta) = 2\cos\alpha\sin\beta$$

이다. 그러므로

$$\sin\alpha\cos\beta = \frac{1}{2}\{\sin(\alpha+\beta) + \sin(\alpha-\beta)\}, \ \cos\alpha\sin\beta = \frac{1}{2}\{\sin(\alpha+\beta) - \sin(\alpha-\beta)\}$$

이 된다. 마찬가지로 코사인의 덧셈정리

$$\cos(\alpha+\beta) = \cos\alpha\cos\beta - \sin\alpha\sin\beta, \ \cos(\alpha-\beta) = \cos\alpha\cos\beta + \sin\alpha\sin\beta$$

으로 부터

$$\cos\alpha\cos\beta = \frac{1}{2}\{\cos(\alpha+\beta) + \cos(\alpha-\beta)\}, \sin\alpha\sin\beta = -\frac{1}{2}\{\cos(\alpha+\beta) - \cos(\alpha-\beta)\}$$

이 된다.

정리 7-10. **곱을 합 또는 차로 고치는 공식**

(a) $\sin\alpha\cos\beta = \frac{1}{2}\{\sin(\alpha+\beta)+\sin(\alpha-\beta)\}$,

(b) $\cos\alpha\sin\beta = \frac{1}{2}\{\sin(\alpha+\beta)-\sin(\alpha-\beta)\}$

(c) $\cos\alpha\cos\beta = \frac{1}{2}\{\cos(\alpha+\beta)+\cos(\alpha-\beta)\}$,

(d) $\sin\alpha\sin\beta = -\frac{1}{2}\{\cos(\alpha+\beta)-\cos(\alpha-\beta)\}$

예제 7-25

다음의 값을 구하여라.

(1) $\sin 75^\circ \sin 15^\circ$

(2) $\cos 75^\circ \sin 15^\circ$

풀이

(1) $\sin 75^\circ \sin 15^\circ = -\frac{1}{2}(\cos 90^\circ - \cos 60^\circ) = -\frac{1}{2}\left(0-\frac{1}{2}\right) = \frac{1}{4}$

(2) $\cos 75^\circ \sin 15^\circ = \frac{1}{2}(\sin 90^\circ - \sin 60^\circ) = \frac{1}{2}\left(1-\frac{\sqrt{3}}{2}\right) = \frac{2-\sqrt{3}}{4}$

□ 합 또는 차를 곱으로 고치는 공식

합 또는 차를 곱으로 고치기 위해서 앞에서 배운 곱을 합 또는 차로 고치는 공식을 이용한다. $\alpha+\beta = A$, $\alpha-\beta = B$ 라 하면

$$\alpha = \frac{A+B}{2}, \qquad \beta = \frac{A-B}{2}$$

이므로, 이것을 곱을 합 또는 차로 고치는 공식에 대입하여

$$\sin A + \sin B = 2\sin\frac{A+B}{2}\cos\frac{A-B}{2}$$

을 얻는다. 마찬가지 방법으로 다음과 같은 공식을 얻게 된다.

정리 7-11. 합 또는 차를 곱으로 고치는 공식

(a) $\sin A + \sin B = 2\sin\frac{A+B}{2}\cos\frac{A-B}{2}$,

$\sin A - \sin B = 2\cos\frac{A+B}{2}\sin\frac{A-B}{2}$

(b) $\cos A + \cos B = 2\cos\frac{A+B}{2}\cos\frac{A-B}{2}$,

$\cos A - \cos B = -2\sin\frac{A+B}{2}\sin\frac{A-B}{2}$

예제 7-26

$\sin 75^\circ - \sin 15^\circ$ 의 값을 구하여라.

풀이

$$\sin 75^\circ - \sin 15^\circ = 2\cos\frac{90^\circ}{2}\sin\frac{60^\circ}{2} = 2\times\frac{\sqrt{2}}{2}\times\frac{1}{2} = \frac{\sqrt{2}}{2}$$

□ 삼각함수의 합성

삼각함수의 덧셈정리를 이용하여 $a\sin\theta + b\cos\theta(a\neq 0, b\neq 0)$ 을

$$r\sin(\theta+\alpha)\ (r>0,\ 0\leq\alpha<2\pi)$$

의 형태로 나타내어 보자.
원점과 좌표평면위의 점 $P(a,b)$를 잇는 선분과 양의 x축사이의 각의 크기를 α라 하면

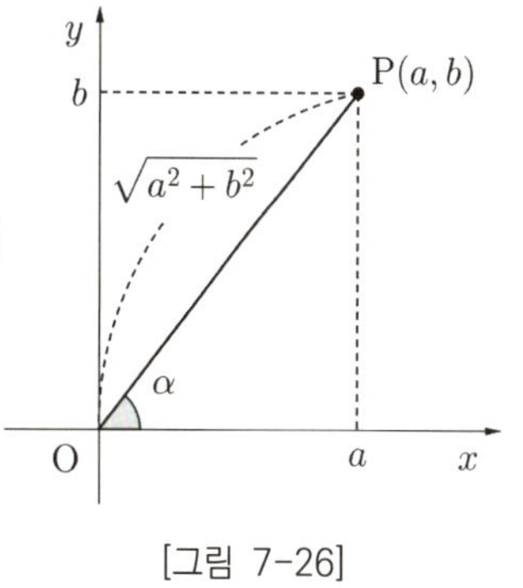

[그림 7-26]

$$\sin\alpha = \frac{b}{\sqrt{a^2+b^2}},\ \cos\alpha = \frac{a}{\sqrt{a^2+b^2}}$$

이므로,

$$a\sin\theta + b\cos\theta = \sqrt{a^2+b^2}\left(\frac{a}{\sqrt{a^2+b^2}}\sin\theta + \frac{b}{\sqrt{a^2+b^2}}\cos\theta\right)$$

$$= \sqrt{a^2+b^2}(\cos\alpha\sin\theta + \sin\alpha\cos\theta)$$
$$= \sqrt{a^2+b^2}\sin(\theta+\alpha)$$

정리 7-12. 삼각함수의 합성

$a\sin\theta + b\cos\theta (a \neq 0, b \neq 0)$는 다음과 같이 나타낼 수 있다.

$$a\sin\theta + b\cos\theta = \sqrt{a^2+b^2}\sin(\theta+\alpha)$$

단, $\sin\alpha = \dfrac{b}{\sqrt{a^2+b^2}}$, $\cos\alpha = \dfrac{a}{\sqrt{a^2+b^2}}$

Note 삼각함수의 합성은 사인함수과 코사인함수가 덧셈 또는 뺄셈으로 정의된 삼각함수의 값을 구할 때 유용하다.

예제 7-27

함수 $f(x) = 2\sin x + \cos x$의 최댓값과 최솟값을 구하여라.

풀이

삼각함수의 합성에 의해

$$f(x) = 2\sin x + \cos x = \sqrt{5}\sin(x+\alpha),\ \tan\alpha = \frac{1}{2}$$

이므로,

$$|f(x)| = |\sqrt{5}\sin(x+\alpha)| \leq \sqrt{5}$$

이다. 따라서 함수 $f(x)$의 최댓값은 $\sqrt{5}$, 최솟값은 $-\sqrt{5}$이다.

7.3 연습문제

01. 다음 삼각함수의 값을 구하여라.

(1) $\sin(-120^\circ)$

(2) $\cos 105^\circ$

(3) $\tan 15^\circ$

(4) $\sec\dfrac{2\pi}{3}$

(5) $\csc\dfrac{\pi}{12}$

(6) $\cot\dfrac{7\pi}{12}$

02. 다음 값을 구하여라.

(1) $\sin 15^\circ \sin 75^\circ$

(2) $\sin 75^\circ \cos 15^\circ$

(3) $\cos 75^\circ + \cos 15^\circ$

(4) $\sin 15^\circ + \cos 15^\circ$

(5) $\dfrac{\sin 55^\circ + \sin 35^\circ}{\cos 70^\circ + \cos 50^\circ}$

(6) $\cos 55^\circ + \cos 65^\circ + \cos 175^\circ$

03. $0 < \alpha,\ \beta < \dfrac{\pi}{2}$ 이고, $\sin\alpha = \dfrac{1}{4}$, $\sin\beta = \dfrac{1}{2}$일 때, 다음의 값을 구하여라.

(1) $\cos 2\alpha$

(2) $\sin(\alpha - \beta)$

(3) $\sin 2\alpha$

(4) $\tan(\alpha + \beta)$

04. 다음 삼각함수의 곱을 합 · 차로, 합 · 차는 곱으로 나타내어라.

(1) $\cos 2x - \cos 4x$

(2) $\sin 2x + \sin 4x$

(3) $\cos 2x \cos 4x$

(4) $\sin 2x \cos 4x$

7.4 삼각함수의 그래프

□ 삼각함수의 그래프

다항함수 또는 유리함수의 그래프와 마찬가지로 삼각함수의 그래프의 개형을 알아보는 것은 흥미로운 일이다. 따라서 이 절에서는 가장 많이 사용되는 삼각함수인 사인함수, 코사인함수, 그리고 탄젠트함수 그래프의 기본형을 그려 본다.

○ 사인함수의 그래프

$y=\sin x$의 그래프를 그리기 위해, 우선 다음과 같이 특별각에 대한 사인함수의 값을 구해 본다.

x	0	$\frac{\pi}{2}$	π	$\frac{3\pi}{2}$	2π
$y=\sin x$	0	1	0	-1	0

또한 특별각 $\frac{\pi}{6}, \frac{\pi}{4}, \frac{\pi}{3}$에 대한 사인함수의 값을 구하여 좌표평면에 대응하는 점 (x,y)을 찍는다. 그러나 이들은 그래프의 개형을 보여 주기에는 부족하므로 참고각을 이용하여 보다 많은 각에 대한 사인함수의 값을 구하여 점을 찍은 후, 이들을 부드러운 곡선으로 연결하여 준다. 이와 같은 과정에 의해 그려진 곡선은 **사인 곡선**이라 부른다.(물론 좀 더 정확한 그래프 개형을 얻기 위해서는 그래픽 계산기의 도움을 받는 것이 좋다)

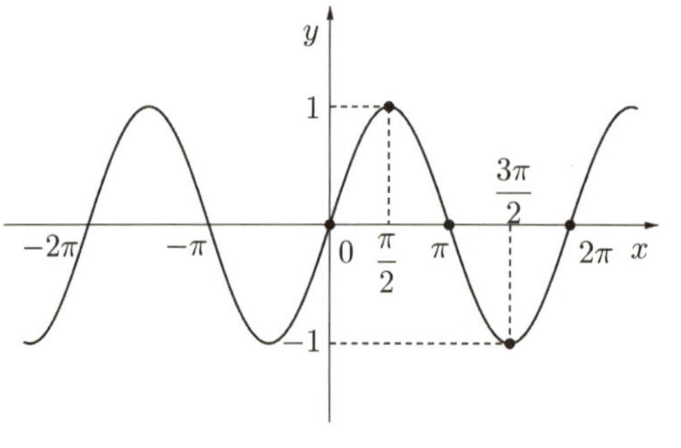

[그림 7-27] $y=\sin x$의 그래프

이때, 참고각을 이용하면 모든 실수 x에 대해

$$\sin x=\sin(x+2\pi)=\sin(x-2\pi)=\sin(x+4\pi)=\cdots$$

임을 알 수 있다. 즉, 임의의 정수 n에 대해 $\sin(x+2n\pi)=\sin x$으로, 사인함수는 주기를 2π로 하는 주기함수인 것을 알 수 있다. 그러므로 사인 곡선의 개형을 그릴 때, $0 \le x \le 2\pi$에서 $\sin x$의 값을 구한 후 2π를 주기로 반복하여 그리는 것이 좋다.
사인곡선에서 보듯이 $-1 \le \sin x \le 1$이므로, 사인함수는 정의역이 실수 전체 집합이고 치역이 $-1 \le y \le 1$인 주기가 2π인 주기함수임을 알 수 있다. 또한 $\sin(-x)=-\sin x$이므로, 사인함수는 기함수이고 그래프는 원점에 대해 대칭이다.

정리 7-13. **$y=\sin x$의 그래프의 성질**

(a) 정의역은 실수 전체 집합, 치역은 $-1 \le y \le 1$인 주기가 2π인 주기함수이다.
(b) 그래프는 원점에 대해 대칭이다.
(c) 사인함수의 최댓값은 1, 최솟값은 -1이다.

예제 7-28

삼각함수 $y=\sin\left(x-\frac{\pi}{3}\right)+1$의 그래프를 그리고 치역을 구하여라.

풀이

삼각함수 $y=\sin\left(x-\frac{\pi}{3}\right)+1$의 그래프는 $y=\sin x$의 그래프를 x축 방향으로 $\frac{\pi}{3}$, y축 방향으로 1만큼 평행이동한 것이다. 또한 $-1 \le \sin\left(x-\frac{\pi}{3}\right) \le 1$이고 $0 \le \sin\left(x-\frac{\pi}{3}\right)+1 \le 2$이므로, 치역은 $\{y \mid 0 \le y \le 2\}$이다.

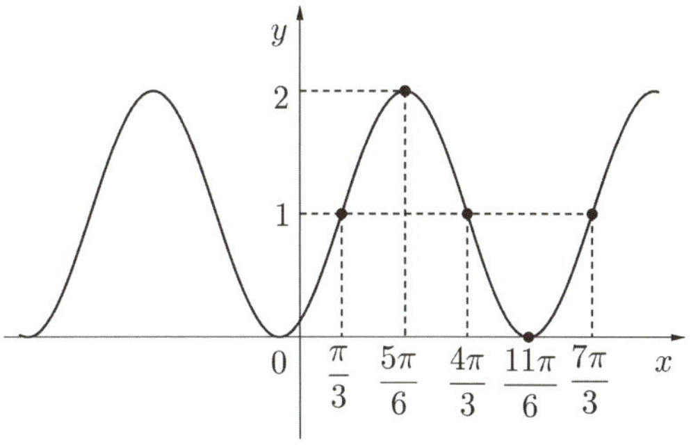

[그림 7-28]

○ 코사인함수의 그래프

사인 곡선과 마찬가지 과정에 의해 코사인 곡선을 그릴 수 있다.

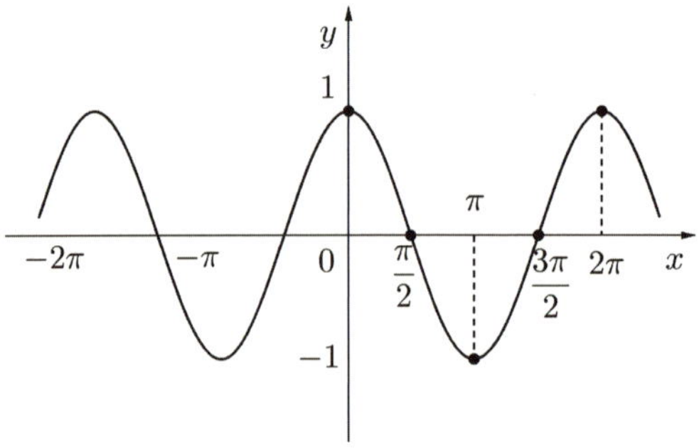

[그림 7-29] $y=\cos x$의 그래프

그래프에서 보듯이 코사인함수도 모든 실수 x에 대해 $-1\le\cos x\le 1$이고 주기를 2π로 하는 주기함수임을 알 수 있다. 뿐만 아니라 $y=\cos x$의 그래프는 $y=\sin x$의 그래프를 왼쪽으로 $\frac{\pi}{2}$만큼 평행이동한 것과 같으므로, 사인함수와 코사인함수 사이에는 $\sin\left(x+\frac{\pi}{2}\right)=\cos x$인 관계가 성립하는 것을 알 수 있다. 코사인 곡선은 y축에 대칭이므로 코사인함수는 우함수임을 알 수 있다.

정리 7-14. **$y=\cos x$의 그래프의 성질**

(a) 정의역은 실수 전체 집합, 치역은 $-1\le y\le 1$인 주기가 2π인 주기함수이다.
(b) 코사인함수의 그래프는 y축에 대칭이다.
(c) 코사인함수의 최댓값은 1, 최솟값은 -1이다.

예제 7-29

$0\le x\le 2\pi$일 때, $y=\cos(x+\pi)$의 그래프를 그려라.

풀이

$y=\cos(x+\pi)$의 그래프는 $y=\cos x$의 그래프를 x축 방향으로 $-\pi$만큼 평행이동한 것이다.

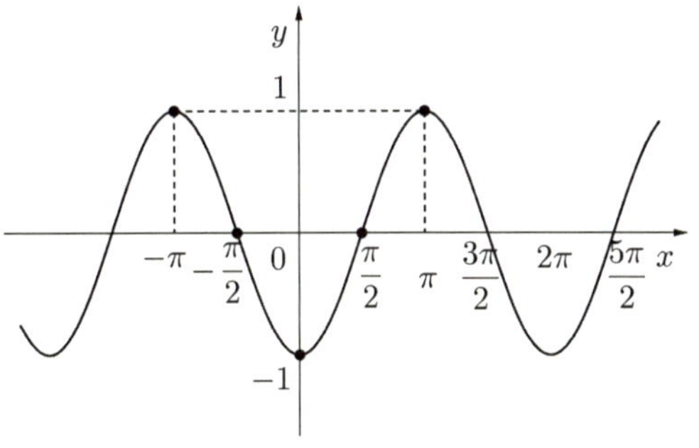

[그림 7-30]

○ 탄젠트함수의 그래프

$\tan x=\dfrac{\sin x}{\cos x}$ 이므로, 분모 $\cos x=0 \Leftrightarrow x=\dfrac{(2n+1)\pi}{2}$ (n은 임의의 정수)에서 정의되지 않는다. 따라서 $y=\tan x$의 그래프를 그릴 때에는 함수가 정의되지 않는 점 근방에서의 함숫값의 변화 추이를 관찰해야 한다. 예를 들어 x가 $\frac{\pi}{2}$보다 작은 값으로서 $\frac{\pi}{2}$에 접근하면 $\sin x$는 1 그리고 $\cos x$는 0으로 접근하므로, $\tan x$는 매우 큰 양수인 ∞가 된다. 즉, 수직선 $x=\frac{\pi}{2}$가 $y=\tan x$의 그래프의 수직점근선이 된다. 반면 x가 $-\frac{\pi}{2}$보다 큰 값으로서 $-\frac{\pi}{2}$에 접근하면 $\sin x$는 -1 그리고 $\cos x$는 0으로 접근하므로, $\tan x$는 매우 작은 음수인 $-\infty$가 된다. 즉, 수직선 $x=-\frac{\pi}{2}$가 $y=\tan x$의 그래프의 수직점근선이 된다. 이와 같은 과정으로부터 탄젠트함수가 정의되지 않는 점 $x=$ $x=\frac{\pi}{2}+n\pi$(n은 임의의 정수)는 탄젠트 곡선의 수직점근선이 되는 것을 알 수 있다.

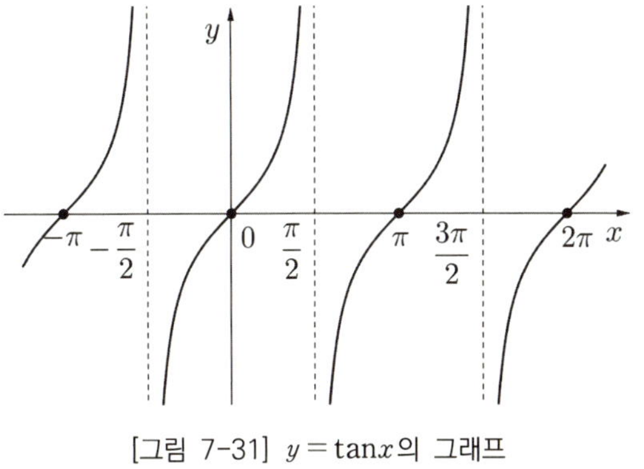

[그림 7-31] $y=\tan x$의 그래프

그래프로부터 탄젠트함수는 주기를 π로 하는 주기함수임을 알 수 있을 뿐만 아니라 다음과 같은 성질을 알 수 있다.

정리 7-15. **$y=\tan x$의 그래프의 성질**

(a) 정의역은 $x \neq \frac{\pi}{2}+n\pi$, ($n$은 정수)인 모든 실수들의 집합이고 치역은 실수전체 집합인 주기가 π인 주기함수이다.

(b) 그래프는 원점에 대해 대칭이다.

(c) 수직점근선 $x=\frac{\pi}{2}+n\pi$(n은 정수)을 갖는다.

예제 7-30

$y+1=\tan\left(x-\frac{\pi}{2}\right)$의 그래프를 그려라.

풀이

$y+1=\tan\left(x-\frac{\pi}{2}\right)$의 그래프는 $y=\tan x$의 그래프를 x축 방향으로 $\frac{\pi}{2}$, y축 방향으로 -1 만큼 평행이동한 것이다. 이 때 수직점근선은 $x=n\pi$ (n은 임의의 정수) 이다.

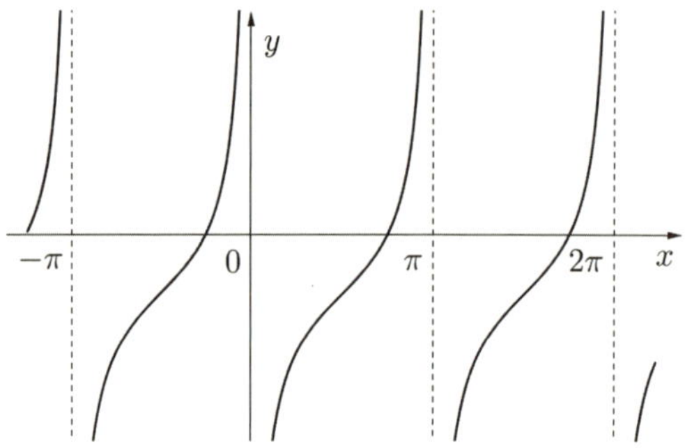

[그림 7-32]

예제 7-31

$y=\cot x$의 그래프를 그려라.

풀이

$y=\cot x=\dfrac{1}{\tan x}=\dfrac{\cos x}{\sin x}$이므로 $\sin x=0$인 $x=n\pi$(n은 임의의 정수)을 수직점근선으로 한다.

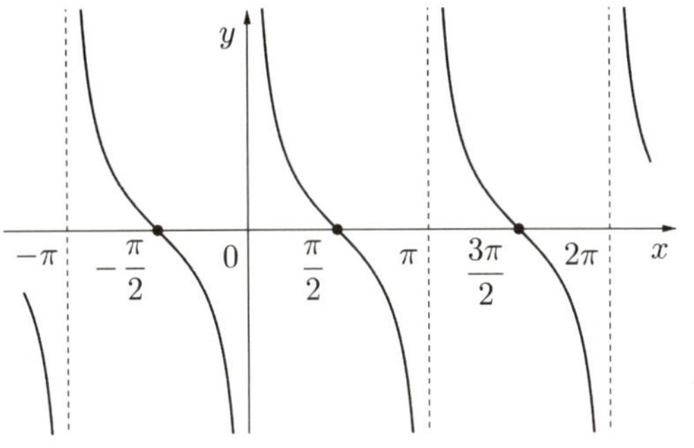

[그림 7-33]

다음 예제를 통해, f가 임의의 삼각함수일 때 $y=af(bx)$의 그래프 개형에 대해 알아보자.

예제 7-32

$0\le x\le 2\pi$일 때, $y=\sin 2x$의 그래프를 그리고, 함수의 주기(period)를 구하여라.

풀이

함수의 주기는 $\dfrac{2\pi}{2}=\pi$이고 그래프는 아래와 같다.

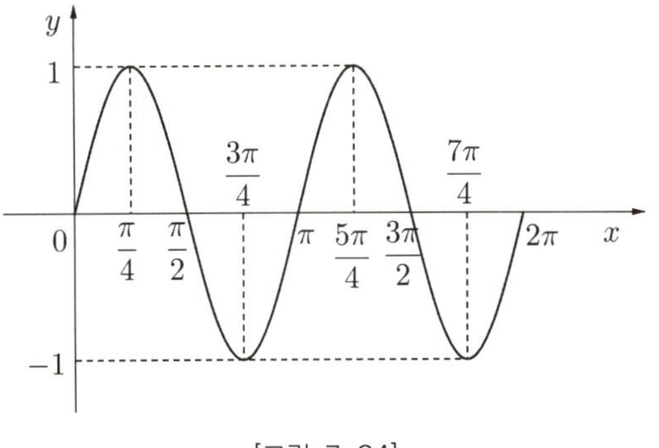

[그림 7-34]

예제 7-33

$0 \le x \le 2\pi$일 때, $y=2\cos x$의 그래프를 그리고 치역을 구하여라.

풀이

$-1 \le \cos x \le 1$이므로 $-2 \le 2\cos x \le 2$이다. 따라서 치역은 $\{y \mid -2 \le y \le 2\}$이다.

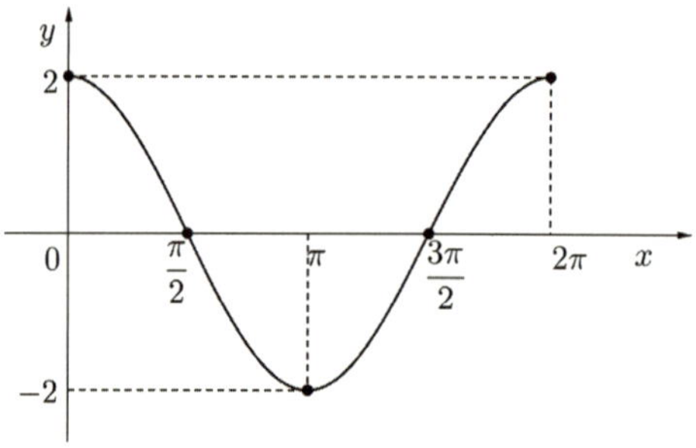

[그림 7-35]

○ 삼각 곡선의 일반형

지금까지 삼각곡선의 기본형을 그려 보았다면, 이제 좀 더 일반적인 삼각 곡선을 그려 보자. 일반 삼각 곡선은 다음과 같은 절차에 따라 곡선의 개형을 그리면 좋다.

정리 7-16. **일반 삼각 곡선 $y=af(bx)$ 그리는 절차**

단계 1) 곡선의 방정식을 일반형으로 표현하여라.
단계 2) 주기 p를 구하여라.

사인과 코사인 곡선의 주기는 $p=\dfrac{2\pi}{b}$, 탄젠트 곡선의 주기는 $p=\dfrac{\pi}{b}$

단계 3) 좌표평면에 점 (h,k)을 찍고, 이 점으로부터 진폭을 $2|a|$, 주기를 p로 잡아라.
단계 4) 주기 p안에 있는 임계점 (x,y)을 좌표평면에 찍은 후, 함수 f와 같은 형태의 곡선을 그려라.

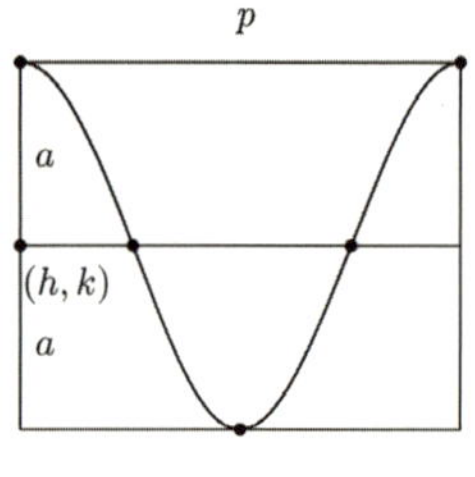

[그림 7-36]
$y-k=a\cos b(x-h)$

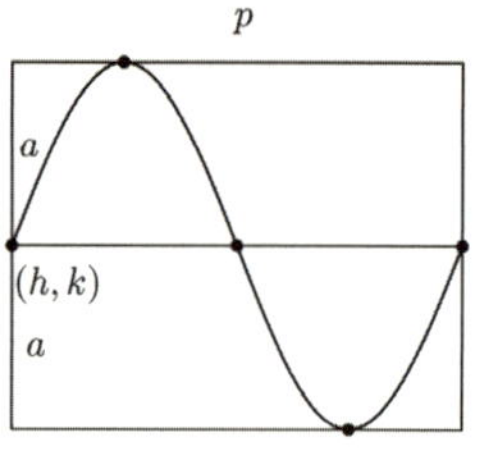

[그림 7-37]
$y-k=a\sin b(x-h)$

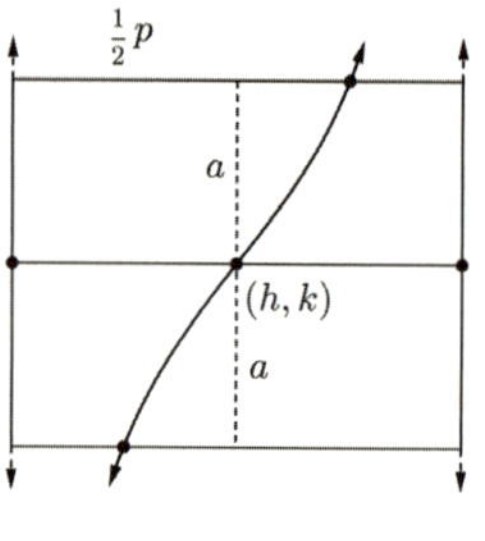

[그림 7-38]
$y-k=a\tan b(x-h)$

예제 7-34

$y+1=2\sin 2\left(x-\frac{\pi}{2}\right)$의 그래프를 그려라.

풀이

$(h,k)=\left(\frac{\pi}{2},\ -1\right)$이고 진폭은 4, 주기는 $p=\frac{2\pi}{2}=\pi$이다.

$(h,k)=\left(\frac{\pi}{2},\ -1\right)$와 점 $\left(\frac{3\pi}{4},1\right)$, $(\pi,\ -1)$, $\left(\frac{5\pi}{4},\ -3\right)$, $\left(\frac{3\pi}{2},\ -1\right)$을 찍은 후, 사인곡선의 형태로 연결해 주면 $y+1=2\sin 2\left(x-\frac{\pi}{2}\right)$의 그래프가 된다.

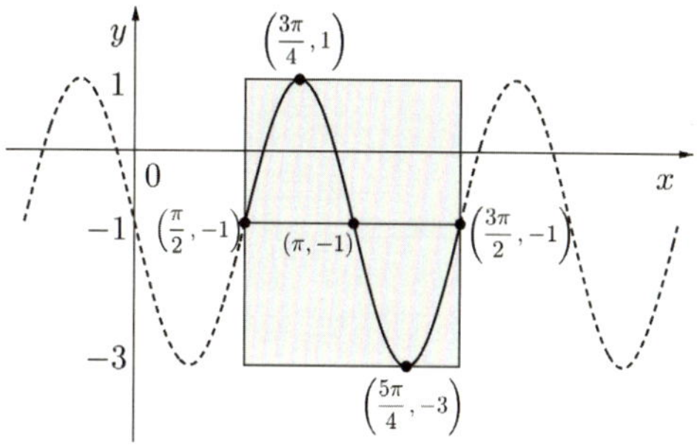

[그림 7-39]

예제 7-35

$y-1=2\tan\frac{1}{2}\left(x-\frac{\pi}{2}\right)$의 그래프를 그려라.

풀이

$(h,k)=\left(\frac{\pi}{2},1\right)$이고 주기는 $p=\frac{\pi}{\frac{1}{2}}=2\pi$이다.

$(h,k)=\left(\frac{\pi}{2},1\right)$을 곡선의 시작점으로 하면 주기가 2π이기 때문에 곡선의 끝점은 $\left(\frac{5\pi}{2},1\right)$이 되고 $x=\frac{3\pi}{2}$를 수직점근선으로 하는 탄젠트 곡선이 $y-1=2\tan\frac{1}{2}\left(x-\frac{\pi}{2}\right)$의 그래프가 된다.

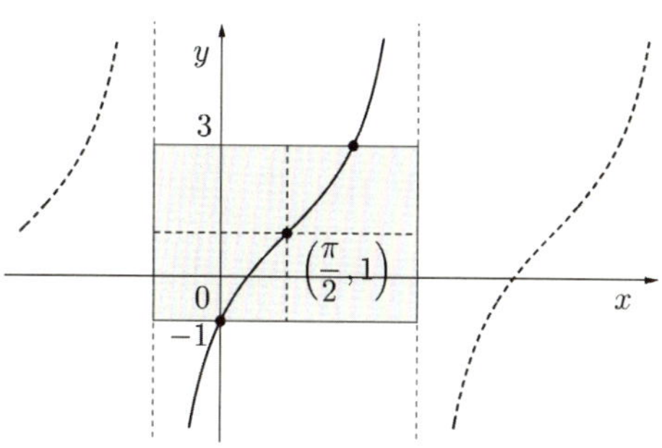

[그림 7-40]

7.4 연습문제

01. 다음 함수의 그래프 개형을 그려라.

(1) $y=\cos\left(x-\frac{\pi}{6}\right)+2$

(2) $y+3=\tan\left(x+\frac{\pi}{3}\right)$

(3) $y=\sin 2x$

(4) $y=2\sin\frac{2}{3}\left(x-\frac{\pi}{2}\right)+1$

(5) $y=\sin(x+\pi)$

(6) $y=\cos(x-\pi)$

7.5 역 삼각함수

일반적으로 일대일 함수에 대해서만 역함수가 존재하므로, 삼각함수들은 역함수를 갖지 못한다. 그러나 일대일 함수가 되도록 삼각함수의 정의역을 제한하면 삼각함수의 역함수를 정의할 수 있다.

□ 역 사인함수

사인 곡선을 보면, $y = \sin x$는 일대일 함수가 아니다.

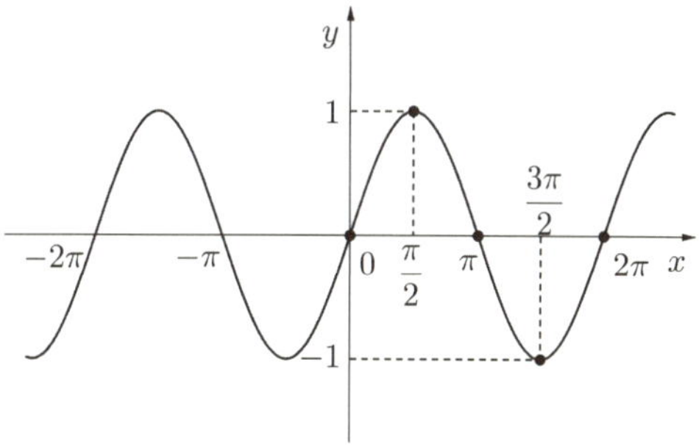

[그림 7-41]

그러나 정의역을 구간 $\left[-\frac{\pi}{2}, \frac{\pi}{2}\right]$로 제한하면, 치역이 $[-1, 1]$인 증가함수로서 일대일 함수가 된다. 따라서 제한된 정의역에서 존재하는 사인함수 $y = \sin x$의 역함수를 **역 사인함수**라 하고 $\sin^{-1}$ 또는 arcsin으로 나타낸다.

정리 7-17.

$$y = \sin^{-1}x \Leftrightarrow \sin y = x, \quad -\frac{\pi}{2} \le y \le \frac{\pi}{2}$$

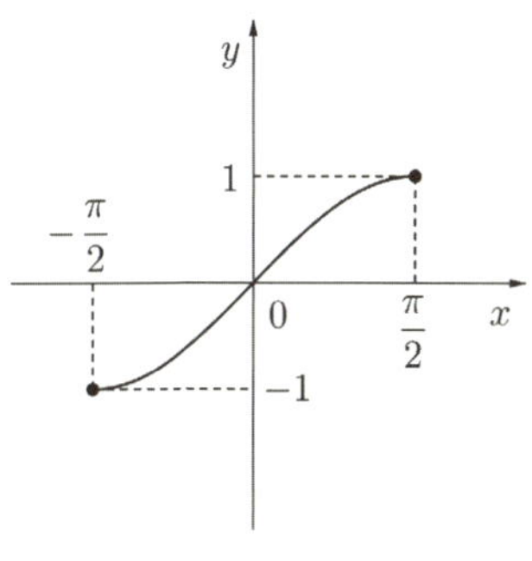

[그림 7-42] $y = \sin x$

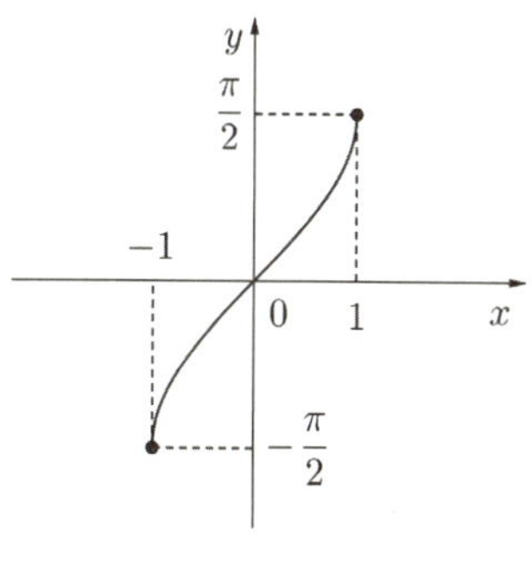

[그림 7-43] $y = \sin^{-1}x$

Note $-1 \le x \le 1$이면, $y = \sin^{-1}x$는 $-\frac{\pi}{2}$와 $\frac{\pi}{2}$사이의 수이다.

또한 사인함수와 역 사인함수는 서로의 역함수이므로 이들의 합성함수는 항등함수이다.

정리 7-18.

$$\sin^{-1}(\sin x) = x, \quad -\frac{\pi}{2} \le x \le \frac{\pi}{2}, \qquad \sin(\sin^{-1}x) = x, \quad -1 \le x \le 1$$

여기서 역 사인함수 $y = \sin^{-1}x = \arcsin x$ 의 정의역은 $[-1, 1]$이고 치역은 $\left[-\frac{\pi}{2}, \frac{\pi}{2}\right]$이다.

마찬가지로 역 코사인함수와 역 탄젠트함수를 정의할 수 있다.

□ 역 코사인함수

$y = \cos x$의 정의역을 $[0, \pi]$로 제한하면, 치역이 $[-1, 1]$인 감소함수로서 일대일 함수가 되므로 다음과 같이 **역 코사인함수**를 정의할 수 있다.

정리 7-19.

$$y = \cos^{-1}x \Leftrightarrow \cos y = x, \qquad 0 \le y \le \pi$$

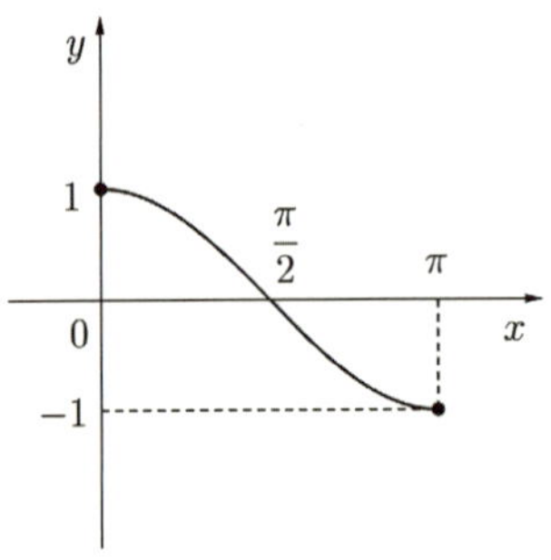

[그림 7-44] $y = \cos x$

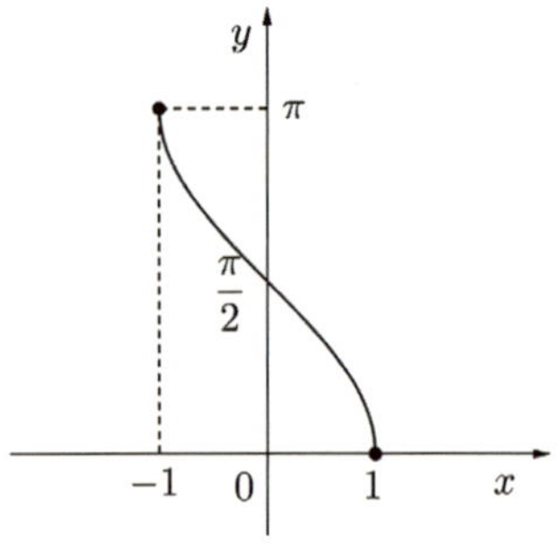

[그림 7-45] $y = \cos^{-1}x$

$$\cos^{-1}(\cos x) = x, \quad 0 \le x \le \pi$$
$$\cos(\cos^{-1}x) = x, \quad -1 \le x \le 1$$

□ 역 탄젠트함수

$y=\tan x$의 정의역을 $\left(-\frac{\pi}{2}, \frac{\pi}{2}\right)$로 제한하면, 치역이 $(-\infty, \infty)$인 증가함수로서 일대일 함수가 되므로 다음과 같이 **역 탄젠트함수**를 정의할 수 있다.

정리 7-20.

$$y=\tan^{-1}x \Leftrightarrow \tan y = x, \qquad -\frac{\pi}{2}<y<\frac{\pi}{2}$$

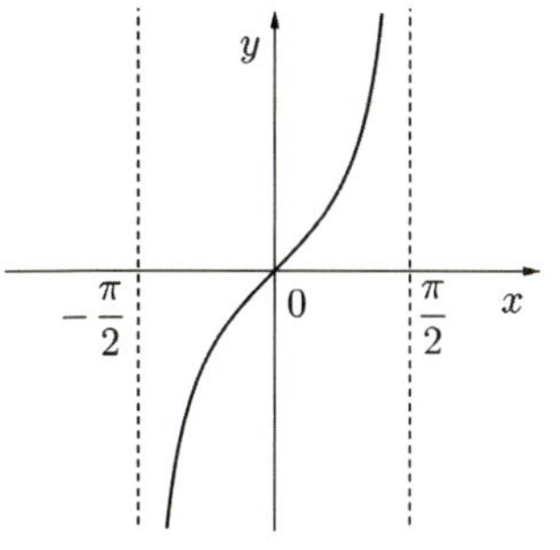

[그림 7-46] $y=\tan x$

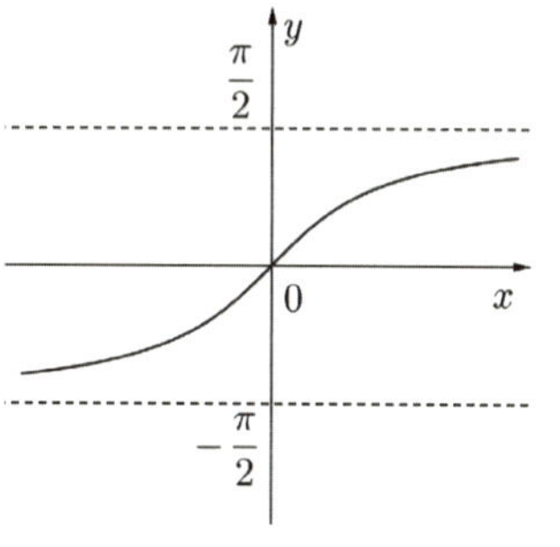

[그림 7-47] $y=\tan^{-1}x$

$$\tan^{-1}(\tan x) = x, \quad -\frac{\pi}{2}<x<\frac{\pi}{2}$$

$$\tan(\tan^{-1}x) = x, \quad -\infty < x < \infty$$

예제 7-36

다음 값을 구하여라.

(1) $\sin^{-1}\left(\frac{\sqrt{3}}{2}\right)$ (2) $\arctan(-\sqrt{3})$ (3) $\sin\left(\cos^{-1}\frac{1}{3}\right)$

풀이

(1) $\theta=\sin^{-1}\left(\frac{\sqrt{3}}{2}\right)$라 하면, $\sin\theta=\frac{\sqrt{3}}{2}$이다. 그런데 구간 $\left[-\frac{\pi}{2}, \frac{\pi}{2}\right]$에서 $\sin\frac{\pi}{3}=\frac{\sqrt{3}}{2}$이므로 $\theta=\sin^{-1}\left(\frac{\sqrt{3}}{2}\right)=\frac{\pi}{3}$이다.

(별해) 사인함수와 역 사인함수는 서로의 역함수이므로

$$\sin\theta=\sin\left(\sin^{-1}\left(\frac{\sqrt{3}}{2}\right)\right)=\frac{\sqrt{3}}{2}$$

이 된다. 따라서

$$\sin^{-1}\left(\frac{\sqrt{3}}{2}\right)=\frac{\pi}{3}$$

(2) $\theta=\arctan(-\sqrt{3})$라 하면 $\tan\theta=-\sqrt{3}=-\tan\frac{\pi}{3}=\tan\left(-\frac{\pi}{3}\right)$이다. 따라서

$$\arctan(-\sqrt{3})=-\frac{\pi}{3}$$

(3) $\theta=\cos^{-1}\frac{1}{3}$라 하면 $\cos\theta=\frac{1}{3}$이므로, 삼각비의 정의에 의해 $\sin\theta=\frac{2\sqrt{2}}{3}$이다. 따라서

$$\sin\left(\cos^{-1}\frac{1}{3}\right)=\frac{2\sqrt{2}}{3}$$

7.5 연습문제

01. 다음 각을 구하여라.

(1) $\arctan 1$

(2) $\cos^{-1}\left(\frac{\sqrt{3}}{2}\right)$

(3) $\arccos\left(-\frac{1}{\sqrt{2}}\right)$

(4) $\sin^{-1}\left(-\frac{1}{2}\right)$

(5) $\sin(\cos^{-1}1)$

(6) $\cos^{-1}\left(\tan\frac{\pi}{4}\right)$

02. 다음 식을 간단히 하여라.

(1) $\tan(\tan^{-1}2)$

(2) $\sin(\cos^{-1}x)$

7.6 삼각방정식과 삼각부등식

이 절에서는 삼각방정식과 삼각부등식의 해를 구하기 위해, 그래프를 이용한 기하적 해법과 대수적 해법에 대해 알아본다.

□ 삼각방정식

각의 크기가 미지수인 삼각함수를 포함한 방정식을 **삼각방정식**이라 한다. 삼각방정식의 해를 구하기 위해 삼각함수의 그래프를 이용할 수 있다.

삼각방정식 $\sin x = \frac{1}{2}$의 해를 구하기 위해서는 $y = \sin x$의 그래프와 $y = \frac{1}{2}$의 그래프를 그린 후 교점을 구하면 된다. 특히 $0 \le x < 2\pi$일 때, 두 그래프의 교점은 $\frac{\pi}{6}$, $\frac{5\pi}{6}$이므로 $\sin x = \frac{1}{2}$의 해는 $x = \frac{\pi}{6}$, $\frac{5\pi}{6}$이 된다.

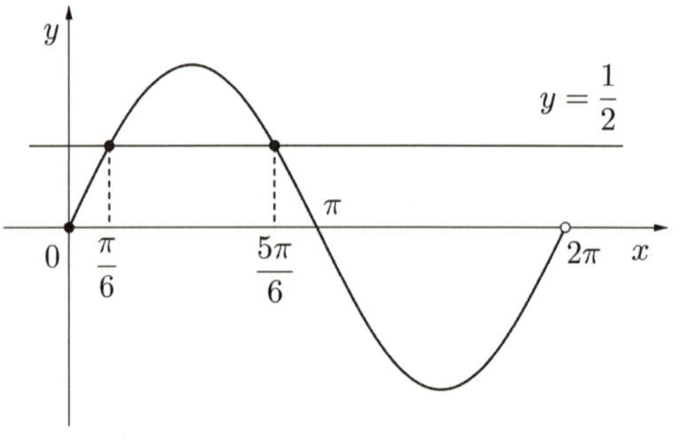

[그림 7-48]

또 다른 방법으로 참고각 α을 이용하여 삼각방정식의 해를 구할 수 있다.

$\sin x = \frac{1}{2} > 0$이므로 x는 제1 또는 2사분면의 각이다. 따라서 x가 제1사분면의 각이면 $\sin \frac{\pi}{6} = \frac{1}{2}$이므로, $x = \frac{\pi}{6}$이다. 또한 x가 제 2사분면의 각이면 $\sin x = \sin \alpha = \frac{1}{2}$이므로, 참고각 $\alpha = \frac{\pi}{6}$이다. 따라서 $x = \pi - \frac{\pi}{6} = \frac{5\pi}{6}$이다. 그러므로 방정식 $\sin x = \frac{1}{2}$의 해는 $x = \frac{\pi}{6}$, $\frac{5\pi}{6}$이다.

이와 같이 삼각방정식의 해를 구할 때는 그래프를 이용한 기하적 해법 또는 참고각을 이용한 대수적 해법을 사용할 수 있다.

예제 7-37

삼각방정식의 해를 구하여라. (단, $0 \le x < 2\pi$)

(1) $\sin x = -\dfrac{1}{2}$

(2) $\cos x = \dfrac{\sqrt{3}}{2}$

풀이

(1) 그래프를 이용하여 방정식의 해를 구하여 보자.

$y=\sin x$의 그래프와 $y=-\dfrac{1}{2}$의 그래프를 그리면 아래 그림과 같다.

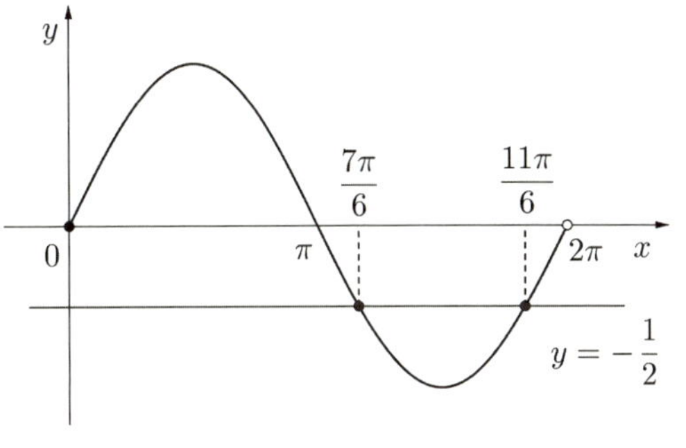

[그림 7-49]

특히 $0 \le x < 2\pi$일 때, 두 그래프의 교점은 $x=\dfrac{7\pi}{6}, \dfrac{11\pi}{6}$이므로, 삼각방정식 $\sin x = -\dfrac{1}{2}$의 해는 $x=\dfrac{7\pi}{6}, \dfrac{11\pi}{6}$이다.

(2) 참고각 α를 이용하여 방정식의 해를 구하여 보자.

$\cos x = \dfrac{\sqrt{3}}{2} > 0$이므로 x는 제1, 4 사분면에 있는 각이다. 따라서 x가 제 1사분면의 각이면 $\cos\dfrac{\pi}{6} = \dfrac{\sqrt{3}}{2}$이므로, $x=\dfrac{\pi}{6}$이다. 또한 x가 제 4사분면의 각이면 $\cos x = \cos\alpha = \dfrac{\sqrt{3}}{2}$이므로, 참고각 $\alpha = \dfrac{\pi}{6}$이다. 따라서 $x = 2\pi - \dfrac{\pi}{6} = \dfrac{11\pi}{6}$이다. 그러므로 방정식 $\cos x = \dfrac{\sqrt{3}}{2}$의 해는 $x=\dfrac{\pi}{6}, \dfrac{11\pi}{6}$이다.

예제 7-38

$0 \le x < 2\pi$일 때, $\sin 2x = \sin x$의 해를 구하여라.

풀이

배각공식에 의해 $\sin 2x = 2\sin x\cos x$이므로,

$$2\sin 2x = \sin x \Leftrightarrow 2\sin x\cos x = \sin x \Leftrightarrow \sin x\,(2\cos x - 1) = 0$$

$$\sin x = 0,\ \cos x = \frac{1}{2}$$

이다.

$\sin x = 0$이면 $x = 0, \pi$이고 $\cos x = \frac{1}{2}$이면 $x = \frac{\pi}{3}, \frac{5\pi}{3}$이므로, 방정식의 해는

$$x = 0, \frac{\pi}{3}, \pi, \frac{5\pi}{3}$$

이다.

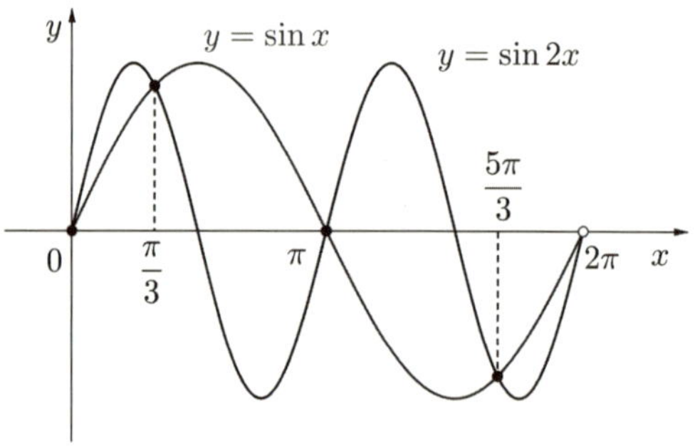

[그림 7-50]

예제 7-39

$0 \le x < 2\pi$일 때, $2\cos^2 x = 1 - \cos x$의 해를 구하여라.

풀이

$$2\cos^2 x = 1 - \cos x \Leftrightarrow (2\cos x - 1)(\cos x + 1) = 0 \Leftrightarrow \cos x = \frac{1}{2},\ -1$$

그런데 $\cos x = -1$이면 $x = \pi$이고 $\cos x = \frac{1}{2}$이면 $x = \frac{\pi}{3}, \frac{5\pi}{3}$이므로, 방정식의 해는

$$x = \frac{\pi}{3}, \pi, \frac{5\pi}{3}$$

이다.

예제 7-40

$0 \le x < 2\pi$일 때, $\cos 3x - \cos x = 0$의 해를 구하여라.

풀이

삼각함수의 합 또는 차를 곱의 꼴로 고치는 성질을 이용하면

$$\cos 3x - \cos x = 0 \Leftrightarrow -2\sin\left(\frac{3x+x}{2}\right)\sin\left(\frac{3x-x}{2}\right) = 0$$

이므로,

$$\sin 2x \sin x = 0 \Rightarrow \sin 2x = 0,\ \sin x = 0$$

그런데 $0 \le x < 2\pi$이므로, $\sin x = 0$이면 $x = 0, \pi$이고 $\sin 2x = 0$이면 $2x = 0, \pi, 2\pi, 3\pi \Leftrightarrow x = 0, \frac{\pi}{2}, \pi, \frac{3\pi}{2}$이다. 따라서 방정식의 해는

$$x = 0, \frac{\pi}{2}, \pi, \frac{3\pi}{2}$$

□ 삼각부등식

각의 크기가 미지수인 삼각함수를 포함한 부등식을 **삼각부등식**이라 한다. 예를 들어 $0 \le x < 2\pi$일 때, 삼각부등식 $\sin x > \frac{1}{2}$의 해를 구하여 보자.

삼각부등식 $\sin x > \frac{1}{2}$의 해는 $y = \sin x$의 그래프가 직선 $y = \frac{1}{2}$보다 위쪽에 있는 x값의 범위이다. 그런데 $0 \le x < 2\pi$일 때 삼각방정식 $\sin x = \frac{1}{2}$의 해가 $x = \frac{\pi}{6}, \frac{5\pi}{6}$이므로, $\sin x > \frac{1}{2}$의 해는 $\frac{\pi}{6} < x < \frac{5\pi}{6}$가 된다.

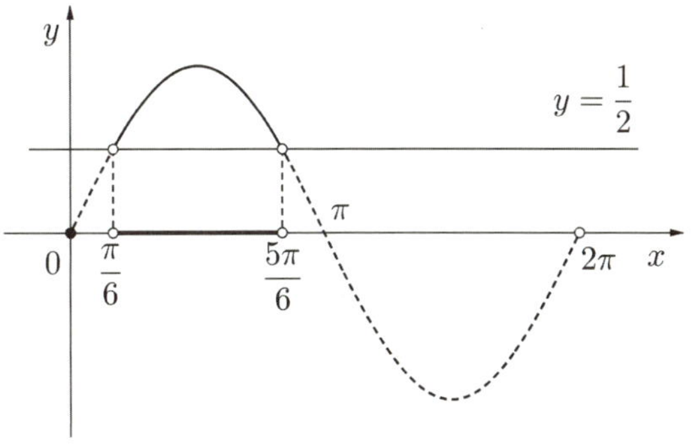

[그림 7-51]

예제 7-4

삼각부등식의 해를 구하여라. (단, $0 \leq x < 2\pi$)

(1) $\sin x \geq \cos x$

(2) $0 < \sin 2x < 1$

풀이

(1) $0 \leq x < 2\pi$일 때, 삼각방정식 $\sin x = \cos x$을 만족하는 해는 $x = \frac{\pi}{4}, \frac{5\pi}{4}$이다. 삼각부등식 $\sin x \geq \cos x$의 해는 $y = \sin x$의 그래프가 $y = \cos x$의 그래프보다 윗쪽에 있는 x값의 범위이므로, $\frac{\pi}{4} \leq x \leq \frac{5\pi}{4}$ 이다.

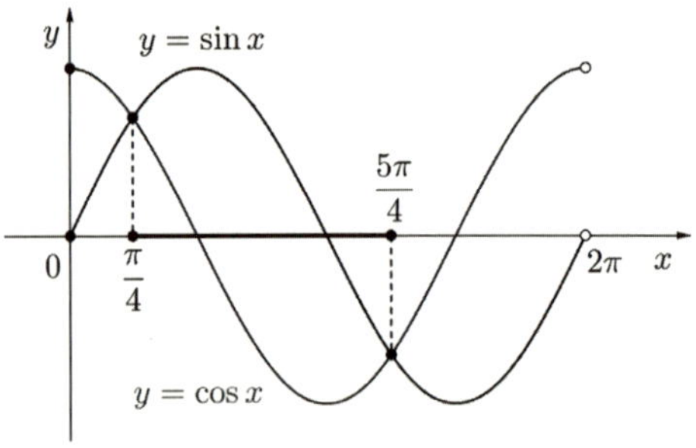

[그림 7-52]

(2) $0 \leq x < 2\pi$이면 $0 \leq 2x < 4\pi$이다. 따라서 $0 < \sin 2x < 1$이면

$$0 < 2x < \frac{\pi}{2},\ \frac{\pi}{2} < 2x < \pi,\ 2\pi < 2x < \frac{5\pi}{2},\ \frac{5\pi}{2} < 2x < 3\pi$$

즉, 삼각부등식의 해는

$$0 < x < \frac{\pi}{4},\ \frac{\pi}{4} < x < \frac{\pi}{2},\ \pi < x < \frac{5\pi}{4},\ \frac{5\pi}{4} < x < \frac{3\pi}{2}$$

이다.

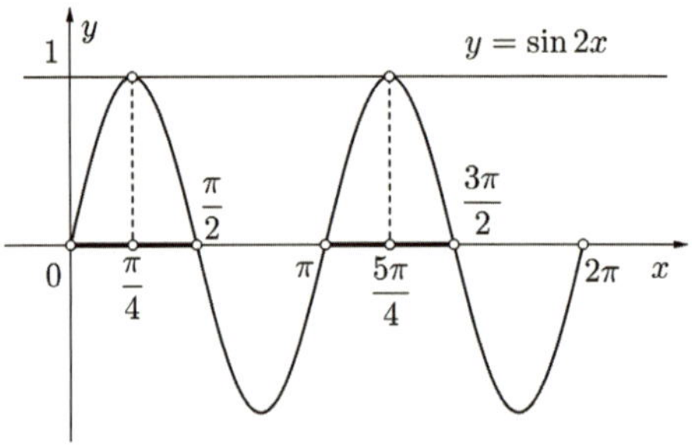

[그림 7-53]

7.6 연습문제

01. 그래프를 이용하여 다음 삼각방정식의 해를 구하여라.

(1) $\sin x = \frac{1}{2}\left(0 \le x < \frac{\pi}{2}\right)$

(2) $\cos x = -\frac{1}{2}(0 < x < \pi)$

(3) $\tan x = -\sqrt{3}\left(-\frac{\pi}{2} < x < \frac{\pi}{2}\right)$

(4) $\sin x = -\frac{1}{2}\left(-\frac{\pi}{2} \le x \le \frac{\pi}{2}\right)$

02. $0 \le x < 2\pi$일 때, 참고각을 이용하여 다음 삼각방정식의 해를 구하여라.

(1) $\cos x = \frac{1}{2}$

(2) $\tan x = -\sqrt{3}$

(3) $\sin x = \frac{\sqrt{3}}{2}$

(4) $\cos^2 x - \cos x - 2 = 0$

03. $0 \le x < 2\pi$일 때, 다음 삼각방정식의 해를 구하여라.

(1) $\sin 2x = 0$

(2) $\sec x \tan x = 0$

(3) $\tan^2 x = \tan x$

(4) $\sin^2 x = \cos^2 x$

04. $0 \le x < 2\pi$일 때, 다음 삼각부등식의 해를 구하여라.

(1) $\sin^2 x < \sin x$

(2) $\sin x < \cos x$

7.7 코사인법칙과 사인법칙

삼각형은 세 변과 세 각을 갖고 있다. 그런데 그들의 일부에 대한 정보만을 알고 있을 때 나머지 변과 각을 어떻게 구할 수 있을까? 즉, 세 변만을 알 때, 두 변과 사잇각만을 알 때, 또는 한 변과 두 각만을 알 때, 나머지 변과 각을 구하는 방법에 대해 생각해 본다.

□ 코사인 법칙

코사인 법칙은 삼각형의 두 변과 사잇각을 알 때, 나머지 변과 각을 구하는 방법이다.

[그림 7-54]에서 삼각형의 세 변의 길이를 a, b, c 그리고 각 변이 마주 보는 각의 크기를 α, β, γ라 하자. 원점 (0,0)을 점 C라 하면, 점 A(b,0)이고 삼각함수의 정의에 의해 점 B$(a\cos\gamma, a\sin\gamma)$이다. 거리 공식에 의해 두 점 A, B사이의 거리는

$$\begin{aligned} c^2 &= (a\cos\gamma - b)^2 + (a\sin\gamma - 0)^2 \\ &= a^2\cos^2\gamma - 2ab\cos\gamma + b^2 + a^2\sin^2\gamma \\ &= a^2(\cos^2\gamma + \sin^2\gamma) + b^2 - 2ab\cos\gamma \\ &= a^2 + b^2 - 2ab\cos\gamma \end{aligned}$$

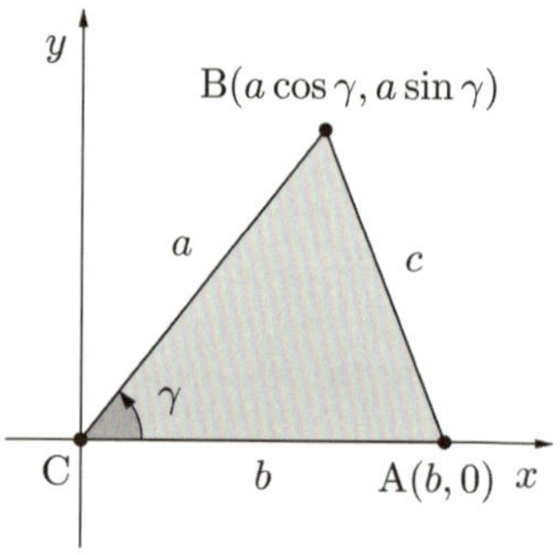

[그림 7-54]

정리 7-21. 코사인 법칙

삼각형 ABC 에서,

$$c^2 = a^2 + b^2 - 2ab\cos\gamma$$

참고 $\gamma = 90^\circ$ 이면 코사인 법칙에 의해

$$c^2 = a^2 + b^2 - 2ab\cos 90^\circ = a^2 + b^2$$

이므로, 코사인 법칙을 일반화된 피타고라스 정리라 부르기도 한다.

예제 7-42

삼각형의 세 변의 길이가 $7, 8, 2$일 때, 가장 작은 각의 크기를 구하여라.

풀이

삼각형의 세 각 중 크기가 가장 작은 각 γ이 마주보는 변의 길이 또한 가장 작기 때문에, 코사인 법칙에 의해

$$2^2 = 7^2 + 8^2 - 2\times 7\times 8\times \cos\gamma$$

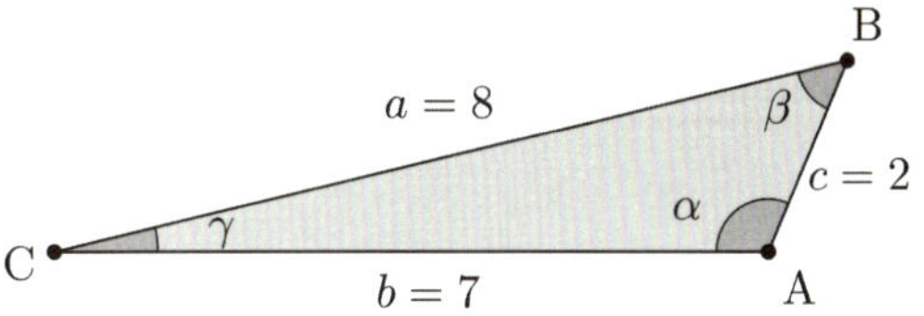

[그림 7-55]

이므로

$$\cos\gamma = \frac{109}{112} \Leftrightarrow \gamma = \cos^{-1}\left(\frac{109}{112}\right)$$

□ 사인 법칙

삼각형의 두 각과 한 변의 길이를 알 때, 코사인 법칙을 이용하여 나머지 변과 각을 구하기는 어렵다. 따라서 이를 해결하기 위한 방법이 **사인 법칙**이다.

다음과 같은 예각 삼각형을 생각해 보자.

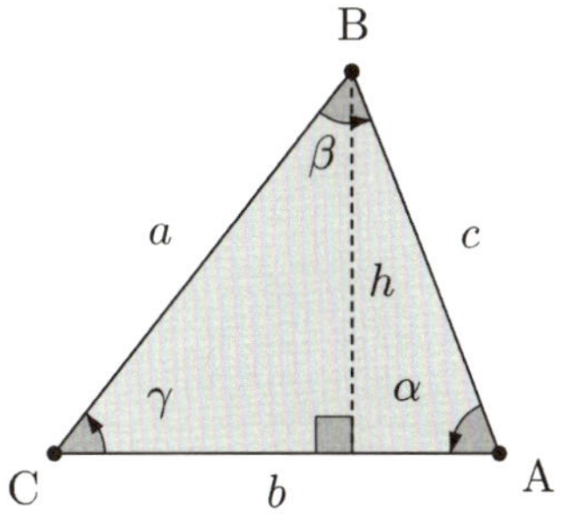

[그림 7-56]

밑변이 CA인 삼각형의 높이를 h라 하자. $\sin\alpha = \frac{h}{c}, \sin\gamma = \frac{h}{a}$ 이므로

$$c\sin\alpha = a\sin\gamma$$

양 변을 ac로 나누면,

$$\frac{\sin\alpha}{a} = \frac{\sin\gamma}{c}$$

이다. 마찬가지로 삼각형의 밑변을 AB로 하면

$$\frac{\sin\alpha}{a} = \frac{\sin\beta}{b}$$

이다.

정리 7-22. 사인 법칙

임의의 삼각형 ABC 에서

$$\frac{\sin\alpha}{a} = \frac{\sin\beta}{b} = \frac{\sin\gamma}{c}$$

예제 7-43

삼각형의 세 변의 길이를 a, b, c 그리고 세 각의 크기를 α, β, γ라 하자. $a=20$, $\alpha=38^\circ$, $\beta=121^\circ$일 때, b, c를 구하여라.

풀이

$\alpha=38^\circ, \beta=121^\circ$ 이면 $\gamma=21^\circ$ 이다. 따라서 사인 법칙에 의해

$$\frac{\sin 38^\circ}{20} = \frac{\sin 121^\circ}{b}, \quad \frac{\sin 38^\circ}{20} = \frac{\sin 21^\circ}{c}$$

이므로,

$$b = \frac{20\sin 121^\circ}{\sin 38^\circ} \approx 28, \quad c = \frac{20\sin 21^\circ}{\sin 38^\circ} \approx 12$$

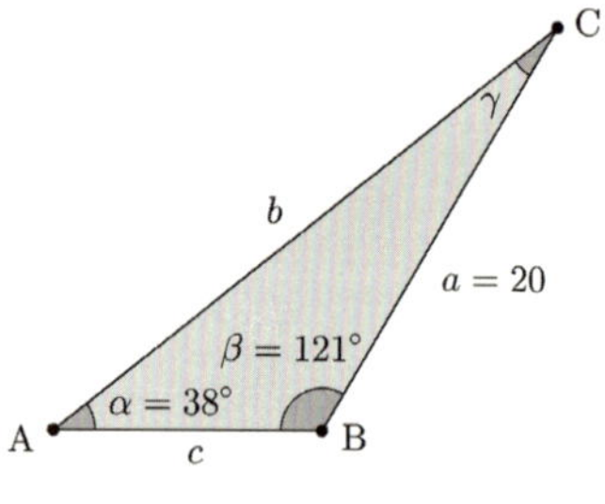

[그림 7-57]

7.7 연습문제

01. 삼각형의 두 변의 길이가 6, 9이고 사잇각이 $\frac{\pi}{3}$일 때, 나머지 한 변의 길이를 구하여라.

02. 다음 삼각형에서 $\alpha = 60^\circ$, $a = 10$, $b = 7$일 때 $\sin\beta$의 값을 구하여라.

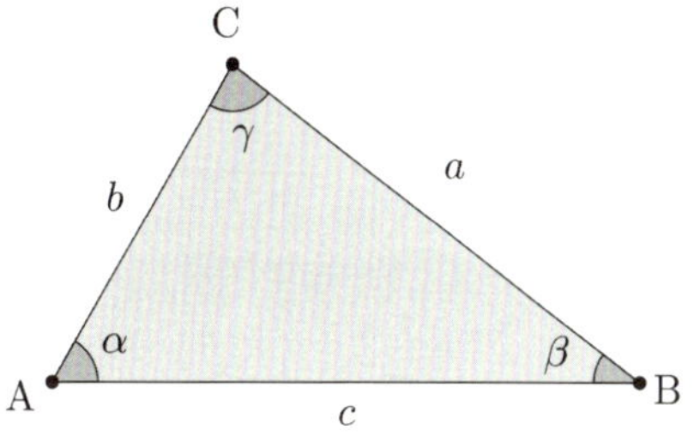

[그림 7-58]

7.8 삼각함수의 극한과 미분법

이 절에서는 삼각함수의 극한값 구하기와 미분법에 대해 알아본다.

□ 삼각함수의 극한

일반적으로 삼각함수의 극한은 함수의 극한 성질과 그래프를 이용하여 쉽게 구할 수 있다. 특히 삼각함수는 연속함수이므로, 정의역 안에 있는 a에서의 극한은 함수값 $f(a)$과 같다. 즉,

$$\lim_{x \to a} f(x) = f(a)$$

이므로

$$\lim_{x \to 0} \sin x = \sin 0 = 0, \quad \lim_{x \to \pi} \cos x = \cos \pi = -1$$

임을 쉽게 알 수 있다. 또한 극한값을 구하기 위해서 함수의 그래프를 이용할 수 있다. 예를 들어

$$\lim_{x \to \frac{\pi}{2}-0} \tan x = \infty, \quad \lim_{x \to \frac{\pi}{2}+0} \tan x = -\infty$$

인데, 이것은 $x = \frac{\pi}{2}$ 근방에서의 함수값의 변화를 관찰함으로서 쉽게 구할 수 있다.

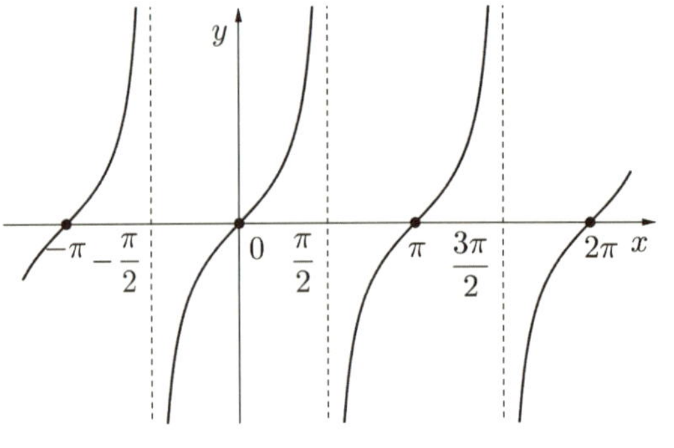

[그림 7-59] $y = \tan x$의 그래프

그러므로 이 절에서는 함수 극한의 성질 또는 그래프 개형을 이용해서 구할 수 없는 경우의 극한값 구하기에 대해 알아본다. 이를 위해, 함수 극한의 대소 관계를 이용하여 얻은 정리로

서 극한값을 구하는 데 유용하게 이용되는 압축정리를 소개한다.

정리 7-23. **압축정리(샌드위치 정리 또는 짜내기 정리)**

$\lim_{x \to a} f(x) = \alpha$, $\lim_{x \to a} g(x) = \beta$ (α, β는 상수)일 때, a의 근방에 있는 모든 x에 대하여 $f(x) \le h(x) \le g(x)$이고 $\alpha = \beta$이면, $\lim_{x \to a} h(x) = \alpha$이다.

예제 7-44

$\lim_{x \to 0} x \sin \frac{1}{x}$을 구하여라.

풀이

$\lim_{x \to 0} x = 0$이지만 $\lim_{x \to 0} \sin \frac{1}{x}$이 존재하지 않기 때문에, 이 경우에는 극한 성질을 이용할 수 없다. 그러나 모든 실수 x에 대해 $-1 \le \sin \frac{1}{x} \le 1$이므로 $-|x| \le x \sin \frac{1}{x} \le |x|$이다. 또한 $\lim_{x \to 0}(-|x|) = \lim_{x \to 0}|x| = 0$이므로, 압축정리에 의해 $\lim_{x \to 0} x \sin \frac{1}{x} = 0$이다.

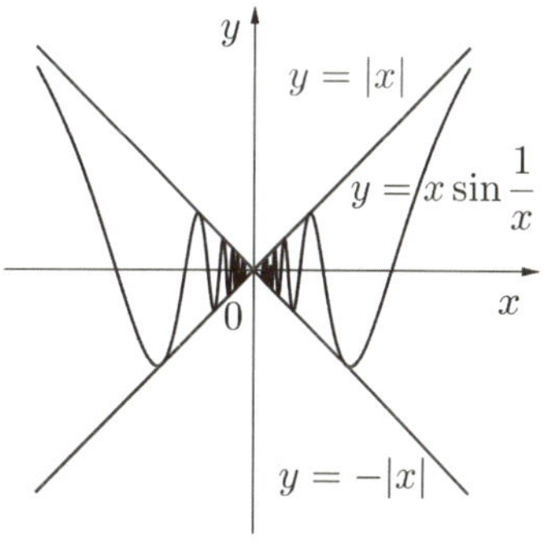

[그림 7-60]

예제 7-45

$\lim_{x\to 0}\frac{\sin x}{x}$ 의 값을 추정하여라.

풀이

함수 $f(x)=\frac{\sin x}{x}$는 $x=0$에서 정의되지 않으므로 극한 성질을 이용하여 값을 구할 수 없다. 따라서 그래프를 이용하여 극한값을 구해 본다.

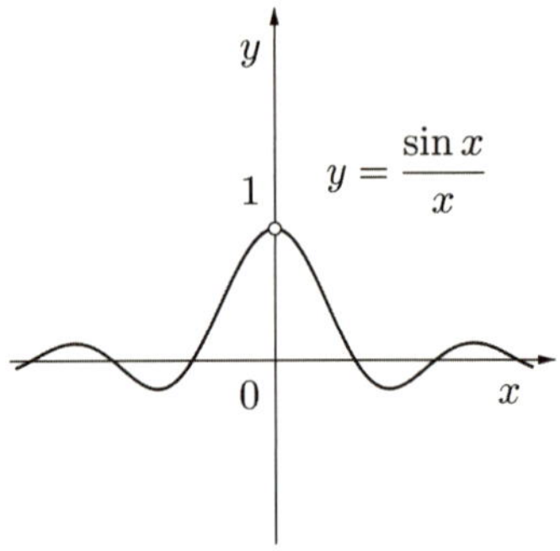

[그림 7-61]

$x=0$근방에서의 함수값의 변화를 관찰해 보면

$$\lim_{x\to 0}\frac{\sin x}{x}=1$$

임을 알 수 있다.

Note 특별히 $\lim_{x\to 0}\frac{\sin x}{x}=1$은 다른 삼각함수의 극한을 구할 때 유용하게 사용되므로 공식처럼 기억할 필요가 있다.

정리 7-24.

$$\lim_{x\to 0}\frac{\sin x}{x}=1$$

예제 7-46

$\lim_{x\to0}\frac{1-\cos x}{x}$을 구하여라.

풀이

$$\lim_{x\to0}\frac{1-\cos x}{x}=\lim_{x\to0}\frac{\sin^2 x}{x(1+\cos x)}=\lim_{x\to0}\frac{\sin x}{x}\lim_{x\to0}\frac{\sin x}{1+\cos x}=1\times\frac{0}{2}=0$$

예제 7-47

$\lim_{x\to0}\frac{x}{\tan x}$을 구하여라.

풀이

$$\lim_{x\to0}\frac{x}{\tan x}=\lim_{x\to0}\frac{x}{\sin x}\cos x=\lim_{x\to0}\frac{1}{\frac{\sin x}{x}}\lim_{x\to0}\cos x=\frac{1}{1}\times1=1$$

예제 7-48

$\lim_{x\to0}\frac{\sin 2x}{x}$을 구하여라.

풀이

$t=2x$라 하면, $x\to0$일 때 $t\to0$이므로

$$\lim_{x\to0}\frac{\sin 2x}{x}=\lim_{x\to0}\left(2\times\frac{\sin 2x}{2x}\right)=2\lim_{t\to0}\frac{\sin t}{t}=2\times1=2$$

예제 7-49

$\lim_{x \to \frac{\pi}{2}} \frac{\cos^2 x}{1-\sin x}$ 을 구하여라.

풀이

$$\lim_{x \to \frac{\pi}{2}} \frac{\cos^2 x}{1-\sin x} = \lim_{x \to \frac{\pi}{2}} \frac{(1+\sin x)(1-\sin x)}{1-\sin x} = \lim_{x \to \frac{\pi}{2}} (1+\sin x) = 2$$

참고 $\lim_{x \to 0} \frac{\sin x}{x}$ 의 경우처럼 $x \to 0$일 때 분자, 분모 모두 0으로 접근하는 경우에는 극한 성질을 이용할 수 없다. 따라서 $\frac{0}{0}$ 또는 $\frac{\infty}{\infty}$ 형태의 부정형의 극한을 구할 때는 로피탈의 법칙을 사용하는 것이 좋다.

□ 삼각함수의 도함수

도함수의 정의를 이용하여 사인함수 $f(x)=\sin x$의 극한을 구하여 본다.

$f(x)=\sin x$이면,

$$\begin{aligned} f'(x) &= \lim_{h \to 0} \frac{\sin(x+h)-\sin x}{h} = \lim_{h \to 0} \frac{\sin x \cos h + \cos x \sin h - \sin x}{h} \\ &= \lim_{h \to 0} \left(\sin x \frac{\cos h - 1}{h} + \cos x \frac{\sin h}{h} \right) \\ &= \sin x \lim_{h \to 0} \frac{\cos h - 1}{h} + \cos x \lim_{h \to 0} \frac{\sin h}{h} \\ &= \sin x \times 0 + \cos x \times 1 = \cos x \end{aligned}$$

마찬가지 방법으로 도함수의 정의에 의해 $f(x)=\cos x$의 도함수는 $f'(x) = -\sin x$이다.
그리고 $(\sin x)' = \cos x$, $(\cos x)' = -\sin x$이라는 사실과 미분공식을 이용하면, 나머지 삼각함수들의 도함수를 구할 수 있다. 예를 들어 $\tan x = \frac{\sin x}{\cos x}$이므로 미분공식 중 몫의 공식을 이용하면

$$(\tan x)' = \left(\frac{\sin x}{\cos x} \right)' = \frac{(\sin x)' \cos x - \sin x (\cos x)'}{\cos^2 x}$$

$$= \frac{(\cos x)\cos x - \sin x(-\sin x)}{\cos^2 x} = \frac{\cos^2 x + \sin^2 x}{\cos^2 x} = \frac{1}{\cos^2 x} = \sec^2 x$$

이다. 마찬가지로 $\sec x = \dfrac{1}{\cos x}$, $\csc x = \dfrac{1}{\sin x}$, $\cot x = \dfrac{\cos x}{\sin x}$이므로 $(\sin x)' = \cos x$, $(\cos x)' = -\sin x$이라는 사실과 몫의 공식을 이용하면 그들의 도함수도 쉽게 구할 수 있다.

정리 7-25. 삼각함수의 도함수

$$(\sin x)' = \cos x,\ (\cos x)' = -\sin x,\ (\tan x)' = \sec^2 x$$
$$(\sec x)' = \sec x \tan x,\ (\csc x)' = -\csc x \cot x,\ (\cot x)' = -\csc^2 x$$

참고 기본 삼각함수보다 복잡하게 정의된 삼각함수의 도함수를 구하기 위해서 합성함수의 미분법인 연쇄법칙을 사용하는 것이 좋다.

예제 7-50

$y = \cos\dfrac{x}{2}$의 도함수를 구하여라.

풀이

$t = \dfrac{x}{2}$라 하면 $dt = \dfrac{dx}{2}$이므로 연쇄법칙에 의해

$$\frac{dy}{dx} = \frac{dy}{dt}\frac{dt}{dx} = -\sin t \times \frac{1}{2} = -\frac{1}{2}\sin\frac{x}{2}$$

예제 7-51

$y = \sin(x+1)$의 도함수를 구하여라.

풀이

$t = x+1$라 하면 $dt = dx$, $y = \sin t$이므로 연쇄법칙에 의해

$$\frac{dy}{dx} = \frac{dy}{dt}\frac{dt}{dx} = \cos t \times 1 = \cos t = \cos(x+1)$$

예제 7-52

$y=\dfrac{\tan x}{x}$의 도함수를 구하여라.

풀이

$(\tan x)'=\sec^2 x$, $(x)'=1$이므로 미분공식 중 몫의 공식에 의해

$$\frac{dy}{dx}=\frac{(\tan x)'x-\tan x\,(x)'}{x^2}=\frac{x\sec^2 x-\tan x}{x^2}$$

예제 7-53

$y=\sin x\cos x$의 도함수를 구하여라.

풀이

미분공식 중 곱의 공식을 이용하면

$$y'=(\cos x)\cos x+\sin x\,(-\sin x)=\cos^2 x-\sin^2 x=\cos 2x$$

(별해) $y=\sin x\cos x=\dfrac{1}{2}\sin 2x$이므로 연쇄법칙에 의해

$$y'=\frac{1}{2}\cos 2x\times 2=\cos 2x$$

예제 7-54

$y=\dfrac{\sin x}{\sin x+\cos x}$의 도함수를 구하여라.

풀이

미분공식 중 몫의 공식을 이용하면

$$\begin{aligned}y'&=\frac{(\sin x)'(\sin x+\cos x)-\sin x\,(\sin x+\cos x)'}{(\sin x+\cos x)^2}\\&=\frac{\cos x(\sin x+\cos x)-\sin x\,(\cos x-\sin x)}{(\sin x+\cos x)^2}\\&=\frac{\cos^2 x+\sin^2 x}{(\sin x+\cos x)^2}=\frac{1}{(\sin x+\cos x)^2}\end{aligned}$$

예제 7-55

$y = \sin(\cos x)$의 도함수를 구하여라.

풀이

연쇄법칙에 의해,

$$y' = \cos(\cos x) \times (\cos x)' = -\sin x \cos(\cos x)$$

예제 7-56

$y = \cos^2 x \csc^2 x$을 미분하여라.

풀이

$$y = \cos^2 x \csc^2 x = \cos^2 x \times \frac{1}{\sin^2 x} = \cot^2 x$$

이므로 연쇄법칙에 의해

$$y' = (\cot^2 x)' = 2\cot x\,(\cot x)' = -2\cot x \csc^2 x = -\frac{2\cos x}{\sin^3 x}$$

또는 미분공식 중 몫의 공식을 이용하여 도함수를 구할 수도 있다.

□ 미분 활용

삼각함수의 미분법을 이용하여 다양한 응용문제를 해결할 수 있다.

예제 7-57

함수 $y = \sin 2x - x + 1$의 그래프 위의 점 $(0,1)$에서의 접선의 방정식을 구하여라.

풀이

$f(x) = \sin 2x - x + 1$이면 $f'(x) = 2\cos 2x - 1$이므로, 점 $(0,1)$에서의 접선의 기울기는 $f'(0) = 1$이다. 따라서 접선의 방정식은

$$y - 1 = 1(x - 0),\ y = x + 1$$

이다.

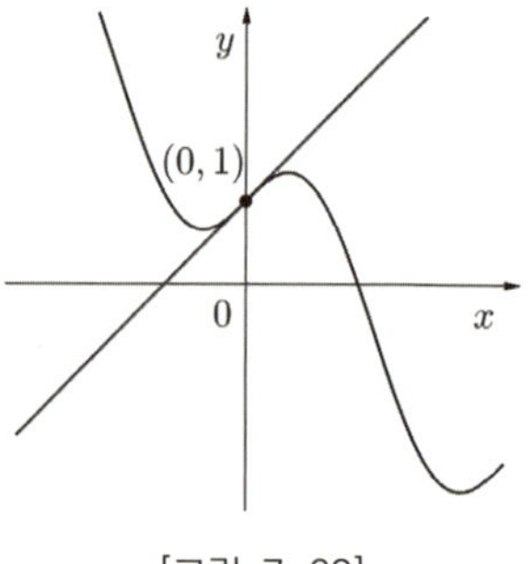

[그림 7-62]

예제 7-58

곡선 $y = \sin 2x - x + 1\,(-\pi < x < \pi)$을 그려라.

풀이

$y' = 2\cos 2x - 1 = 0 \Leftrightarrow \cos 2x = \frac{1}{2} \Rightarrow 2x = -\frac{5\pi}{3}, -\frac{\pi}{3}, \frac{\pi}{3}, \frac{5\pi}{3}$이므로, 임계점은

$$x = -\frac{5\pi}{6}, -\frac{\pi}{6}, \frac{\pi}{6}, \frac{5\pi}{6}$$

이다. 따라서

x	$-\pi$	$\cdots$	$-\frac{5\pi}{6}$	$\cdots$	$-\frac{\pi}{6}$	$\cdots$	$\frac{\pi}{6}$	$\cdots$	$\frac{5\pi}{6}$	$\cdots$	π
y'		$+$	0	$-$	0	$+$	0	$-$	0	$+$	
y	$1+\pi$		극대		극소		극대		극소		$1-\pi$

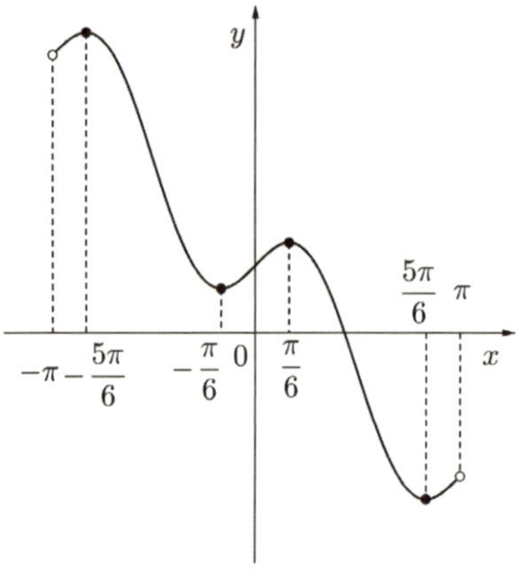

[그림 7-63]

따라서 극댓값은

$$y\left(-\frac{5\pi}{6}\right)=\frac{\sqrt{3}}{2}+1+\frac{5\pi}{6},\ y\left(\frac{\pi}{6}\right)=\frac{\sqrt{3}}{2}+1-\frac{\pi}{6},$$

극솟값은

$$y\left(-\frac{\pi}{6}\right)=-\frac{\sqrt{3}}{2}+1+\frac{\pi}{6},\ y\left(\frac{5\pi}{6}\right)=-\frac{\sqrt{3}}{2}+1-\frac{5\pi}{6}$$

예제 7-59

임의의 실수 a, b에 대하여

$$|\sin b-\sin a| \le |b-a|$$

임을 보여라.

풀이

$f(x)=\sin x$라 하면, 모든 실수 x에 대해 $f'(x)=\cos x$ 이므로 폐구간 $[a, b]$에서 f는 미분가능하다. 따라서 평균값 정리에 의해

$$f'(c)=\frac{\sin b-\sin a}{b-a}$$

인 c가 a, b사이에 있다. 그런데

$$\left|\frac{\sin b-\sin a}{b-a}\right|=|f'(c)|=|\cos c| \le 1$$

이므로

$$|\sin b-\sin a| \le |b-a|$$

이다.

예제 7-60

$0 \le x \le 2\pi$일 때 함수 $f(x)=x+\sin 2x$의 최댓값과 최솟값을 구하여라.

풀이

$f(x)=x+\sin 2x$는 $0 \le x \le 2\pi$에서 연속이므로 극값정리에 의해 반드시 최댓값과 최솟값이 존재한다.

$$f'(x)=1+2\cos 2x=0 \Leftrightarrow \cos 2x=-\frac{1}{2}$$

이고 $0 \le 2x \le 4\pi$이므로, $\cos 2x=-\frac{1}{2}$인 각 $2x$는 제2, 3사분면의 각이다. 즉, 임계점은

$$2x=\frac{2\pi}{3},\ \frac{4\pi}{3},\ \frac{8\pi}{3},\ \frac{10\pi}{3} \Leftrightarrow x=\frac{\pi}{3},\ \frac{2\pi}{3},\ \frac{4\pi}{3},\ \frac{5\pi}{3}$$

이므로, 폐구간의 양 끝 점과 임계점에서의 함숫값을 구하면

$$f(0)=0,$$
$$f\left(\frac{\pi}{3}\right)=\frac{\pi}{3}+\sin\frac{2\pi}{3}=\frac{\pi}{3}+\frac{\sqrt{3}}{2},$$
$$f\left(\frac{2\pi}{3}\right)=\frac{2\pi}{3}+\sin\frac{4\pi}{3}=\frac{2\pi}{3}-\frac{\sqrt{3}}{2},$$
$$f\left(\frac{4\pi}{3}\right)=\frac{4\pi}{3}+\sin\frac{8\pi}{3}=\frac{4\pi}{3}+\frac{\sqrt{3}}{2},$$
$$f\left(\frac{5\pi}{3}\right)=\frac{5\pi}{3}+\sin\frac{10\pi}{3}=\frac{5\pi}{3}-\frac{\sqrt{3}}{2},$$
$$f(2\pi)=2\pi$$

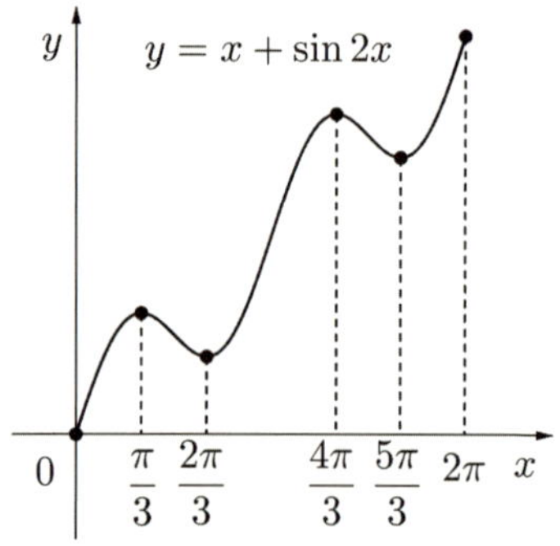

[그림 7-64]

이다. 그러므로 최댓값은 2π, 최솟값은 0이다.

정리 7-26. **로피탈의 법칙**

두 함수 f, g에 대하여 $f(a)=g(a)=0$이고 $f'(a)$, $g'(a)$(단, $g'(a)\neq 0$)가 존재하면

$$\lim_{x\to a}\frac{f(x)}{g(x)}=\lim_{x\to a}\frac{f'(x)}{g'(x)}$$

예제 7-6

다음 극한값을 구하여라.

(1) $\lim_{x\to0^+}\frac{x}{x-\sin x}$

(2) $\lim_{x\to0}\frac{1-\cos x}{x^2}$

(3) $\lim_{x\to\frac{\pi}{2}}\frac{1+\tan x}{\sec x}$

(4) $\lim_{x\to0}\left(\frac{1}{x}-\frac{1}{\sin x}\right)$

풀이

(1) $\lim_{x\to0^+}\frac{x}{x-\sin x}=\lim_{x\to0^+}\frac{1}{1-\cos x}=\frac{1}{1-\cos 0}=\infty$

(2) $\lim_{x\to0}\frac{1-\cos x}{x^2}=\lim_{x\to0}\frac{\sin x}{2x}=\frac{1}{2}\lim_{x\to0}\frac{\sin x}{x}=\frac{1}{2}$

(3) $\lim_{x\to\frac{\pi}{2}}\frac{1+\tan x}{\sec x}=\lim_{x\to\frac{\pi}{2}}\frac{\sec^2 x}{\sec x\tan x}=\lim_{x\to\frac{\pi}{2}}\frac{\sec x}{\tan x}=\lim_{x\to\frac{\pi}{2}}\frac{1}{\sin x}=\frac{1}{\sin\frac{\pi}{2}}=1$

(4) $\lim_{x\to0}\left(\frac{1}{x}-\frac{1}{\sin x}\right)=\lim_{x\to0}\frac{\sin x-x}{x\sin x}=\lim_{x\to0}\frac{\cos x-1}{\sin x+x\cos x}$

$=\lim_{x\to0}\frac{-\sin x}{\cos x+\cos x-x\sin x}=\frac{0}{2}=0$

7.8 연습문제

01. 다음 극한값을 구하여라.

(1) $\lim_{x\to\pi}\sin x$

(2) $\lim_{x\to 0}(\sec x-\cos x)$

(3) $\lim_{x\to 0}\frac{x^2}{1-\cos x}$

(4) $\lim_{x\to\pi}\frac{1+\cos x}{1-\cos x}$

(5) $\lim_{x\to 0}\frac{e^x-1}{\sin x}$

(6) $\lim_{x\to\infty}x\sin\left(\frac{1}{x}\right)$

(7) $\lim_{x\to\left(\frac{\pi}{2}\right)^-}\cos x\sec(3x)$

(8) $\lim_{x\to\infty}x\sin\left(\frac{\pi}{x}\right)$

02. 다음 함수의 도함수를 구하여라.

(1) $y=x^2\sin x$

(2) $y=\tan(x^2+1)^2$

(3) $y=\cos^2 x$

(4) $y=(\sin x)^2$

(5) $y=\frac{\tan x}{x^2}$

(6) $y=e^x\sin 2x$

(7) $y=e^x(\sin x+\sec x)$

(8) $y=x^{\sin x}$

03. 함수 $f(x)=\sin^2 x+2\cos x\ (0<x<2\pi)$에 대하여,

(1) 임계점을 구하여라.

(2) 증가하는 구간과 감소하는 구간을 구하여라.

(3) 극댓값과 극솟값을 구하여라.

04. 구간 $0\le x\le 2\pi$에서 함수 $f(x)=\sin 2x+\cos x$의 최댓값과 최솟값을 구하여라.

05. 구간 $0\le x\le 2\pi$에서 곡선 $y=x-\sin x$이 위로 오목한 구간과 변곡점을 구하여라.

7.9 삼각함수의 적분법

□ 부정적분

삼각함수의 미분법에 의하면

$$(\sin x)' = \cos x,\ (\cos x)' = -\sin x,\ (\tan x)' = \sec^2 x$$
$$(\csc x)' = -\csc x \cot x,\ (\sec x)' = \sec x \tan x,\ (\cot x)' = -\csc^2 x$$

이므로, 부정적분의 정의에 의해 다음 공식을 얻는다.

정리 7-27.

$$\int \sin x\, dx = -\cos x + C,\ \int \cos x\, dx = \sin x + C$$
$$\int \sec^2 x\, dx = \tan x + C,\ \int \csc^2 x\, dx = -\cot x + C$$
$$\int \sec x \tan x\, dx = \sec x + C,\ \int \csc x \cot x\, dx = -\csc x + C$$

그러나 $\int \tan x\, dx$, $\int \cot x\, dx$, $\int \sec x\, dx$, $\int \csc x\, dx$ 은 부정적분의 정의를 사용하여 구할 수 없으므로, 이들 부정적분을 구하는 방법에 대해 공부해 본다.

먼저 피적분함수가 $\tan x, \cot x$인 경우 $\tan x = \dfrac{\sin x}{\cos x}$, $\cot x = \dfrac{\cos x}{\sin x}$이므로, 치환적분법을 사용하는 것이 좋다.

$u = \cos x$로 치환하면

$$\int \tan x\, dx = \int \frac{\sin x}{\cos x}\, dx = \int -\frac{du}{u} = -\ln|u| + C = \ln|\sec x| + C$$

이 되고, $u = \sin x$로 치환하면

$$\int \cot x\, dx = \int \frac{\cos x}{\sin x}\, dx = \int \frac{du}{u} = \ln|u| + C = \ln|\sin x| + C$$

이 된다. 또한

$$(\sec x + \tan x)' = \sec x \tan x + \sec^2 x = \sec x(\tan x + \sec x)$$
$$(\csc x + \cot x)' = -\csc x \cot x - \csc^2 x = -\csc x(\cot x + \csc x)$$

이므로, $\int \frac{f'(x)}{f(x)} dx = \ln|f(x)| + C$ 을 이용하면 $\int \sec x\, dx$, $\int \csc x\, dx$을 구할 수 있다. 즉,

$$\int \sec x\, dx = \int \frac{\sec x(\sec x + \tan x)}{\sec x + \tan x} dx = \ln|\sec x + \tan x| + C,$$
$$\int \csc x\, dx = \int \frac{\csc x(\csc x + \cot x)}{\csc x + \cot x} dx = -\ln|\csc x + \cot x| + C$$

그러므로 피적분함수가 삼각함수인 부정적분 공식은 다음과 같다.

정리 7-28. 삼각함수의 부정적분

$$\int \sin x\, dx = -\cos x + C, \quad \int \cos x\, dx = \sin x + C$$
$$\int \tan x\, dx = \ln|\sec x| + C, \quad \int \cot x\, dx = \ln|\sin x| + C$$
$$\int \sec x\, dx = \ln|\sec x + \tan x| + C, \quad \int \csc x\, dx = -\ln|\csc x + \cot x| + C$$

예제 7-62

$\int \sin 2x\, dx$을 구하여라.

풀이

$u = 2x$로 치환하면

$$\int \sin 2x\, dx = \frac{1}{2}\int \sin u\, du = -\frac{1}{2}\cos u + C = -\frac{\cos 2x}{2} + C$$

예제 7-63

$\int \frac{1+\cos^2 x}{\cos x} dx$을 구하여라.

풀이

$$\int \frac{1+\cos^2 x}{\cos x}\,dx = \int (\sec x + \cos x)\,dx = \ln|\sec x + \tan x| + \sin x + C$$

예제 7-64

$\int x\cos x\,dx$을 구하여라.

풀이

$f(x)=x,\ g'(x)=\cos x$라 하면 $f'(x)=1,\ g(x)=\sin x$이므로, 부분적분법에 의해

$$\int x\cos x\,dx = x\sin x - \int \sin x\,dx = x\sin x + \cos x + C$$

예제 7-65

$\int e^x \sin x\,dx$을 구하여라.

풀이

$f(x)=\sin x,\ g'(x)=e^x$라 하면 $f'(x)=\cos x, g(x)=e^x$이므로, 부분적분법에 의해

$$\int e^x \sin x\,dx = e^x \sin x - \int e^x \cos x\,dx$$

$\int e^x \cos x\,dx$을 구하기 위해 $f(x)=\cos x,\ g'(x)=e^x$라 하면, $f'(x)=-\sin x,\ g(x)=e^x$이므로

$$\int e^x \sin x\,dx = e^x \sin x - \int e^x \cos x\,dx = e^x \sin x - \left(e^x \cos x + \int e^x \sin x\,dx\right)$$

따라서

$$2\int e^x \sin x\,dx = e^x(\sin x - \cos x) \Leftrightarrow \int e^x \sin x\,dx = \frac{1}{2}e^x(\sin x - \cos x) + C$$

이다.

예제 7-66

$f(x)=\int(\sin x+e^x)\,dx$ 이고 $f(0)=1$일 때, 함수 $f(x)$을 구하여라.

풀이

$$f(x)=\int(\sin x+e^x)\,dx = -\cos x+e^x+C$$

이고 $1=f(0)=-\cos 0+e^0+C=C$ 이므로,

$$f(x)=-\cos x+e^x+1$$

이다.

피적분함수가 삼각함수인 적분을 **삼각적분**이라 부르기도 한다. 지금까지는 기본 삼각함수의 부정적분 공식을 이용한 삼각적분에 대해 공부하였다. 이제 삼각함수의 항등식을 이용하여 삼각함수들이 서로 결합된 형태인 삼각함수의 적분을 공부해 본다.

○ 사인과 코사인의 거듭제곱 $\sin^m x\cos^n x$ (m, n는 짝수 또는 홀수)의 적분

적분을 위해 다음 삼각함수의 항등식을 이용한다.

정리 7-29.

$$\sin^2 x+\cos^2 x=1,\quad \sin^2 x=\frac{1-\cos 2x}{2},\quad \cos^2 x=\frac{1+\cos 2x}{2}$$

다음은 $\int\sin^m x\cos^n x\,dx$ 형태의 삼각적분의 예들이다.

예제 7-67

$\int\sin^3 x\cos x\,dx$을 구하여라.

풀이

이 경우는 $m=3, n=1$ 모두 홀수이므로, 다음과 같이 두 가지 방법으로 적분할 수 있다.

$u=\sin x$로 치환하면 $du=\cos x\,dx$이므로, 치환적분법에 의해

$$\int \sin^3 x \cos x\,dx = \int u^3 du = \frac{u^4}{4}+C = \frac{\sin^4 x}{4}+C$$

이다.

또는 $u=\cos x$로 치환하면, $du=-\sin x\,dx$이고 항등식에 의해

$$\sin^2 x = 1-\cos^2 x = 1-u^2$$

으로 치환 적분한다. 즉,

$$\int \sin^3 x \cos x\,dx = \int -(1-u^2)u\,du = -\frac{u^2}{2}+\frac{u^4}{4}+C = -\frac{\cos^2 x}{2}+\frac{\cos^4 x}{4}+C$$

항등식에 의해 $\sin^2 x = 1-\cos^2 x$이므로, 여기서 두 가지 방법에 의해 얻은 부정적분은 동일하다.

예제 7-68

$\int \sin^2 x \cos^3 x\,dx$을 구하여라.

풀이

이 경우는 $m=2, n=3$으로 n만이 홀수이다. $\cos^3 x = \cos^2 x \cos x$로 표현한 후, $u=\sin x$로 치환하고 항등식 $\sin^2 x = 1-\cos^2 x$을 이용하여 적분한다.

$$\begin{aligned}\int \sin^2 x \cos^3 x\,dx &= \int \sin^2 x\,(1-\sin^2 x)\cos x\,dx \\ &= \int u^2(1-u^2)\,du = \frac{u^3}{3}-\frac{u^5}{5}+C = \frac{\sin^3 x}{3}-\frac{\sin^5 x}{5}+C\end{aligned}$$

예제 7-69

$\int \sin^2 x \cos^2 x \, dx$을 구하여라.

풀이

이 경우는 $m=2, n=2$으로 모두 짝수이다. 따라서 반각공식을 이용하여 삼각함수의 차수를 낮춘 후 적분한다.

$$\begin{aligned}\int \sin^2 x \cos^2 x \, dx &= \int \frac{1-\cos 2x}{2} \frac{1+\cos 2x}{2} dx = \frac{1}{4}\int (1-\cos^2 2x) \, dx \\ &= \frac{1}{4}\int \left(1 - \frac{1+\cos 4x}{2}\right) dx = \frac{1}{4}\int \left(\frac{1}{2} - \frac{\cos 4x}{2}\right) dx \\ &= \frac{1}{4}\left(\frac{x}{2} - \frac{\sin 4x}{8}\right) + C\end{aligned}$$

참고 위 세 가지 예제로부터 $\int \sin^m x \cos^n x \, dx$ 형태의 삼각적분 방법은 다음과 같이 정리할 수 있다.

(a) m 또는 n이 홀수인 경우, 항등식 $\sin^2 x + \cos^2 x = 1$을 이용하여 치환 적분한다.

(b) m, n이 모두 짝수인 경우, 반각공식을 이용하여 치환 적분한다.

이때 치환적분에 의해, 삼각함수의 적분은 대수함수의 적분으로 변환되어 기본 적분공식을 이용하여 쉽게 적분할 수 있게 된다.

마찬가지로 피적분함수가 $\tan^n x$일 때 부정적분을 구하기 위해서 항등식 $1+\tan^2 x = \sec^2 x$을 이용하여 치환 적분한다. 특히 $n=1$이면, 치환적분법에 의해 $\int \tan x \, dx = \ln|\sec x| + C$ 임을 알고 있다.

예제 7-70

$\int \tan^2 x \, dx$을 구하여라.

풀이

항등식 $1+\tan^2 x = \sec^2 x$에 의해

$$\int \tan^2 x \, dx = \int (\sec^2 x - 1) \, dx = \tan x - x + C$$

예제 7-71

$\int \tan^3 x\, dx$을 구하여라.

풀이

항등식 $1+\tan^2 x = \sec^2 x$과 치환적분법에 의해

$$\int \tan^3 x\, dx = \int \tan^2 x \tan x\, dx = \int (1+\sec^2 x)\tan x\, dx$$

$$= \int \tan x\, dx + \int \sec^2 x \tan x\, dx = \ln|\sec x| + \frac{1}{2}\tan^2 x + C$$

예제 7-72

$\int \tan^4 x\, dx$을 구하여라.

풀이

$$\int \tan^4 x\, dx = \int \tan^2 x \tan^2 x\, dx = \int (\sec^2 x - 1)\tan^2 x\, dx$$

$$= \int \tan^2 x \sec^2 x\, dx - \int \tan^2 x\, dx$$

$\int \tan^2 x \sec^2 x\, dx$를 구하기 위해서 $u = \tan x$라 치환하면 $du = \sec^2 x\, dx$ 이므로,

$$\int \tan^2 x \sec^2 x\, dx = \int u^2 du = \frac{u^3}{3} + C = \frac{\tan^3 x}{3} + C,$$

이고 $\int \tan^2 x\, dx = \tan x - x + C$ 이므로,

$$\int \tan^4 x\, dx = \frac{\tan^3 x}{3} - \tan x + x + C$$

Note 좀 더 복잡한 경우의 삼각적분은 미적분학에서 공부하기로 한다.

□ 정적분

정적분을 계산하기 위해서는 미적분학의 기본정리 2를 사용하는 것이 좋다. 또한 정적분으로 정의된 함수의 도함수를 구할 때 미적분학의 기본정리 1을 활용한다.

정리 7-30. 미적분학의 기본정리

f가 구간 $[a,b]$에서 연속일 때,

(1) $g(x) = \int_a^x f(t)\,dt$이면, $g'(x) = f(x)$이다.

(2) $\int_a^b f(x)\,dx = F(b) - F(a)$, $F'(x) = f(x)$

예제 7-73

$f(x) = \int_0^x (\cos t - \sqrt{t})\,dt$의 도함수를 구하여라.

풀이

미적분학의 기본정리 1을 이용하면

$$f'(x) = \frac{d}{dx}\int_0^x (\cos t - \sqrt{t})\,dt = \cos x - \sqrt{x}$$

예제 7-74

$g(x) = \int_x^{x^2} (\sin t + t^2 - 1)\,dt$의 도함수를 구하여라.

풀이

$$g(x) = \int_x^{x^2} (\sin t + t^2 - 1)\,dt = \int_a^{x^2} (\sin t + t^2 - 1)\,dt - \int_a^x (\sin t + t^2 - 1)\,dt$$

이므로 각각의 정적분에 미적분학의 기본정리 1을 적용하면,

$$\begin{aligned} g'(x) &= 2x(\sin^2 x + x^4 - 1) - (\sin x + x^2 - 1) \\ &= 2x\sin x^2 - \sin x + 2x^5 - x^2 - 2x + 1 \end{aligned}$$

미적분학의 기본정리 2는 정적분을 구할 때, 정의를 이용하지 않고 피적분함수의 역도함수를 이용하여 간단하게 구할 수 있게 해 준다. 따라서 기본정리 2를 활용하여 정적분을 계산해 본다.

예제 7-75

$\int_0^{\frac{\pi}{6}} \cos x\, dx$을 계산하여라.

풀이

$$\int_0^{\frac{\pi}{6}} \cos x\, dx = [\sin x]_0^{\frac{\pi}{6}} = \sin\frac{\pi}{6} - \sin 0 = \frac{1}{2} - 0 = \frac{1}{2}$$

예제 7-76

$\int_0^{\frac{\pi}{6}} x\cos x\, dx$을 계산하여라.

풀이

$\int_0^{\frac{\pi}{6}} x\cos x\, dx$을 계산하기 부분적분법을 사용하기 위해 $f(x) = x,\ g'(x) = \cos x$라 하면 $f'(x) = 1,\ g(x) = \sin x$이므로,

$$\int_0^{\frac{\pi}{6}} x\cos x\, dx = [x\sin x]_0^{\frac{\pi}{6}} - \int_0^{\frac{\pi}{6}} \sin x\, dx = [x\sin x + \cos x]_0^{\frac{\pi}{6}}$$

$$= \frac{\pi}{6}\left(\frac{1}{2}\right) + \frac{\sqrt{3}}{2} - 1 = \frac{\pi}{12} + \frac{\sqrt{3}-2}{2}$$

예제 7-77

$\int_0^{\frac{\pi}{2}} \sin^2\left(\frac{x}{2}\right) dx$을 계산하여라.

풀이

반각공식을 이용하면

$$\int_0^{\frac{\pi}{2}} \sin^2\left(\frac{x}{2}\right)dx = \int_0^{\frac{\pi}{2}} \frac{1-\cos x}{2}dx = \left[\frac{1}{2}(x-\sin x)\right]_0^{\frac{\pi}{2}}$$

$$= \frac{1}{2}\left(\frac{\pi}{2}-\sin\frac{\pi}{2}\right)-\frac{1}{2}(0-\sin 0)$$

$$= \frac{\pi}{4}-\frac{1}{2}$$

참고 위의 예제에서 보듯이 미적분학 기본정리 2를 이용하면 정적분 계산을 쉽게 할 수 있다. 그러나 대칭구간에서의 정적분을 계산하기 위해서는 정적분의 기하적 의미를 이용하는 것이 더 좋다.

예제 7-78

다음 정적분을 계산하여라.

(1) $\int_{-\frac{\pi}{2}}^{\frac{\pi}{2}} \sin x\, dx$

(2) $\int_{-\frac{\pi}{2}}^{\frac{\pi}{2}} \cos x\, dx$

풀이

(1) $f(x)=\sin x$일 때 $f(-x)=\sin(-x)=-\sin x=-f(x)$이므로 f는 기함수이다. 따라서 그래프가 원점에 대칭이므로 $\int_{-\frac{\pi}{2}}^{0} \sin x\, dx = -\int_0^{\frac{\pi}{2}} \sin x dx$이다. 즉,

$$\int_{-\frac{\pi}{2}}^{\frac{\pi}{2}} \sin x\, dx = \int_0^{\frac{\pi}{2}} \sin x\, dx + \int_{-\frac{\pi}{2}}^{0} \sin x\, dx = 0$$

(2) $f(x)=\cos x$일 때 $f(-x)=\cos(-x)=\cos x=f(x)$이므로 f는 우함수이다. 따라서 그래프가 y축에 대칭이므로 $\int_{-\frac{\pi}{2}}^{0} \sin x\, dx = \int_0^{\frac{\pi}{2}} \sin x dx$이다. 즉,

$$\int_{-\frac{\pi}{2}}^{\frac{\pi}{2}} \sin x\, dx = 2\int_0^{\frac{\pi}{2}} \sin x\, dx = 2\left[-\cos x\right]_0^{\frac{\pi}{2}} = 2(0+1) = 2$$

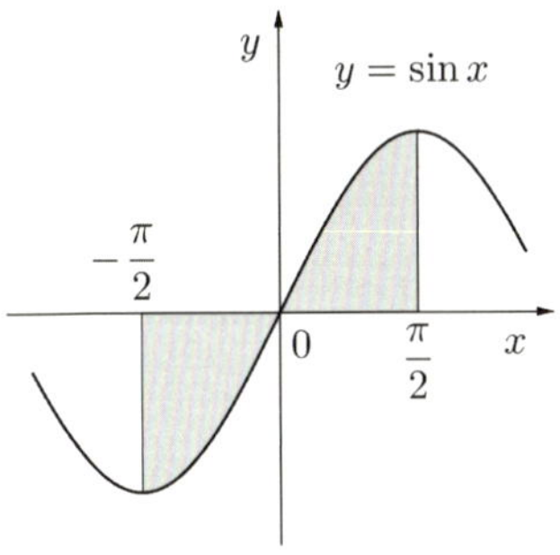

[그림 7-65]

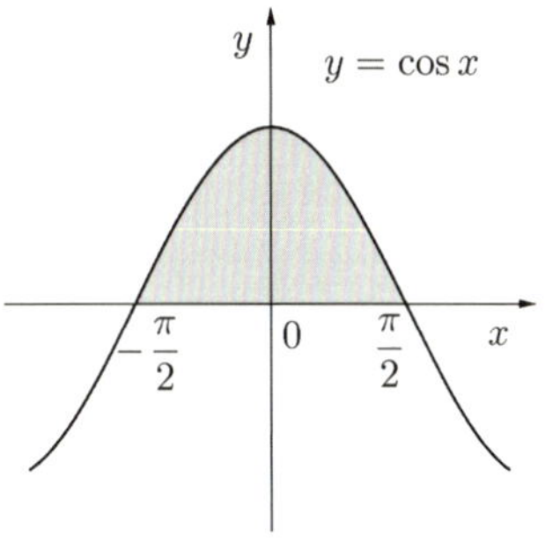

[그림 7-66]

□ 정적분의 활용

일반적으로 정적분을 활용하여 넓이, 부피 그리고 곡선의 길이 등을 구할 수 있다. 따라서 다음 예제들을 통해 삼각적분의 활용을 알아본다.

예제 7-79

$0 \le x \le \pi$일 때 두 곡선 $f(x) = \sin x$, $g(x) = \cos x$에 의해 둘러싸인 영역의 넓이를 구하여라.

풀이

$0 \le x \le \pi$일 때, 두 곡선의 교점은

$$\sin x = \cos x \Leftrightarrow x = \frac{\pi}{4}$$

이다. 따라서 두 곡선으로 둘러싸인 영역의 넓이는

$$A = \int_0^{\pi} |\sin x - \cos x|\, dx$$

$$= \int_0^{\frac{\pi}{4}} (\cos x - \sin x)\, dx + \int_{\frac{\pi}{4}}^{\pi} (\sin x - \cos x)\, dx$$

$$= [\sin x + \cos x]_0^{\frac{\pi}{4}} + [-\cos x - \sin x]_{\frac{\pi}{4}}^{\pi}$$

$$= \left(\frac{\sqrt{2}}{2} + \frac{\sqrt{2}}{2}\right) - 1 + 1 - \left(-\frac{\sqrt{2}}{2} - \frac{\sqrt{2}}{2}\right) = \sqrt{2} + \sqrt{2} = 2\sqrt{2}$$

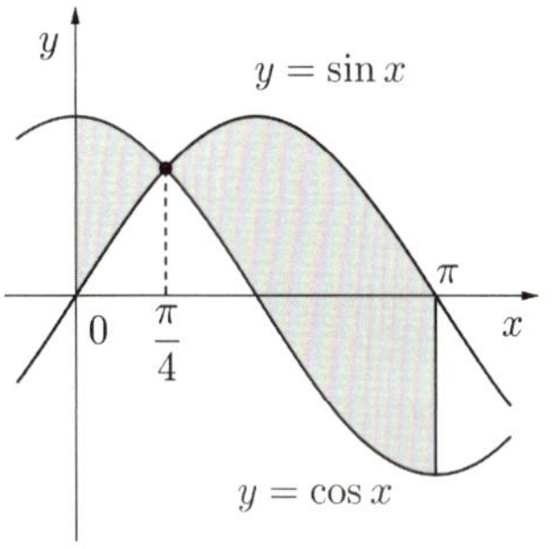

[그림 7-67]

예제 7-80

곡선 $y=\sin x, y=0, x=\frac{\pi}{2}$으로 둘러싸인 영역 R을 x축을 회전축으로 하여 생긴 회전체의 부피를 구하여라.

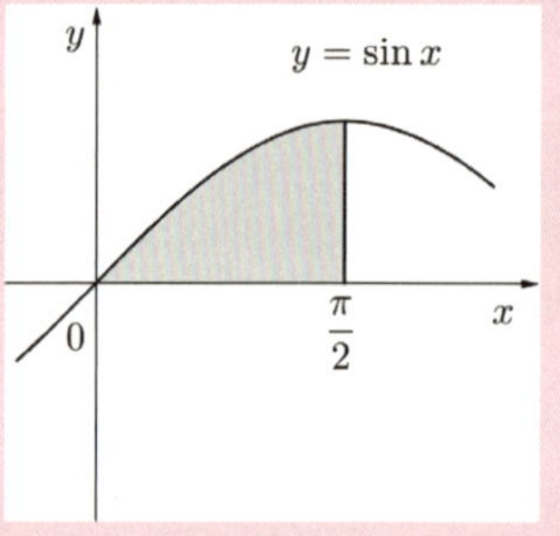

[그림 7-68]

풀이

회전체를 회전축에 수직인 평면으로 자른 단면의 모양은 반지름이 y인 원이다. 그러므로 회전체의 부피 V는 반지름이 y인 원의 넓이에 대한 정적분으로 구할 수 있다. 따라서

$$V=\int_0^{\frac{\pi}{2}} \pi y^2 dx=\int_0^{\frac{\pi}{2}} \pi \sin^2 x\, dx$$

$$=\pi\int_0^{\frac{\pi}{2}} \frac{1-\cos 2x}{2} dx$$

$$=\frac{\pi}{2}\left[x-\frac{\sin 2x}{2}\right]_0^{\frac{\pi}{2}}=\frac{\pi^2}{4}$$

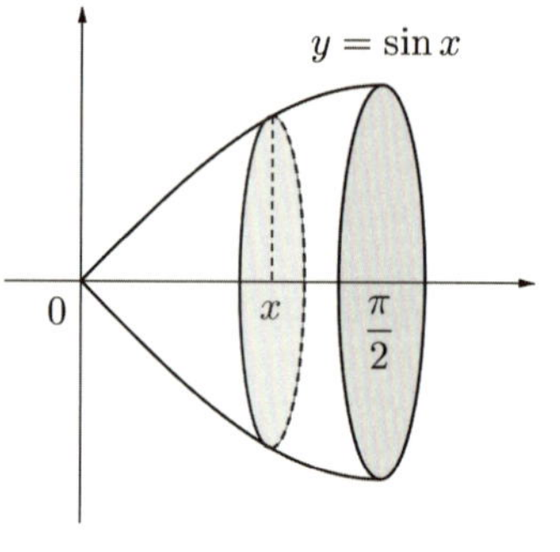

[그림 7-69]

7.9 연습문제

01. 다음 부정적분을 구하여라.

(1) $\int (\sin x + 2\cos x)\, dx$

(2) $\int \sin^3 x \cos x\, dx$

(3) $\int (\sec^2 x + \csc^2 x)\, dx$

(4) $\int \tan x \sec^2 x\, dx$

(5) $\int \frac{\tan x}{\sin x}\, dx$

(6) $\int x^2 \sin x\, dx$

02. 다음 함수의 도함수를 구하여라.

(1) $f(x) = \int_0^x \sqrt{1+\sin t}\ dt$

(2) $g(x) = \int_0^{x^2} \cos t\, dt$

03. 다음 정적분을 계산하여라.

(1) $\int_0^{\pi} \cos x\, dx$

(2) $\int_{-\frac{\pi}{2}}^{\frac{\pi}{2}} \cos x\, dx$

(3) $\int_{-\frac{\pi}{2}}^{\frac{\pi}{2}} \sin(x^3)\, dx$

(4) $\int_{-\frac{\pi}{2}}^{\frac{\pi}{2}} \tan x\, dx$

04. 다음 곡선 또는 직선으로 둘러싸인 도형의 넓이를 구하여라.

(1) $y = \sin x$, x축, $x = \frac{\pi}{2}$, $x = \frac{3}{2}\pi$

(2) $y = \tan x$, $y = 0$, $x = 0$, $x = \frac{\pi}{4}$

05. 두 곡선 $y=x^2$과 $y=mx$로 둘러싸인 영역의 넓이가 $\frac{9}{2}$가 되는 m의 값을 구하여라.

06. $y=x^2$, $y=1$, $x=0$으로 둘러싸인 영역 R을 y축을 회전축으로 하여 얻은 회전체의 부피를 구하여라

Part III

행렬과 벡터

행렬이란 행과 열로 이루어진 수들의 직사각형 배열로서 물리적 관찰에서 얻어지는 수치적 정보를 표현하는데 활용된다. **벡터**는 수와 방향을 필요로 하는 양으로서, 여러 과학 분야에 적용되고 있다. 따라서 Part Ⅲ에서는 미적분학에 필요한 기초적인 행렬과 행렬식, 그리고 벡터의 정의와 기본성질을 간단히 소개한다.

Chapter

08 행렬과 벡터

8.1 행렬

□ 행렬

숫자들을 네모꼴로 배열한 것을 **행렬**(matrix)이라 한다. 행렬을 표시할 때 소괄호 ( ) 또는 대괄호 [ ]을 사용하며, 행렬의 가로줄을 '**행**(row)', 세로줄을 '**열**(column)'이라고 한다. 또한 괄호 안에 있는 숫자들은 행렬의 **원소**(element)라 하고, 그 원소가 속해 있는 행과 열의 위치를 표시하기 위해 기호 a_{ij} 로 나타낸다. 즉, a_{ij} 는 i번째 행 j번째 열에 속해 있는 원소를 의미한다. 그리고 행렬을 구성하는 행의 개수가 m개, 열의 개수가 n개이면 행렬의 **크기**는 $m \times n$이라 한다.

예제 8-1

행렬 $\begin{bmatrix} 1 & 2 & 3 \\ 0 & 4 & 5 \\ 0 & 0 & 6 \end{bmatrix}$에 대하여, 다음 물음에 답하여라.

(1) 원소 a_{12}, a_{32}을 구하여라.

(2) 행렬의 크기를 구하여라.

풀이

(1) 원소 a_{12}는 1번째 행 2번째 열에 속하므로 2이다. 또한 a_{32}는 3번째 행 2번째 열에 속하므로 0이다.

(2) 행의 갯수가 3개 열의 갯수가 3개이므로 행렬의 크기는 3×3이다.

일반적으로 크기가 $m \times n$행렬 A은

$$A = [a_{ij}]_{m \times n} = \begin{bmatrix} a_{11} & a_{12} & \cdots & a_{1n} \\ a_{21} & a_{22} & \cdots & a_{2n} \\ \vdots & \vdots & \ddots & \vdots \\ a_{m1} & a_{m2} & \cdots & a_{mn} \end{bmatrix}$$

으로 표현한다. 특히 행의 개수와 열의 개수가 같을 때($m=n$), 행렬 A을 **정방행렬**(square matrix)이라 부른다. 정방행렬의 원소 $a_{11}, a_{22}, \dots, a_{nn}$ 을 **주대각선의 원소**라 한다. 예를 들어 $\begin{bmatrix} 1 & 2 & 3 \\ 0 & 4 & 5 \\ 0 & 0 & 6 \end{bmatrix}$ 은 크기가 3×3인 정방행렬로서 주대각선의 원소는 $1, 4, 6$이다.

□ 행렬의 연산

크기가 같은 두 행렬 A, B에 대하여 대응하는 원소가 같으면 A와 B는 **같다** 또는 **동등하다** 라고 하고, $A=B$로 표시한다. 즉, 크기가 $m \times n$인 행렬 $A=[a_{ij}]$, $B=[b_{ij}]$에 대하여

$$A=B \Leftrightarrow a_{ij}=b_{ij} \ (1 \le i \le m, 1 \le j \le n)$$

이다.

예제 8-2

다음 두 행렬이 동등한지 알아보아라.

(1) $\begin{bmatrix} 1 & 1 \\ 1 & 1 \end{bmatrix}, \begin{bmatrix} 1 & 1 & 1 \\ 1 & 1 & 1 \end{bmatrix}$

(2) $\begin{bmatrix} 1 & 2 \\ 3 & 4 \end{bmatrix}, \begin{bmatrix} 1 & 2 \\ 4 & 3 \end{bmatrix}$

풀이

(1) 첫 번째 행렬의 크기는 2×2인 반면 두 번째 행렬의 크기는 2×3이므로 서로 동등하지 않다.

(2) 두 행렬의 크기는 같지만, 대응하는 원소가 같지 않으므로 동등하지 않다. 특히 두 행렬의 2번째 행의 대응하는 원소가 같지 않다.

다음은 행렬의 **덧셈**, **뺄셈** 그리고 **스칼라 곱셈**에 대해 알아본다.

크기가 같은 두 행렬 A, B에 대하여

(a) 합 $A+B$는 A의 원소에 대응하는 B의 원소를 더한 값을 원소로 하는 행렬이다.

(b) 차 $A-B$는 A의 원소에 대응하는 B의 원소를 뺀 값을 원소로 하는 행렬이다.

(c) 임의의 스칼라 c에 대해, 스칼라곱 cA는 A의 모든 원소에 스칼라 c를 곱한 값을 원소로 하는 행렬이다.

예를 들어 크기가 2×2인 행렬 $A=\begin{bmatrix} a_{11} & a_{12} \\ a_{21} & a_{22} \end{bmatrix}$, $B=\begin{bmatrix} b_{11} & b_{12} \\ b_{21} & b_{22} \end{bmatrix}$에 대하여,

$$A+B=\begin{bmatrix} a_{11}+b_{11} & a_{12}+b_{12} \\ a_{21}+b_{21} & a_{22}+b_{22} \end{bmatrix},\ A-B=\begin{bmatrix} a_{11}-b_{11} & a_{12}-b_{12} \\ a_{21}-b_{21} & a_{22}-b_{22} \end{bmatrix},\ cA=\begin{bmatrix} ca_{11} & ca_{12} \\ ca_{21} & ca_{22} \end{bmatrix}$$

이때, 합 $A+B$, 차 $A-B$, 그리고 스칼라곱 cA는 행렬 A, B와 크기가 같다.

예제 8-3

행렬 $A=\begin{bmatrix} 1 & 2 & 3 \\ 0 & 4 & 5 \\ 0 & 0 & 6 \end{bmatrix}$, $B=\begin{bmatrix} 4 & 9 & 1 \\ 7 & 3 & -1 \\ -8 & 5 & 2 \end{bmatrix}$일 때 $A+B$와 $2A-3B$를 구하여라.

풀이

$$A+B=\begin{bmatrix} 1+4 & 2+9 & 3+1 \\ 0+7 & 4+3 & 5+(-1) \\ 0+(-8) & 0+5 & 6+2 \end{bmatrix}=\begin{bmatrix} 5 & 11 & 4 \\ 7 & 7 & 4 \\ -8 & 5 & 8 \end{bmatrix},$$

$$2A-3B=\begin{bmatrix} 2-12 & 4-27 & 6-3 \\ 0-21 & 8-9 & 10-(-3) \\ 0-(-24) & 0-15 & 12-6 \end{bmatrix}=\begin{bmatrix} -10 & -23 & 3 \\ -21 & -1 & 13 \\ 24 & -15 & 6 \end{bmatrix}$$

위에서 살펴본 행렬의 기본연산인 덧셈, 뺄셈 그리고 스칼라곱셈은 우리가 알고 있는 실수의 연산과 같다. 그러나 다음에 살펴볼 행렬의 **곱셈**은 실수의 곱셈과는 다른 것을 알 수 있다. 먼저 행렬의 곱셈 연산을 하기 위해서는 다음의 조건을 만족해야 한다.

두 행렬 A, B에 대하여 행렬 A의 열의 개수와 행렬 B의 행의 개수가 같아야 한다. 즉, 행렬 A의 크기가 $m\times r$이고 행렬 B의 크기가 $r\times n$이면 곱 AB의 크기는 $m\times n$이다.
이때, 행렬 A의 제 i행의 원소와 행렬 B의 제 j열의 원소를 대응하는 순서대로 곱하여 합한 값을 원소로 하는 행렬을 A, B의 곱이라고 하며, 이것을 기호로 AB와 같이 나타낸다.

정의 8-1. 행렬의 곱셈

$A=[a_{ij}]$가 $m\times r$행렬, $B=[b_{ij}]$가 $r\times n$행렬이면 곱 행렬 $AB=[c_{ij}]$의 크기는 $m\times n$이고, 그것의 원소는 다음과 같이 결정된다:
AB의 제 i행, j열에 있는 원소 c_{ij}는 행렬 A의 제 i행과 행렬 B의 제 j열에 있는 대응하는 원소들의 곱을 더해서 얻어진다. 즉, $c_{ij}=a_{i1}b_{1j}+a_{i2}b_{2j}+\cdots+a_{ir}b_{rj}$ $(1\le i\le m, 1\le j\le n)$이다.

$$AB = \begin{bmatrix} a_{11} & a_{12} & \cdots & a_{1r} \\ a_{21} & a_{22} & \cdots & a_{2r} \\ \vdots & \vdots & \ddots & \vdots \\ a_{m1} & a_{m2} & \cdots & a_{mr} \end{bmatrix} \begin{bmatrix} b_{11} & b_{12} & \cdots & b_{1n} \\ b_{21} & b_{22} & \cdots & b_{2n} \\ \vdots & \vdots & \ddots & \vdots \\ b_{r1} & b_{r2} & \cdots & b_{rn} \end{bmatrix}$$

$$= \begin{bmatrix} a_{11}b_{11} + a_{12}b_{21} + \cdots + a_{1r}b_{r1} & \cdots & a_{11}b_{1n} + a_{12}b_{2n} + \cdots + a_{1r}b_{rn} \\ a_{21}b_{11} + a_{22}b_{21} + \cdots + a_{2r}b_{r1} & \cdots & a_{21}b_{1n} + a_{22}b_{2n} + \cdots + a_{2r}b_{rn} \\ \vdots & \ddots & \vdots \\ a_{m1}b_{11} + a_{m2}b_{21} + \cdots + a_{mr}b_{r1} & \cdots & a_{m1}b_{1n} + a_{m2}b_{2n} + \cdots + a_{mr}b_{rn} \end{bmatrix}$$

예제 8-4

예제 다음 행렬의 곱 AB를 구하여라.

(1) $A = \begin{bmatrix} 1 & 2 \\ 3 & 4 \end{bmatrix}$, $B = \begin{bmatrix} 2 & -2 \\ 0 & 1 \end{bmatrix}$

(2) $A = \begin{bmatrix} 1 & 4 \\ 2 & 5 \\ 3 & 6 \end{bmatrix}$, $B = \begin{bmatrix} -4 & -3 \\ 2 & 0 \end{bmatrix}$

풀이

(1) A, B의 크기는 모두 2×2이므로 AB의 크기는 2×2이다.

$$AB = \begin{bmatrix} 2+0 & -2+2 \\ 6+0 & -6+4 \end{bmatrix} = \begin{bmatrix} 2 & 0 \\ 6 & -2 \end{bmatrix}$$

(2) A의 크기는 3×2, B의 크기는 2×2이므로 AB의 크기는 3×2이다.

$$AB = \begin{bmatrix} -4+8 & -3+0 \\ -8+10 & -6+0 \\ -12+12 & -9+0 \end{bmatrix} = \begin{bmatrix} 4 & -3 \\ 2 & -6 \\ 0 & -9 \end{bmatrix}$$

□ 특수 행렬

다음은 중요 성질을 가지고 있는 특수 행렬들에 대해 알아본다.

행렬의 모든 원소가 0인 행렬을 **영행렬**(zero matrix)이라 하고 O으로 표시한다. 예를 들어 $A = \begin{bmatrix} 1 & 2 \\ 3 & 4 \end{bmatrix}$이고 O이 2×2인 영행렬이면, $A + O = \begin{bmatrix} 1 & 2 \\ 3 & 4 \end{bmatrix} + \begin{bmatrix} 0 & 0 \\ 0 & 0 \end{bmatrix} = \begin{bmatrix} 1 & 2 \\ 3 & 4 \end{bmatrix} = A$이다.

정리 8-1. 영행렬의 성질

임의의 행렬 A와 같은 크기의 영행렬 O에 대하여 다음의 성질이 성립한다.

(a) $A+O=O+A=A$

(b) $A-O=A$, $A-A=A+(-A)=O$

(c) $0A=O$

(d) 임의의 스칼라 c에 대하여 $cA=O$이면 $c=0$ 또는 $A=O$이다.

크기가 $n\times n$인 정방행렬의 주 대각선상의 모든 원소는 1, 나머지 원소는 모두 0인 행렬을 **단위행렬** 또는 **항등행렬(identity matrix)**이라 하고 I_n으로 표시한다.

예를 들어 $I_2=\begin{bmatrix}1&0\\0&1\end{bmatrix}$, $I_3=\begin{bmatrix}1&0&0\\0&1&0\\0&0&1\end{bmatrix}$이고, $n\times n$인 정방행렬 A에 대해

$$AI_n=A=I_nA$$

이 성립한다.

A가 $m\times n$행렬일 때, 행렬 A의 행과 열을 바꾸어 얻은 행렬을 A의 **전치행렬**이라 하고 A^T로 표기한다. 이때 A^T의 크기는 $n\times m$이다. 예를 들어 행렬 $A=\begin{bmatrix}1&2\\3&4\\5&6\end{bmatrix}$의 전치행렬은 $A^T=\begin{bmatrix}1&3&5\\2&4&6\end{bmatrix}$이다.

정리 8-2. 전치행렬의 성질

두 행렬 A, B와 임의의 스칼라 k에 대하여 다음이 성립한다.

(a) $(A^T)^T=A$

(b) $(A+B)^T=A^T+B^T$

(c) $(AB)^T=B^TA^T$

(d) $(kA)^T=kA^T$

정방행렬 A에 대하여 $A^T=A$이면 A를 **대칭행렬**이라 한다. 즉, $A=[a_{ij}]$가 대칭행렬이면 모든 i, j에 대해 $a_{ij}=a_{ji}$이다. 예를 들어 $A=\begin{bmatrix}2&1\\1&3\end{bmatrix}$은 대칭행렬이다.

예제 8-5

행렬 $A=\begin{bmatrix}a_{11}&a_{12}\\a_{21}&a_{22}\end{bmatrix}$와 영이 아닌 스칼라 k에 대하여 $kA=O$일 때 A를 구하여라.

풀이

$kA=O$이면, $\begin{bmatrix} ka_{11} & ka_{12} \\ ka_{21} & ka_{22} \end{bmatrix} = \begin{bmatrix} 0 & 0 \\ 0 & 0 \end{bmatrix} \Leftrightarrow ka_{11}=0, ka_{12}=0, ka_{21}=0, ka_{22}=0$이다. 그러나 $k \neq 0$이므로, $a_{11}=0=a_{12}=a_{21}=a_{22}$이다. 따라서 $A=\begin{bmatrix} 0 & 0 \\ 0 & 0 \end{bmatrix}=O$이다.

예제 8-6

행렬 $A=\begin{bmatrix} 1 & 2 \\ 3 & 4 \end{bmatrix}$, $B=\begin{bmatrix} 0 & 1 \\ 1 & -2 \end{bmatrix}$에 대하여, $A+B$, AB, $3A$의 전치행렬을 구하여라.

풀이

$A=\begin{bmatrix} 1 & 2 \\ 3 & 4 \end{bmatrix}$, $B=\begin{bmatrix} 0 & 1 \\ 1 & -2 \end{bmatrix}$의 전치행렬은 $A^T=\begin{bmatrix} 1 & 3 \\ 2 & 4 \end{bmatrix}$, $B^T=\begin{bmatrix} 0 & 1 \\ 1 & -2 \end{bmatrix}$이다. 따라서

$$(A+B)^T = A^T + B^T = \begin{bmatrix} 1 & 3 \\ 2 & 4 \end{bmatrix} + \begin{bmatrix} 0 & 1 \\ 1 & -2 \end{bmatrix} = \begin{bmatrix} 1 & 4 \\ 3 & 2 \end{bmatrix}$$
$$(AB)^T = B^T A^T = \begin{bmatrix} 0 & 1 \\ 1 & -2 \end{bmatrix}\begin{bmatrix} 1 & 3 \\ 2 & 4 \end{bmatrix} = \begin{bmatrix} 2 & 4 \\ -3 & -5 \end{bmatrix}$$
$$(3A)^T = 3A^T = 3\begin{bmatrix} 1 & 3 \\ 2 & 4 \end{bmatrix} = \begin{bmatrix} 3 & 9 \\ 6 & 12 \end{bmatrix}$$

□ 행렬연산의 기본성질

다음은 행렬의 기본연산인 덧셈, 뺄셈, 스칼라 곱셈 그리고 곱셈에 관한 기본성질들이다.

정리 8-3.

행렬 A, B, C와 스칼라 a, b, c에 대하여 다음 성질들이 성립한다.

(a) $A+B=B+A$

(b) $A+(B+C)=(A+B)+C$

(c) $A(B+C)=AB+AC$, $(B+C)A=BA+BC$,
$A(B-C)=AB-AC$, $(B-C)A=BA-BC$

(d) $a(B+C)=aB+aC$, $a(B-C)=aB-aC$,

(e) $(a+b)C=aC+bC$, $(a-b)C=aC-bC$

(f) $a(bC)=(ab)C$, $a(BC)=(aB)C=B(aC)$

참고 스칼라와 달리 행렬은 덧셈에 대해서는 교환법칙이 성립하지만 곱셈에 대해서는 성립하지 않는다. 예를 들어 $A=\begin{bmatrix}1&2\\3&4\end{bmatrix}$, $B=\begin{bmatrix}1&1\\0&1\end{bmatrix}$일 때, $AB=\begin{bmatrix}1&3\\3&7\end{bmatrix}$, $BA=\begin{bmatrix}4&6\\3&4\end{bmatrix}$이므로 $AB\neq BA$이다.

□ 정방행렬의 행렬식

이번에는 "**행렬식**" 또는 "행렬식 함수"에 대해 공부한다. A가 $n\times n$ 정방행렬일 때, 행렬 A에 대응하는 실수를 A**의 행렬식**이라 부르고 $|A|$ 또는 $\det(A)$로 나타낸다. "행렬식"의 개념을 정의하기 위해, 크기가 $1\times1, 2\times2, 3\times3$인 정방행렬 A의 행렬식을 계산하는 유용한 기법인 화살표 기법에 대해 알아본다.

정리 8-4.

(a) 크기가 1×1인 행렬 $A=[a]$의 행렬식은 $|A|=\det(A)=a$이다.

(b) 크기가 2×2인 행렬 $A=\begin{bmatrix}a_{11}&a_{12}\\a_{21}&a_{22}\end{bmatrix}$의 행렬식은

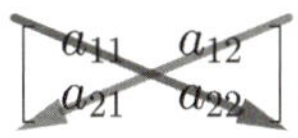

[그림 8-1]

$$|A|=\det(A)=\begin{vmatrix}a_{11}&a_{12}\\a_{21}&a_{22}\end{vmatrix}=a_{11}a_{22}-a_{12}a_{21}$$

(c) 크기가 3×3인 행렬 $A=\begin{bmatrix}a_{11}&a_{12}&a_{13}\\a_{21}&a_{22}&a_{23}\\a_{31}&a_{32}&a_{33}\end{bmatrix}$의 행렬식은

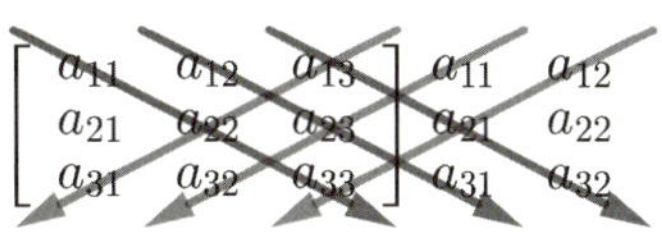

[그림 8-2]

$$|A|=\det(A)=\begin{vmatrix}a_{11}&a_{12}&a_{13}\\a_{21}&a_{22}&a_{23}\\a_{31}&a_{32}&a_{33}\end{vmatrix}=a_{11}a_{22}a_{23}+a_{12}a_{23}a_{31}+a_{13}a_{21}a_{32}-a_{13}a_{22}a_{31}-a_{11}a_{23}a_{32}-a_{12}a_{21}a_{33}$$

이다.

예제 8-7

다음 행렬의 행렬식을 구하여라.

(1) $A=[1]$ (2) $B=\begin{bmatrix} 6 & -3 \\ 5 & 9 \end{bmatrix}$ (3) $C=\begin{bmatrix} 2 & 4 & 7 \\ 6 & 0 & 3 \\ 1 & 5 & 3 \end{bmatrix}$

풀이

(1) $|A|=1$

(2) $|B|=\begin{vmatrix} 6 & -3 \\ 5 & 9 \end{vmatrix}=54-(-15)=69$

(3) $|C|=\begin{vmatrix} 2 & 4 & 7 \\ 6 & 0 & 3 \\ 1 & 5 & 3 \end{vmatrix}=(2)(0)(3)+(4)(3)(1)+(7)(6)(5)-(7)(0)(1)-(2)(3)(5)-(4)(6)(3)=120$

행렬식은 행렬과 함께 연립일차방정식의 해를 구하거나 역행렬을 구하는 등에 유용하게 사용된다. 따라서 $n\times n$ 행렬의 행렬식 구하는 방법과 행렬식의 성질을 공부하는 것은 중요하다. 우리는 "여인수 전개에 의한 행렬식" 구하는 방법에 대해 간단히 공부한다.

정의 8-2. 소행렬식과 여인수

$A=[a_{ij}]$가 정방행렬일 때, 원소 a_{ij}의 **소행렬식(minor)**은 행렬 A의 i번째 행과 j번째 열을 제거하여 만든 부분행렬으로 기호 M_{ij}로 나타낸다. 예를 들어 크기가 2×2인 행렬 $A=\begin{bmatrix} a_{11} & a_{12} \\ a_{21} & a_{22} \end{bmatrix}$에서

$$M_{11}=a_{22},\ M_{12}=a_{21},\ M_{21}=a_{12},\ M_{22}=a_{11}$$

이다.

또한 a_{ij}의 소행렬식에 ± 1을 곱하여 얻은 값을 a_{ij}의 **여인수(cofactor)** 라 하고 C_{ij}로 나타낸다. 이때, $i+j$가 짝수이면 $+1$, 홀수이면 -1을 곱한다. 즉,

$$C_{11}=M_{11},\ C_{12}=-M_{12},\ C_{21}=-M_{21},\ C_{22}=M_{22}$$

이다.

그러므로 앞에서 구한 $A=\begin{bmatrix} a_{11} & a_{12} \\ a_{21} & a_{22} \end{bmatrix}$의 행렬식은

$$\begin{aligned} |A|=\det(A)=\begin{vmatrix} a_{11} & a_{12} \\ a_{21} & a_{22} \end{vmatrix} &= a_{11}a_{22}-a_{12}a_{21} \\ &= a_{11}C_{11}+a_{12}C_{12} = a_{21}C_{21}+a_{22}C_{22} \\ &= a_{11}C_{11}+a_{21}C_{21} = a_{12}C_{12}+a_{22}C_{22} \end{aligned}$$

인 것을 볼 수 있다. 이처럼 임의의 한 행 또는 열의 원소 각각에 여인수를 곱하여 더한 합이 행렬의 행렬식임을 알 수 있다.

이와 같이 여인수를 이용하여 행렬식을 구하는 방법을 **여인수 전개에 의한 행렬식**이라 한다.

정리 8-5. 여인수 전개에 의한 행렬식

A가 $n\times n$ 정방행렬이면, A의 임의 행 또는 열에 있는 각 원소에 대응하는 여인수를 곱한 값의 합을 A의 **행렬식**이라 하고, 이것을 A의 **여인수 전개**라 부른다. 즉,

$$\det(A)=a_{i1}C_{i1}+a_{i2}C_{i2}+\cdots+a_{in}C_{in}\ (i\text{행에 의한 여인수 전개})$$

또는

$$\det(A)=a_{1j}C_{1j}+a_{2j}C_{2j}+\cdots+a_{nj}C_{nj}\ (j\text{열에 의한 여인수 전개})$$

예제 8-8

제1열에 의한 여인수 전개를 이용하여, $A=\begin{bmatrix}6 & -3\\ 5 & 9\end{bmatrix}$의 행렬식을 구하여라.

풀이

$C_{11}=M_{11}=9$, $C_{21}=-M_{21}=-(-3)=3$이므로, $\det(A)=6\times9+5\times3=69$이다.

예제 8-9

제1행에 의한 여인수 전개를 이용하여, $A=\begin{bmatrix}2 & 4 & 7\\ 6 & 0 & 3\\ 1 & 5 & 3\end{bmatrix}$의 행렬식을 구하여라.

풀이

$$C_{11}=M_{11}=\begin{vmatrix}0 & 3\\ 5 & 3\end{vmatrix}=-15,\ C_{12}=-M_{12}=-\begin{vmatrix}6 & 3\\ 1 & 3\end{vmatrix}=-15,\ C_{13}=M_{13}=\begin{vmatrix}6 & 0\\ 1 & 5\end{vmatrix}=30$$

이므로, $\det(A)=2\times(-15)+4\times(-15)+7\times30=120$이다.

참고 여인수전개에 의한 행렬식은 모든 $n\times n$행렬의 행렬식을 구할 수 있도록 한다. 그러나 실제적으로 $n\geq4$인 경우에는 사용하는 것이 효율적이지 않다. 따라서 $n\geq4$일때는 행렬식의 성질을 이용한 "행축소에 의한 행렬식"을 사용하는 것이 좋다. 이 방법에 대해서는 추후 '선형대수학 개론'에서 자세히 공부하게 된다.

8.1 연습문제

01. 다음 행렬의 크기를 구하여라.

(1) $\begin{bmatrix} 1\,3\,5\,7\,9 \\ 2\,4\,6\,8\,0 \end{bmatrix}$

(2) $\begin{bmatrix} 5 & 7 & -10 \end{bmatrix}$

(3) $\begin{bmatrix} 0\,2 \\ 1\,4 \\ 3\,6 \end{bmatrix}$

(4) $\begin{bmatrix} 1 & 2 & 1 \\ 0 & 1 & 2 \\ 0 & 7 & 5 \end{bmatrix}$

02. 행렬 A와 B을 동등하게 하는 x, y, z의 값을 구하여라.

$$A = \begin{bmatrix} 1 & x \\ y & -3 \end{bmatrix},\ B = \begin{bmatrix} z & y-2 \\ 3x-2 & -3 \end{bmatrix}$$

03. $A = \begin{bmatrix} 1 & 4 \\ 3 & -6 \end{bmatrix}$, $B = \begin{bmatrix} 5 & -1 \\ 3 & -2 \end{bmatrix}$에 대하여, 다음을 구하여라.

(1) $A+B$

(2) $2A-3C$

(3) BA

(4) $(AB)^T$

04. 행렬 A, B, C의 크기가 각각 $3\times4, 4\times7, 7\times3$일 때, 곱 행렬 CA, BC, BA의 크기를 구하여라.

05. 다음 행렬방정식의 a, b, c, d를 구하여라.

$$\begin{bmatrix} a & 3 \\ -1 & a+b \end{bmatrix} = \begin{bmatrix} 4 & d-2c \\ d+2c & -2 \end{bmatrix}$$

06. 행렬 A, B, C가 다음과 같을 때, $(AB)C = A(BC)$가 성립함을 보여라.

$$A = \begin{bmatrix} 1 & 1 \\ 3 & 2 \\ 0 & 4 \end{bmatrix},\ B = \begin{bmatrix} 4 & 3 \\ 2 & 1 \end{bmatrix},\ C = \begin{bmatrix} 1 & 0 \\ 2 & 3 \end{bmatrix}$$

07. 다음 행렬의 행렬식을 구하여라.

(1) $A = \begin{bmatrix} 4 & 6 \\ 2 & 3 \end{bmatrix}$

(2) $A = \begin{bmatrix} 3 & 0 & 0 \\ 2 & -1 & 5 \\ 1 & 9 & 4 \end{bmatrix}$

08. 행렬식 $|A| = \begin{vmatrix} a+4 & 0 \\ 4 & a+2 \end{vmatrix} = 0$인 a의 값을 구하여라.

09. 제 2행에 의한 여인수 전개를 이용하여 행렬 $A = \begin{bmatrix} 1 & -2 & 3 \\ 6 & 7 & -1 \\ -3 & 1 & 4 \end{bmatrix}$의 행렬식을 구하여라.

10. 임의의 행 또는 열에 의한 여인수 전개를 이용하여 다음 행렬의 행렬식을 구하여라.

$$A = \begin{bmatrix} 1 & k & k^2 \\ 1 & k & k^2 \\ 1 & k & k^2 \end{bmatrix}$$

8.2 벡터

□ 벡터

수치값만으로 표현되는 양을 **스칼라**(scalar)라고 부르는 반면 수(number)와 방향(direction)을 필요로 하는 양을 **벡터**(vector)라 한다. 예를 들어, 수를 이용하여 '얼마만큼'인지를 측정하는 온도, 길이, 속력은 스칼라인 반면 수를 이용하여 '얼마만큼'인지 그리고 방향을 이용하여 '어느 방향'인지를 나타내는 속도(velocity)와 힘(force)은 벡터이다.

○ 기하적 벡터

2차원 또는 3차원 공간에서의 기하적 벡터는 흔히 화살표나 유향성분으로 나타낸다. 화살표가 향하는 방향은 **벡터의 방향**, 화살표의 길이는 **벡터의 크기**를 나타낸다.

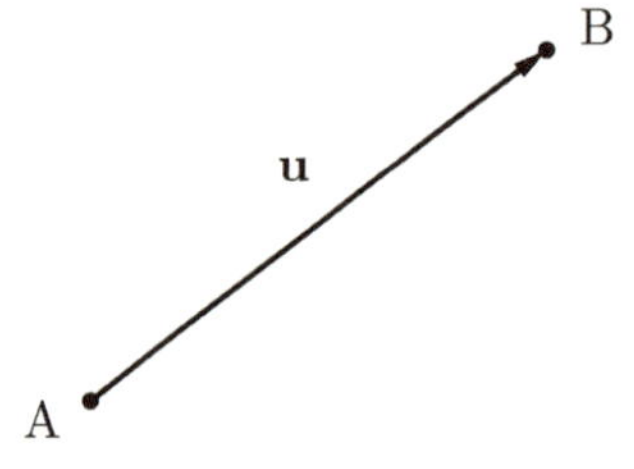

[그림 8-3]

그림과 같은 기하적 벡터를 $\mathbf{u}$라 하면, 벡터의 시점(initial point)은 A이고 종점(terminal point)이 B이며 $\mathbf{u}=\overrightarrow{AB}$로 나타낸다. 여기서 선분 AB의 길이를 벡터 $\mathbf{u}$의 **크기 또는 노름**(norm)이라 하며 $|\mathbf{u}|$로 표기한다. 크기가 1인 벡터를 **단위벡터**(unit vector)라 하고 I로 표기한다, 그리고 크기가 0인 벡터를 **영벡터**(zero vector)라 하고 $\mathbf{0}$으로 표시한다. 이때 영벡터는 시점과 종점이 같기 때문에 방향이 없다.

○ 벡터의 연산

두 벡터 $\mathbf{u}$와 $\mathbf{v}$의 방향과 크기가 같을 때, 두 벡터는 **동등하다**고 한다. 벡터는 방향과 크기에 의해 결정되기 때문에, 위치가 다를지라도 평행이동하여 두 벡터의 시점과 종점이 일치하면 **두 벡터는 같다**고 하고 $\mathbf{u}=\mathbf{v}$로 표기한다.

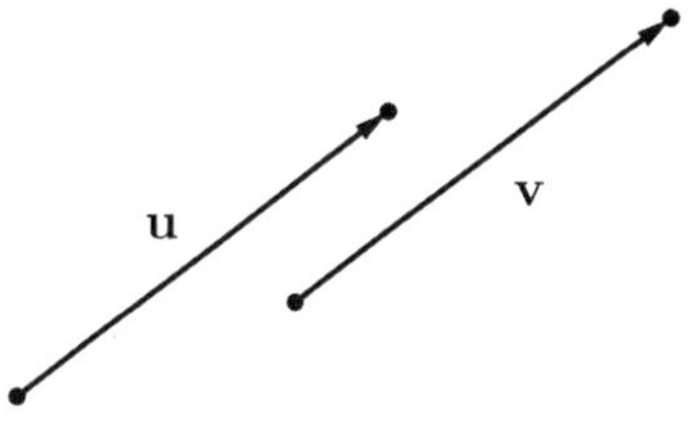

[그림 8-4]

또한 두 벡터의 방향이 같거나 정반대인 경우, 두 벡터는 **평행하다**라 하고 u∥v로 표기한다.

○ 벡터의 덧셈

u, v가 u의 종점이 v의 시점인 2차원 또는 3차원 벡터일 때, 두 벡터의 합 u+v은 u의 시점을 시점으로, v의 종점으로 종점으로 하는 벡터이다. 이것을 벡터 덧셈을 위한 **삼각형 규칙**이라 한다.

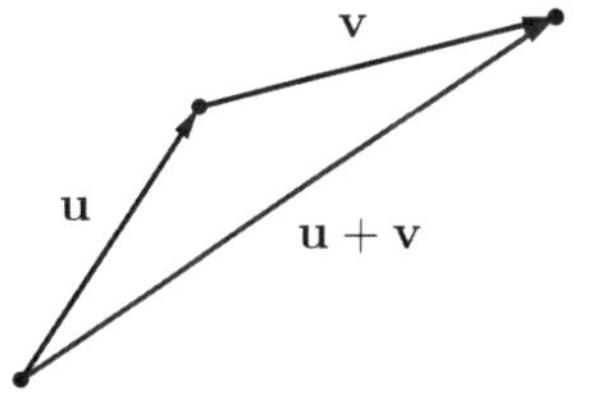

[그림 8-5]

두 벡터의 합을 구하는 또 다른 방법이 있다.
u, v가 시점이 같은 2차원 또는 3차원 벡터일 때, 두 벡터는 평행사변형의 이웃하는 두 변이 된다. 이때 두 벡터의 합 u+v은 u, v의 시점을 시점으로, 평행사변형의 마주보는 꼭짓점을 종점으로 하는 벡터이다. 이것을 벡터 덧셈을 위한 **평행사변형 규칙**이라 한다.

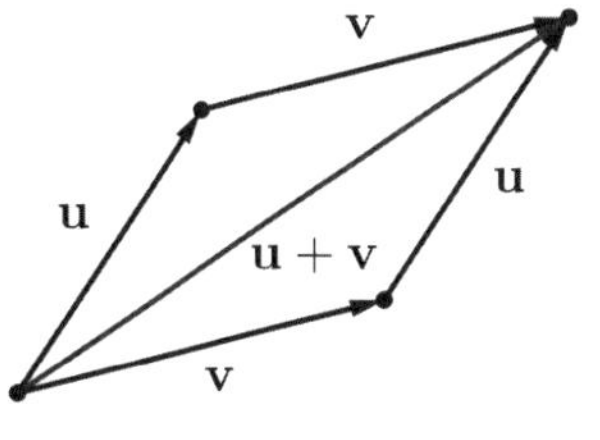

[그림 8-6]

○ 벡터의 뺄셈

뺄셈은 덧셈을 이용하여 $\mathbf{u}-\mathbf{v}=\mathbf{u}+(-\mathbf{v})$으로 쓸 수 있다. 이때 $-\mathbf{v}$는 $\mathbf{v}$와 크기는 같고 방향이 반대인 벡터이다.

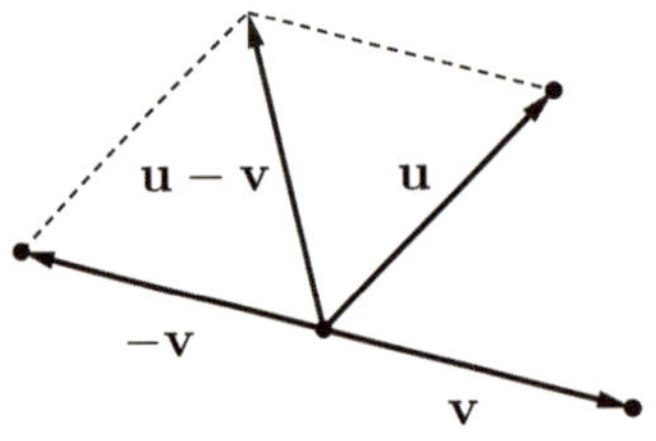

[그림 8-7]

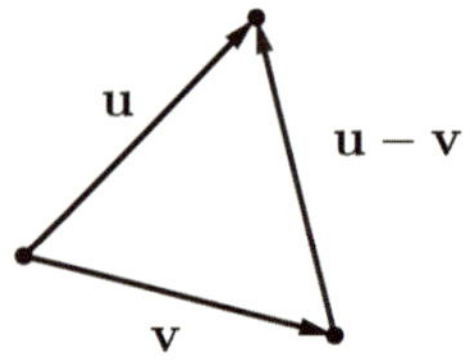

[그림 8-8]

c가 스칼라이고 $\mathbf{v}$가 벡터일 때, **스칼라 곱(scalar product)** $c\mathbf{v}$는 길이가 $\mathbf{v}$의 $|c|$배이고 $c>0$이면 $\mathbf{v}$와 같은 방향, $c<0$이면 $\mathbf{v}$와 반대 방향의 벡터이다.

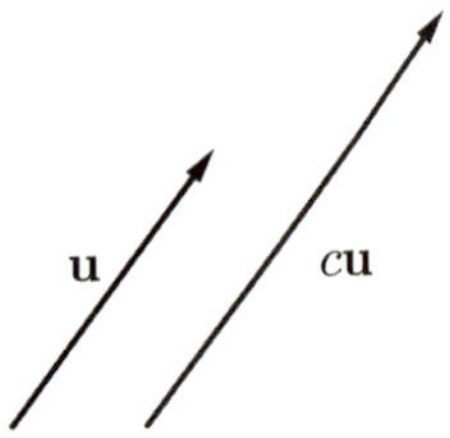

[그림 8-9] $c>1$

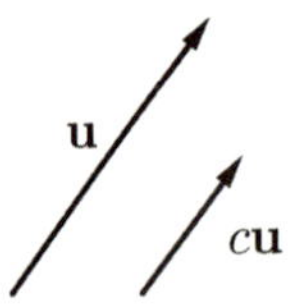

[그림 8-10] $0<c<1$

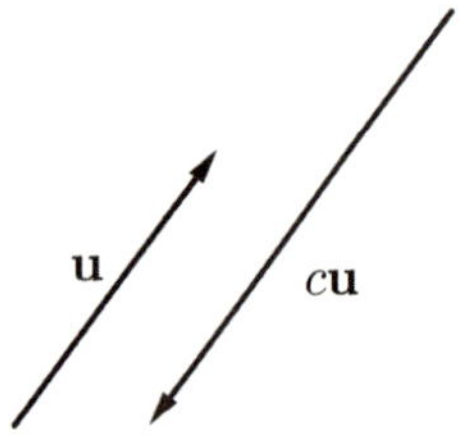

[그림 8-11] $c<-1$

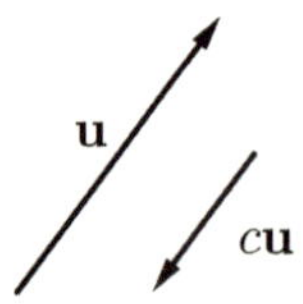

[그림 8-12] $-1<c<0$

영벡터가 아닌 벡터 $\mathbf{u}$와 **방향이 같은 단위벡터**를 스칼라 곱을 이용하여 표현하면, $\frac{1}{|\mathbf{u}|}\mathbf{u}$ 또는 $\frac{\mathbf{u}}{|\mathbf{u}|}$로 나타낼 수 있다.

벡터는 대수적 연산에 대해 다음과 같은 성질을 만족한다.

정리 8-6. 벡터 연산의 성질

벡터 $\mathbf{u}$, $\mathbf{v}$, $\mathbf{w}$와 스칼라 k, l에 대하여, 다음이 성립한다.

(a) $\mathbf{u}+\mathbf{v}=\mathbf{v}+\mathbf{u}$

(b) $(\mathbf{u}+\mathbf{v})+\mathbf{w}=\mathbf{u}+(\mathbf{v}+\mathbf{w})$

(c) $\mathbf{u}+\mathbf{0}=\mathbf{0}+\mathbf{u}=\mathbf{u}$

(d) $\mathbf{a}+(-\mathbf{a})=(-\mathbf{a})+\mathbf{a}=\mathbf{0}$

(e) $k(\mathbf{u}+\mathbf{v}) = k\mathbf{u}+k\mathbf{v}$
(f) $(k+l)\mathbf{u} = k\mathbf{u}+l\mathbf{u}$
(g) $k(l\mathbf{u})=(kl)\mathbf{u}=l(k\mathbf{u})$
(h) $0\mathbf{u} = \mathbf{0}$, $1\mathbf{u} = \mathbf{u}$, $(-1)\mathbf{u} = -\mathbf{u}$

○ 좌표계에서의 벡터

좌표계에서의 벡터는 그들의 연산을 훨씬 쉽게 해 준다.

벡터 $\mathbf{u}$가 직교좌표계에서 원점을 시점으로 하는 벡터이면, 벡터는 종점에 의해 결정된다. 이 종점의 좌표를 벡터 $\mathbf{u}$의 '성분'이라 한다.

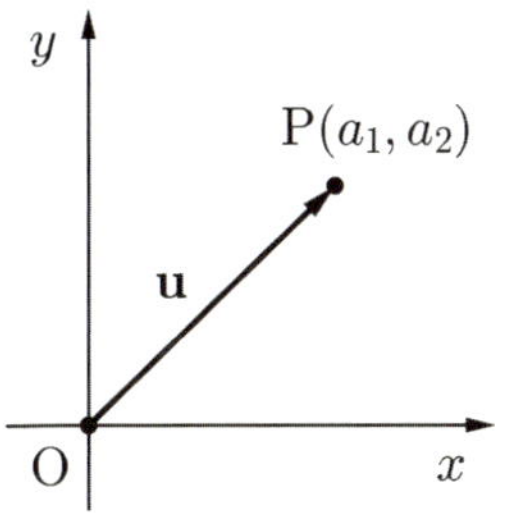

[그림 8-13]

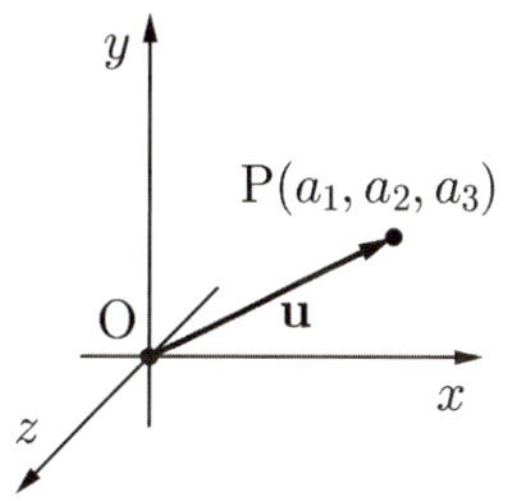

[그림 8-14]

그림과 같이 점 $P(a_1,a_2)$(또는 $P(a_1,a_2,a_3)$)가 벡터 $\mathbf{u}$의 종점이면, 2차원 벡터 $\mathbf{u}$는 $\mathbf{u}=\langle a_1,a_2\rangle$ (또는 $\mathbf{u}=(a_1,a_2)$)로 나타낸다. 마찬가지로 $P(a_1,a_2,a_3)$가 벡터 $\mathbf{u}$의 종점이면 3차원 벡터 $\mathbf{u}$는 $\mathbf{u}=\langle a_1,a_2,a_3\rangle$ (또는 $\mathbf{u}=(a_1,a_2,a_3)$)로 나타낸다. 이때 벡터 $\mathbf{u}$를 점 P에 대한 **위치벡터(position vector)**라 부른다. 그리고 두 벡터 $\mathbf{u}=\langle a_1,a_2,a_3\rangle$, $\mathbf{v}=\langle b_1,b_2,b_3\rangle$가 동등하기 위한 필요충분조건은 $a_1=b_1$, $a_2=b_2$, $a_3=b_3$이다.

예제 8-10

두 벡터 $\mathbf{u}=\langle a,2,b\rangle$, $\mathbf{v}=\langle -1,c,3\rangle$가 동등할 때, a,b,c의 값을 구하여라.

풀이

$\mathbf{u}=\mathbf{v} \Leftrightarrow \langle a,2,b\rangle=\langle -1,c,3\rangle \Leftrightarrow a=-1, b=3, c=2$

○ 시점이 원점이 아닌 벡터

시점이 원점이 아닌 벡터에 대해 생각해 본다.
시점이 $P_1(a_1, a_2)$, 종점이 $P_2(b_1, b_2)$인 벡터의 성분은 다음과 같다.

$$\overrightarrow{P_1P_2} = \langle b_1 - a_1, b_2 - a_2 \rangle$$

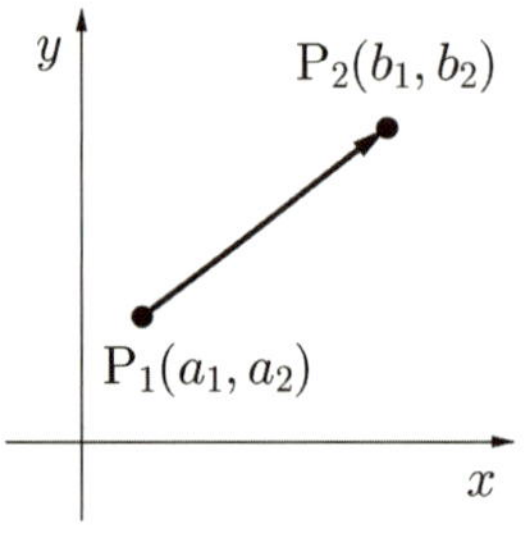

[그림 8-15]

예제 8-11

시점이 $P_1(2,-1)$이고 종점이 $P_2(5,-8)$인 벡터 $\overrightarrow{P_1P_2}$ 의 성분을 구하여라.

풀이

$$\overrightarrow{P_1P_2} = \langle 5-2,\ -8-(-1) \rangle = \langle 3,-7 \rangle$$

○ 벡터의 놈(norm)

벡터 $\mathbf{u}$의 길이는 놈(norm)이라 하고, 기호$|\mathbf{u}|$로 표시한다. 피타고라스 정리에 의해 2차원 평면벡터 $\mathbf{u} = \langle a_1, a_2 \rangle$의 놈(norm)은 $|\mathbf{u}| = \sqrt{a_1^2 + a_2^2}$, 3차원 공간벡터 $\mathbf{u} = \langle a_1, a_2, a_3 \rangle$의 놈은 $|\mathbf{u}| = \sqrt{a_1^2 + a_2^2 + a_3^2}$이다.

다음은 벡터의 성분을 이용한 벡터의 크기와 대수 연산들이다.

정리 8-7.

2차원 평면벡터 $\mathbf{u}=\langle a_1,a_2\rangle$, $\mathbf{v}=\langle b_1,b_2\rangle$ 와 스칼라 c에 대하여 다음이 성립한다.

(a) $|\mathbf{u}|=\sqrt{a_1^2+a_2^2}$

(b) $\mathbf{u}+\mathbf{v}=(a_1,a_2)+(b_1,b_2)=(a_1+b_1,a_2+b_2)$

(c) $c\mathbf{u}=c(a_1,a_2)=(ca_1,ca_2)$

3차원 공간벡터 $\mathbf{u}=\langle a_1,a_2,a_3\rangle$, $\mathbf{v}=\langle b_1,b_2,b_3\rangle$와 스칼라 c에 대하여 다음이 성립한다.

(a) $|\mathbf{u}|=\sqrt{a_1^2+a_2^2+a_3^2}$

(b) $\mathbf{u}+\mathbf{v}=\langle a_1,a_2,a_3\rangle+\langle b_1,b_2,b_3\rangle=\langle a_1+b_1,a_2+b_2,a_3+b_3\rangle$

(c) $c\mathbf{u}=c\langle a_1,a_2,a_3\rangle=\langle ca_1,ca_2,ca_3\rangle$

예제 8-12

벡터 $\mathbf{u}=\langle 3,-4\rangle$, $\mathbf{v}=\langle -1,1\rangle$에 대하여 다음을 구하여라.

(1) $|\mathbf{u}|$

(2) $-\mathbf{u}$

(3) $\mathbf{u}+\mathbf{v}$

(4) $3\mathbf{u}-2\mathbf{v}$

풀이

(1) $|\mathbf{u}|=\sqrt{3^2+(-4)^2}=5$

(2) $-\mathbf{u}=-\langle 3,-4\rangle=\langle -3,4\rangle$

(3) $-\mathbf{u}+\mathbf{v}=\langle -3,4\rangle+\langle -1,1\rangle=\langle -4,5\rangle$

(4) $3\mathbf{u}-2\mathbf{v}=3\langle 3,-4\rangle-2\langle -1,1\rangle=\langle 11,-14\rangle$

예제 8-13

벡터 $\mathbf{u}=\langle 2,-3,6\rangle$, $\mathbf{v}=\langle -1,1,1\rangle$에 대하여 다음을 구하여라.

(1) $|\mathbf{u}|$

(2) $3\mathbf{v}$

(3) $\mathbf{u}-\mathbf{v}$

(4) $2\mathbf{u}-5\mathbf{v}$

풀이

(1) $|\mathbf{u}|=\sqrt{2^2+(-4)^2+6^2}=7$

(2) $3\mathbf{v}=3\langle -1,1,1\rangle=\langle -3,3,3\rangle$

(3) $\mathbf{u}-\mathbf{v}=\langle 2,-3,6\rangle+\langle -1,1,1\rangle=\langle 1,-2,7\rangle$

(4) $2\mathbf{u}-5\mathbf{v}=2\langle 2,-3,6\rangle-5\langle -1,1,1\rangle=\langle 9,-11,7\rangle$

□ 벡터의 내적과 외적

2차원 또는 3차원 벡터에 대한 유용한 곱셈 연산으로 '내적'과 '외적'이 있다. 곱셈의 결과가 스칼라인 것을 **벡터의 내적**, 벡터인 것을 **벡터의 외적**이라 하는데 이들의 성질에 대해 알아본다.

○ 벡터의 내적

영이 아닌 두 벡터 $\mathbf{u}$와 $\mathbf{v}$의 사잇각이 $\theta(0 \le \theta \le \pi)$이면, $\mathbf{u},\mathbf{v}$의 내적은 $\mathbf{u}\cdot\mathbf{v}$로 나타내고

$$\mathbf{u}\cdot\mathbf{v}=|\mathbf{u}||\mathbf{v}|\cos\theta$$

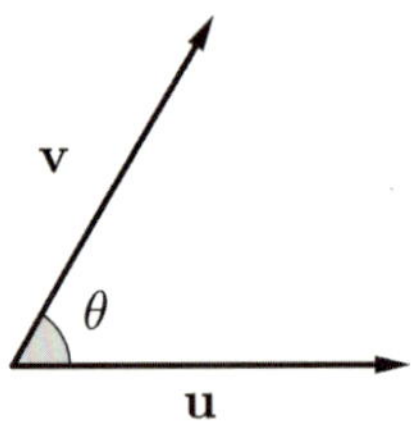

[그림 8-16]

로 정의한다. 만일 $\mathbf{u}$ 또는 $\mathbf{v}$가 영벡터이면, $\mathbf{u}\cdot\mathbf{v}=0$ 이다.

참고 영이 아닌 두 벡터 $\mathbf{u},\mathbf{v}$의 사잇각 θ에 대해

$$\cos\theta=\frac{\mathbf{u}\cdot\mathbf{v}}{|\mathbf{u}||\mathbf{v}|}$$

이므로, 다음과 같은 관계가 성립함을 알 수 있다.

(a) $\mathbf{u}\cdot\mathbf{v}>0$ 이면, θ 는 예각이다.

(b) $\mathbf{u}\cdot\mathbf{v}<0$ 이면, θ 는 둔각이다.

(c) $\mathbf{u}\cdot\mathbf{v}=0$ 이면, θ 는 직각이다.

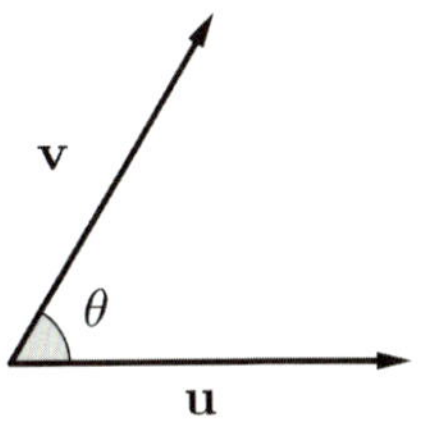

[그림 8-17] $0 < \theta < \frac{\pi}{2}$

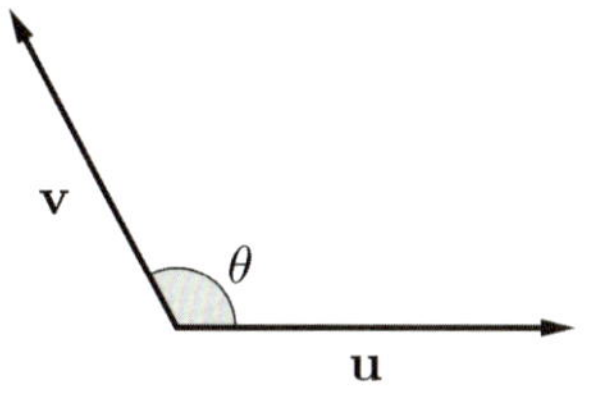

[그림 8-18] $\frac{\pi}{2} < \theta < \pi$

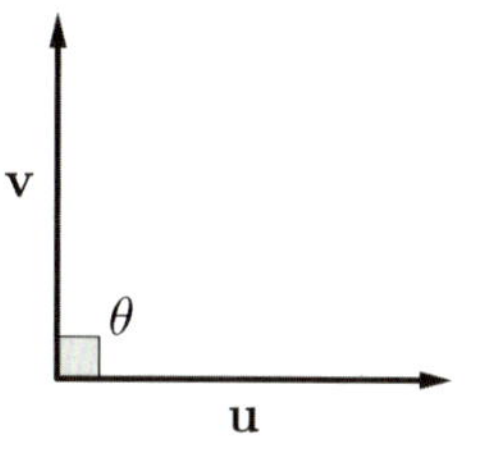

[그림 8-19] $\theta = \frac{\pi}{2}$

Note 두 벡터의 내적은 스칼라이고, 특히 두 벡터의 내적이 0일 때 두 벡터는 직교하는 것을 알 수 있다.

예제 8-14

두 평면벡터 $\mathbf{u} = \langle 0,1 \rangle$, $\mathbf{v} = \langle 1,1 \rangle$의 내적 $\mathbf{u} \cdot \mathbf{v}$을 구하여라.

풀이

$\| \mathbf{u} \| = 1$, $\| \mathbf{v} \| = \sqrt{2}$ 이고 두 벡터의 사잇각은 $45°$ 이므로, 내적은

$$\mathbf{u} \cdot \mathbf{v} = |\mathbf{u}||\mathbf{v}|\cos 45° = 1 \times \sqrt{2} \times \frac{1}{\sqrt{2}} = 1$$

이다.

예제 8-15

두 평면벡터 $\mathbf{u} = \langle 1,1 \rangle$, $\mathbf{v} = \langle 1,-1 \rangle$가 서로 직교하는지 알아보아라.

풀이

$\mathbf{u} \cdot \mathbf{v} = 1 + (-1) = 0$이므로, 벡터 $\mathbf{u}$와 $\mathbf{v}$는 직교한다.

○ 내적의 성분형

일반적으로 두 벡터의 사잇각을 측정하는 것이 어렵기 때문에 벡터의 내적은 벡터의 성분을 이용하여 계산하는 것이 편리하다.

영이 아닌 두 평면벡터 $\mathbf{u}=\langle a_1,a_2\rangle$, $\mathbf{v}=\langle b_1,b_2\rangle$의 사잇각이 θ이면 코사인법칙에 의해

$$|\mathbf{v}-\mathbf{u}|^2=|\mathbf{u}|^2+|\mathbf{v}|^2-2|\mathbf{u}||\mathbf{v}|\cos\theta$$

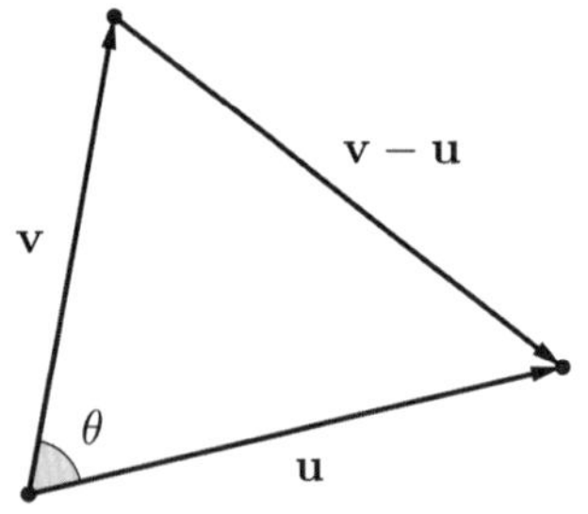

[그림 8-20]

이므로,

$$\mathbf{u}\cdot\mathbf{v}=|\mathbf{u}||\mathbf{v}|\cos\theta=\frac{1}{2}(|\mathbf{u}|^2+|\mathbf{v}|^2-|\mathbf{v}-\mathbf{u}|^2)$$

이다. 그런데 $|\mathbf{u}|^2=a_1^2+a_2^2$, $|\mathbf{v}|^2=b_1^2+b_2^2$, $|\mathbf{v}-\mathbf{u}|^2=(b_1-a_1)^2+(b_2-a_2)^2$이므로,

$$\mathbf{u}\cdot\mathbf{v}=a_1b_1+a_2b_2$$

이다. 마찬가지로 두 공간벡터 $\mathbf{u}=\langle a_1,a_2,a_3\rangle$, $\mathbf{v}=\langle b_1,b_2,b_3\rangle$의 내적은

$$\mathbf{u}\cdot\mathbf{v}=a_1b_1+a_2b_2+a_3b_3$$

이다.

정리 8-8. **내적의 성분형**

평면벡터 $\mathbf{u}=\langle a_1,a_2\rangle$, $\mathbf{v}=\langle b_1,b_2\rangle$의 내적은

$$\mathbf{u}\cdot\mathbf{v}=\langle a_1,a_2\rangle\cdot\langle b_1,b_2\rangle=a_1b_1+a_2b_2,$$

공간벡터 $\mathbf{u}=\langle a_1,a_2,a_3\rangle$, $\mathbf{v}=\langle b_1,b_2,b_3\rangle$의 내적은

$$\mathbf{u}\cdot\mathbf{v}=\langle a_1,a_2,a_3\rangle\cdot\langle b_1,b_2,b_3\rangle=a_1b_1+a_2b_2+a_3b_3$$

이다.

예제 8-16

두 평면벡터 $\mathbf{u}=\langle -1,3\rangle$, $\mathbf{v}=\langle -3,-4\rangle$의 내적과 사잇각 θ의 코사인값을 구하여라.

풀이

내적의 성분형을 이용하면

$$\mathbf{u}\cdot\mathbf{v}=\langle -1,3\rangle\cdot\langle -3,-4\rangle=3+(-12)=-9$$

이고, 두 벡터의 사잇각이 θ에 대해

$$\cos\theta=\frac{\mathbf{u}\cdot\mathbf{v}}{|\mathbf{u}||\mathbf{v}|}=\frac{-9}{\sqrt{1+9}\sqrt{9+16}}=-\frac{9}{5\sqrt{10}}$$

이다.

예제 8-17

두 공간벡터 $\mathbf{u}=\langle 1,1,1\rangle$, $\mathbf{v}=\langle -1,-1,-1\rangle$의 사잇각 θ을 구하여라.

풀이

$$\mathbf{u}\cdot\mathbf{v}=-1+(-1)+(-1)=-3,\ \|\mathbf{u}\|=\sqrt{3},\ \|\mathbf{v}\|=\sqrt{3}$$

이므로,

$$\cos\theta=\frac{\mathbf{u}\cdot\mathbf{v}}{|\mathbf{u}||\mathbf{v}|}=\frac{-3}{\sqrt{3}\sqrt{3}}=-1$$

이다. 따라서 사잇각 θ는 π이다.

예제 8-18

두 공간벡터 $\mathbf{u} = \langle 2,-3,6 \rangle$, $\mathbf{v} = \langle -1,1,1 \rangle$의 내적과 사잇각의 코사인값을 구하여라.

풀이

$$\mathbf{u} \cdot \mathbf{v} = \langle 2,-3,6 \rangle \cdot \langle -1,1,1 \rangle = -2-3+6=1$$

이고, 두 벡터의 사잇각 θ에 대해

$$\cos\theta = \frac{\mathbf{u} \cdot \mathbf{v}}{|\mathbf{u}||\mathbf{v}|} = \frac{1}{\sqrt{2^2+(-3)^2+6^2}\sqrt{(-1)^2+1^2+1^2}} = \frac{1}{7\sqrt{3}}$$

이다.

예제 8-19

두 공간벡터 $\mathbf{u} = \langle 1,-2,3 \rangle$, $\mathbf{v} = \langle -1,1,k \rangle$가 직교할 때, k의 값을 구하여라.

풀이

두 벡터가 직교하면 $\mathbf{u} \cdot \mathbf{v} = \langle 1,-2,3 \rangle \cdot \langle -1,1,k \rangle = -3+3k=0$이므로, $k=1$이다.

예제 8-20

두 공간벡터 $\mathbf{u} = \langle 1,1,1 \rangle$, $\mathbf{v} = \langle 2,2,2 \rangle$의 위치관계를 설명하여라.

풀이

$$\mathbf{u} \cdot \mathbf{v} = 2+2+2=6,\ \|\mathbf{u}\| = \sqrt{3},\ \|\mathbf{v}\| = 2\sqrt{3}$$

이므로,

$$\cos\theta = \frac{6}{\sqrt{3} \times 2\sqrt{3}} = \frac{6}{6} = 1$$

이다. 따라서 사잇각 $\theta=0$이므로 두 벡터는 같은 방향으로 평행하다.
(별해)

$$\mathbf{v} = \langle 2,2,2 \rangle = 2\langle 1,1,1 \rangle = 2\mathbf{u}$$

이므로, 스칼라 곱셈의 성질에 의해 두 벡터는 같은 방향으로 평행하다는 것을 알 수 있다. 즉, $\mathbf{v}$는 $\mathbf{u}$와 방향이 같고 크기가 2배인 벡터이다.

○ 내적의 대수적 성질

벡터의 내적에 대해 다음과 같은 대수적 성질이 성립한다.

정리 8-9. 내적의 대수적 성질

벡터 $\mathbf{u}$, $\mathbf{v}$와 스칼라 c에 대하여 다음이 성립한다.

(a) $\mathbf{u} \cdot \mathbf{u} = |\mathbf{u}|^2 \geq 0$ (단, 등호는 $\mathbf{u}=0$일 때만 성립한다)

(b) $\mathbf{u} \cdot \mathbf{v} = \mathbf{v} \cdot \mathbf{u}$

(c) $(\mathbf{u}+\mathbf{v}) \cdot \mathbf{w} = \mathbf{u} \cdot \mathbf{w} + \mathbf{v} \cdot \mathbf{w}$, $\mathbf{u} \cdot (\mathbf{v}+\mathbf{w}) = \mathbf{u} \cdot \mathbf{v} + \mathbf{u} \cdot \mathbf{w}$

(d) $(c\mathbf{u}) \cdot \mathbf{v} = \mathbf{u} \cdot (c\mathbf{v}) = c(\mathbf{u} \cdot \mathbf{v})$

예제 8-21

벡터 $\mathbf{u} = \langle 1,0,1 \rangle$, $\mathbf{v} = \langle 0,1,2 \rangle$에 대해

(1) 내적의 대수적 성질을 이용하여 $|\mathbf{u}|$을 구하여라.

(2) $\mathbf{u} \cdot \mathbf{v}$와 $\mathbf{v} \cdot \mathbf{u}$을 구한 후, $\mathbf{u} \cdot \mathbf{v} = \mathbf{v} \cdot \mathbf{u}$가 성립하는지 확인하여라.

풀이

(1) $\mathbf{u} \cdot \mathbf{u} = \langle 1,0,1 \rangle \cdot \langle 1,0,1 \rangle = 1+0+1 = 2$이므로, $|\mathbf{u}| = \sqrt{\mathbf{u} \cdot \mathbf{u}} = \sqrt{2}$

(2) $\mathbf{u} \cdot \mathbf{v} = \langle 1,0,1 \rangle \cdot \langle 0,1,2 \rangle = 0+0+2 = 2$, $\mathbf{v} \cdot \mathbf{u} = \langle 0,1,2 \rangle \cdot \langle 1,0,1 \rangle = 0+0+2 = 2$,
이므로, $\mathbf{u} \cdot \mathbf{v} = \mathbf{v} \cdot \mathbf{u}$이다.

○ 벡터의 외적

벡터의 곱이 '벡터'로 나타나는 벡터의 곱셈을 '**외적**'이라 한다. 임의의 두 벡터 $\mathbf{u}$, $\mathbf{v}$의 외적은 $\mathbf{u} \times \mathbf{v}$로 나타내는데, 이것은 $\mathbf{u}$, $\mathbf{v}$에 직교하는 벡터이다. 따라서 벡터의 외적은 3차원 공간에서 정의될 수밖에 없다.

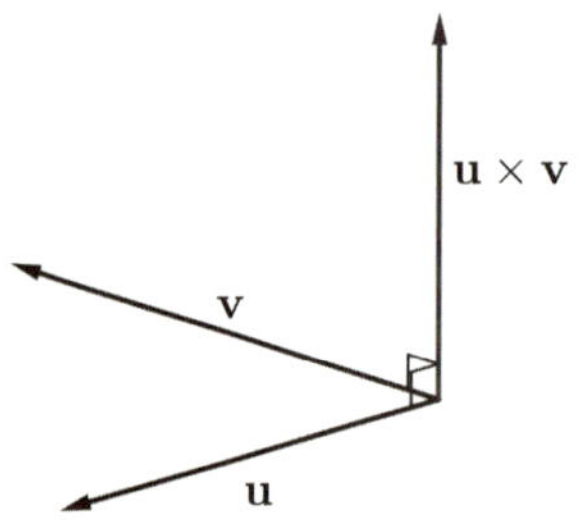

[그림 8-21]

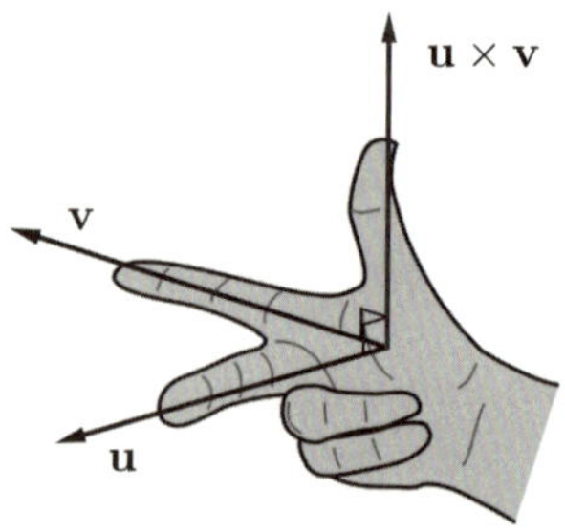

[그림 8-22]

벡터 외적의 방향은 '오른손 법칙'에 의해 u, v에 모두 수직인 방향이고, 벡터 외적의 크기는 다음 식에 의해 구할 수 있다.

$$|\mathbf{u}\times\mathbf{v}| = |\mathbf{u}||\mathbf{v}|\sin\theta \ (0 \le \theta \le \pi)$$

예제 8-22

두 벡터 $\mathbf{u} = \langle 1,1,0 \rangle$, $\mathbf{v} = \langle 0,2,0 \rangle$의 사잇각 θ와 외적 $\mathbf{u}\times\mathbf{v}$의 크기를 구하여라.

풀이

$\mathbf{u} \cdot \mathbf{v} = 2$, $|\mathbf{u}| = \sqrt{2}$, $|\mathbf{v}| = 2$이면

$$\cos\theta = \frac{\mathbf{u}\cdot\mathbf{v}}{|\mathbf{u}||\mathbf{v}|} = \frac{2}{\sqrt{2}\times 2} = \frac{1}{\sqrt{2}}$$

이므로 사잇각은 $\theta = \frac{\pi}{4}$이다. 또한 외적의 크기는

$$|\mathbf{u}\times\mathbf{v}| = \sqrt{2} \times 2 \times \sin\frac{\pi}{4} = \sqrt{2}\times 2 \times \frac{1}{\sqrt{2}} = 2$$

이다.

두 3차원 공간의 벡터 $\mathbf{u} = \langle a_1,a_2,a_3 \rangle$, $\mathbf{v} = \langle b_1,b_2,b_3 \rangle$의 **외적**은 다음과 같은 행렬식으로 나타낼 수 있다.

$$\mathbf{u}\times\mathbf{v} = \begin{vmatrix} \mathbf{i} & \mathbf{j} & \mathbf{k} \\ a_1 & a_2 & a_3 \\ b_1 & b_2 & b_3 \end{vmatrix} = \langle a_2b_3 - a_3b_2, a_3b_1 - a_1b_3, a_1b_2 - a_2b_1 \rangle$$

여기서 $\mathbf{i} = \langle 1,0,0 \rangle$, $\mathbf{j} = \langle 0,1,0 \rangle$, $\mathbf{k} = \langle 0,0,1 \rangle$는 3차원 표준 단위벡터이다.

예제 8-23

두 벡터 $\mathbf{u} = \langle 1,0,1 \rangle$, $\mathbf{v} = \langle 0,1,0 \rangle$의 외적과 그 크기를 구하여라.

풀이

$$\mathbf{u} \times \mathbf{v} = \langle a_2b_3 - a_3b_2, a_3b_1 - a_1b_3, a_1b_2 - a_2b_1 \rangle = \langle 0-1, 0-0, 1-0 \rangle = \langle -1,0,1 \rangle$$

이므로, 크기는 $\| \mathbf{u} \times \mathbf{v} \| = \sqrt{(-1)^2 + 0^2 + 1^2} = \sqrt{2}$ 이다.

다음은 벡터의 외적에 대한 성질들이다.

정리 8-10. 벡터의 외적에 대한 성질

3차원 벡터 $\mathbf{u}$, $\mathbf{v}$, $\mathbf{w}$에 대하여 다음 성질들이 성립한다.

(a) $\mathbf{u} \times \mathbf{v} = -(\mathbf{v} \times \mathbf{u})$

(b) $\mathbf{u} \times (\mathbf{v} + \mathbf{w}) = \mathbf{u} \times \mathbf{v} + \mathbf{u} \times \mathbf{w}$

(c) $(\mathbf{u} \times \mathbf{v}) \cdot \mathbf{w} = \mathbf{u} \cdot (\mathbf{v} \times \mathbf{w})$

(d) $\mathbf{u} \times \mathbf{u} = 0$

예제 8-24

$\mathbf{u} = \langle 1,1,0 \rangle$, $\mathbf{v} = \langle 1,2,3 \rangle$, $\mathbf{w} = \langle -2,0,1 \rangle$일 때, 다음을 구하여라.

(1) $\mathbf{u} \times \mathbf{v}$

(2) $\mathbf{v} \times \mathbf{u}$

(3) $\mathbf{u} \times \mathbf{u}$

(4) $(\mathbf{u} \times \mathbf{v}) \cdot \mathbf{w}$

풀이

(1) $\mathbf{u} \times \mathbf{v} = \langle 3-0, 0-3, 2-1 \rangle = \langle 3, -3, 1 \rangle$

(2) $\mathbf{v} \times \mathbf{u} = \langle 0-3, 3-0, 1-2 \rangle = \langle -3, 3, -1 \rangle$

(3) $\mathbf{u} \times \mathbf{u} = \langle 0-0, 0-0, 1-1 \rangle = \langle 0,0,0 \rangle$

(4) $(\mathbf{u} \times \mathbf{v}) \cdot \mathbf{w} = \langle 3, -3, 1 \rangle \cdot \langle -2, 0, 1 \rangle = 3(-2) + (-3)0 + (1)(1) = -5$

Note 위 예제 (1), (2)로부터 벡터의 외적은 교환법칙이 성립하지 않는 것을 알 수 있다. 뿐만 아니라 다음 예제는 벡터의 외적에 대해 결합법칙도 성립하지 않는다는 것을 보여준다.

예제 8-25

벡터 $\mathbf{u} = \langle 2,-3,6 \rangle$, $\mathbf{v} = \langle -1,1,1 \rangle$, $\mathbf{w} = \langle 0,0,1 \rangle$일 때, $\mathbf{u}\times(\mathbf{v}\times\mathbf{w})$와 $(\mathbf{u}\times\mathbf{v})\times\mathbf{w}$을 구하여라.

풀이

$$\mathbf{v}\times\mathbf{w} = \langle 1-0, 0+1, 0-0 \rangle = \langle 1,1,0 \rangle$$

이므로

$$\mathbf{u}\times(\mathbf{v}\times\mathbf{w}) = \langle 2, -3,6 \rangle \times \langle 1,1,0 \rangle = \langle 0-6, 6-0, 2+3 \rangle = \langle -6, 6, 5 \rangle$$

이다. 반면

$$\mathbf{u}\times\mathbf{v} = \langle -3-6, -6-2, 2-3 \rangle = \langle -9, -8, -1 \rangle$$

이므로

$$(\mathbf{u}\times\mathbf{v})\times\mathbf{w} = \langle -9, -8, -1 \rangle \times \langle 0,0,1 \rangle = \langle -8-0, 0+9, 0-0 \rangle = \langle -8,9,0 \rangle$$

예제 8-26

$\mathbf{u} = \langle 2,-3,6 \rangle$, $\mathbf{v} = \langle -1,1,1 \rangle$일 때, $\mathbf{u}\cdot(\mathbf{u}\times\mathbf{v})$와 $\mathbf{v}\cdot(\mathbf{u}\times\mathbf{v})$을 구하여라.

풀이

$$\mathbf{u}\times\mathbf{v} = \langle -3-6, -6-2, 2-3 \rangle = \langle -9, -8, -1 \rangle$$

이므로,

$$\mathbf{u}\cdot(\mathbf{u}\times\mathbf{v}) = \langle 2,-3,6 \rangle \cdot \langle -9,-8,-1 \rangle = -18+24-6 = 0,$$
$$\mathbf{v}\cdot(\mathbf{u}\times\mathbf{v}) = \langle -1,1,1 \rangle \cdot \langle -9,-8,-1 \rangle = 9-8-1 = 0$$

Note 위 예제에서 보듯이 $\mathbf{u}\cdot(\mathbf{u}\times\mathbf{v})=0$,, $\mathbf{v}\cdot(\mathbf{u}\times\mathbf{v})=0$이므로 두 벡터 $\mathbf{u}$, $\mathbf{v}$의 외적인 $\mathbf{u}\times\mathbf{v}$는 $\mathbf{u}$, $\mathbf{v}$ 모두에 직교함을 알 수 있다.

정리 8-11.

벡터의 외적 $\mathbf{u}\times\mathbf{v}$는 두 벡터 $\mathbf{u}$, $\mathbf{v}$와 모두 직교한다.

참고 앞에서 공부한 벡터의 외적의 크기는 기하적으로 다음과 같은 평행사변형의 넓이와 같다.

정리 8-12.

평행하지 않은 두 벡터 $\mathbf{u}$와 $\mathbf{v}$를 두 변으로 하는 평행사변형의 넓이 S는

$$S = |\mathbf{u}\times\mathbf{v}| = |\mathbf{u}||\mathbf{v}|\sin\theta$$

이다.

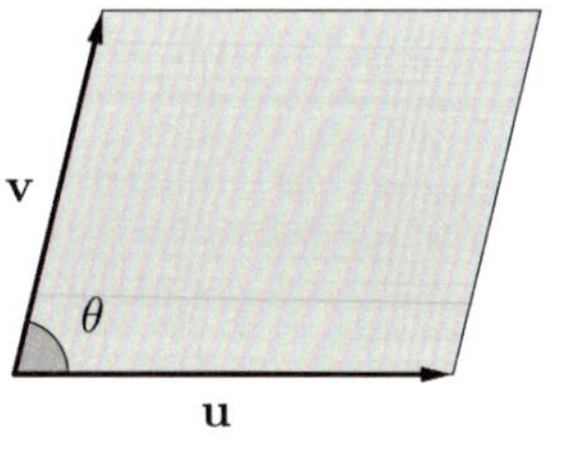

[그림 8-23]

예제 8-27

벡터 $\mathbf{u} = \langle 0,1,1\rangle$, $\mathbf{v} = \langle -1,-1,1\rangle$을 두 변으로 하는 평행사변형의 넓이 S를 구하여라.

풀이

$$\begin{aligned}\mathbf{u}\times\mathbf{v} &= \langle 0,1,1\rangle\times\langle -1,-1,1\rangle \\ &= \langle (1)(1)-(1)(-1),(1)(-1)-(0)(1),(0)(-1)-(1)(-1)\rangle \\ &= \langle 2,-1,1\rangle\end{aligned}$$

이므로, 평행사변형의 넓이는 $S = |\mathbf{u}\times\mathbf{v}| = \sqrt{2^2+(-1)^2+1^2} = \sqrt{6}$ 이다.

8.2 연습문제

01. 시점이 P, 종점이 Q인 벡터 $\overrightarrow{PQ}$를 구하여라.

(1) P(1,7), Q(3,−3)

(2) P(1,0, −2), Q(1, −2,3)

02. 벡터 $\mathbf{u} = \langle 2,3,-1 \rangle$, $\mathbf{v} = \langle 0,-2,4 \rangle$, $\mathbf{w} = \langle -1,2,-1 \rangle$에 대하여 다음 벡터의 성분을 구하여라.

(1) $\mathbf{u}-2\mathbf{v}$

(2) $\mathbf{u}+\mathbf{v}-\mathbf{w}$

03. $\mathbf{u} = \langle 4,-5 \rangle$, $\mathbf{v} = \langle 1,-3 \rangle$일 때, 벡터 $\mathbf{a} = \mathbf{u}+\mathbf{v}$, $\mathbf{b} = \mathbf{u}-2\mathbf{v}$를 구하여라.

04. $\mathbf{u} = \langle -2,3,-1 \rangle$, $\mathbf{v} = \langle 1,3,3 \rangle$일 때, 벡터 $\mathbf{u}-\mathbf{v}$와 방향이 같은 단위벡터를 구하여라.

05. $\mathbf{u} = \langle 2,3,-1 \rangle$, $\mathbf{v} = \langle 0,-2,4 \rangle$, $\mathbf{w} = \langle -1,2,-1 \rangle$일 때, 다음을 구하여라.

(1) $3\mathbf{u} \cdot (\mathbf{v}+\mathbf{w})$

(2) $\mathbf{u} \cdot (\mathbf{v}\times\mathbf{w})$

(3) $\mathbf{u} \cdot (\mathbf{v}-\mathbf{w})$

(4) $\mathbf{u}\times(\mathbf{v}-\mathbf{w})$

06. 두 벡터 $\mathbf{u} = \langle -1,2,4 \rangle$, $\mathbf{v} = \langle 2,-3,1 \rangle$의 사잇각 θ를 구하여라.

07. 두 벡터 $\mathbf{u} = \langle 2x,-2,-4 \rangle$, $\mathbf{v}= \langle x,x,1 \rangle$가 직교하게 하는 모든 x값의 합을 구하여라.

08. 세 점 A(1,2,0), B(1,4,2), C(−2,−1,3)을 꼭짓점으로 하는 삼각형 ABC의 넓이를 구하여라.

부　록

연습문제 해답
찾아보기
부록

부록 연습문제 해답

1.1 연습문제

1. (1) $2x^2-5x-3$
   (2) $x^2+12x+5$
   (3) x^3+x^2+x-3
   (4) $3x^2+2x-8$
2. (1) 몫 : $4x+7$, 나머지 : $-9x-1$
   (2) 몫 : x^2+1, 나머지 : $11x-6$
   (3) 몫 : $2x^2+4x+2$, 나머지 : 9
   (4) 몫 : $2x^2-x$, 나머지 : -9
3. 몫 : $x+3$, 나머지 : $-12x+6$
4. (1) $2(x-1)(x+1)$
   (2) $(x-1)(x^2-2x-2)$
   (3) $(x-1)^2(x+3)$
   (4) $(x-1)(x+1)(x^2-x+3)$
5. (1) $\dfrac{2(x^2-7x+11)}{(x-3)(x-5)}$
   (2) $\dfrac{-24x+7}{(3x+2)(3x-2)}$
   (3) $\dfrac{x(x-2)}{(x+2)(x-1)}$
   (4) $\dfrac{x+1}{(x+9)(x-5)}$
6. (1) $\sqrt{x+2}-\sqrt{x}$
   (2) $\dfrac{2(x+4)}{x-4}$

1.2 연습문제

1. (1) $x=2,3$
   (2) $x=\dfrac{1\pm\sqrt{17}}{8}$
   (3) $x=1$
   (4) $x=-1,1$
2. (1) $x=4$, $y=-1$
   (2) $x=1$, $y=2$, $z=3$
   (3) $x=3$, $y=1$ 또는 $x=5$, $y=3$
3. (1) $x=\dfrac{1}{2},2$
   (2) $x=3$
   (3) $x=-1\pm\sqrt{5}$
4. (1) $x=6$
   (2) $x=0,4$
5. (1) $-3<x<\dfrac{5}{3}$
   (2) $x\le-\dfrac{5}{2}$, $x\ge-1$
   (3) $-2\le x\le 1$, $x\ge 3$
   (4) $-2<x<1$, $2<x<3$
6. (1) $2\le x<3$
   (2) $-2\le x<2$
7. (1) $-\sqrt{2}\le x<1$, $\sqrt{2}\le x<2$
   (2) $-1<x<1$, $x\ge 3$

2.1 연습문제

1. $a=-1$
2. (1) $f^{-1}(x)=2x+6$
   (2) $g^{-1}(x)=\dfrac{x+1}{x-2}$
   (3) $h^{-1}(x)=2\sqrt[3]{x-3}$
3. $m=-2$
4. x축 대칭이동 : $x+y+1=0$
   y축 대칭이동 : $-x-y+1=0$
   $y=x$ 대칭이동 : $y-x+1=0$

원점 대칭이동 : $-x+y+1=0$

2.2 연습문제

1. 생략
2. (1) x절편 : 1,2, y절편 : -2
   (2) x절편 : $-1, \frac{1}{2}, 1$, y절편 : 1
   (3) x절편 : $\frac{1}{2}$, y절편 : 1
   (4) x절편 : 6, y절편 : 2
3. (1) $(1,-1)$, $(2,0)$
   (2) $(1,0)$, $(3,-26)$, $(-2,9)$
   (3) $\left(\frac{1}{4},-1\right)$, $(2,6)$
   (4) $(3,4)$, $(4,3)$

3.1 연습문제

1. (1) -1
   (2) 3
   (3) 3
   (4) -1
   (5) 5
   (6) -2
   (7) 4
   (8) 3
   (9) 1
   (10) ∞
   (11) $-\infty$
   (12) ∞
2. (1) 2
   (2) 2
   (3) $\lim_{x\to1^-} f(x)=7$, $\lim_{x\to1^+} f(x)=2$
   (4) 존재하지 않는다.
3. 수직점근선 : $x=3$, 수평점근선 : $y=2$
4. 2

3.2 연습문제

1. (1) $x=-1$
   (2) $x=1$
   (3) $x=1$
   (4) $x=-2$
2. $-\frac{1}{6}$
3. 2

4.1 연습문제

1. (1) $f'(1)=5$
   (2) $f'(2)=-\frac{1}{4}$
   (3) $f'(4)=\frac{1}{4}$
2. $y=-8x-9$
3. $a=5$, $b=4$

4.2 연습문제

1. (1) $f'(x)=6x-1$
   (2) $y'=2x^3+2x$
   (3) $f'(x)=12x^3+21x^2+10x-2$
   (4) $y'=\frac{x^2+6x+6}{(x+3)^2}$
   (5) $f'(x)=\frac{5x+2}{3x^{\frac{1}{3}}}$
   (6) $y'=9(3x+2)^2$
   (7) $f'(x)=-\frac{8}{(2x+1)^5}$
   (8) $y'=\frac{2x+2}{\sqrt{2x^2+4x+5}}$
2. $y=-x+2$
3. 5
4. $f(x)=2x^2-4x+2$
5. (1) $\frac{dy}{dx}=\frac{1-x}{y}$
   (2) $\frac{dy}{dx}=\frac{3x^2-y}{x-3y^2}$
6. $y=\frac{1}{4}x+\frac{5}{4}$

4.3 연습문제

1. (1) 증가구간 : $(-\infty,\infty)$/ 감소구간 : 없다.
   (2) 증가구간 : 없다./ 감소구간 : $(-\infty,\infty)$
   (3) 증가구간 : $(-1,1)$/ 감소구간 : $(-\infty,-1)\cup(1,\infty)$
2. (1) 극댓값 : 1, 극솟값 : -31
   (2) 극댓값 : -1, 극솟값 : -2
   (3) 극댓값 : $1+\frac{2\sqrt{3}}{3}$, 극솟값 : $-1-\frac{2\sqrt{3}}{3}$
3. (1) 최댓값 : 4, 최솟값 : 0
   (2) 최댓값 : 1, 최솟값 : -7
   (3) 최댓값 : 2, 최솟값 : 0
4. $a=-3$, $b=-9$, 극댓값 : 4
5. $4000cm^3$
6. 9
7. (1) 위로 오목 : $(1,\infty)$, 아래로 오목 : $(-\infty,1)$, 변곡점 $(1,-1)$
   (2) 위로 오목 : $(-\infty,0)\cup(2,\infty)$, 아래로 오목 : $(0,2)$, 변곡점 $(0,1)$, $(2,-7)$
8. (1) 30
   (2) $-\frac{1}{3}$
   (3) 12

5.1 연습문제

1. (1) $2x^2-3x+C$
   (2) x^4+2x^2+x+C
   (3) x^3+4x^2-3x+C
   (4) $3x^{\frac{4}{3}}+C$
2. $f(x)=12x^2-6x+2$
3. $f(x)=x^2-x+2$
4. $f(x)=6x^2-2x+3$

5.2 연습문제

1. (1) 2
   (2) 8
2. (1) 4
   (2) π
3. (1) $f'(x)=\frac{x+1}{x^2+x+4}$
   (2) $f'(x)=\sqrt{x^5+2x}$
   (3) $f'(x)=\frac{3}{9x^2+1}$
4. (1) 5
   (2) $\frac{64}{3}$
   (3) $-\frac{7}{3}$
   (4) 12
   (5) $\frac{5}{2}$

5.3 연습문제

1. (1) $\frac{2}{3}$
   (2) 8
   (3) $\frac{3}{2}$
2. (1) $\frac{64}{3}$
   (2) 8
   (3) $\frac{27}{4}$
   (4) $\frac{1}{16}$
3. (1) $\frac{\pi}{3}$
   (2) 162π

6.1 연습문제

1. (1) $-\frac{1}{32}$
   (2) 32
   (3) $6\sqrt[3]{2}$
   (4) 8
2. (1) $\ln 1=0$
   (2) $\log_9 729=3$
   (3) $10^0=1$

(4) $2^6 = 64$

3. (1) 2
(2) 2
(3) $\frac{1}{2}$
(4) 3

4. $\log_a \frac{a}{b} < \log_b \frac{b}{a} < \log_b a < \log_a b$

5. 4

6.2 연습문제

1. 생략
2. 생략
3. $y = 4 - e^x$
4. $y = 3 \times 2^x$
5. 최댓값 : 2, 최솟값 : 0
6. $y = \log_2(x+1)$
7. 44

6.3 연습문제

1. (1) $x = 2$
(2) $x = 3$
(3) $x = 1$
(4) $x = e, \frac{1}{e^3}$

2. $\frac{17}{4}$

3. (1) $x = 1$
(2) $x = \frac{2}{3}$
(3) $x = \ln 3$
(4) $x = -1$

4. (1) $x \le -1$
(2) $x < 3$
(3) $0 \le x \le log_5 4$
(4) $x > 14$
(5) $x \ge 3$
(6) $\frac{1}{2} < x < 8$

6.4 연습문제

1. (1) 0
(2) 1
(3) 1
(4) ∞
(5) 0
(6) $\frac{1}{e^2}$

2. 수직점근선 : $x = 0$, 수평점근선 : $y = 2$

6.5 연습문제

1. (1) $y' = \frac{1}{x \ln 2x}$
(2) $y' = \frac{1 + \ln x}{\ln 2}$
(3) $y' = (2\ln 3)3^{2x+1}$
(4) $y' = -(2x \ln 2)\left(\frac{1}{x}\right)^{x^2+1}$
(5) $y' = \frac{2x^3 - 2x(x^2+1)\ln(x^2+1)}{x^4(x^2+1)}$
(6) $y' = e^{x^2}\left(2x\ln(x+1) + \frac{1}{x+1}\right)$
(7) $y' = \frac{(2x+1)^{\frac{2}{3}}(x+3)^5}{\sqrt[3]{x^2+1}}\left\{\frac{4}{3(2x+1)} + \frac{5}{x+3} - \frac{2x}{3(x^2+1)}\right\}$
(8) $y' = (x+1)^{\frac{1}{x}}\left\{\frac{1}{x(x+1)} - \frac{\ln(x+1)}{x^2}\right\}$

2. 증가구간 : 없다. 감소구간 : $(-\infty, \infty)$,
최댓값 : 0, 최솟값 : $\frac{100(1-e)}{e}$

3. 증가구간 : $x > 1$, 감소구간 : $0 < x < 1$,
극댓값 : 없다., 극솟값 : 1

4. 생략

5. (1) e
(2) 2
(3) 0
(4) 0

6.6 연습문제

1. (1) $\ln|2x^2 - 3x - 5| + C$

(2) $\ln|x|-\frac{1}{x}+C$

(3) $\ln|x|+\frac{1}{2}(\ln x)^2+C$

(4) $\sqrt{x^2-4}+C$

(5) $\frac{2}{3}(1+e^x)^{\frac{3}{2}}+C$

(6) $\frac{1}{3}(\ln t)^3+C$

(7) $\frac{1}{2}e^{x^2}+C$

(8) $x\ln(x+1)-x+\ln|x+1|+C$

2. (1) 1

(2) $\frac{1}{\ln 2}$

(3) $\frac{1}{4}(e^2+1)$

(4) 1

(5) $\frac{1}{2}(\ln 3-\ln 2)$

(6) $\frac{5}{6}-\ln 2$

3. 1

4. $\frac{1}{2}\left(e-\frac{1}{e}\right)$

5. $\frac{\pi}{2}\left(1-\frac{1}{e^2}\right)$

7.1 연습문제

1. (1) ②

(2) ③

(3) ④

(4) ①

2. (1) $\frac{5}{4}\pi$

(2) $-\frac{11}{18}\pi$

(3) $300°$

(4) $-210°$

3. (1) 제 1 사분면

(2) 제 4 사분면

(3) 제 3 사분면

(4) 제 3 사분면

4. $\frac{\pi}{3}$

7.2 연습문제

1. $\sin\theta=\frac{\sqrt{3}}{2}$, $\cos\theta=-\frac{1}{2}$, $\tan\theta=-\sqrt{3}$,

$\csc\theta=\frac{2}{\sqrt{3}}$, $\sec\theta=-2$, $\cot\theta=-\frac{1}{\sqrt{3}}$

2. (1) $\sin\theta=-\frac{1}{\sqrt{2}}$, $\sec\theta=\sqrt{2}$, $\tan\theta=-1$

(2) $\sin\theta=-\frac{\sqrt{3}}{2}$, $\sec\theta=-2$, $\tan\theta=\sqrt{3}$

(3) $\sin\theta=-\frac{\sqrt{3}}{2}$, $\sec\theta=-2$, $\tan\theta=\sqrt{3}$

(4) $\sin\theta=\frac{\sqrt{3}}{2}$, $\sec\theta=-2$, $\tan\theta=-\sqrt{3}$

3. $\sin\theta=\frac{3}{\sqrt{13}}$, $\cos\theta=\frac{2}{\sqrt{13}}$

4. $\sin\theta=-\frac{12}{13}$, $\sec\theta=-\frac{13}{5}$, $\tan\theta=\frac{12}{5}$

5. $\left(-\frac{1}{\sqrt{2}},\frac{1}{\sqrt{2}}\right)$

6. $\sin\theta=-1$, $\cos\theta=0$

7. (1) $\sqrt{2}-1$

(2) $\frac{2+\sqrt{3}}{2}$

(3) 1

8. (1) $-\frac{1}{2}$

(2) $-\frac{1}{2}$

(3) $-\frac{1}{\sqrt{3}}$

9. (1) $\csc x$

(2) 1

10. 생략

7.3 연습문제

1. (1) $-\frac{\sqrt{3}}{2}$

(2) $\frac{\sqrt{2}-\sqrt{6}}{4}$

(3) $2-\sqrt{3}$

(4) -2

(5) $\sqrt{6}+\sqrt{2}$

(6) $-2+\sqrt{3}$

2. (1) $\frac{1}{4}$

(2) $\frac{2+\sqrt{3}}{4}$

(3) $\frac{\sqrt{6}}{2}$

(4) $\frac{\sqrt{6}}{2}$

(5) $\sqrt{2}$

(6) 0

3. (1) $\frac{7}{8}$

(2) $\frac{\sqrt{3}-\sqrt{15}}{8}$

(3) $\frac{\sqrt{15}}{8}$

(4) $\frac{\sqrt{15}+4\sqrt{3}}{11}$

4. (1) $2\sin 3x \sin x$

(2) $2\sin 3x \cos x$

(3) $\frac{1}{2}(\cos 6x+\cos 2x)$

(4) $\frac{1}{2}(\sin 6x-\sin 2x)$

7.4 연습문제

1. 생략

7.5 연습문제

1. (1) $\frac{\pi}{4}$

(2) $\frac{\pi}{6}$

(3) $\frac{3}{4}\pi$

(4) $-\frac{\pi}{6}$

(5) 0

(6) 0

2. (1) 2

(2) $\sqrt{1-x^2}$

7.6 연습문제

1. (1) $x=\frac{\pi}{6}$

(2) $x=\frac{2}{3}\pi$

(3) $x=-\frac{\pi}{3}$

(4) $x=-\frac{\pi}{6}$

2. (1) $x=\frac{\pi}{3}, \frac{5}{3}\pi$

(2) $x=\frac{2}{3}\pi, \frac{5}{3}\pi$

(3) $x=\frac{\pi}{3}, \frac{2}{3}\pi$

(4) $x=\pi$

3. (1) $x=0, \frac{\pi}{2}, \pi, \frac{3}{2}\pi$

(2) $x=0, \pi$

(3) $x=0, \frac{\pi}{4}, \pi, \frac{5}{4}\pi$

(4) $x=\frac{\pi}{4}, \frac{3}{4}\pi, \frac{5}{4}\pi, \frac{7}{4}\pi$

7.7 연습문제

1. $3\sqrt{7}$

2. $\frac{7\sqrt{3}}{20}$

7.8 연습문제

1. (1) 0

(2) 0

(3) 2

(4) 0

(5) 1

(6) 1

(7) $-\frac{1}{3}$

(8) π

2. (1) $y'=2x\sin x+x^2\cos x$

(2) $y'=4x(x^2+1)\sec^2(x^2+1)^2$

(3) $y'=-\sin 2x$

(4) $y'=\sin 2x$

(5) $y'=\dfrac{x\sec^2 x-2\tan x}{x^3}$

(6) $y'=e^x(\sin 2x+2\cos 2x)$

(7) $y'=e^x(\sin x+\sec x+\cos x+\sec x\tan x)$

(8) $y'=x^{\sin x}\left(\cos x\ln x+\dfrac{\sin x}{x}\right)$

3. (1) $x=\pi$

(2) 증가구간 : $(\pi,2\pi)$, 감소구간 : $(0,\pi)$

(3) 극솟값 : -2

4. 최댓값 : $\sqrt{2}$, 최솟값 $-\sqrt{2}$

5. 위로 오목한 구간 : $[0,\pi]$, 변곡점 : (π,π)

7.9 연습문제

1. (1) $-\cos x+2\sin x+C$

(2) $\frac{1}{4}\sin^4 x+C$

(3) $\tan x-\cot x+C$

(4) $\frac{1}{2}\tan^2 x+C$

(5) $-\csc x+C$

(6) $-x^2\cos x+2x\sin x+\cos x+C$

2. (1) $\sqrt{1+\sin x}$

(2) $2x\cos x^2$

3. (1) 0

(2) 2

(3) 0

(4) 0

4. (1) 2

(2) $\frac{\ln 2}{2}$

5. $m=3$

6. $\frac{\pi}{2}$

8.1 연습문제

1. (1) 2×5

(2) 1×3

(3) 3×2

(4) 3×3

2. $x=0,\ y=2,\ z=1$

3. (1) $\begin{bmatrix}6 & 3\\ 6 & -8\end{bmatrix}$

(2) $\begin{bmatrix}-13 & 11\\ -3 & -6\end{bmatrix}$

(3) $\begin{bmatrix}2 & 26\\ -3 & 24\end{bmatrix}$

(4) $\begin{bmatrix}17 & -3\\ -9 & 9\end{bmatrix}$

4. CA : 7×4, BA : 정의되지 않는다. ,BC : 4×3

5. $a=4,\ b=-6,\ c=-1,\ d=1$

6. 생략

7. (1) 0

(2) -147

8. $a=-4,-2$

9. -152

10. 0

8.2 연습문제

1. (1) $\langle 2,-10\rangle$

(2) $\langle 0,-2,5\rangle$

2. (1) $\langle 2,7,-9\rangle$

(2) $\langle 3,-1,4\rangle$

3. $\mathbf{a}=\langle 5,-8\rangle$, $\mathbf{b}=\langle 2,1\rangle$

4. $\left\langle -\frac{3}{5},0,-\frac{4}{5}\right\rangle$

5. (1) -15

(2) -22

(3) -19

(4) $\langle 11,9,5\rangle$

6. $\cos^{-1}\left(-\frac{2\sqrt{6}}{21}\right)$

7. 1

8. $3\sqrt{6}$

부록 찾아보기

ㄹ

ㅁ

ㅂ

ㅅ

ㅇ

1. 삼각함수

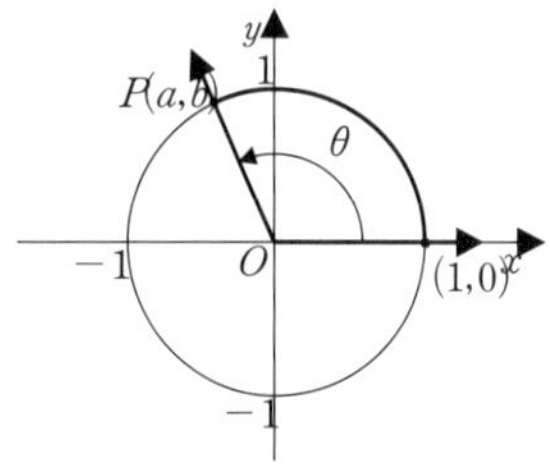

단위원 $x^2+y^2=1$

삼각함수

$\sin\theta = b$ $\csc\theta = \frac{1}{b},\ b \neq 0$ $\cos\theta = a$

$\sec\theta = \frac{1}{a},\ a \neq 0$ $\tan\theta = \frac{b}{a},\ a \neq 0$ $\cot\theta = \frac{a}{b},\ b \neq 0$

일반각

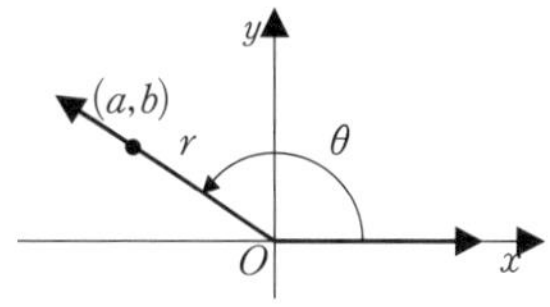

$\sin\theta = \frac{b}{r}$ $\csc\theta = \frac{r}{b},\ b \neq 0$ $\cos\theta = \frac{a}{r}$

$\sec\theta = \frac{r}{a},\ a \neq 0$ $\tan\theta = \frac{b}{a},\ a \neq 0$ $\cot\theta = \frac{a}{b},\ b \neq 0$

삼각함수의 항등식

$\tan\theta = \frac{\sin\theta}{\cos\theta}$ $\cot\theta = \frac{\cos\theta}{\sin\theta}$

$\csc\theta = \frac{1}{\sin\theta}$ $\sec\theta = \frac{1}{\cos\theta}$ $\cot\theta = \frac{1}{\tan\theta}$

$\sin^2\theta + \cos^2\theta = 1$

$\tan^2\theta + 1 = \sec^2\theta$

$1 + \cot^2\theta = \csc^2\theta$

반각공식

$\sin\frac{\theta}{2} = \pm\sqrt{\frac{1-\cos\theta}{2}}$

$\cos\frac{\theta}{2} = \pm\sqrt{\frac{1+\cos\theta}{2}}$

$\tan\frac{\theta}{2} = \pm\sqrt{\frac{1-\cos\theta}{1+\cos\theta}}$

배각공식

$\sin 2\theta = 2\sin\theta\cos\theta$

$\cos 2\theta = \cos^2\theta - \sin^2\theta$

$\cos 2\theta = 2\cos^2\theta - 1$

$\cos 2\theta = 1 - 2\sin^2\theta$

$\tan 2\theta = \frac{2\tan\theta}{1-\tan^2\theta}$

우함수, 기함수

$\sin(-\theta) = -\sin\theta$ $\csc(-\theta) = -\csc\theta$

$\cos(-\theta) = \cos\theta$ $\sec(-\theta) = \sec\theta$

$\tan(-\theta) = -\tan\theta$ $\cot(-\theta) = -\cot\theta$

합과 차 공식

$\sin(\alpha+\beta) = \sin\alpha\cos\beta + \cos\alpha\sin\beta$

$\sin(\alpha-\beta) = \sin\alpha\cos\beta - \cos\alpha\sin\beta$

$\cos(\alpha+\beta) = \cos\alpha\cos\beta - \sin\alpha\sin\beta$

$\cos(\alpha-\beta) = \cos\alpha\cos\beta + \sin\alpha\sin\beta$

$\tan(\alpha+\beta) = \frac{\tan\alpha + \tan\beta}{1 - \tan\alpha\tan\beta}$

$\tan(\alpha-\beta) = \frac{\tan\alpha - \tan\beta}{1 + \tan\alpha\tan\beta}$

곱을 합 또는 차로

$\sin\alpha\sin\beta = \frac{1}{2}[\cos(\alpha-\beta) - \cos(\alpha+\beta)]$

$\cos\alpha\cos\beta = \frac{1}{2}[\cos(\alpha-\beta) + \cos(\alpha+\beta)]$

$\sin\alpha\cos\beta = \frac{1}{2}[\sin(\alpha+\beta) + \sin(\alpha-\beta)]$

합 또는 차를 곱으로

$\sin\alpha + \sin\beta = 2\sin\frac{\alpha+\beta}{2}\cos\frac{\alpha-\beta}{2}$

$\sin\alpha - \sin\beta = 2\sin\frac{\alpha-\beta}{2}\cos\frac{\alpha+\beta}{2}$

$\cos\alpha + \cos\beta = 2\cos\frac{\alpha+\beta}{2}\cos\frac{\alpha-\beta}{2}$

$\cos\alpha - \cos\beta = -2\sin\frac{\alpha+\beta}{2}\sin\frac{\alpha-\beta}{2}$

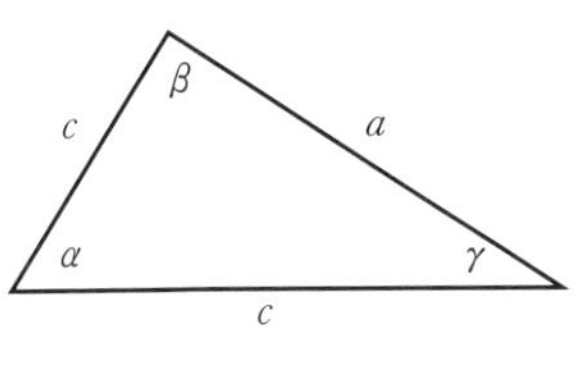

싸인법칙

$\frac{\sin\alpha}{a} = \frac{\sin\beta}{b} = \frac{\sin\gamma}{c}$

코싸인법칙

$c^2 = a^2 b^2 - 2ab\cos\gamma$

2. 미분공식

미분공식표

미분공식

1. $\frac{d}{dx}(c)=0$
2. $\frac{d}{dx}[cf(x)]=cf'(x)$
3. $\frac{d}{dx}[f(x)+g(x)]=f'(x)+g'(x)$
4. $\frac{d}{dx}[f(x)-g(x)]=f'(x)-g'(x)$
5. $\frac{d}{dx}[f(x)g(x)]=f(x)g'(x)+g(x)f'(x)$ (Product Rule)
6. $\frac{d}{dx}\left[\frac{f(x)}{g(x)}\right]=\frac{g(x)f'(x)-f(x)g'(x)}{[g(x)]^2}$ (Quotient Rule)
7. $\frac{d}{dx}f(g(x))=f'(g(x))g'(x)$ (Chain Rule)
8. $\frac{d}{dx}(x^n)=nx^{n-1}$ (Power Rule)

지수함수와 로그함수

9. $\frac{d}{dx}(e^x)=e^x$
10. $\frac{d}{dx}(a^x)=a^x\ln a$
11. $\frac{d}{dx}\ln|x|=\frac{1}{x}$
12. $\frac{d}{dx}(\log_a x)=\frac{1}{x\ln a}$

삼각함수

13. $\frac{d}{dx}(\sin x)=\cos x$
14. $\frac{d}{dx}(\cos x)=-\sin x$
15. $\frac{d}{dx}(\tan x)=\sec^2 x$
16. $\frac{d}{dx}(\csc x)=-\csc x\cot x$
17. $\frac{d}{dx}(\sec x)=\sec x\tan x$
18. $\frac{d}{dx}(\cot x)=-\csc^2 x$

역삼각함수

19. $\frac{d}{dx}(\sin^{-1}x)=\frac{1}{\sqrt{1-x^2}}$
20. $\frac{d}{dx}(\cos^{-1}x)=-\frac{1}{\sqrt{1-x^2}}$
21. $\frac{d}{dx}(\tan^{-1}x)=\frac{1}{1+x^2}$
22. $\frac{d}{dx}(\csc^{-1}x)=-\frac{1}{x\sqrt{x^2-1}}$
23. $\frac{d}{dx}(\sec^{-1}x)=\frac{1}{x\sqrt{x^2-1}}$
24. $\frac{d}{dx}(\cot^{-1}x)=-\frac{1}{1+x^2}$

쌍곡선함수

25. $\frac{d}{dx}(\sinh x)=\cosh x$
26. $\frac{d}{dx}(\cosh x)=\sinh x$
27. $\frac{d}{dx}(\tanh x)=\operatorname{sech}^2 x$
28. $\frac{d}{dx}(\operatorname{csch} x)=-\operatorname{csch} x\coth x$
29. $\frac{d}{dx}(\operatorname{sech} x)=-\operatorname{sech} x\tanh x$
30. $\frac{d}{dx}(\coth x)=-\operatorname{csch}^2 x$

역쌍곡선함수

31. $\frac{d}{dx}(\sinh^{-1}x)=\frac{1}{\sqrt{1+x^2}}$
32. $\frac{d}{dx}(\cosh^{-1}x)=\frac{1}{\sqrt{x^2-1}}$
33. $\frac{d}{dx}(\tanh^{-1}x)=\frac{1}{1-x^2}$
34. $\frac{d}{dx}(\operatorname{csch}^{-1}x)=-\frac{1}{|x|\sqrt{x^2+1}}$
35. $\frac{d}{dx}(\operatorname{sech}^{-1}x)=-\frac{1}{x\sqrt{1-x^2}}$
36. $\frac{d}{dx}(\coth^{-1}x)=\frac{1}{1-x^2}$

3. 적분공식

적분공식표

BASIC FORMS

1. $\int u\,dv = uc - \int v\,du$

2. $\int u^n du = \frac{1}{n+1}u^{n+1} + C \ (n \neq 1)$

3. $\int \frac{du}{u} = \ln|u| + C$

4. $\int e^u du = e^u + C$

5. $\int a^u du = \frac{1}{\ln a}a^u + C$

6. $\int \sin u\,du = -\cos u + C$

7. $\int \cos u\,du = \sin u + C$

8. $\int \sec^2 u\,du = \tan u + C$

9. $\int \csc^2 u\,du = -\cot u + C$

10. $\int \sec u \tan u\,du = \sec u + C$

11. $\int \csc u \cot u\,du = -\csc u + C$

12. $\int \tan u\,du = \ln|\sec u| + C$

13. $\int \cot u\,du = \ln|\sin u| + C$

14. $\int \sec u\,du = \ln|\sec u + \tan u| + C$

15. $\int \csc u\,du = \ln|\csc u - \cot u| + C$

16. $\int \frac{du}{\sqrt{a^2-u^2}} = \sin^{-1}\frac{u}{a} + C$

17. $\int \frac{du}{a^2+u^2} = \frac{1}{a}\tan^{-1}\frac{u}{a} + C$

18. $\int \frac{du}{u\sqrt{u^2-a^2}} = \frac{1}{a}\sec^{-1}\frac{u}{a} + C$

19. $\int \frac{du}{a^2-u^2} = \frac{1}{2a}\ln\left|\frac{u+a}{u-a}\right| + C$

20. $\int \frac{du}{u^2-a^2} = \frac{1}{2a}\ln\left|\frac{u-a}{u+a}\right| + C$

FORMS INVOLVING $\sqrt{a^2+u^2}$, $a>0$

21. $\int \sqrt{a^2+u^2}\,du = \frac{u}{2}\sqrt{a^2+u^2} + \frac{a^2}{2}\ln\left(u+\sqrt{a^2+u^2}\right) + C$

22. $\int u^2\sqrt{a^2+u^2}\,du = \frac{u}{8}(a^2+2u^2)\sqrt{a^2+u^2} - \frac{a^4}{8}\ln\left(u+\sqrt{a^2+u^2}\right) + C$

23. $\int \frac{\sqrt{a^2+u^2}}{u}du = \sqrt{a^2+u^2} - a\ln\left|\frac{a+\sqrt{a^2+u^2}}{u}\right| + C$

24. $\int \frac{\sqrt{a^2+u^2}}{u^2}du = -\frac{\sqrt{a^2+u^2}}{u} + \ln\left|u+\sqrt{a^2+u^2}\right| + C$

25. $\int \frac{du}{\sqrt{a^2+u^2}} = \ln\left(u+\sqrt{a^2+u^2}\right) + C$

26. $\int \frac{u^2du}{\sqrt{a^2+u^2}} = \frac{u}{2}\sqrt{a^2+u^2} - \frac{a^2}{2}\ln\left(u+\sqrt{a^2+u^2}\right) + C$

27. $\int \frac{du}{u\sqrt{a^2+u^2}} = -\frac{1}{a}\ln\left|\frac{\sqrt{a^2+u^2}+a}{u}\right| + C$

28. $\int \frac{du}{u^2\sqrt{a^2+u^2}} = -\frac{\sqrt{a^2+u^2}}{a^3u} + C$

29. $\int \frac{du}{(a^2+u^2)^{\frac{3}{2}}} = \frac{u}{a^2\sqrt{a^2+u^2}} + C$

FORMS INVOLVING $\sqrt{a^2-u^2}$, $a>0$

30. $\int \sqrt{a^2-u^2}\,du = \frac{u}{2}\sqrt{a^2-u^2} + \frac{a^2}{2}\sin^{-1}\frac{u}{a} + C$

31. $\int u^2\sqrt{a^2-u^2}\,du = \frac{u}{8}(2u^2-a^2)\sqrt{a^2-u^2} + \frac{a^4}{8}\sin^{-1}\frac{u}{a} + C$

32. $\int \frac{\sqrt{a^2-u^2}}{u}du = \sqrt{a^2-u^2} - a\ln\left|\frac{a+\sqrt{a^2-u^2}}{u}\right| + C$

33. $\int \frac{\sqrt{a^2-u^2}}{u^2}du = -\frac{1}{u}\sqrt{a^2-u^2} - \sin^{-1}\frac{u}{a} + C$

34. $\int \frac{u^2du}{\sqrt{a^2-u^2}} = -\frac{u}{2}\sqrt{a^2-u^2} + \frac{a^2}{2}\sin^{-1}\frac{u}{a} + C$

35. $\int \frac{du}{u\sqrt{a^2-u^2}} = -\frac{1}{a}\ln\left|\frac{a+\sqrt{a^2-u^2}}{u}\right| + C$

36. $\int \frac{du}{u^2\sqrt{a^2-u^2}} = -\frac{1}{a^2u}\sqrt{a^2-u^2} + C$

37. $\int (a^2-u^2)^{\frac{3}{2}}du = -\frac{u}{8}(2u^2-5a^2)\sqrt{a^2-u^2} + \frac{3a^4}{8}\sin^{-1}\frac{u}{a} + C$

38. $\int \frac{du}{(a^2-u^2)^{\frac{3}{2}}} = \frac{u}{a^2\sqrt{a^2-u^2}} + C$

FORMS INVOLVING $\sqrt{u^2-a^2}$, $a>0$

39. $\int \sqrt{u^2-a^2}\,du = \frac{u}{2}\sqrt{u^2-a^2} - \frac{a^2}{2}\ln\left|u+\sqrt{u^2-a^2}\right| + C$

40. $\int u^2\sqrt{u^2-a^2}\,du = \frac{u}{8}(2u^2-a^2)\sqrt{u^2-a^2} - \frac{a^2}{8}\ln\left|u+\sqrt{u^2-a^2}\right| + C$

41. $\int \frac{\sqrt{u^2-a^2}}{u}du = \sqrt{u^2-a^2} - a\cos^{-1}\frac{a}{|u|} + C$

42. $\int \frac{\sqrt{u^2-a^2}}{u^2}du = -\frac{\sqrt{u^2-a^2}}{u} + \ln\left|u+\sqrt{u^2-a^2}\right| + C$

43. $\int \frac{du}{\sqrt{u^2-a^2}} = \ln\left|u+\sqrt{u^2-a^2}\right| + C$

44. $\int \frac{u^2du}{\sqrt{u^2-a^2}} = \frac{u}{2}\sqrt{u^2-a^2} + \frac{a^2}{2}\ln\left|u+\sqrt{u^2-a^2}\right| + C$

45. $\int \frac{du}{u^2\sqrt{u^2-a^2}} = \frac{\sqrt{u^2-a^2}}{a^2u} + C$

46. $\int \frac{du}{(u^2-a^2)^{\frac{3}{2}}} = -\frac{u}{a^2\sqrt{u^2-a^2}} + C$

4. 수치표(멱,근,역수)

n	n^2	$\sqrt{n}$	$\sqrt{10n}$	n^3	$\sqrt[3]{n}$	$\sqrt[3]{10n}$	$\sqrt[3]{100n}$	$1/n$
1.0	1.00	1.00000	3.16228	1.000	1.00000	2.15443	4.64159	1.00000
1.1	1.21	1.04881	3.31662	1.331	1.03228	2.22398	4.79142	0.90909
1.2	1.44	1.09545	3.46410	1.728	1.06266	2.28943	4.93242	0.83333
1.3	1.69	1.14018	3.60555	2.197	1.09139	2.35133	5.06580	0.76923
1.4	1.96	1.18322	3.74166	2.744	1.11869	2.41014	5.19249	0.71429
1.5	2.25	1.22474	3.87298	3.375	1.14471	2.46621	5.31329	0.66667
1.6	2.56	1.26491	4.00000	4.096	1.16961	2.51984	5.42884	0.62500
1.7	2.89	1.30384	4.12311	4.913	1.19348	2.57128	5.53966	0.58824
1.8	3.24	1.34164	4.24264	5.832	1.21644	2.62074	5.64622	0.55556
1.9	3.61	1.37840	4.35890	6.859	1.23856	2.66840	5.74890	0.52632
2.0	4.00	1.41421	4.47214	8.000	1.25992	2.71442	5.84804	0.50000
2.1	4.41	1.44914	4.58258	9.261	1.28058	2.75892	5.94392	0.47619
2.2	4.84	1.48324	4.69042	10.648	1.30059	2.80204	6.03681	0.45455
2.3	5.29	1.51658	4.79583	12.167	1.32001	2.84387	6.12693	0.43478
2.4	5.76	1.54919	4.89898	13.824	1.33887	2.88450	6.21447	0.41667
2.5	6.25	1.58114	5.00000	15.625	1.35721	2.92402	6.29961	0.40000
2.6	6.76	1.61245	5.09902	17.576	1.37507	2.96250	6.38250	0.38462
2.7	7.29	1.64317	5.19615	19.683	1.39248	3.00000	6.46330	0.37037
2.8	7.84	1.67332	5.29150	21.952	1.40946	3.03659	6.54213	0.35714
2.9	8.41	1.70294	5.38516	24.389	1.42604	3.07232	6.61911	0.34483
3.0	9.00	1.73205	5.47723	27.000	1.44225	3.10723	6.69433	0.33333
3.1	9.61	1.76068	5.56776	29.791	1.45810	3.14138	6.76790	0.32258
3.2	10.24	1.78885	5.65685	32.768	1.47361	3.17480	6.83990	0.31250
3.3	10.89	1.81659	5.74456	35.937	1.48881	3.20753	6.91042	0.30303
3.4	11.56	1.84391	5.83095	39.304	1.50369	3.23961	6.97953	0.29412
3.5	12.25	1.87083	5.91608	42.875	1.51829	3.27107	7.04730	0.28571
3.6	12.96	1.89737	6.00000	46.656	1.53262	3.30193	7.11379	0.27778
3.7	13.69	1.92354	6.08276	50.653	1.54668	3.33222	7.17905	0.27027
3.8	14.44	1.94936	6.16441	54.872	1.56049	3.36198	7.24316	0.26316
3.9	15.21	1.97484	6.24500	59.319	1.57406	3.39121	7.30614	0.25641
4.0	16.00	2.00000	6.32456	64.000	1.58740	3.41995	7.36806	0.25000
4.1	16.81	2.02485	6.40312	68.921	1.60052	3.44822	7.42896	0.24390
4.2	17.64	2.04939	6.48074	74.088	1.61343	3.47603	7.48887	0.23810
4.3	18.49	2.07364	6.55744	79.507	1.62613	3.50340	7.54784	0.23256
4.4	19.36	2.09762	6.63325	85.184	1.63864	3.53035	7.60590	0.22727
4.5	20.25	2.12132	6.70820	91.125	1.65096	3.55689	7.66309	0.22222
4.6	21.16	2.14476	6.78233	97.336	1.66310	3.58305	7.71944	0.21739
4.7	22.09	2.16795	6.85565	103.823	1.67507	3.60883	7.77498	0.21277
4.8	23.04	2.19089	6.92820	110.592	1.68687	3.63424	7.82974	0.20833
4.9	24.01	2.21359	7.00000	117.649	1.69850	3.65931	7.88374	0.20408
5.0	25.00	2.23607	7.07107	125.000	1.70998	3.68403	7.93701	0.20000
5.1	26.01	2.25832	7.14143	132.651	1.72130	3.70843	7.98957	0.19608
5.2	27.04	2.28035	7.21110	140.608	1.73248	3.73251	8.04145	0.19231
5.3	28.09	2.30217	7.28011	148.877	1.74351	3.75629	8.09267	0.18868
5.4	29.16	2.32379	7.34847	157.464	1.75441	3.77976	8.14325	0.18519

n	n^2	$\sqrt{n}$	$\sqrt{10n}$	n^3	$\sqrt[3]{n}$	$\sqrt[3]{10n}$	$\sqrt[3]{100n}$	$1/n$
5.5	30.25	2.34521	7.41620	166.375	1.76517	3.80295	8.19321	0.18182
5.6	31.36	2.36643	7.48331	175.616	1.77581	3.82586	8.24257	0.17857
5.7	32.49	2.38747	7.54983	185.193	1.78632	3.84850	8.29134	0.17544
5.8	33.64	2.40832	7.61577	195.112	1.79670	3.87088	8.33955	0.17241
5.9	34.81	2.42899	7.68115	205.379	1.80697	3.89300	8.38721	0.16949
6.0	36.00	2.44949	7.74597	216.000	1.81712	3.91487	8.43433	0.16667
6.1	37.21	2.46982	7.81025	226.981	1.82716	3.93650	8.48093	0.16393
6.2	38.44	2.48998	7.87401	238.328	1.83709	3.95789	8.52702	0.16129
6.3	39.69	2.50998	7.93725	250.047	1.84691	3.97906	8.57262	0.15873
6.4	40.96	2.52982	8.00000	262.144	1.85664	4.00000	8.61774	0.15625
6.5	42.25	2.54951	8.06226	274.625	1.86626	4.02073	8.66239	0.15385
6.6	43.56	2.56905	8.12404	287.496	1.87578	4.04124	8.70659	0.15152
6.7	44.89	2.58844	8.18535	300.763	1.88520	4.06155	8.75034	0.14925
6.8	46.24	2.60768	8.24621	314.432	1.89454	4.08166	8.79366	0.14706
6.9	47.61	2.62679	8.30662	328.509	1.90378	4.10157	8.83656	0.14493
7.0	49.00	2.64575	8.36660	343.000	1.91293	4.12129	8.87904	0.14286
7.1	50.41	2.66458	8.42615	357.911	1.92200	4.14082	8.92112	0.14085
7.2	51.84	2.68328	8.48528	373.248	1.93098	4.16017	8.96281	0.13889
7.3	53.29	2.70185	8.54400	389.017	1.93988	4.17934	9.00411	0.13699
7.4	54.76	2.72029	8.60233	405.224	1.94870	4.19834	9.04504	0.13514
7.5	56.25	2.73861	8.66025	421.875	1.95743	4.21716	9.08560	0.13333
7.6	57.76	2.75681	8.71780	438.976	1.96610	4.23582	9.12581	0.13158
7.7	59.29	2.77489	8.77496	456.533	1.97468	4.25432	9.16566	0.12987
7.8	60.84	2.79285	8.83176	474.552	1.98319	4.27266	9.20516	0.12821
7.9	62.41	2.81069	8.88819	493.039	1.99163	4.29084	9.24434	0.12658
8.0	64.00	2.82843	8.94427	512.000	2.00000	4.30887	9.28318	0.12500
8.1	65.61	2.84605	9.00000	531.441	2.00830	4.32675	9.32170	0.12346
8.2	67.24	2.86356	9.05539	551.368	2.01653	4.34448	9.35990	0.12195
8.3	68.89	2.88097	9.11043	571.787	2.02469	4.36207	9.39780	0.12048
8.4	70.56	2.89828	9.16515	592.704	2.03279	4.37952	9.43539	0.11905
8.5	72.25	2.91548	9.21954	614.125	2.04083	4.39683	9.47268	0.11765
8.6	73.96	2.93258	9.27362	636.056	2.04880	4.41400	9.50969	0.11628
8.7	75.69	2.94958	9.32738	658.503	2.05671	4.43105	9.54640	0.11494
8.8	77.44	2.96648	9.38083	681.472	2.06456	4.44796	9.58284	0.11364
8.9	79.21	2.98329	9.43398	704.969	2.07235	4.46475	9.61900	0.11236
9.0	81.00	3.00000	9.48683	729.000	2.08008	4.48140	9.65489	0.11111
9.1	82.81	3.01662	9.53939	753.571	2.08776	4.49794	9.69052	0.10989
9.2	84.64	3.03315	9.59166	778.688	2.09538	4.51436	9.72589	0.10870
9.3	86.49	3.04959	9.64365	804.357	2.10294	4.53065	9.76100	0.10753
9.4	88.36	3.06594	9.69536	830.584	2.11045	4.54684	9.79586	0.10638
9.5	90.25	3.08221	9.74679	857.375	2.11791	4.56290	9.83048	0.10526
9.6	92.16	3.09839	9.79796	884.736	2.12532	4.57886	9.86485	0.10417
9.7	94.09	3.11448	9.84886	912.673	2.13267	4.59470	9.89898	0.10309
9.8	96.04	3.13050	9.89949	941.192	2.13997	4.61044	9.93288	0.10204
9.9	98.01	3.14643	9.94987	970.299	2.14723	4.62607	9.96655	0.10101

5. 수치표(자연 로그)

N	0	1	2	3	4	5	6	7	8	9
1.0	0.0000	0.0043	0.0086	0.0128	0.0170	0.0212	0.0253	0.0294	0.0334	0.0374
1.1	0.0414	0.0453	0.0492	0.0531	0.0569	0.0607	0.0645	0.0682	0.0719	0.0755
1.2	0.0792	0.0828	0.0864	0.0899	0.0934	0.0969	0.1004	0.1038	0.1072	0.1106
1.3	0.1139	0.1173	0.1206	0.1239	0.1271	0.1303	0.1335	0.1367	0.1399	0.1430
1.4	0.1461	0.1492	0.1523	0.1553	0.1584	0.1614	0.1644	0.1673	0.1703	0.1732
1.5	0.1761	0.1790	0.1818	0.1847	0.1875	0.1903	0.1931	0.1959	0.1987	0.2014
1.6	0.2041	0.2068	0.2095	0.2122	0.2148	0.2175	0.2201	0.2227	0.2253	0.2279
1.7	0.2304	0.2330	0.2355	0.2380	0.2405	0.2430	0.2455	0.2480	0.2504	0.2529
1.8	0.2553	0.2577	0.2601	0.2625	0.2648	0.2672	0.2695	0.2718	0.2742	0.2765
1.9	0.2788	0.2810	0.2833	0.2856	0.2878	0.2900	0.2923	0.2945	0.2967	0.2989
2.0	0.3010	0.3032	0.3054	0.3075	0.3096	0.3118	0.3139	0.3160	0.3181	0.3201
2.1	0.3222	0.3243	0.3263	0.3284	0.3304	0.3324	0.3345	0.3365	0.3385	0.3404
2.2	0.3424	0.3444	0.3464	0.3483	0.3502	0.3522	0.3541	0.3560	0.3579	0.3598
2.3	0.3617	0.3636	0.3655	0.3674	0.3692	0.3711	0.3729	0.3747	0.3766	0.3784
2.4	0.3802	0.3820	0.3838	0.3856	0.3874	0.3892	0.3909	0.3927	0.3945	0.3962
2.5	0.3979	0.3997	0.4014	0.4031	0.4048	0.4065	0.4082	0.4099	0.4116	0.4133
2.6	0.4150	0.4166	0.4183	0.4200	0.4216	0.4232	0.4249	0.4265	0.4281	0.4298
2.7	0.4314	0.4330	0.4346	0.4362	0.4378	0.4393	0.4409	0.4425	0.4440	0.4456
2.8	0.4472	0.4487	0.4502	0.4518	0.4533	0.4548	0.4564	0.4579	0.4594	0.4609
2.9	0.4624	0.4639	0.4654	0.4669	0.4683	0.4698	0.4713	0.4728	0.4742	0.4757
3.0	0.4771	0.4786	0.4800	0.4814	0.4829	0.4843	0.4857	0.4871	0.4886	0.4900
3.1	0.4914	0.4928	0.4942	0.4955	0.4969	0.4983	0.4997	0.5011	0.5024	0.5038
3.2	0.5051	0.5065	0.5079	0.5092	0.5105	0.5119	0.5132	0.5145	0.5159	0.5172
3.3	0.5185	0.5198	0.5211	0.5224	0.5237	0.5250	0.5263	0.5276	0.5289	0.5302
3.4	0.5315	0.5328	0.5340	0.5353	0.5366	0.5378	0.5391	0.5403	0.5416	0.5428
3.5	0.5441	0.5453	0.5465	0.5478	0.5490	0.5502	0.5514	0.5527	0.5539	0.5551
3.6	0.5563	0.5575	0.5587	0.5599	0.5611	0.5623	0.5635	0.5647	0.5658	0.5670
3.7	0.5682	0.5694	0.5705	0.5717	0.5729	0.5740	0.5752	0.5763	0.5775	0.5786
3.8	0.5798	0.5809	0.5821	0.5832	0.5843	0.5855	0.5866	0.5877	0.5888	0.5899
3.9	0.5911	0.5922	0.5933	0.5944	0.5955	0.5966	0.5977	0.5988	0.5999	0.6010
4.0	0.6021	0.6031	0.6042	0.6053	0.6064	0.6075	0.6085	0.6096	0.6107	0.6117
4.1	0.6128	0.6138	0.6149	0.6160	0.6170	0.6180	0.6191	0.6201	0.6212	0.6222
4.2	0.6232	0.6243	0.6253	0.6263	0.6274	0.6284	0.6294	0.6304	0.6314	0.6325
4.3	0.6335	0.6345	0.6355	0.6365	0.6375	0.6385	0.6395	0.6405	0.6415	0.6425
4.4	0.6435	0.6444	0.6454	0.6464	0.6474	0.6484	0.6493	0.6503	0.6513	0.6522
4.5	0.6532	0.6542	0.6551	0.6561	0.6571	0.6580	0.6590	0.6599	0.6609	0.6618
4.6	0.6628	0.6637	0.6646	0.6656	0.6665	0.6675	0.6684	0.6693	0.6702	0.6712
4.7	0.6721	0.6730	0.6739	0.6749	0.6758	0.6767	0.6776	0.6785	0.6794	0.6803
4.8	0.6812	0.6821	0.6830	0.6839	0.6848	0.6857	0.6866	0.6875	0.6884	0.6893
4.9	0.6902	0.6911	0.6920	0.6928	0.6937	0.6946	0.6955	0.6964	0.6972	0.6981
5.0	0.6990	0.6998	0.7007	0.7016	0.7024	0.7033	0.7042	0.7050	0.7059	0.7067
5.1	0.7076	0.7084	0.7093	0.7101	0.7110	0.7118	0.7126	0.7135	0.7143	0.7152
5.2	0.7160	0.7168	0.7177	0.7185	0.7193	0.7202	0.7210	0.7218	0.7226	0.7235
5.3	0.7243	0.7251	0.7259	0.7267	0.7275	0.7284	0.7292	0.7300	0.7308	0.7316
5.4	0.7324	0.7332	0.7340	0.7348	0.7356	0.7364	0.7372	0.7380	0.7388	0.7396

N	0	1	2	3	4	5	6	7	8	9
5.5	0.7404	0.7412	0.7419	0.7427	0.7435	0.7443	0.7451	0.7459	0.7466	0.7474
5.6	0.7482	0.7490	0.7497	0.7505	0.7513	0.7520	0.7528	0.7536	0.7543	0.7551
5.7	0.7559	0.7566	0.7574	0.7582	0.7589	0.7597	0.7604	0.7612	0.7619	0.7627
5.8	0.7634	0.7642	0.7649	0.7657	0.7664	0.7672	0.7679	0.7686	0.7694	0.7701
5.9	0.7709	0.7716	0.7723	0.7731	0.7738	0.7745	0.7752	0.7760	0.7767	0.7774
6.0	0.7782	0.7789	0.7796	0.7803	0.7810	0.7818	0.7825	0.7832	0.7839	0.7846
6.1	0.7853	0.7860	0.7868	0.7875	0.7882	0.7889	0.7896	0.7903	0.7910	0.7917
6.2	0.7924	0.7931	0.7938	0.7945	0.7952	0.7959	0.7966	0.7973	0.7980	0.7987
6.3	0.7993	0.8000	0.8007	0.8014	0.8021	0.8028	0.8035	0.8041	0.8048	0.8055
6.4	0.8062	0.8069	0.8075	0.8082	0.8089	0.8096	0.8102	0.8109	0.8116	0.8122
6.5	0.8129	0.8136	0.8142	0.8149	0.8156	0.8162	0.8169	0.8176	0.8182	0.8189
6.6	0.8195	0.8202	0.8209	0.8215	0.8222	0.8228	0.8235	0.8241	0.8248	0.8254
6.7	0.8261	0.8267	0.8274	0.8280	0.8287	0.8293	0.8299	0.8306	0.8312	0.8319
6.8	0.8325	0.8331	0.8338	0.8344	0.8351	0.8357	0.8363	0.8370	0.8376	0.8382
6.9	0.8388	0.8395	0.8401	0.8407	0.8414	0.8420	0.8426	0.8432	0.8439	0.8445
7.0	0.8451	0.8457	0.8463	0.8470	0.8476	0.8482	0.8488	0.8494	0.8500	0.8506
7.1	0.8513	0.8519	0.8525	0.8531	0.8537	0.8543	0.8549	0.8555	0.8561	0.8567
7.2	0.8573	0.8579	0.8585	0.8591	0.8597	0.8603	0.8609	0.8615	0.8621	0.8627
7.3	0.8633	0.8639	0.8645	0.8651	0.8657	0.8663	0.8669	0.8675	0.8681	0.8686
7.4	0.8692	0.8698	0.8704	0.8710	0.8716	0.8722	0.8727	0.8733	0.8739	0.8745
7.5	0.8751	0.8756	0.8762	0.8768	0.8774	0.8779	0.8785	0.8791	0.8797	0.8802
7.6	0.8808	0.8814	0.8820	0.8825	0.8831	0.8837	0.8842	0.8848	0.8854	0.8859
7.7	0.8865	0.8871	0.8876	0.8882	0.8887	0.8893	0.8899	0.8904	0.8910	0.8915
7.8	0.8921	0.8927	0.8932	0.8938	0.8943	0.8949	0.8954	0.8960	0.8965	0.8971
7.9	0.8976	0.8982	0.8987	0.8993	0.8998	0.9004	0.9009	0.9015	0.9020	0.9025
8.0	0.9031	0.9036	0.9042	0.9047	0.9053	0.9058	0.9063	0.9069	0.9074	0.9079
8.1	0.9085	0.9090	0.9096	0.9101	0.9106	0.9112	0.9117	0.9122	0.9128	0.9133
8.2	0.9138	0.9143	0.9149	0.9154	0.9159	0.9165	0.9170	0.9175	0.9180	0.9186
8.3	0.9191	0.9196	0.9201	0.9206	0.9212	0.9217	0.9222	0.9227	0.9232	0.9238
8.4	0.9243	0.9248	0.9253	0.9258	0.9263	0.9269	0.9274	0.9279	0.9284	0.9289
8.5	0.9294	0.9299	0.9304	0.9309	0.9315	0.9320	0.9325	0.9330	0.9335	0.9340
8.6	0.9345	0.9350	0.9355	0.9360	0.9365	0.9370	0.9375	0.9380	0.9385	0.9390
8.7	0.9395	0.9400	0.9405	0.9410	0.9415	0.9420	0.9425	0.9430	0.9435	0.9440
8.8	0.9445	0.9450	0.9455	0.9460	0.9465	0.9469	0.9474	0.9479	0.9484	0.9489
8.9	0.9494	0.9499	0.9504	0.9509	0.9513	0.9518	0.9523	0.9528	0.9533	0.9538
9.0	0.9542	0.9547	0.9552	0.9557	0.9562	0.9566	0.9571	0.9576	0.9581	0.9586
9.1	0.9590	0.9595	0.9600	0.9605	0.9609	0.9614	0.9619	0.9624	0.9628	0.9633
9.2	0.9638	0.9643	0.9647	0.9652	0.9657	0.9661	0.9666	0.9671	0.9675	0.9680
9.3	0.9685	0.9689	0.9694	0.9699	0.9703	0.9708	0.9713	0.9717	0.9722	0.9727
9.4	0.9731	0.9736	0.9741	0.9745	0.9750	0.9754	0.9759	0.9763	0.9768	0.9773
9.5	0.9777	0.9782	0.9786	0.9791	0.9795	0.9800	0.9805	0.9809	0.9814	0.9818
9.6	0.9823	0.9827	0.9832	0.9836	0.9841	0.9845	0.9850	0.9854	0.9859	0.9863
9.7	0.9868	0.9872	0.9877	0.9881	0.9886	0.9890	0.9894	0.9899	0.9903	0.9908
9.8	0.9912	0.9917	0.9921	0.9926	0.9930	0.9934	0.9939	0.9943	0.9948	0.9952
9.9	0.9956	0.9961	0.9965	0.9969	0.9974	0.9978	0.9983	0.9987	0.9991	0.9996

6. 수치표(삼각비)

x	$\sin x°$	$\cos x°$	$\tan x°$	x	$\sin x°$	$\cos x°$	$\tan x°$
0	0.0000	1.0000	0.0000	46	0.7193	0.6947	1.0355
1	0.0175	0.9998	0.0175	47	0.7314	0.6820	1.0724
2	0.0349	0.9994	0.0349	48	0.7431	0.6691	1.1106
3	0.0523	0.9986	0.0524	49	0.7547	0.6561	1.1504
4	0.0698	0.9976	0.0699	50	0.7660	0.6428	1.1918
5	0.0872	0.9962	0.0875	51	0.7771	0.6293	1.2349
6	0.1045	0.9945	0.1051	52	0.7880	0.6157	1.2799
7	0.1219	0.9925	0.1228	53	0.7986	0.6018	1.3270
8	0.1392	0.9903	0.1405	54	0.8090	0.5878	1.3764
9	0.1564	0.9877	0.1584	55	0.8192	0.5736	1.4281
10	0.1736	0.9848	0.1763	56	0.8290	0.5592	1.4826
11	0.1908	0.9816	0.1944	57	0.8387	0.5446	1.5399
12	0.2079	0.9781	0.2126	58	0.8480	0.5299	1.6003
13	0.2250	0.9744	0.2309	59	0.8572	0.5150	1.6643
14	0.2419	0.9703	0.2493	60	0.8660	0.5000	1.7321
15	0.2588	0.9659	0.2679	61	0.8746	0.4848	1.8040
16	0.2756	0.9613	0.2867	62	0.8829	0.4695	1.8807
17	0.2924	0.9563	0.3057	63	0.8910	0.4540	1.9626
18	0.3090	0.9511	0.3249	64	0.8988	0.4384	2.0503
19	0.3256	0.9455	0.3443	65	0.9063	0.4226	2.1445
20	0.3420	0.9397	0.3640	66	0.9135	0.4067	2.2460
21	0.3584	0.9336	0.3839	67	0.9205	0.3907	2.3559
22	0.3746	0.9272	0.4040	68	0.9272	0.3746	2.4751
23	0.3907	0.9205	0.4245	69	0.9336	0.3584	2.6051
24	0.4067	0.9135	0.4452	70	0.9397	0.3420	2.7475
25	0.4226	0.9063	0.4663	71	0.9455	0.3256	2.9042
26	0.4384	0.8988	0.4877	72	0.9511	0.3090	3.0777
27	0.4540	0.8910	0.5095	73	0.9563	0.2924	3.2709
28	0.4695	0.8829	0.5317	74	0.9613	0.2756	3.4874
29	0.4848	0.8746	0.5543	75	0.9659	0.2588	3.7321
30	0.5000	0.8660	0.5774	76	0.9703	0.2419	4.0108
31	0.5150	0.8572	0.6009	77	0.9744	0.2250	4.3315
32	0.5299	0.8480	0.6249	78	0.9781	0.2079	4.7046
33	0.5446	0.8387	0.6494	79	0.9816	0.1908	5.1446
34	0.5592	0.8290	0.6745	80	0.9848	0.1736	5.6713
35	0.5736	0.8192	0.7002	81	0.9877	0.1564	6.3138
36	0.5878	0.8090	0.7265	82	0.9903	0.1392	7.1154
37	0.6018	0.7986	0.7536	83	0.9925	0.1219	8.1443
38	0.6157	0.7880	0.7813	84	0.9945	0.1045	9.5144
39	0.6293	0.7771	0.8098	85	0.9962	0.0872	11.4301
40	0.6428	0.7660	0.8391	86	0.9976	0.0698	14.3007
41	0.6561	0.7547	0.8693	87	0.9986	0.0523	19.0811
42	0.6691	0.7431	0.9004	88	0.9994	0.0349	28.6363
43	0.6820	0.7314	0.9325	89	0.9998	0.0175	57.2900
44	0.6947	0.7193	0.9657	90	1.0000	0.0000	
45	0.7071	0.7071	1.0000				

참고 문헌

- 문은호, 대학기초수학, 명지대학교 출판부
- 윤갑진, 기초미적분학, 청문각
- James Stewart, 미분적분학, 경문사
- 문은호/김재덕, 대학기초미적분학, 명지대학교 출판부
- 고등학교 인공지능수학 교사용 지도서
- Anton/Rorres/Kaus, 알기쉬운 선형대수, 한티에듀